U0366225

2008北京奥运建筑丛书

OLYMPIC

游水魔方

NATIONAL AQUATICS CENTER

国家游泳中心

总主编 中国建筑学会
中国建筑工业出版社

本卷主编 中建国际设计顾问有限公司
北京国家游泳中心有限责任公司

中国建筑工业出版社
CHINA ARCHITECTURE & BUILDING PRESS

2008北京奥运建筑丛书（共10卷）

梦寻千回——北京奥运总体规划

宏构如花——奥运建筑总览

五环绿苑——奥林匹克公园

织梦筑鸟巢——国家体育场

漪水盈方——国家游泳中心

曲扇临风——国家体育馆

华章凝彩——新建奥运场馆

故韵新声——改扩建奥运场馆

诗意漫城——景观规划设计

再塑北京——市政与交通工程

2008北京奥运建筑丛书

总主编单位

中国建筑学会
中国建筑工业出版社

顾　问

黄　卫（住房和城乡建设部副部长）

总编辑工作委员会

主　任　宋春华（中国建筑学会理事长、国际建筑师协会理事）
副主任　周　畅　王珮云　黄　艳　马国馨　何镜堂
执行副主任　张惠珍

委　员（按姓氏笔画为序）
丁　建　马国馨　王珮云　庄惟敏　朱小地　何镜堂　吴之昕
吴宜夏　宋春华　张　宇　张　韵　张　桦　张惠珍　李仕洲
李兴钢　李爱庆　沈小克　沈元勤　周　畅　孟建民　金　磊
侯建群　胡　洁　赵　晨　赵小钧　崔　恺　黄　艳
总主编　周　畅　王珮云

丛书编辑（按姓氏笔画为序）

马　彦　王伯扬　王莉慧　田启铭　白玉美　孙　炼　米祥友
许顺法　何　楠　张幼平　张礼庆　张国友　杜　洁　武晓涛
范　雪　徐　冉　戚琳琳　黄居正　董苏华
整体设计　冯彝诤

《漪水盈方——国家游泳中心》

总　　序

奥运会，作为人类传统的体育盛会，以五环辉耀的奥林匹克精神，牵动着五大洲不同肤色亿万观众的心。奥林匹克运动不仅是世界体育健儿展示力与美的舞台，是传承人类共荣和谐梦想的载体，也为世界建筑界搭建了一个展现多元的建筑文化、最新的建筑设计理念、建筑技术与材料、建筑施工与管理水平的竞技场。2008年北京奥运会，作为奥林匹克精神与古老的中华文明在东方的第一次相会，更为中国建筑师及世界各国建筑师们提供了展示建筑创作才华与智慧的机会：国内外的建筑师的合力参与，现代建筑形式与中国传统文化的结合，都赋予了北京奥运建筑迥异于历届奥运建筑的独特性，并将成为一笔丰赡的奥林匹克文化遗产和人类共享的世界建筑遗产。

随着2008年的到来，北京奥运会的筹备工作已进入决胜之年。而奥运会筹备工作的重头戏——奥运场馆建设，在陆续完成主要建设工程后，正在紧锣密鼓地进行后续工作，并抓紧承办测试赛的机会，对场馆设施和服务进行了最后阶段的至关重要的检测。奥运场馆的相继亮相，以及奥林匹克公园、国家会议中心、数字北京大厦、奥运村等奥运会的相关设施的落成，都为北京现代新建筑景观增添了吸引世人聚焦的亮点。而由著名建筑大师及建筑设计事务所参与设计的奥运场馆，诸如国家体育场（"鸟巢"）、国家游泳中心（"水立方"）等，更成为北京新的地标性建筑。

2008年北京奥运会新建场馆15处，改扩建场馆14处，临建场馆7处，相关设施5处。其中国家体育场、国家游泳中心、国家体育馆、北京射击馆、国家会议中心、奥林匹克公园、奥运村、媒体村、数字北京大厦等新建场馆以及相关设施，或者由世界上知名的设计师及事务所设计，或者拥有世界体育建筑中最先进的技术设备。无论从设计理念上，还是从技术层面上，这些建筑都承载了北京现代建筑的最新的信息，体现了北京奥运会"绿色奥运、科技奥运、人文奥运"的宗旨，成为2008年国际建筑界关注的热点。向世界展示北京奥运建筑、宣传奥运建筑也成为中国建筑界义不容辞的一项责任。

为共襄盛举，中国建筑学会与中国建筑工业出版社共同策划出版了这套"2008北京奥运建筑丛书"，以十卷精美的出版物向世界全面展现北京奥运建筑的风采。用出版物的形式记录北京奥运建筑的设计理念、先进技术、优美形象，是宣传和展示2008年北京奥运会的重要方式，这既为世界建筑界奉献了一套建筑艺术图书精品，也为后人留下了一份珍贵的奥林匹克文化遗产。

本套丛书共包括《梦寻千回——北京奥运总体规划》、《宏构如花——奥运建筑总览》、《五环绿苑——奥林匹克公园》、《织梦筑鸟巢——国家体育场》、《漪水盈方——国家游泳中心》、《曲扇临风——国家体育馆》、《华章凝彩——新建奥运场馆》、《故韵新声——改扩建奥运场馆》、《诗意漫城——景观规划设计》以及《再塑北京——市政与交通工程》十卷，从奥运总体规划到单体场馆介绍，全面展示了北京奥运建筑的方方面面。整套丛书从策划到编撰完成，历时两年。作为一项艰巨复杂的系统工程，丛书的编撰难度很大，参与编写的单位和人员众多，资料数据繁杂。在中国建筑学会和中国建筑工业出版社的总牵头下，丛书的编撰得到了住房和城乡建设部、北京奥组委、北京 2008 办公室及首都规划建设委员会的大力支持，更有中国建筑设计研究院、国家体育场有限责任公司、北京市建筑设计研究院、中建国际设计顾问有限公司、北京国家游泳中心有限责任公司、清华大学建筑设计研究院、北京清华规划设计院风景园林所、北京市政工程总院等分卷主编单位的热情参与，各奥运建筑的设计单位也对丛书的编撰给予了很大的帮助。作为中国建筑界国家级学术团体和最强的图书出版机构，中国建筑学会与中国建筑工业出版社强强联合，再借国内外建筑界积极参与的合力，保证了丛书的学术性、技术性、系统性和权威性。

本套丛书凝聚了国内外建筑界的苦心之思，也是中国建筑界奉献给2008年北京奥运会、奉献给世界建筑界的一份礼物。希望通过本套丛书的编撰，打造一套具有国际水平的图书精品，全面向世界展示北京奥运建筑风貌，同时也可以促进我国建筑设计、工程施工、工程管理以及整个城市建设水平的提升，促进我国建设领域与国际更快更好地接轨。

宋春华
建设部原副部长
中国建筑学会理事长
2008 年 2 月 3 日

目　　录

第四章 幕墙系统

第五章 室内空间环境

第六章 景观环境设计

第七章 结构设计

第八章 暖通空调系统

第九章 电气系统设计

第十章 智能化系统设计

第十一章 给水排水与消防系统设计

第十二章 性能化消防设计

第十三章 声环境设计

第十四章 施工关键技术

综　述

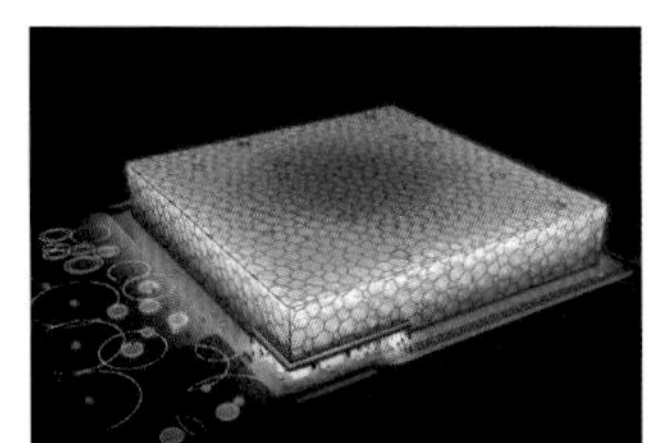
“水立方”夜景鸟瞰

“水立方”湖蓝色照明实景

“水立方”鸟瞰日景

“简洁纯净的体形谦虚地与宏伟的主场对话，不同气质的对比使各自的灵性得到趣味盎然的共生。作为一个摹写水的建筑，纷繁自由的结构形式，源自对规划体系巧妙而简单的变异，却演绎出人与水之间的万般快乐。椰树、沙滩、人造海浪……将奥林匹克的竞技场升华为世人心目中永久的水上乐园。”透过这不多的富有诗意的文字表述了“水立方”巧妙的规划布局、独特的表皮形态与前瞻性的场馆运营功能安排。历经四年多，作为2008年北京奥运会的标志性建筑之一，“水立方”这座坐落在北京中轴线北端的蓝色水晶宫，正在向世人揭开它神秘的面纱。

雄伟、新奇、单纯、完整、明确、强烈等对体育建筑语言模式重构的手法创造出了“推动性的、革命性的发展”的主体育场，而游泳中心是以水为主题的建筑，摹写出人与水之间的流动、多变、不确定、宁静、奔涌、潮起潮落等种种快乐。游泳中心与主体育场同处于奥林匹克中心区群体中的核心区域，把持门户并中轴对称。构建和谐并非易事，面对空间上无可争辩的主体，缺乏内在联系的各自为政、孤芳自赏只会破坏既有城市肌理与都市景观环境。我们另辟蹊径采用纯净得无以复加、近乎极致的正方形求得与主体育场完全不同的一种共生关系，以上善若水般清新与高雅的平静展示出对主场的礼让与尊重，同时，可以彰显各自不同特征的共生并不意味着抹煞个性，平静后面的惊异与灵动，宛如文静娴淑的东方女性，适时又表露出睿智、活泼和热情。方形是中国古代城市建筑体系中最基本的形态，方正的形制体现了中国文化中以纲常伦理为代表的社会生活规则。我们认为方是对既有环境的最佳解答，与其内在的浪漫强烈对比，激发出独特的趣味。比较贝氏的卢浮宫金字塔，同样面临难以协调的场地环境，外观上的极端无为，反而成为其存在的依据。这是一种东方式的思维，一种寻找事物间均衡关系的逻辑联系，面对主场“我的平静是因为你的热烈与新奇，我的灵动是因为你的壮美与坦然”。自由搭配随机组合的气泡外墙让每一个造访过游泳中心的人看到漫天的水泡穿越静止凝固的水世界，伴随着惊喜得到一种仿佛置身在水中的快意。表皮与空间的浪漫是靠精准并与之同样美妙绝伦的结构形式和ETFE材料来营造的，消解了传统建筑固有的围护体系观感。结构工程师创造性地实现了规则与自由、高度技术与艺术审美的完美统一。学名“乙烯－四氟乙烯共聚体”的超稳定有机物薄膜ETFE是近年国际上新兴流行的材料，与家用不粘锅内的“特氟龙”属同族物质，表面附着力极小，对灰尘、污水的自洁性能大大优于玻璃，在北京的特殊气候下，无疑是最适用的透明半透明的材料。现代奥运会已超越纯竞技体育的意义而成为世界性的盛会，它既是各国奥运选手充分展示体育竞技水平的场合，也是举办方向世界综合展示物质、文化、科技新貌的机遇。基于此，在满足比赛需要的同时，预先要考虑安排大量赛后运营的活动内容，赋予其更多的功能场所职能是奥运场馆综合效益的集中反映。赛后运营的主体是人造冲浪海滩以及种类繁多的水上娱乐、健身、培训等设施，赛后游泳中心将成为北京规模最大、功能最全的市民水上游乐中心。比赛大厅北侧的临时座椅拆除后，形成独立的高级水上健身会所；比赛大厅南侧的临时座椅拆除后，形成连接东侧主场轴线与西侧商业区的室内步行街，步行街一侧是餐饮、酒吧、商场、电影院等设施；一侧是椰林掩映下的冲浪沙滩，将是奥运中心颇具特色的城市空间。

“水立方”自2003年完成第一版初步设计图纸，不断地进行着修改和增补，相继完成了初步设计补充版、修改版、完善版等版本，直至施工图完成，才算有个最终完善版的设计方案。施工图从轴线开始工作，首先细致研究泳池、看台、车库等与轴网发生密切关系的重要功能设施，仅看台布局方案就经先后六次研究比选。结构、机电专业的设计师同样付出了艰苦的努力，完成了包括空调、热力、电力、水、弱电等数十类机房的系统设计。2004年4月28日凌晨，各专业分批出图，这就是“水立方”建设工地4年来使用的著名的428版图纸，随后设计小团队陆续完成了室内设计和景观设计的方案、510版精装图、护城河设计图、外线工程图、室外工程图、125版市政工程图等一系列的图纸，还有穿插其中不计其数的零星出图。绝妙的设计理念和构思不经过施工实践不可能变为宏伟建筑流传下来，面对令人肃然起敬的建筑，有太多纷繁的问题要考虑，太复杂的技术课题要攻克，太多的工种要协调配合。特别是从二次结构开始，各种问题就应接不暇，对墙体的修改，楼板、墙体预留的机电管线与精装墙体定位发生的大量偏移，定位差异造成现场砌体工程的混乱……林林总总，不胜枚举。2007年1月精装修开始，工地新一轮大规模返回各类问题，包括吊顶标高、各种材料交接及具体处理方法等；精装使用了上百种不同的材料和配套辅料，从洁具到树脂板、铝穿孔板、锦砖、瓷砖、玻璃砖、格栅、玻璃、栏杆、水泥砖、聚氨酯、树脂磨石……各式各样，纷繁杂乱；对每一件每一种都要审查技术参数，确定颜色质感，甄别好坏优劣，签字确认的决定每天都在进行；此外大量挂板、幕墙工程的厂商加工图堆积如山，数十家机电、精装承包商各自为战，现场对各家的交圈关系的把控不得不逐项核对确定，召集相关承包商现场协商成为家常便饭。回首四年多建设过程，度过了多少不眠之夜，有精诚合作，也有针锋相对。“水立方”的顺利竣工，千百位设计师、工程师、施工人员与管理者贡献了智慧与汗水，奏响的是“水立方”这一传世的壮丽乐章，就如“水立方”工地会议室的墙上一直挂着的“参与奥运建设一生光荣”的条幅所宣示的那样，我们生逢盛世，有机会设计建设奥运场馆，尤其是“水立方”这样的丰碑，可谓是终身的荣耀。

南商业街照明实景

东南入口大厅照明实景

“水立方”看台内景

本书是在系统全面地总结“水立方”设计建设实践的基础上，对“水立方”涉及的方方面面的一次全方位介绍，是对整个实践过程中取得的经验成果的一次检阅，全书十四个篇章，从规划到单体构思，从建筑到结构、机电等各专业，从独特的幕墙体系到与之紧密联系的声、光、热环境的营造，我们把有关“水立方”的资料信息汇聚成书，力求在奥运场馆建设的同时为人们留下一份宝贵的奥运文化遗产，让读者深刻体会在“绿色奥运、科技奥运、人文奥运”理念指导下2008年北京奥运场馆“水立方”所展现的先进性、创造性与时代精神。

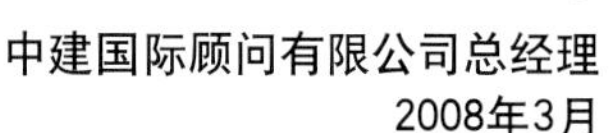

中建国际顾问有限公司总经理

2008年3月

第一章 项目背景

北京在2001年7月13日获得了2008年第29届奥运会的主办权，奥林匹克精神将与中国古老文明得以充分交融。随着奥运会脚步的临近，全球的目光也聚焦北京。以“新北京、新奥运”为主题，突出“绿色奥运、科技奥运、人文奥运”的理念，北京市委、市政府及社会各界对奥运场馆的建设给予了高度重视。

第一节 概述

为了举办2008年北京奥运会，北京市北侧约1135hm²用地将成为举办奥运会的核心区域，称为“奥林匹克”公园（图1-1）。其中森林公园680hm²，中心区（四环路以北）291hm²。其余为现状国家奥林匹克体育中心用地及其他用地。

奥林匹克中心区包括体育设施、文化设施、会议设施、商业服务设施和奥运村等。国家游泳中心位于奥林匹克公园中心区的南部，是2008年北京奥运会的主要场馆之一。规划用地约6.295hm²，主体建筑紧邻城市中轴线，并与国家体育场相对于中轴线均衡布置（图1-2）。

国家游泳中心的总建筑面积赛时将近80000m²。奥运会时用于游泳、跳水和花样游泳比赛；赛后将成为多功能的大型水上活动中心，既可以举办大型的国际国内水上比赛，又能为公众提供水上娱乐、运动、休闲和健身服务等。国家游泳中心内具有永久座椅约6000个，奥运期间座椅总数约17000个。中心内包括游泳池、跳水池、热身池、嬉水乐园及各类服务设施。

本项目将建筑理念、结构形式和环境工程完美地结合在一起，达到了精神与物质的统一。同时，在保证拥有卓越的功能设计的同时，又将中国的传统文化和建筑艺术作为设计指导思想。如图1-3～图1-6所示，立面和屋顶结构设计独特，看似复杂，但是原理却非常简单，施工有很强的可实施性。设计将“赛时比赛使用”和“赛后运营使用”紧密结合在一起，在保证比赛的同时，尽力实现赢利化的赛后运营，减少运营中的投入。高新技术融入到场馆设计之中，以保证运动员能够最大限度发挥水平，争取创造更好的成绩。同时，紧密与环境保护和节能设计相结合，积极响应奥运会三大理念。

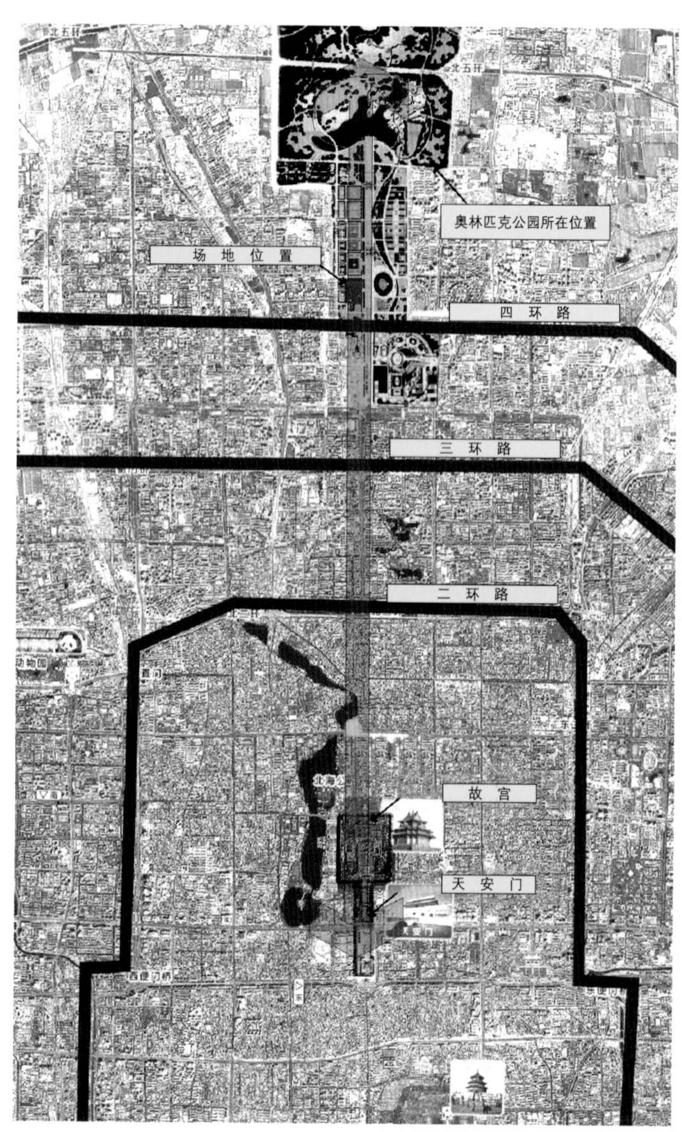

1-1 场馆与城市轴线

国家游泳中心是所有奥运场馆建设中唯一一座由港澳同胞、台湾同胞和海外华人华侨捐资建设的场馆，体现了中华民族共办奥运的伟大的团结精神。

主要经济技术指标

场地面积：62825m^2	固定坐席：5034个
建筑占地面积：31449m^2	池岸坐席：976个
建筑面积：79532m^2	临时坐席：11048个
其中地上：22076m^2	建筑高度：30.74m
地下：57456m^2	建筑覆盖率：50.0%
建筑层数	赛时停车位：145辆
地上主体：1层	赛后停车位：401辆
地上附属：4层	其中地上：111辆
地下：2层	地下：290辆
总坐席数：17058个	绿化率：30.7%

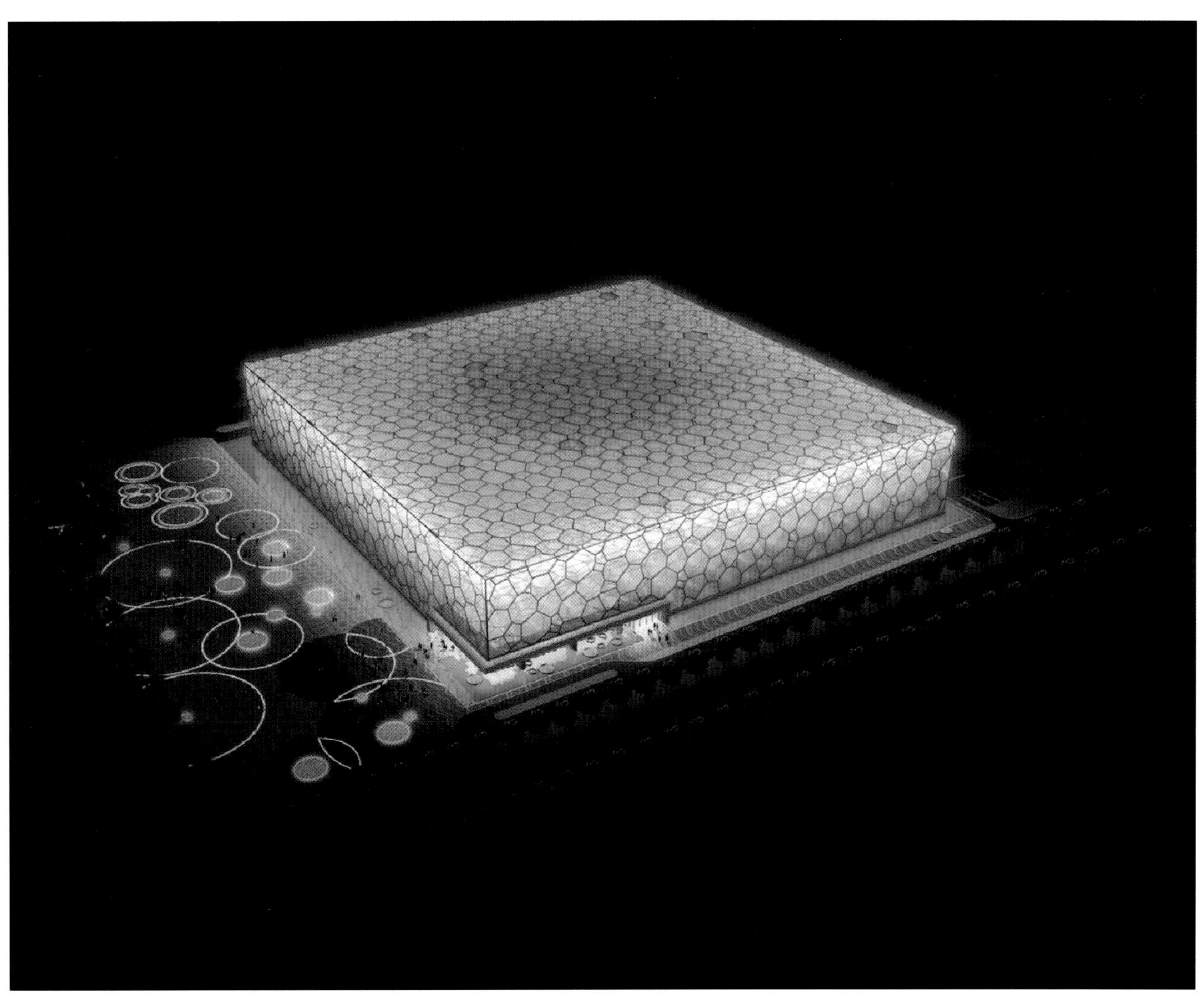

1-3 "水立方"夜景鸟瞰图

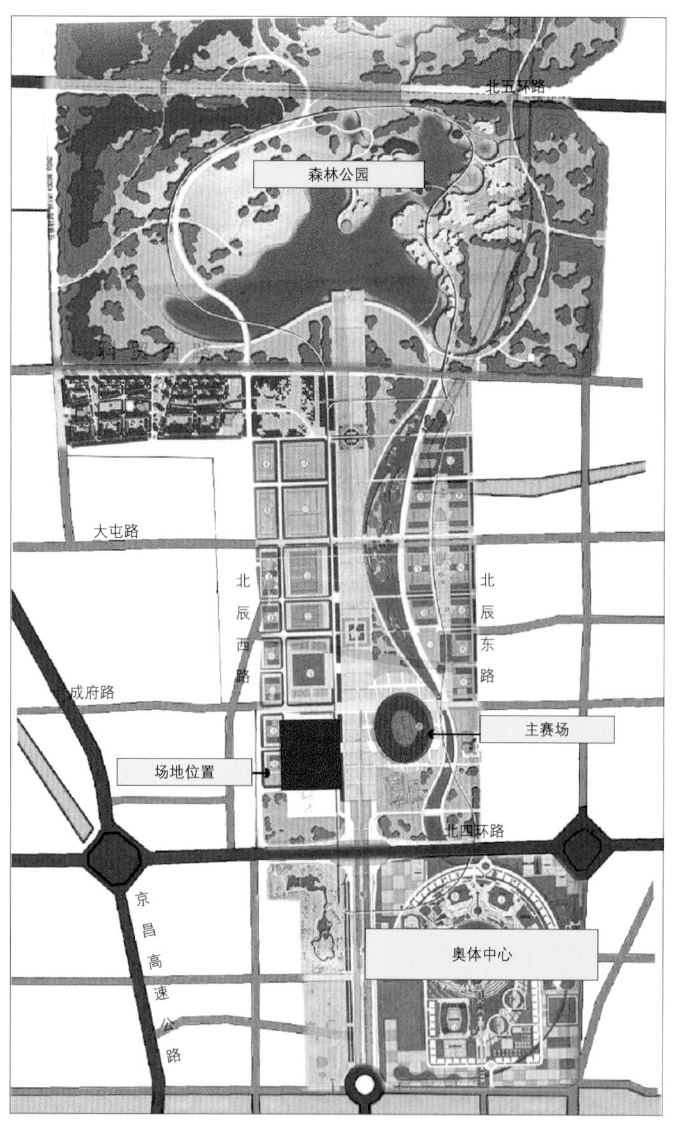

1-2 国家游泳中心在奥林匹克公园中位置

1-4 气枕局部日景

1-5 比赛大厅

1-6 “水立方”日景鸟瞰图（摄影：张广源）

第二节 建设目标

国家游泳中心是第29届奥运会游泳比赛、跳水比赛、花样游泳比赛及残奥会游泳比赛场地，是2008年北京奥运会的重要比赛场馆和城市的标志性建筑物之一。

(1)国家游泳中心应充分体现奥运的理念，成为北京最大的，具有国际先进水平的游泳中心和2008年北京奥运会的主要遗产。

(2)国家游泳中心应充分体现“新北京，新奥运”的主题，以树立城市建设的新形象。

(3)国家游泳中心至少在50年的设计年限内应是一个能够满足使用者多种要求的耐久性建筑。

一、建设标准

国家游泳中心的设计应结合世界上体育建筑设计的成功经验，依据我国的设计规范，并满足国际奥林匹克委员会（IOC）、国际残疾人奥林匹克委员会（IPC）、国际游泳联合会（FINA）和北京奥运会组委会（BOCOG）的要求。

二、建设规模

国家游泳中心是奥运会游泳比赛、跳水比赛、水球比赛、花样游泳比赛及残奥会游泳比赛场地。届时观众坐席约17000个，其中永久性坐席约6000个，临时坐席约11000个（赛后将拆除）。

游泳中心总建筑面积约80000m^2。

三、景观环境

国家游泳中心要处理好与城市中轴线的空间关系；处理好三个主要体育场馆（国家体育场、国家体育馆、国家游泳中心）之间的空间关系；处理好与周围绿化广场的空间关系。

四、奥运理念

1．绿色奥运

国家游泳中心的设计充分体现可持续发展的思想，场馆设计应采用世界先进可行的环保技术和建材、最大限度地利用自然通风和自然采光，在节省能源和资源、固体废弃物处理、电磁辐射及光污染的防护、消耗臭氧层物质（ODS）替代产品的应用等方面符合奥运工程环保指南的要求，部分要求达到国际先进水平，树立环保典范。

2．科技奥运

国家游泳中心的设计应充分考虑以信息技术为代表的，包括新材料、环保等技术的高新技术。体现奥运场馆的时代性和科技先进性，使其成为展示我国高新技术成果和创新实力的一个窗口。

3．人文奥运

国家游泳中心的设计应有利于普及奥林匹克精神、弘扬中华民族的优秀传统文化，并应充分考虑各类人员（包括残疾人和有行动障碍人员）的需求，建立适宜的人文环境。

第三节 选址

北京奥林匹克公园位于北京市朝阳区。朝阳区位于北京市东部，自古就有京畿腹地之美誉，是北京面积最大、人口最多的城区，交通便利，文化教育发达；同时也是北京重要的旅游区，经济强区。

游泳中心位于奥林匹克公园中心区的南部，规划建设用地约6.295hm^2（图1-7），呈南北向长方形，南北长约302m，东西宽约207m，主体建筑紧邻城市中轴线，并与拟建的国家体育场相对于中轴线均衡布置。游泳中心东侧为中轴线步行绿化广场，西侧规划为商业开发用地（包括酒店、办公等），建筑控制高度为45～60m。北侧为拟建的国家体育馆，南侧临北京市区级文物保护单位北顶娘娘庙。

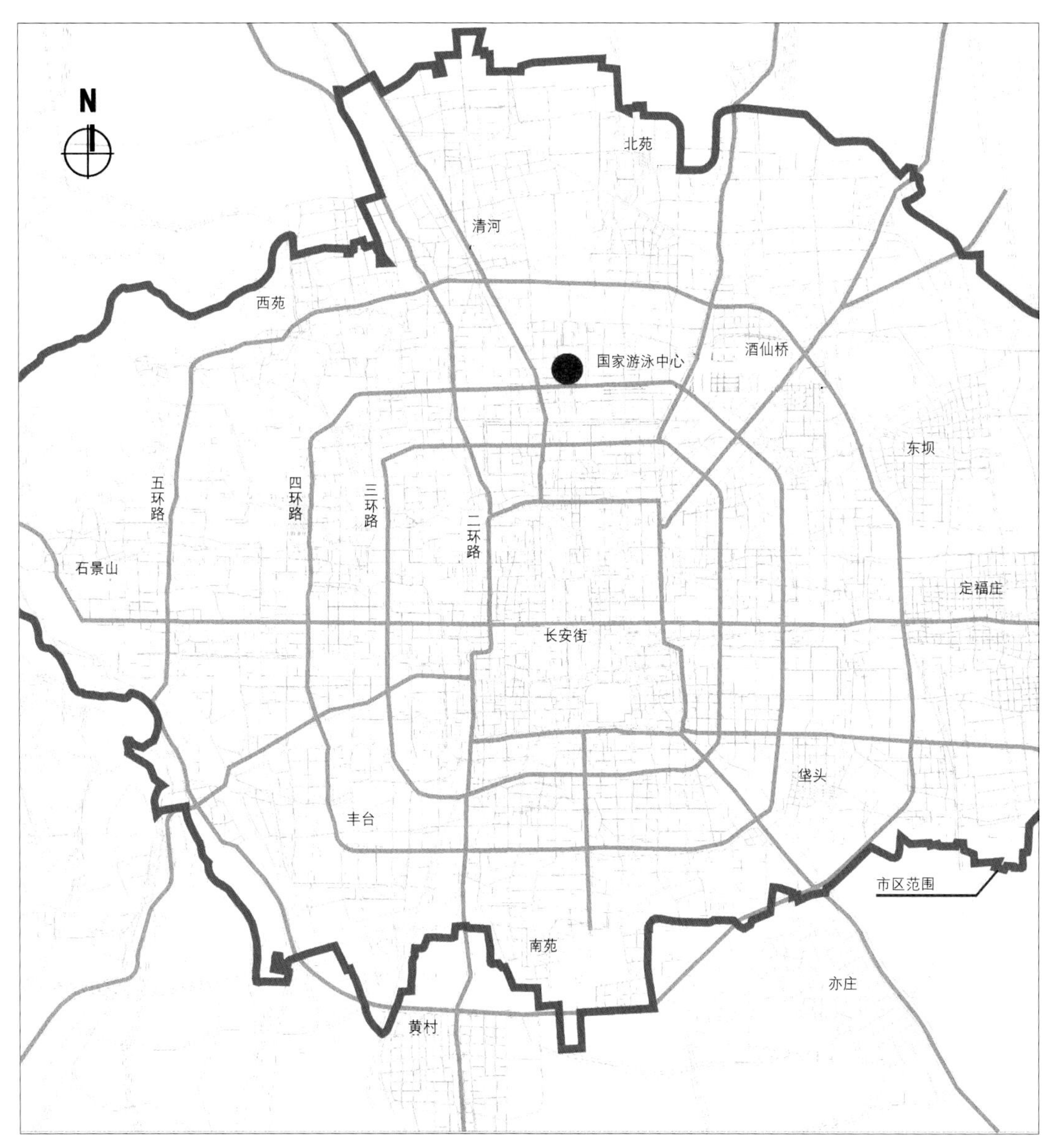

1-7 国家游泳中心于北京城区位置

第四节 方案征集及竞赛概况

一、竞赛概况

2003年1月，北京市面向全球，通过国际竞赛选择优秀的、具有丰富设计经验的设计院、设计公司、设计事务所或设计联合体，承担国家游泳中心的工程设计任务。

在规定时间内，本次建筑设计竞赛资格预审共收到33家参赛申请人（有一家不符合要求）的申请文件，包括17家独立参赛申请人，15家联合体参赛申请人，共涉及国内外52家设计单位。根据设计竞赛资格评审委员会多轮投票，国家游泳中心建筑方案设计竞赛邀请参赛单位共10家。

各家参赛申请方，经过3个月的精心设计和制作，于2003年6月19日按时提交了设计成果。主办单位设置了专门的、独立的设计方案评审委员会，以赛时赛后运营、相关法规、奥运三大理念、分区和交通、结构与工艺、经济造价等多项要求，秉承客观、公平、公正的原则对所报送的参赛设计方案进行独立的评判和表决。

二、竞赛方案简介

（一）澳大利亚考克斯集团有限公司 ＋ 北京市建筑设计研究院

水花溅跃、游泳运动员在行进过程中水浪的涌动这些感性的形象在方案中转化为富于戏剧化的优雅的曲面屋顶造型。屋面沿景观路高度较低，以与周围的建筑形成对应，然后整个屋面不断攀高，在建筑西端形成最高点，与该侧其他建筑的整体规模呼应，并且将在最高点下方设置公共看台区。屋面整体呈直线形，而过程则表现为优雅的曲面，建筑的中心部分与体育场处于同一轴线上。

该方案见图1-8～图1-11。

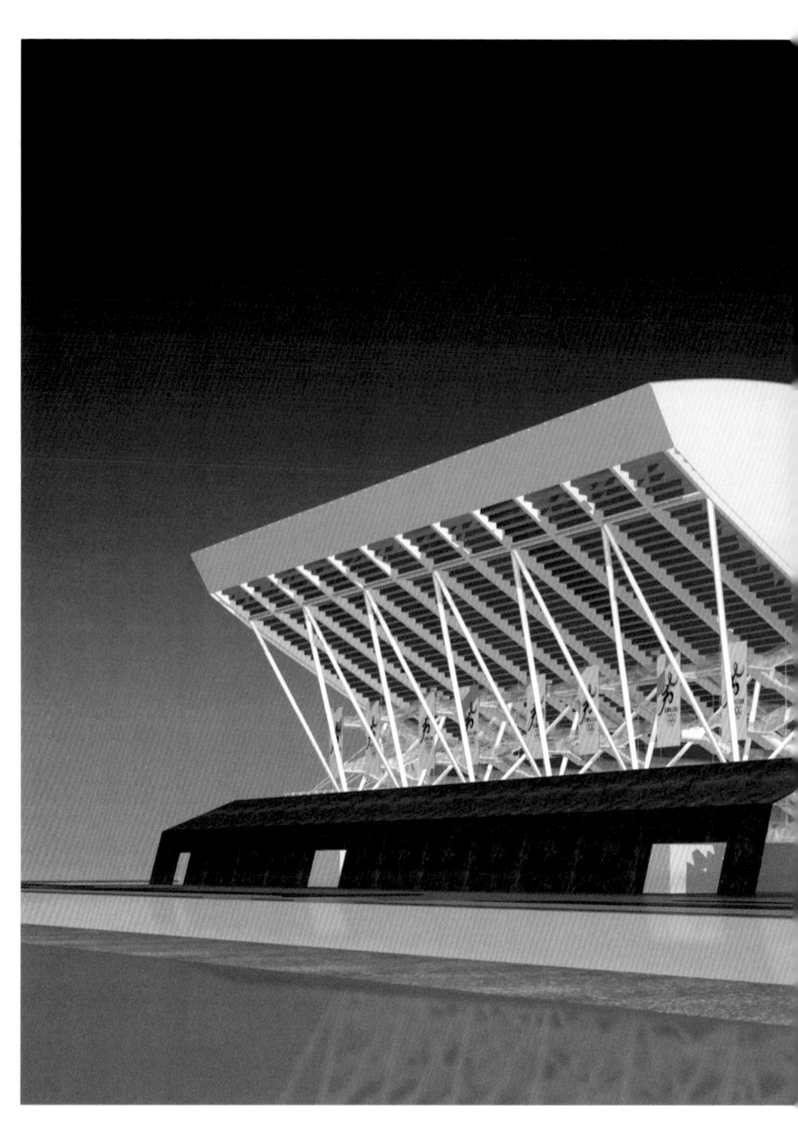

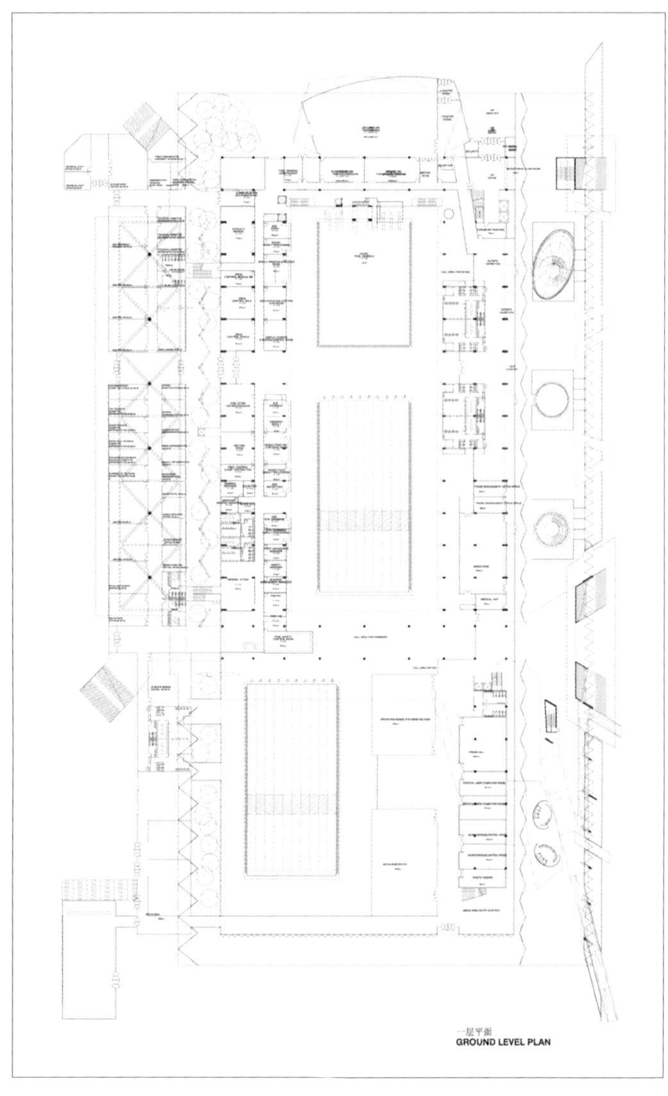

1-8 首层平面图 （北京国家游泳中心有限责任公司提供）

1-9 透视图 1（北京国家游泳中心有限责任公司提供）

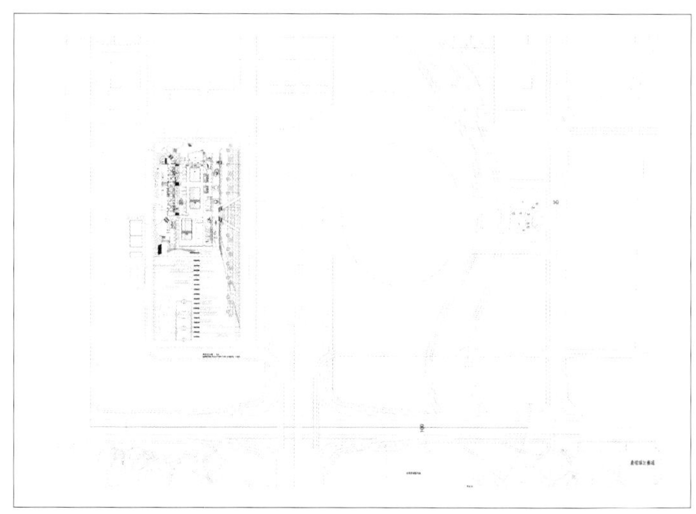

1-10 总平面图（北京国家游泳中心有限责任公司提供）

1-11 透视图 2（北京国家游泳中心有限责任公司提供）

（二）英国HOK（体育有限公司）

在建筑位置和建筑形式上，均引进和参照萃取于北京城市特征的坐标线和坐标格。这些坐标线同时也用来表现在北京之前曾经主办过奥林匹克运动会的22座城市。方案通过这些坐标线格呈现其建筑外观造型和功能的基本定义。丰富的动态感和指向性，增强了奥林匹克公园南北中轴线的力度。

建筑外观造型和风格，通过水、运动力量、游泳竞赛特征等因素形成的，自然的旋律和流动过程，集中体现出游泳运动和运动员的特征。概念注重发挥水的主题，通过水的三种不同形态——固体、液体和气态，在建筑物内部空间和外部空间建立创造性的影响，反映建筑物的特质，建立视觉冲击效果和观赏效果。重点建筑材料所用色彩以金色、银色和铜色为主，体现体育竞赛的最高成就。

该方案见图1-12～图1-14。

1-12 人视图（北京国家游泳中心有限责任公司提供）

1-13 鸟瞰图（北京国家游泳中心有限责任公司提供）

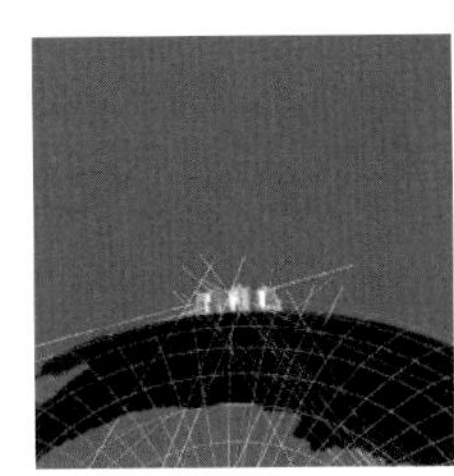

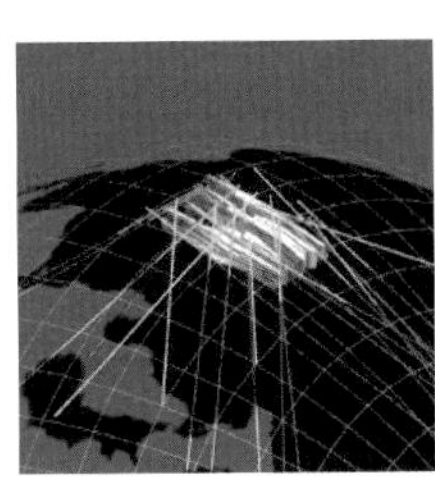

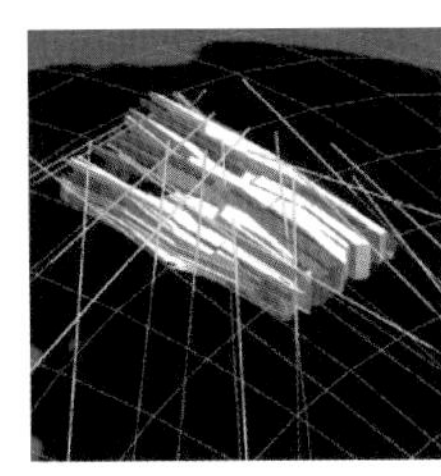

1-14 方案构思分析图(北京国家游泳中心有限责任公司提供)

（三）法国 Dominique Perrault Architects

建筑外形简洁，为一个长方形玻璃结构。自然光从四处射入，明亮宽敞。人们置身其内，感觉犹如在室外，仿佛身处湖滨或海滨沙滩上，轻松自如。

玻璃结构由一个宽大的不锈钢丝网保护。钢丝网笼罩着游泳馆的几何建筑以及外部周围区域，形成既遮阳又挡风的散步场所。这些外部空间为奥林匹克公园总体规划中城市中轴线的延伸，同时也构成了游泳馆的入口。馆内有一个玻璃桥走廊穿越其中，将馆内活动同奥林匹克公园的外部活动相连接。人们借助该公共走廊，可进入馆内前往游泳池、水族馆、健身房、咖啡店和餐厅。

该方案见图1-15～图1-17。

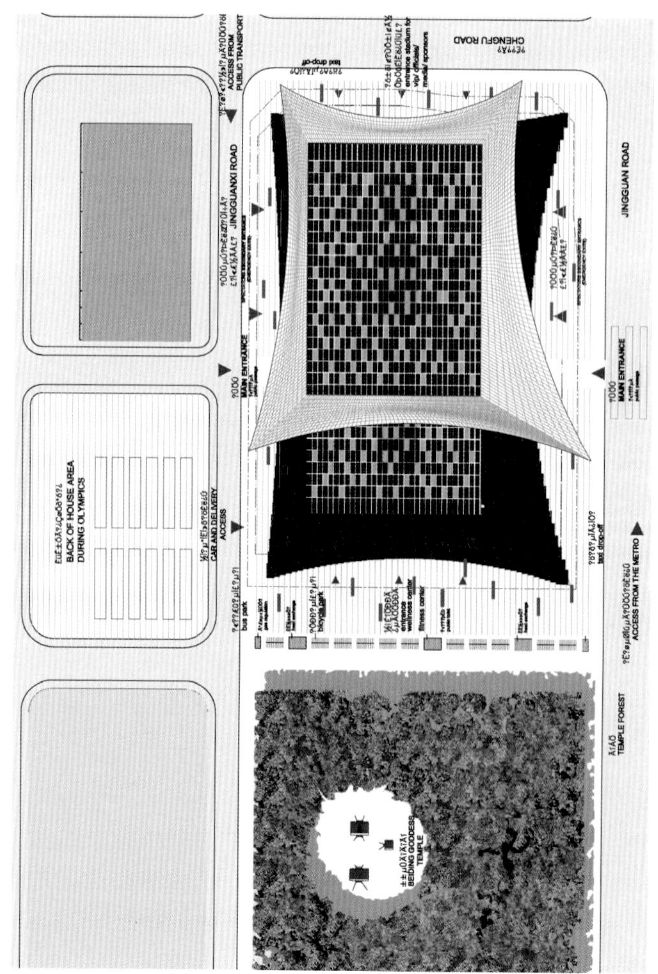

1-15 总平面图（北京国家游泳中心有限责任公司提供）

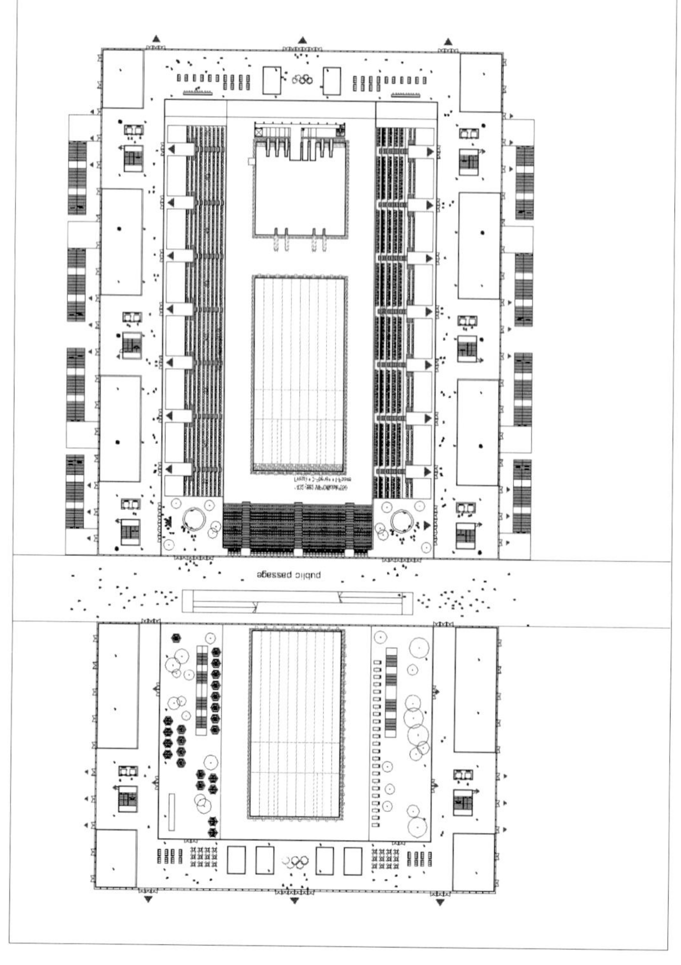

1-16 首层平面图（北京国家游泳中心有限责任公司提供）

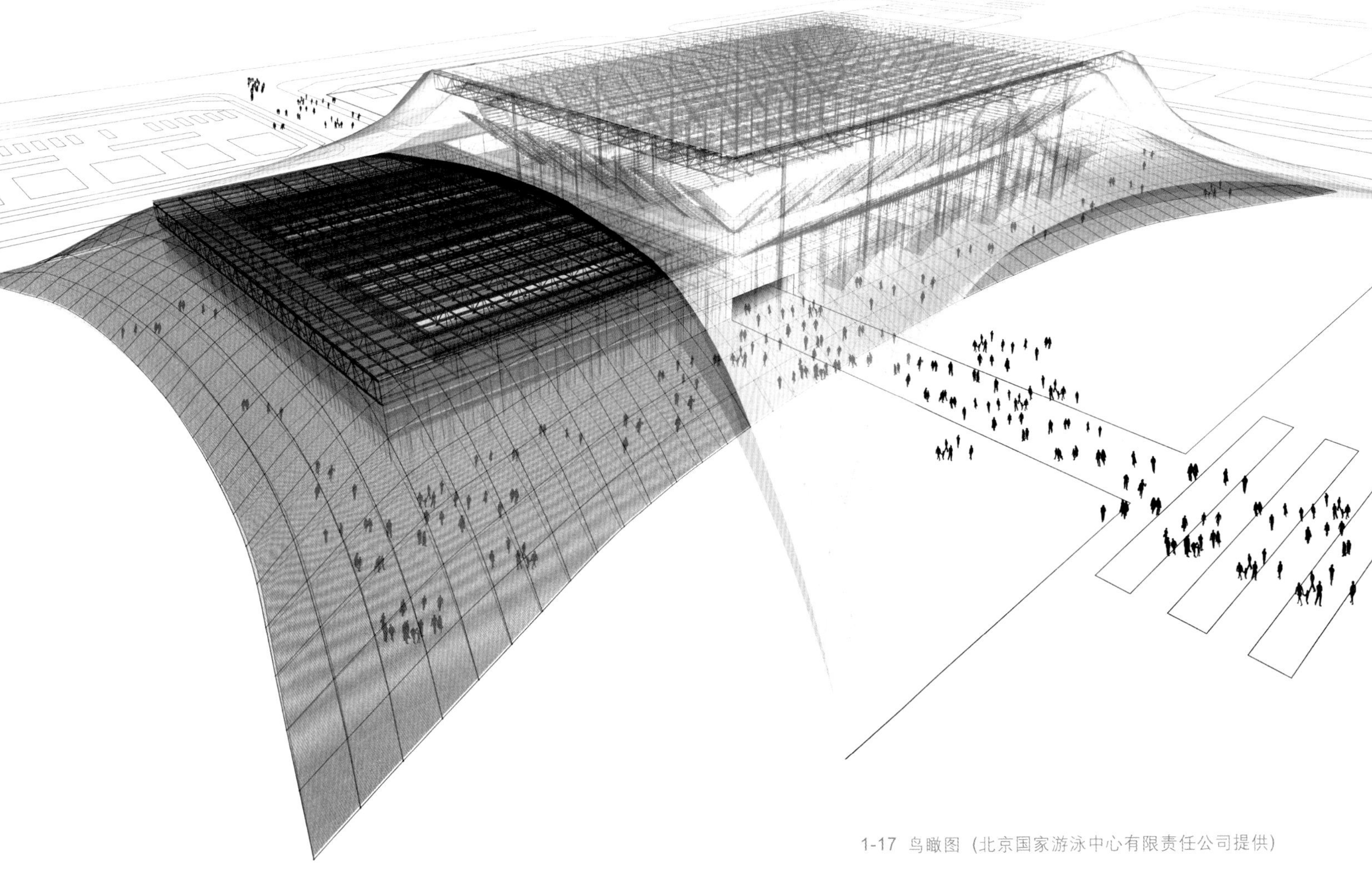

1-17 鸟瞰图（北京国家游泳中心有限责任公司提供）

（四）中建国家游泳中心设计联合体

对于行为价值尺度，中国人认为“没有规矩，不成方圆”。在中国传统文化中，中国人所崇尚的那种和谐统一都源自方形。“水立方”应该从属于国家体育场，避免与国家体育场形成强烈的对比而是应具有灵秀的特点。与国家体育场的兴奋、激动、力量感、阳刚气息以及图腾形象不同的是，“水立方”呈现给我们的是宁静、祥和、带有迷人的感情色彩、轻灵并且具有诗意的气氛。

在中国文化里，水是一种重要的自然元素。“水立方”不仅只是利用水的装饰作用，同时还利用其独特的微观结构的几何形状，成为了建筑物的正面外观结构系统。

该方案见图1-18～图1-20。

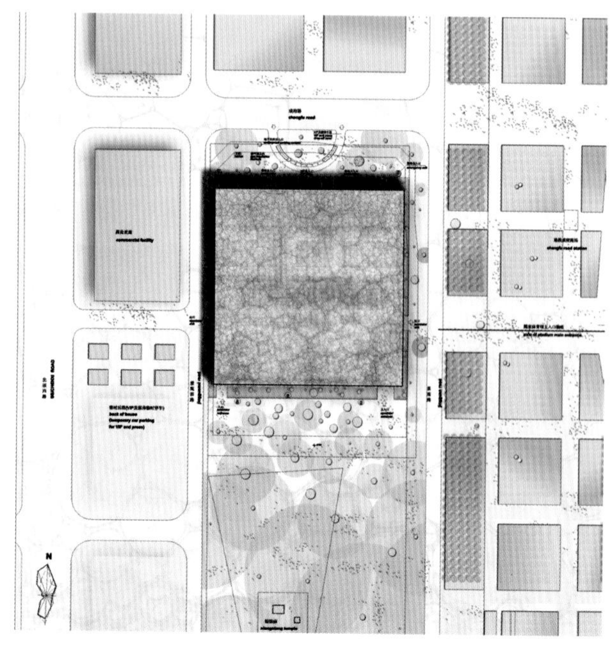

1-18 总平面图（北京国家游泳中心有限责任公司提供）

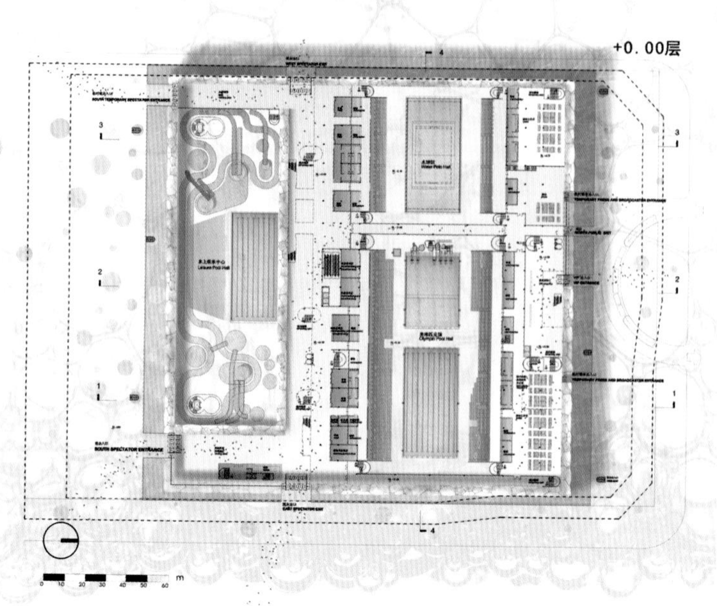

1-19 首层平面图（北京国家游泳中心有限责任公司提供）

1-20 透视图（北京国家游泳中心有限责任公司提供）

（五）川口卫构造设计事务所 ＋ 高松伸建筑设计事务所

这是一个“半刚性体”的建筑。她既不像通常的建筑物那样属于全刚性体，又不同于普通的流体。“半刚性体”开辟了完全崭新的具有独创性的建筑物形状和外观，创造出一个全新的建筑“生命体”。它从地面缓缓地隆起，优雅地编织着裙的褶皱，然后用尽缜密的心思，将整个比赛设施的空间皆掩映于裙摆之下，宛如远古的海浪在大地上蜿蜒起伏。这既如科学般严谨，没有任何浪费，又如自然般柔顺。

该方案见图1-21～图1-24。

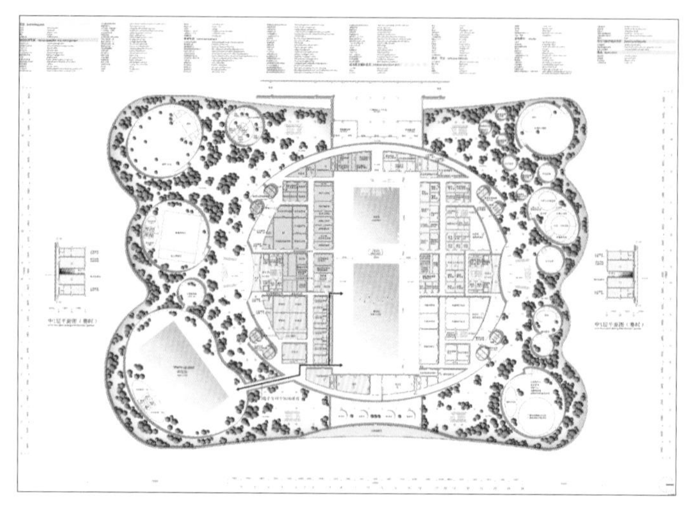

1-21 首层平面图（北京国家游泳中心有限责任公司提供）

1-22 鸟瞰图 1 （北京国家游泳中心有限责任公司提供）

1-23 鸟瞰图 2（北京国家游泳中心有限责任公司提供）

1-24 剖面图（北京国家游泳中心有限责任公司提供）

（六）福斯特建筑事务所+奥雅纳工程顾问有限公司

引人注目的屋顶的设计灵感来自大自然和中国文化——它会使人立刻联想到一片叶，一条鱼，一只蝴蝶，一个涟漪，一只风筝和一把扇子。它的外形能够保证奥运之后也将同样多变的使用要求。就像蝴蝶舞动翅膀一样，这一过程将是可逆的。也即如果将来需要，座位数量可以再重新增加上去。

该方案见图1-25～图1-27。

1-25 鸟瞰图（北京国家游泳中心有限责任公司提供）

1-26 人视图（北京国家游泳中心有限责任公司提供）

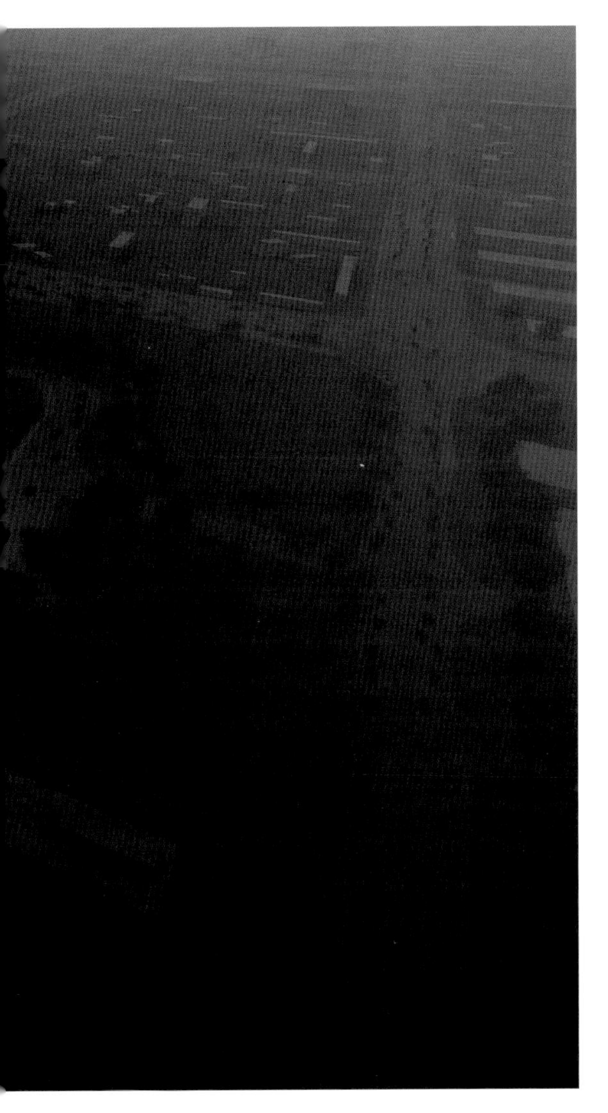

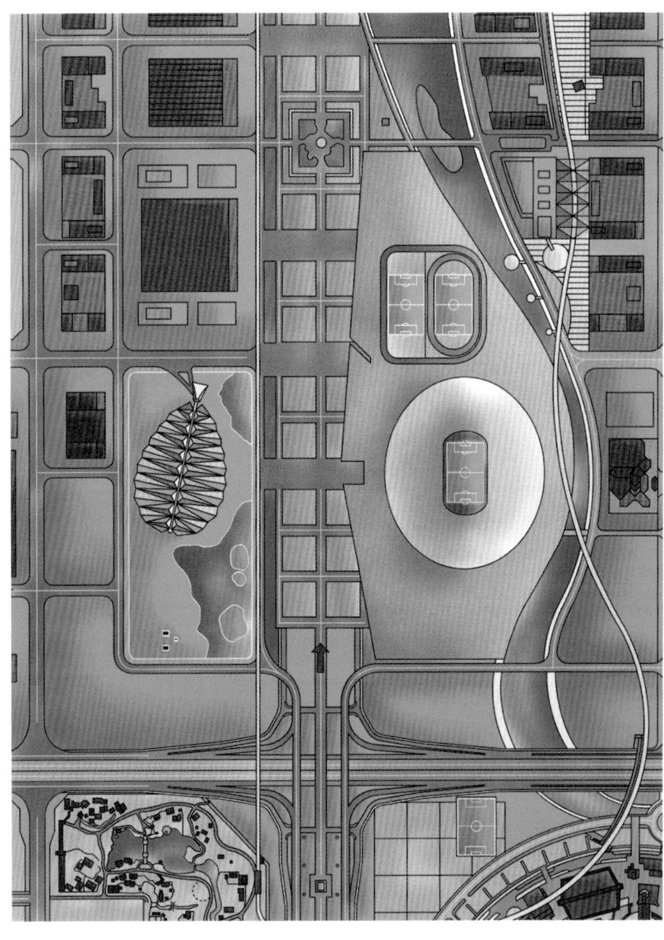

1-27 总平面图（北京国家游泳中心有限责任公司提供）

（七）中国上海现代建筑设计（集团）有限公司

游泳中心在追求一种与“鸟巢”方案的微妙不同和强烈对比。首先，一块块不同方向的三角平面在跃动，但总体是单纯的、静态的，稳如泰山。无限幽深而丰富的淡蓝灰玻璃在天光下闪现出水晶般的光芒，突现在人们眼前，显示出强大的视觉冲击力和艺术感染力。其次，巨大静穆的“鸟巢”筑在一个升起的高台之上，而巨石沉重奇崛，镶嵌在绿色地坑表面。二者神合而貌离，一个极具阴柔之美，一个尤赋阳刚之气。“一阴一阳”一分为二，合二为一，映射出中华民族传统最根本的宇宙观。第三，“鸟巢”表面筋骨毕露嶙峋，而巨石纹理内敛精微，两个方案之表纹均出于结构自身。图案和受力整体统一，显现出中国古代钟鼎纹般的浑穆气魄。

该方案见图1-28～图1-30。

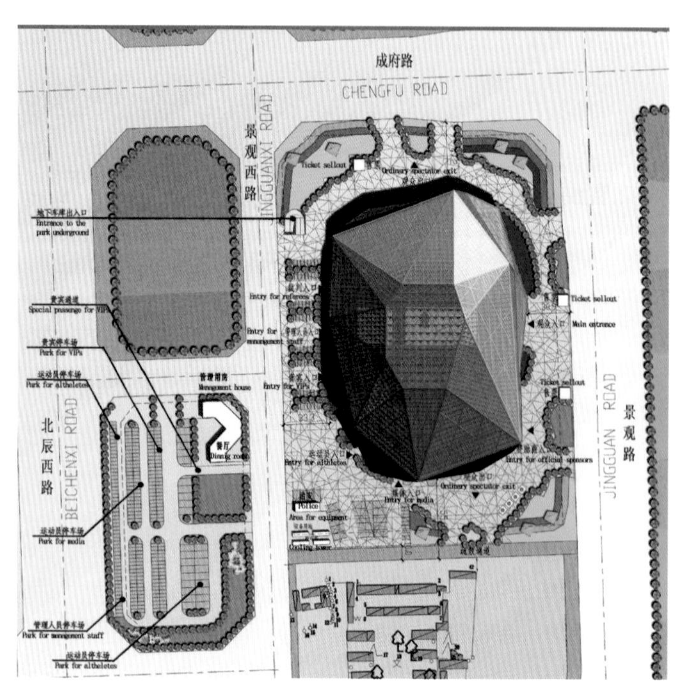

1-28 总平面图（北京国家游泳中心有限责任公司提供）

1-29 赛时室内透视（北京国家游泳中心有限责任公司提供）

1-30 鸟瞰图（北京国家游泳中心有限责任公司提供）

（八）中国建筑设计研究院

托起游泳中心的平静水面与国家体育场平缓上升的台地浑然一体。场地赋予了直觉、理智与灵魂。场地下沉不但使游泳中心以一种谦逊的姿态面向“鸟巢”，而且将游泳中心观众入口层降到了地面，使室外回廊与场地融为一体，为游泳中心赛时赛后的使用找到了合理配置标高的途径：各行其道，互不干扰。

游泳中心以简明的形体进一步突出了奥运公园的千年文化轴线。富于动感的屋面曲线与国家体育场的外形协调统一又不失变化，在对位与对比中强化了奥运公园的鲜明特色。跃动的屋顶增添了体育建筑的特征，展示出碧波上的竞技与绿水中的柔姿，力量、速度、美感在体量上得以定格。太阳能集热器和TIM透明绝热材料的完美结合表现出现代科技与材料的魅力。

该方案见图1-31～图1-33。

1-31 人视图 （北京国家游泳中心有限责任公司提供）

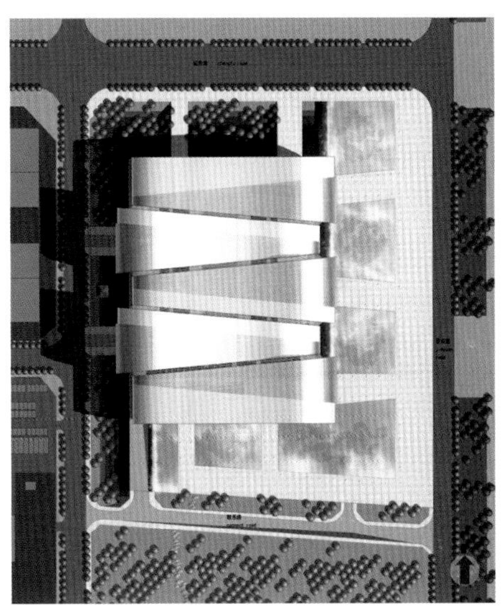

1-32 总平面图
(北京国家游泳中心有限责任公司提供)

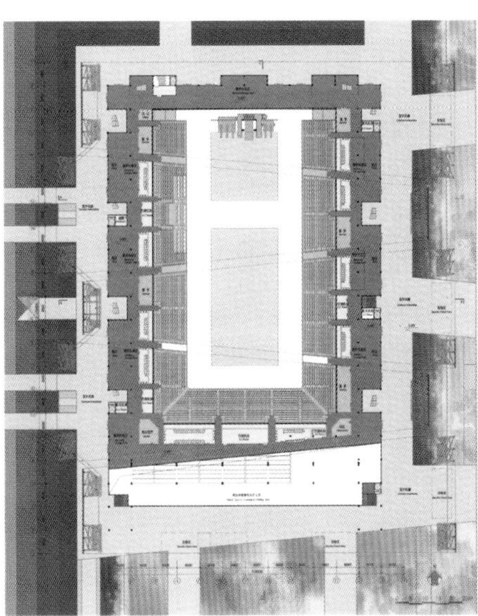

1-33 首层平面图
(北京国家游泳中心有限责任公司提供)

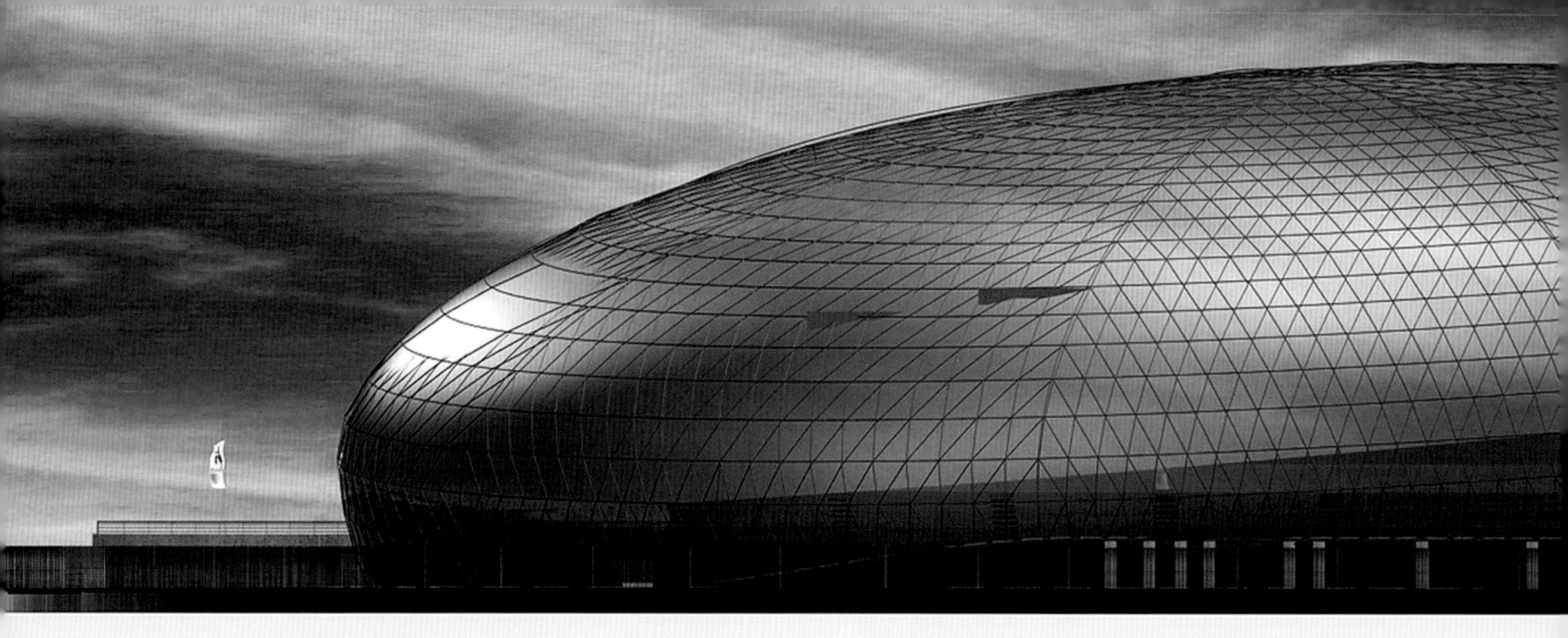

（九）希腊Decathlon S.A.设计集团联营体

北京国家游泳中心的设计灵感来自于园林中的一滴水。这一滴水处在一个动态的平衡状态中，静止并带有强烈的运动意愿。她穿着由金属和玻璃制成的漂亮外衣，轻盈地飘落在大地上，怀抱着美丽的室内水园林景观。碗形观众席的剪影恰如一鹦鹉螺壳在水滴里动态的展现。将游泳中心设计成一滴水珠，它的外形与功能是统一的，与位于文化轴线东侧鸟巢状的国家体育场是非常和谐的两个建筑物。

该方案见图1-34～图1-36。

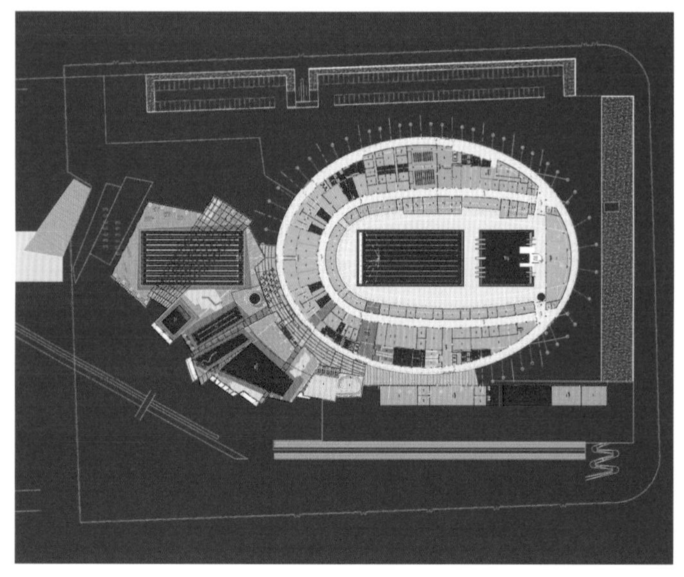

1-35 总平面图 1（北京国家游泳中心有限责任公司提供）

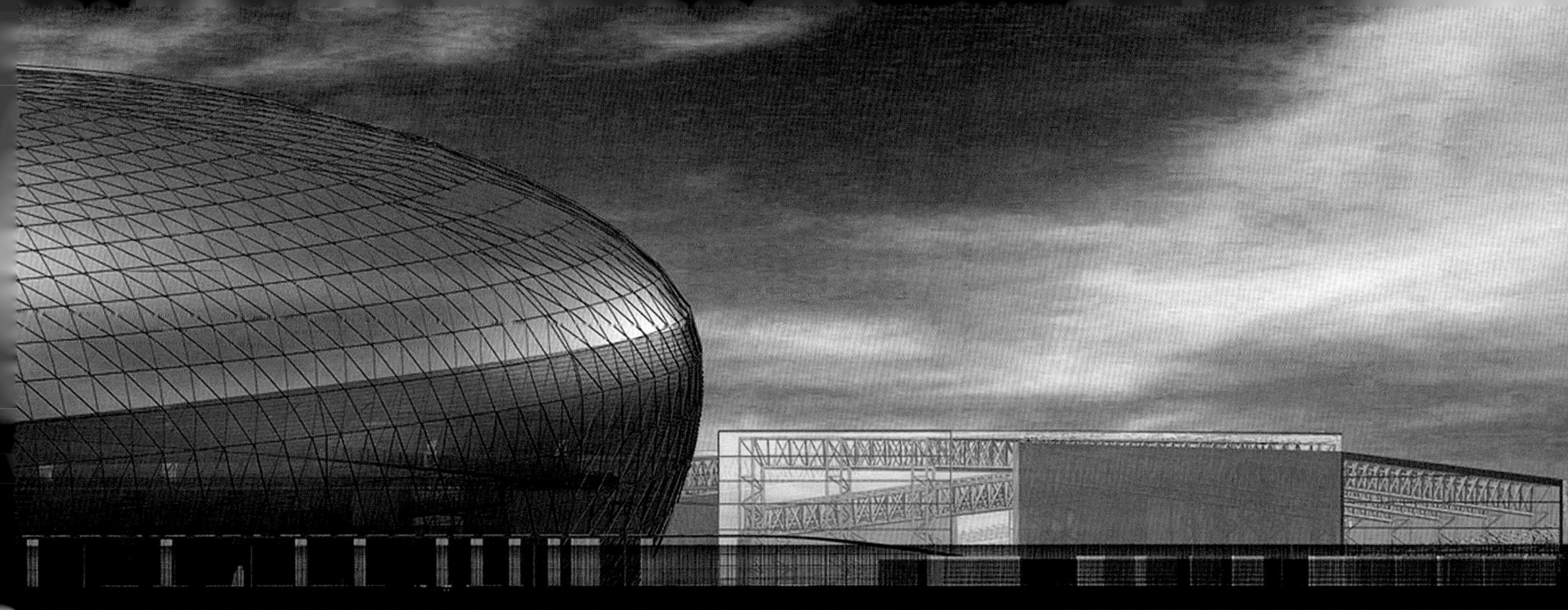

1-34 透视图 （北京国家游泳中心有限责任公司提供）

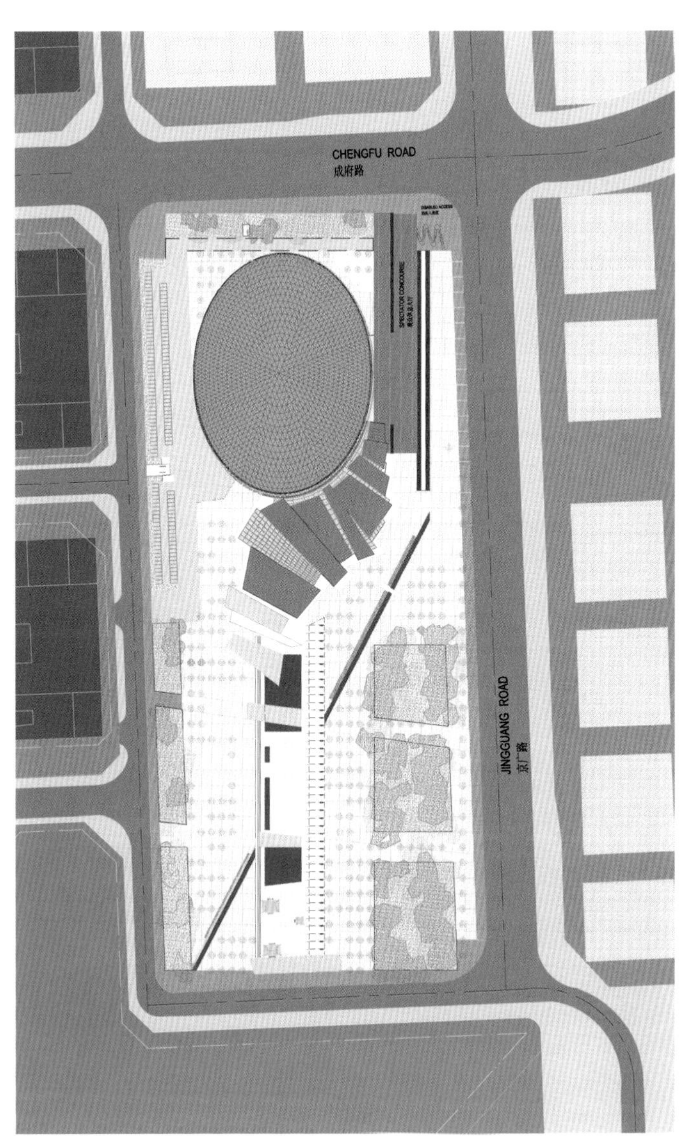

1-36 总平面图 2（北京国家游泳中心有限责任公司提供）

（十）美国 Rafael Vinoly Architects PC

"扇之舞"的设计灵感来源于优雅的中国传统折扇所具有的灵活性和有机性。设计创造了一个可以再生和循环使用的建筑：应用了建筑领域里最新的结构技术概念、新型材料和数字化控制技术，促使建筑在使用上具有高度灵活性和适应性。所有的组成部分都可以通过反复利用来充分地满足奥运会期间和奥运会之后的不同使用要求。同时设计也最大限度地保护生态资源和提高能源利用效率。

该方案见图1-37～图1-39。

1-37 透视图 1 （北京国家游泳中心有限责任公司提供）

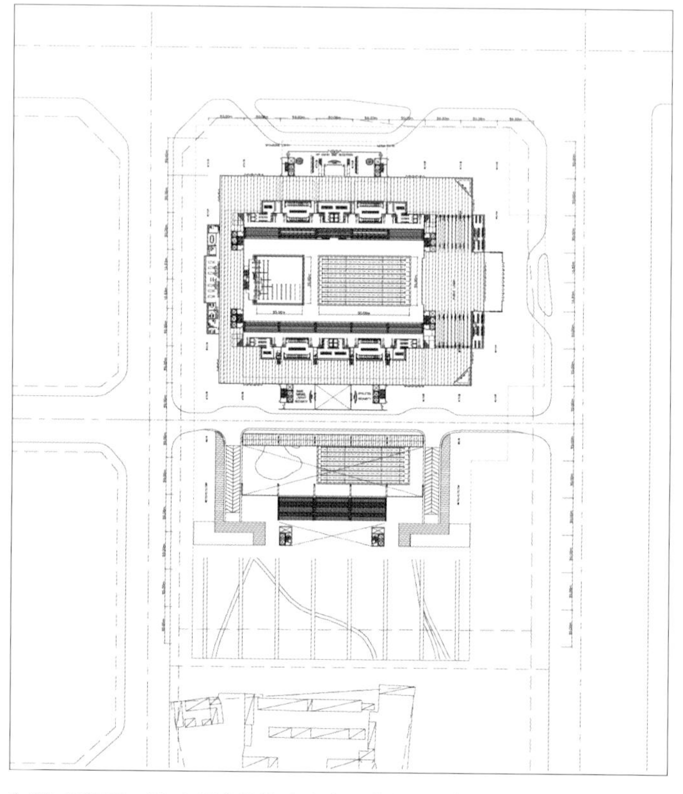

1-38 平面图 （北京国家游泳中心有限责任公司提供）

1-39 透视图 2 （北京国家游泳中心有限责任公司提供）

第二章　规划布局

第一节　总体规划

国家游泳中心项目位于北京市奥运中心区中轴线景观大道西侧，成府路以南，交通便利，与其东侧及北侧的奥运场馆群紧密联系。建筑主体呈现水蓝色泡泡构成的立方体形式，以其内敛、谦让的风格，与国家体育场（“鸟巢”）相互辉映，表现出“天圆地方”的意象，对我国传统文明的精髓以建筑的形式作出了最好的诠释（图2-1）。

奥林匹克公园是北京市城市中轴线的空间高潮区域，国家游泳中心位于其内。“水立方”的设计应既体现北京深厚的文化内涵，又展示首都的新风貌，孕育与中轴线广场的空间关系，创造开放宜人的空间形态。

在国家体育场雄伟而强烈的形象已经确定的条件下，国家游泳中心找到了一种与其共生的关系。“水立方”既表达了对主场的礼让与尊重，也彰显了自身的特征。同时，“水立方”也引导了一个方形建筑的序列，使北侧的国家体育馆等能够根据它所定义的形状向下延伸。分列于中轴线两侧的国家游泳中心与国家体育场、国家体育馆这三个重要的奥运会比赛场馆共同形成完整的城市形象。

国家游泳中心景观设计注重与周围环境水体与绿化的结合，既烘托了国家体育场，塑造了优美的城市景观，又发挥改善局部生态环境的作用，同时满足了赛时人员疏散的要求（图2-2）。

2-1 游泳中心与主体育场的和谐对话（夜景）

2-2 国家游泳中心与国家体育场（日景）

第二节　分区与定位

1. 运营边界

运营边界指的是场馆运营的责任区域和所有与场馆相关的区域，包括那些不在安全警戒线以内的区域。国家游泳中心的运营边界包括观众排队等候区域（建筑物南侧）和所有与国家游泳中心相关的前院车辆和行人检查处。运营边界还包括国家游泳中心西侧仅在奥运会期间使用的临时用地。

2. 比赛区域（FOP）

比赛区域包括比赛场地和直接支持区域。国际泳联将决定奥运会/残奥会比赛区域的设计。比赛区域包括配有体育器材的运动员比赛场地和颁奖区。比赛区域的设计还包括电视转播照明、旗帜和横幅的位置、电子记分牌和大屏幕电视、公共广播系统和电视摄像机机位。

3. 前院（FOH）

前院包括所有的观众通道、观众服务、排队等候区和观众座椅。前院为观众提供了流通空间和必要的服务。前院还包括部分室内和室外区域。观众（包括赞助商）在进入前院以前要经过门票预检，在进入坐席前要进行正式检票。在所有的观众等候、安全检查和门票检查区域必须要保证足够的空间和观众的绝对安全。在任何时候，前院都要保证有足够的紧急疏散空间。

4. 后院（BOH）

国家游泳中心的后院是其他所有的支持和运营区域，是指奥运会赛时组织和管理的临时设施用地，包括官员、贵宾、记者的专用车辆停车及其他临时设施。

后院是一个安全的区域，为专门人员提供人流空间、管理和运营设施、仓储和必要的服务。后院包括室内和室外区域。在进入后院前所有的专门人员都要进行安全和身份检查。对于进入后院的以下人员将提供带有安检设施的入口：运动员和随队官员；国际泳联官员和技术官员；媒体（包括新闻和广播）；奥林匹克大家庭，残疾人奥林匹克大家庭，贵宾；工作人员。对于所有的安检和排队等候区域设置了足够的空间和恰当的管理体系（图2-3）。

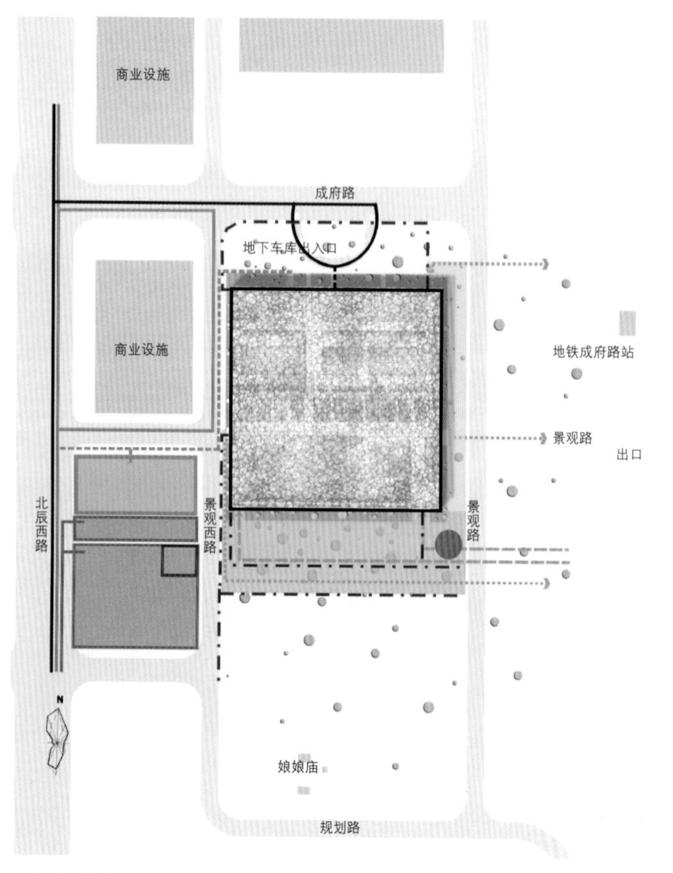

图例

2-3 前后院分区

第三节 外部交通组织

国家游泳中心前院的观众和后院的专门人员使用不同的交通运输系统和不同的道路，保证了场馆的所有使用者（包括残疾人）可以有序地到达场馆内的所有区域（图2-4）。人流和车流严格分开；公共汽车和专车的接送站合理区分；同时保证了急救车辆、服务和运送车辆、指定媒体车辆的畅通行驶。

一、机动车出入口

场地位于成府路以南，景观路以西、景观西路以东，总出入口布置明显，可从东、西、北侧通向城市道路。北广场有一个机动车出入口与成府路市政道路相连接，用于北侧机动车停车场的车行出入。

二、人行出入口

场地北广场相邻的成府路及景观路、景观西路均有可以供行人出入的人行道路。设贵宾、运动员、赛事工作等人员的专用出入口，与观众人流互不干扰。

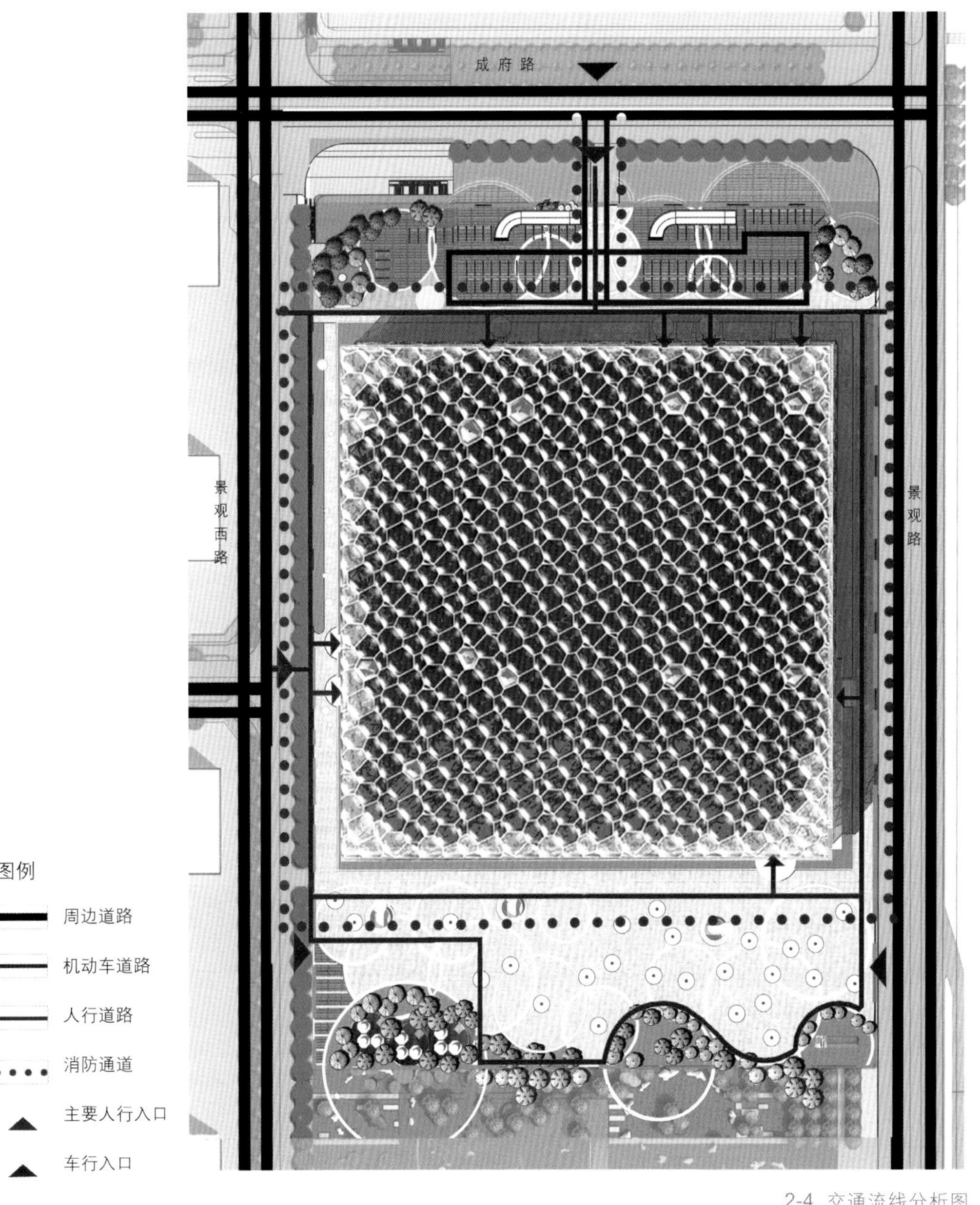

2-4 交通流线分析图

第三章 建筑设计

第一节 平面布局与功能分区

一、平面布局

“水立方”建筑单体平面主要布局为三大组成部分，分别是满足奥运会竞赛要求的比赛大厅，满足奥运会比赛热身需要的热身池大厅，以及为场馆赛后运营考虑而设的大型嬉水大厅。各厅之间用ETFE泡泡墙形成的线性空间分隔，并有机地结合在约177m×177m的正方形平面中（图3-1）。

（一）比赛大厅

包括观众坐席、25m×50m标准奥林匹克竞赛池、25m×30m跳水池以及各类与赛事直接相关的附属功能用房，为奥运会期间赛事的主要使用空间，方形的纯粹的比赛大厅空间将为观众带来最佳的观赛体验。

（二）热身池大厅

由两层空间组成，首层包括25mX50m热身池和满足放松休闲需要的多功能泳池，二层预留赛后溜冰场为将来场馆的运营提供支撑条件，两层楼层空间设计降低了热身池大厅的高度使空调运行费用降低，也为将来赛后的运营提供更多的空间支持。

（三）嬉水大厅

为赛后公众提供水上综合娱乐场所，包括冲浪、滑水、漂流、戏水、喷泉等多种设施，将给游客带来水上的欢乐，同时满足了各种年龄层次戏水爱好者的需求。

另外在场馆东南主入口的上方，为前来感受、体验、触摸泡泡的游客提供了一个极具梦幻色彩的空间——“泡泡吧”，在这里可以最大程度体验到泡泡所赋予这栋建筑的无穷魅力。

二、功能分区

复杂多样的功能在方形的平面中被处理得简洁、明确而丰富。

“水立方”的使用需同时考虑奥运会赛时使用和赛后运营两种时态模式，如何将两种时态有机结合在一个使用平面中是对功能分区布局合理与否的考验，通过以永久运营使用结合赛时要求的策略进行建筑功能分区布局：

“水立方”建筑主体空间为单层，地下共2层，附属功能用房部分为地上局部4层；

地下二层主要为池底、泳池设备用房、车库、场馆运营设备用房以及场馆运营人员餐厅等，地下二层设六级人防，赛时为物资库，平时为车库（图3-2）。

地下一层包括竞赛平层及三个主要的池厅，竞赛平层功能用房包括运动员热身池、陆上训练区、运动员更衣室、竞赛池、跳水池等竞赛区域；新闻发布厅、记者工作间等媒体区域；国际泳联、中国泳协、裁判等技术官员工作区；通信机房、颁奖用房等赛时运营用房等赛时后院人员用房；池厅分别为奥林匹克比赛大厅，热身池大厅和嬉水大厅；其中热身池大厅上方预留赛后多功能室内运动场，可以根据需要设置成3片网球场或2片篮球场或1片溜冰场，各层另设相关附属空间和设施（图3-3）。

主要观众集散层位于首层。包括主要的观众用房、贵宾用房，部分媒体用房、运动员用房、运营用房与观众厅钢结构临时看台（图3-4）。

二层主要包括媒体集散平台和泡泡吧（图3-5）。

三层主要包括部分赛时运营功能用房（图3-6）。

四层主要包括少量赛时安保用房（图3-7）。

三、柱网及核心筒布置

（一）柱网设计

“水立方”柱网基本采用8500mm×8000mm柱网的模数，满足了看台坐席部分的结构支撑和功能用房及交通空间的合理划分。

（二）核心筒设计

“水立方”各专业设备系统及管线复杂、内容繁多，合理的设置核心筒巧妙地使各专业管线竖向有序组织各层分散，减轻了每层管线设计的压力，同时争取到了最大层高和有效使用空间，在满足竖向交通和疏散的同时，解决了大量管线交叉的问题。“水立方”比赛大厅主要设有六个核心筒，其中四个核心筒直通马道（图3-8）。

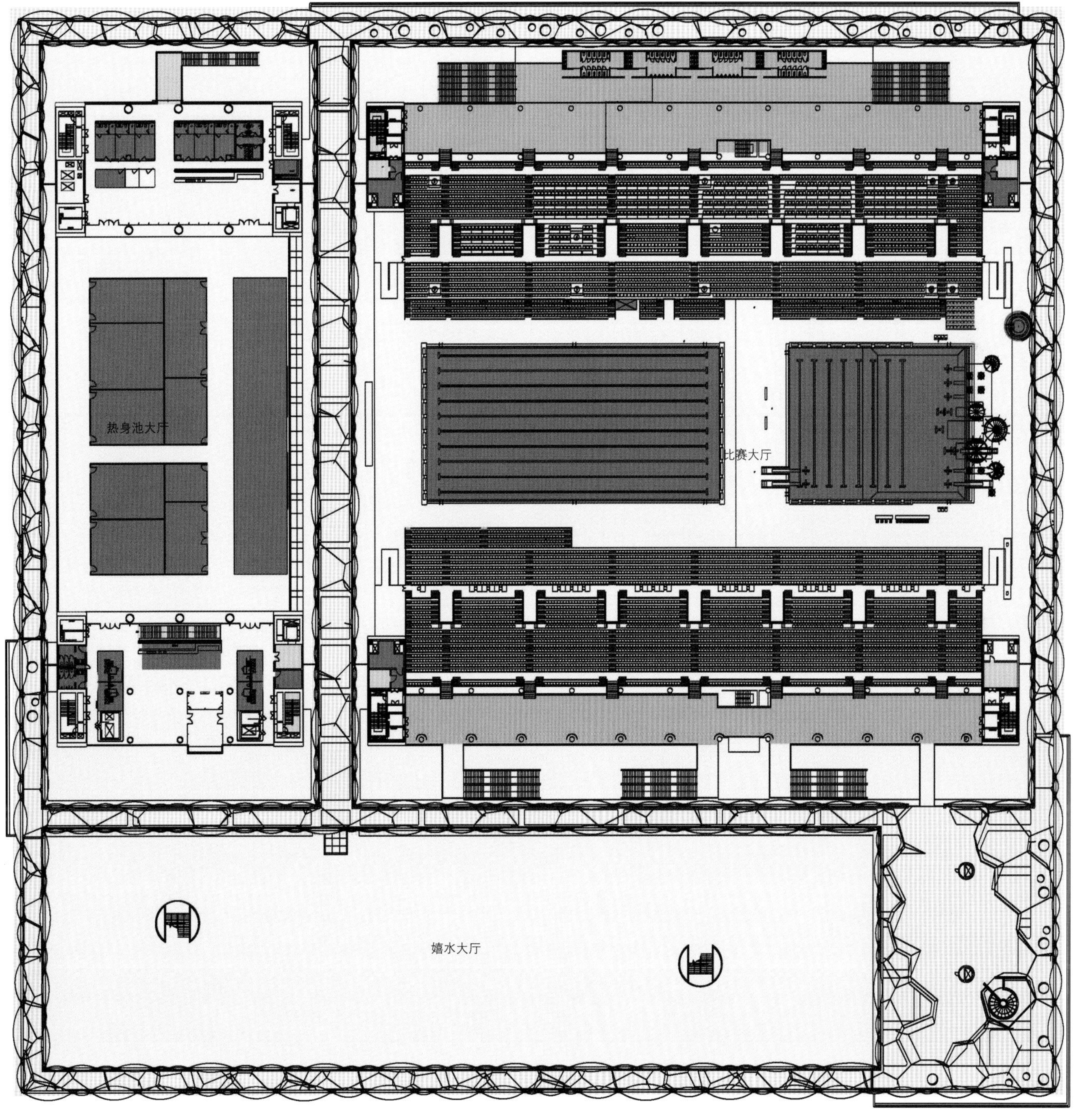

3-1 功能分区示意

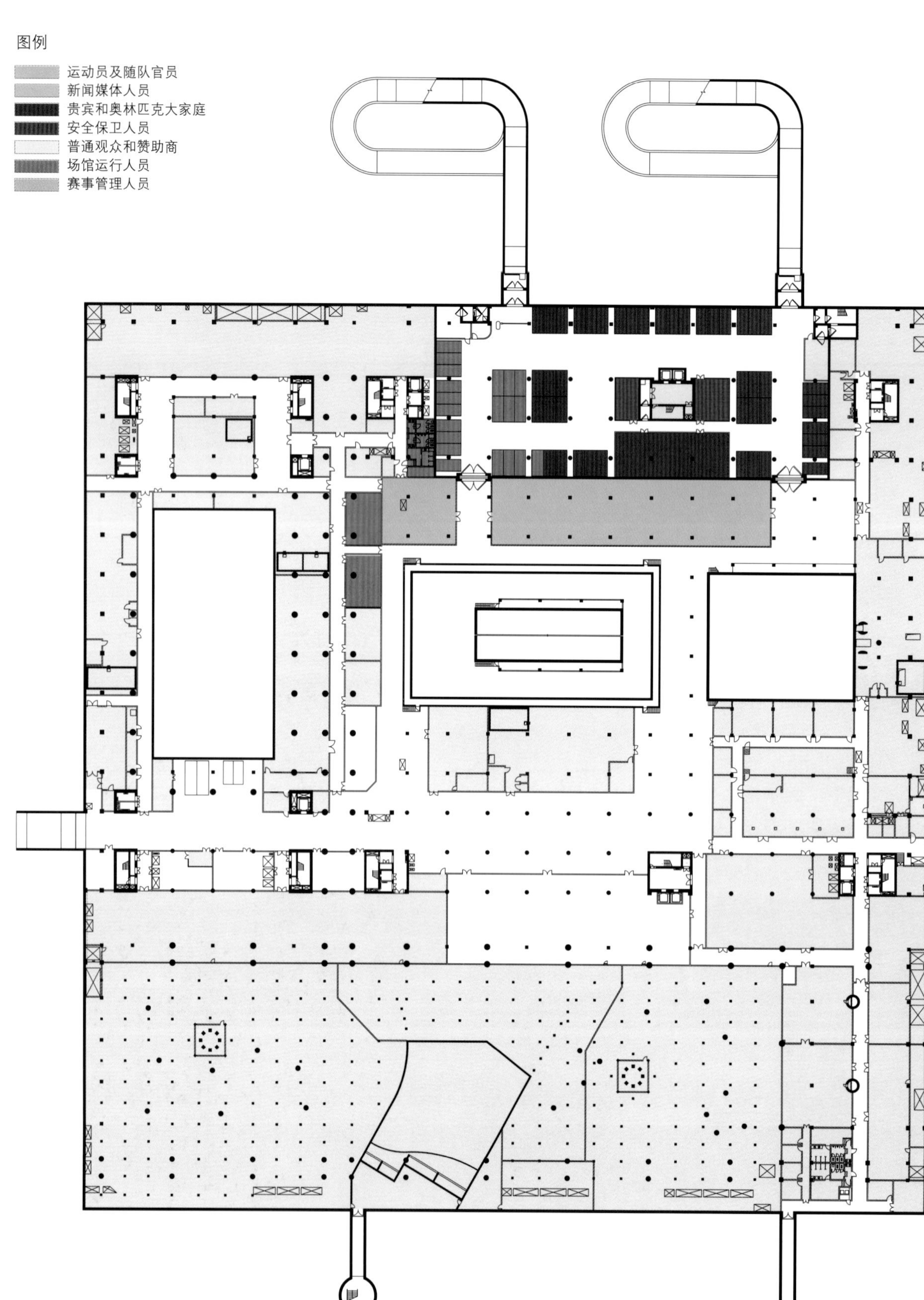
图例
运动员及随队官员
新闻媒体人员
贵宾和奥林匹克大家庭
安全保卫人员
普通观众和赞助商
场馆运行人员
赛事管理人员

3-2 地下二层平面

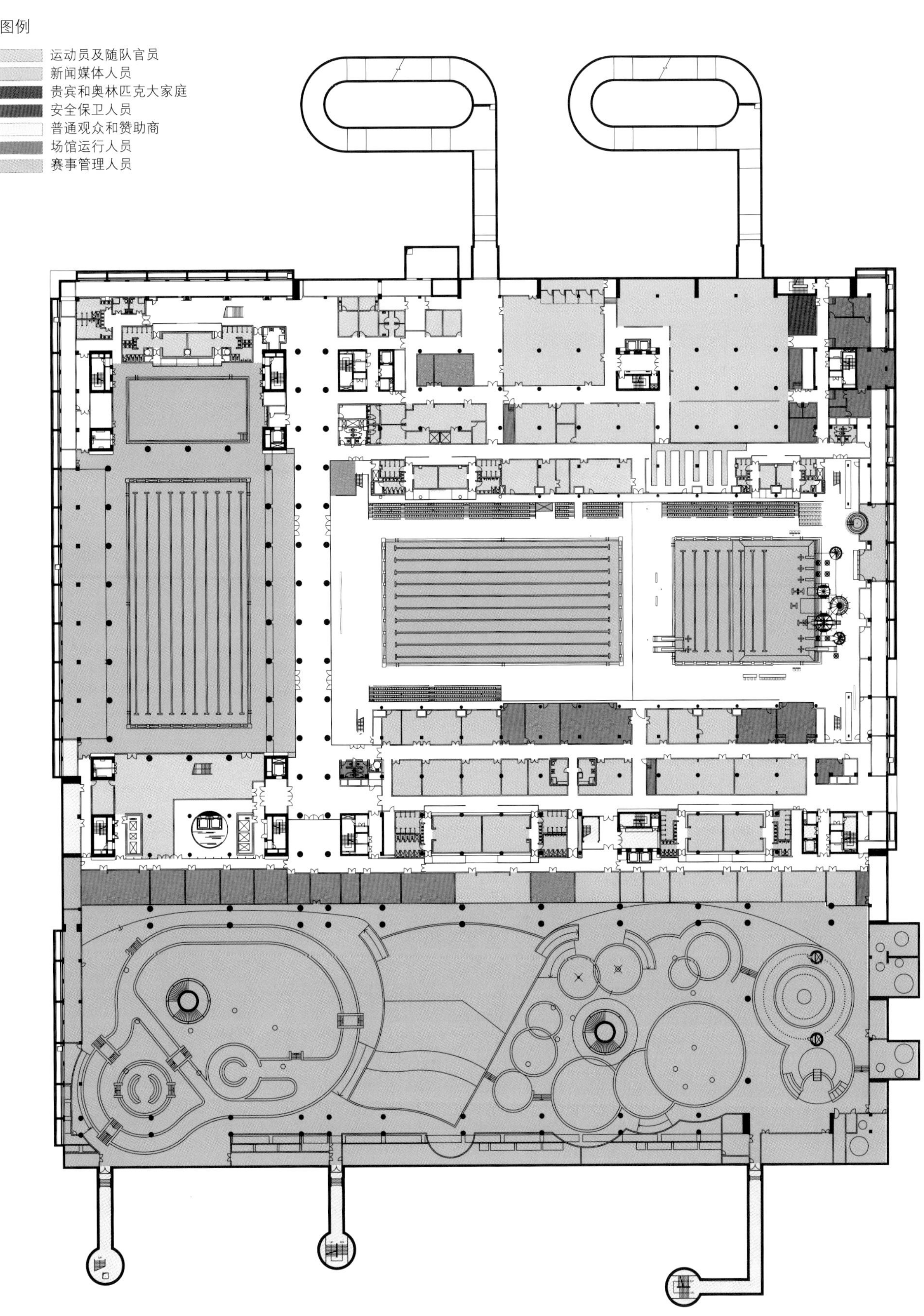
图例
运动员及随队官员
新闻媒体人员
贵宾和奥林匹克大家庭
安全保卫人员
普通观众和赞助商
场馆运行人员
赛事管理人员

3-3 地下一层平面

图例

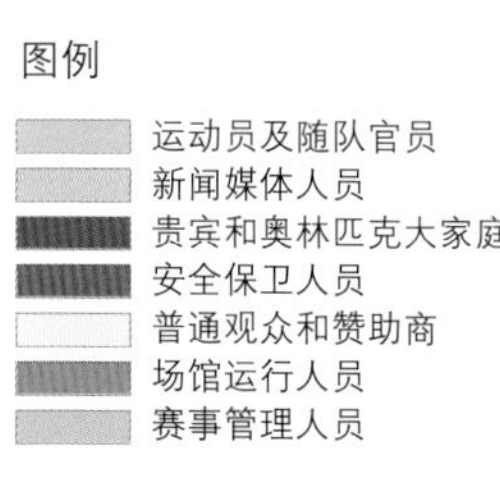
运动员及随队官员
新闻媒体人员
贵宾和奥林匹克大家庭
安全保卫人员
普通观众和赞助商
场馆运行人员
赛事管理人员

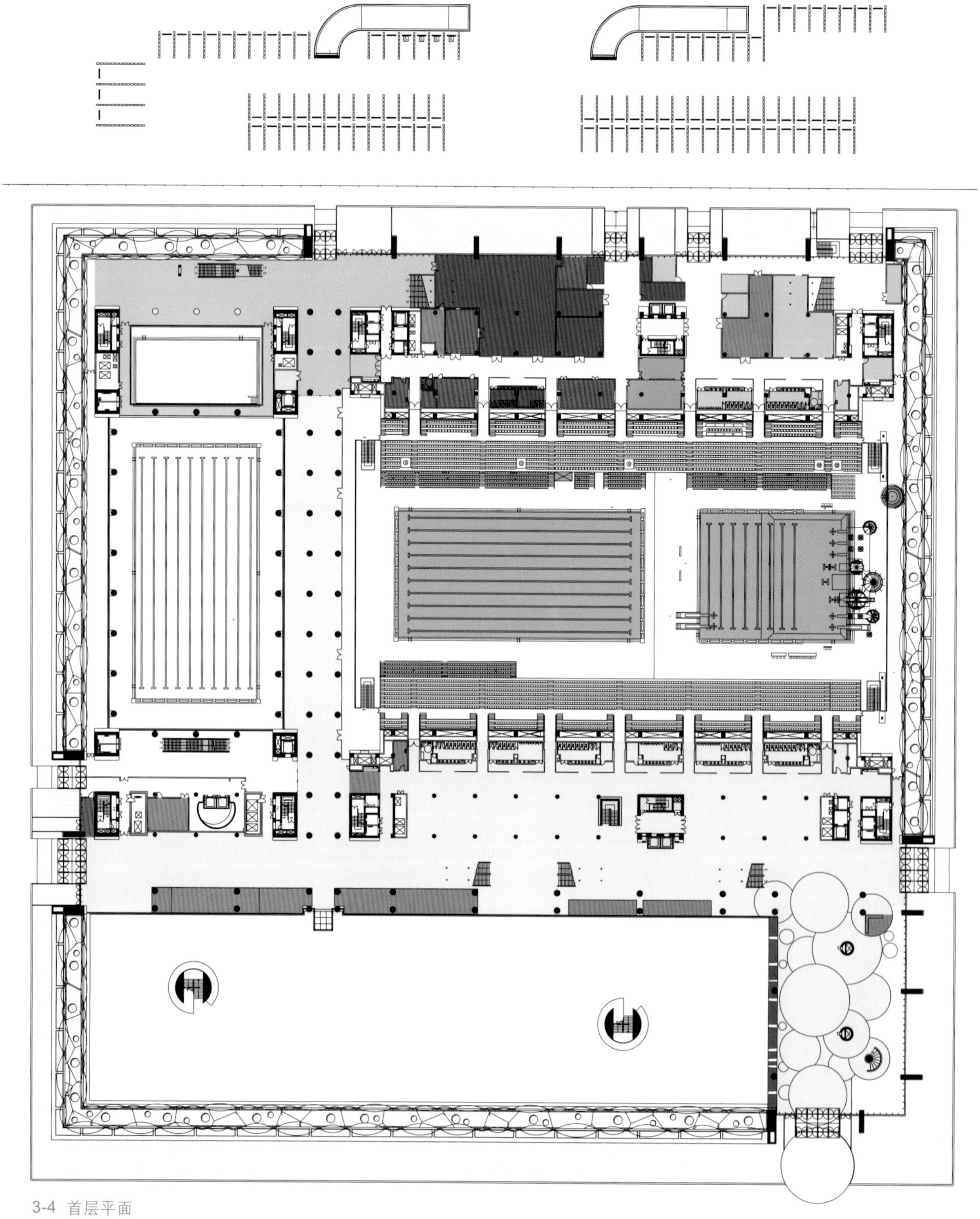

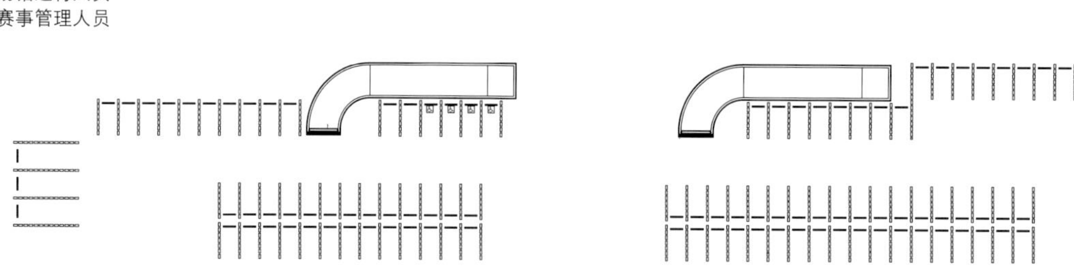

3-4 首层平面

图例

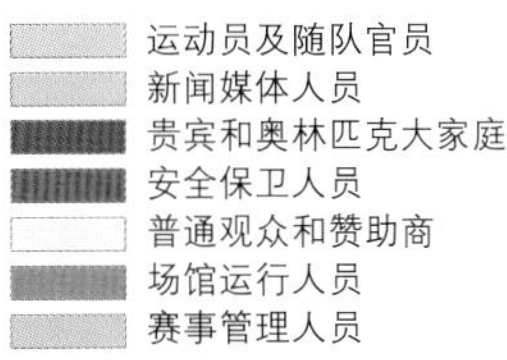

运动员及随队官员
新闻媒体人员
贵宾和奥林匹克大家庭
安全保卫人员
普通观众和赞助商
场馆运行人员
赛事管理人员

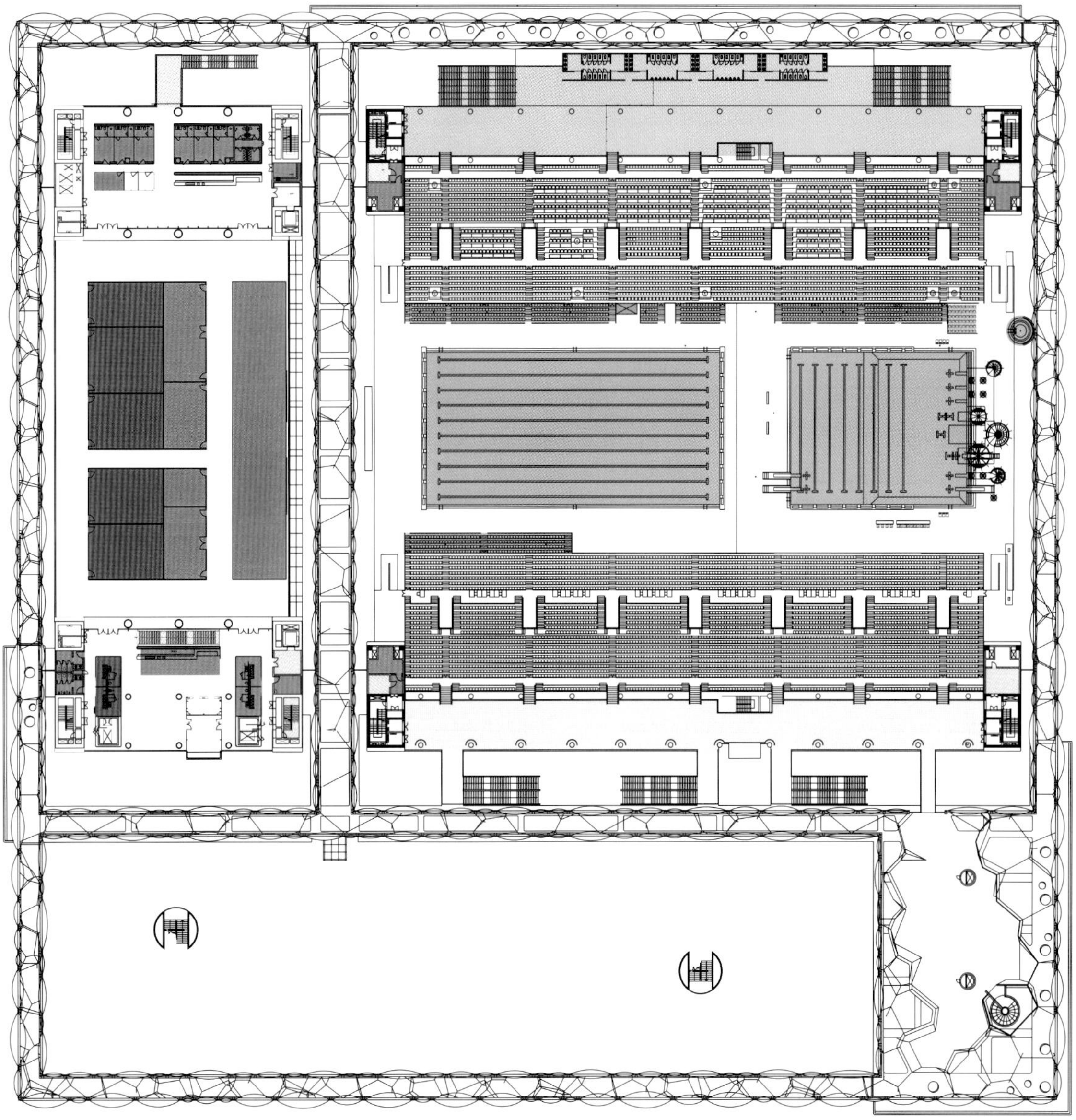

3-5 二层平面

图例

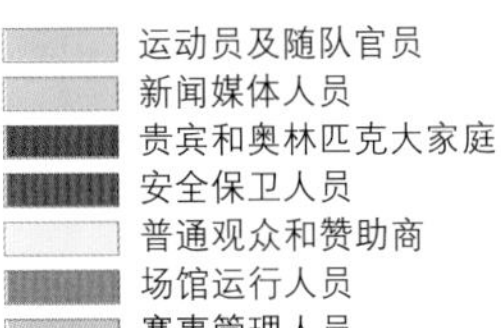

运动员及随队官员
新闻媒体人员
贵宾和奥林匹克大家庭
安全保卫人员
普通观众和赞助商
场馆运行人员
赛事管理人员

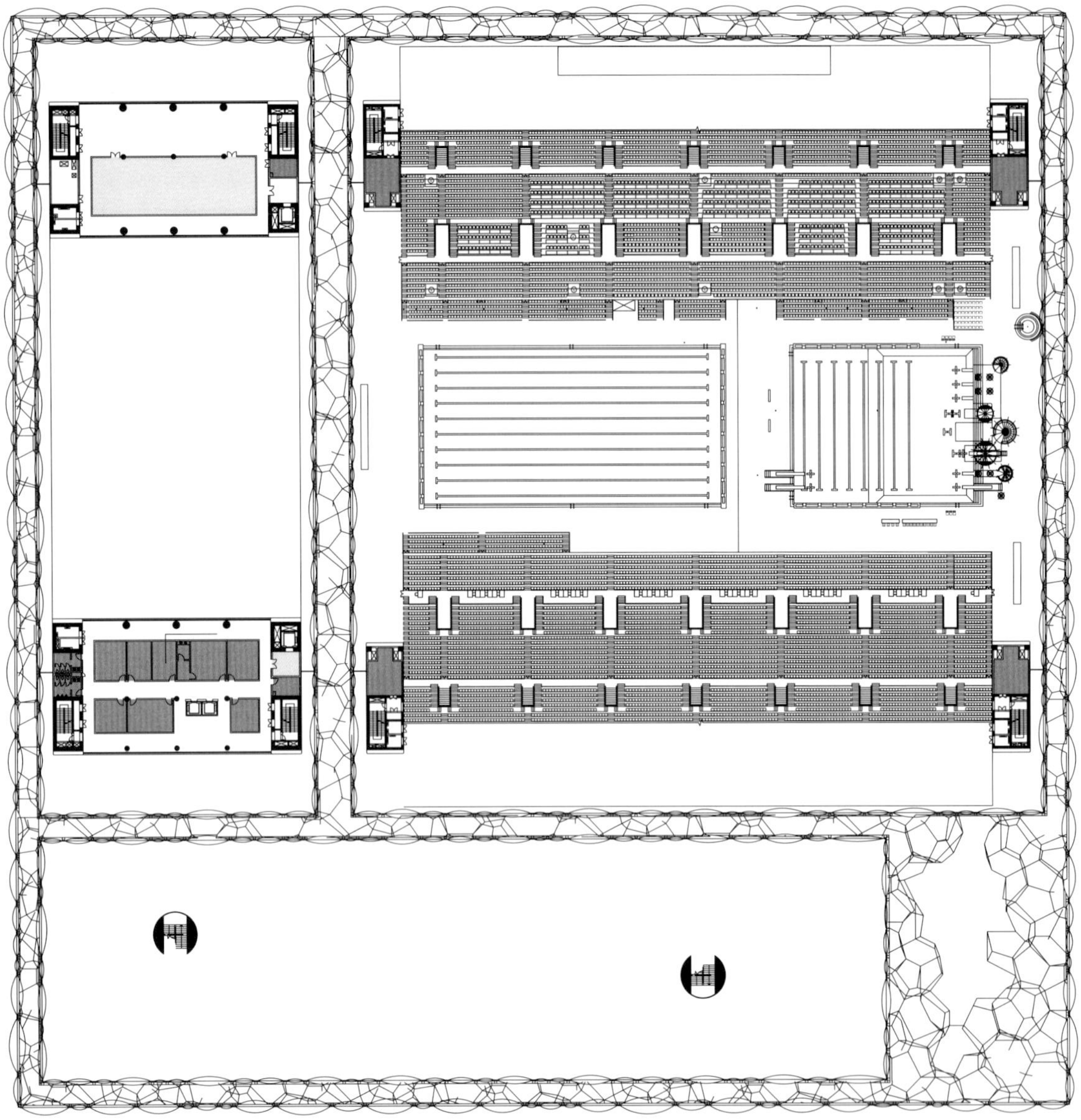

3-6 三层平面

图例

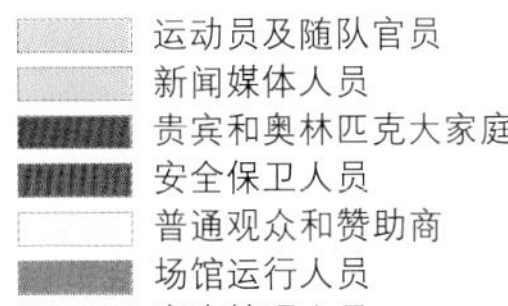

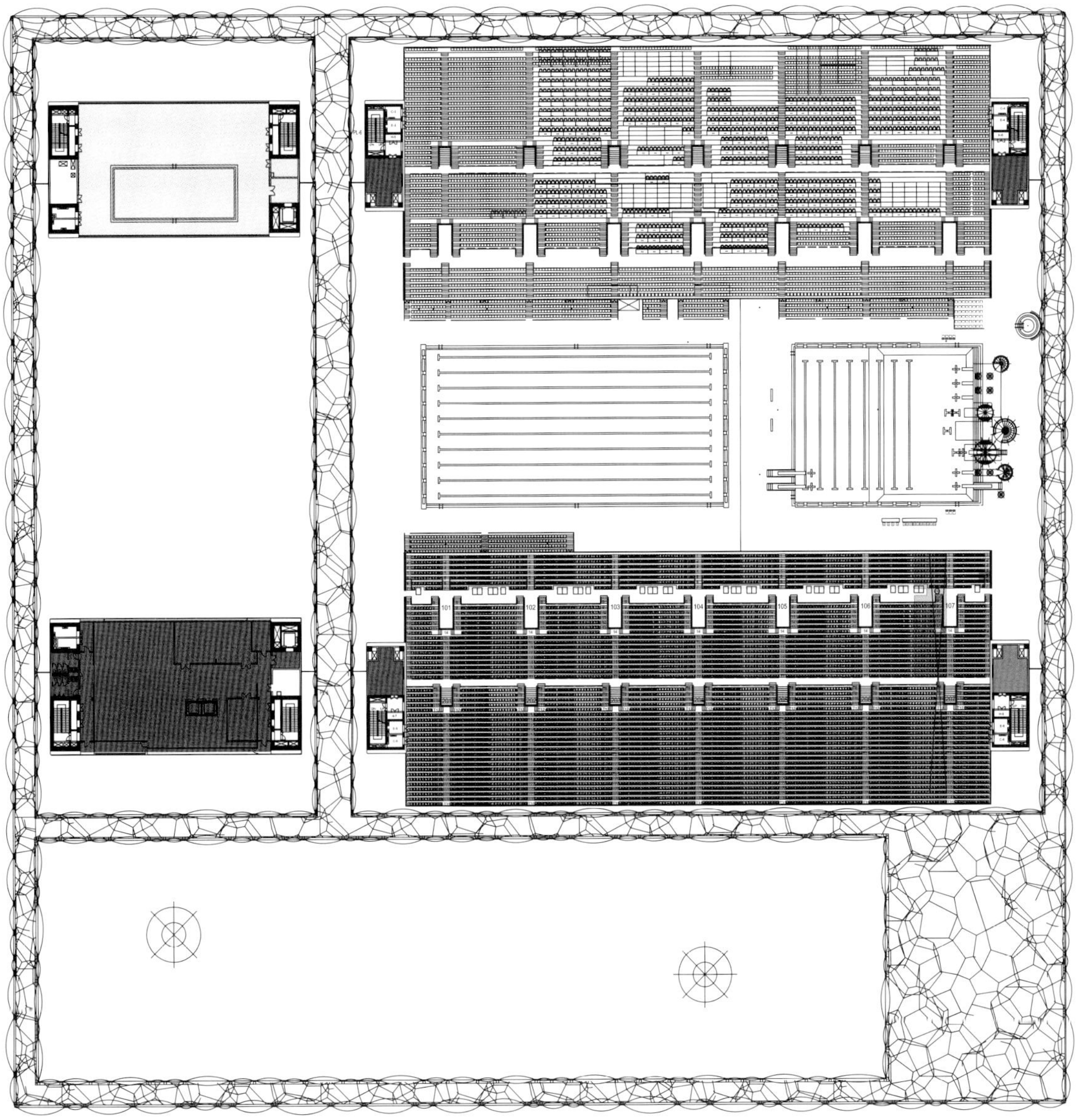

3-7 四层平面

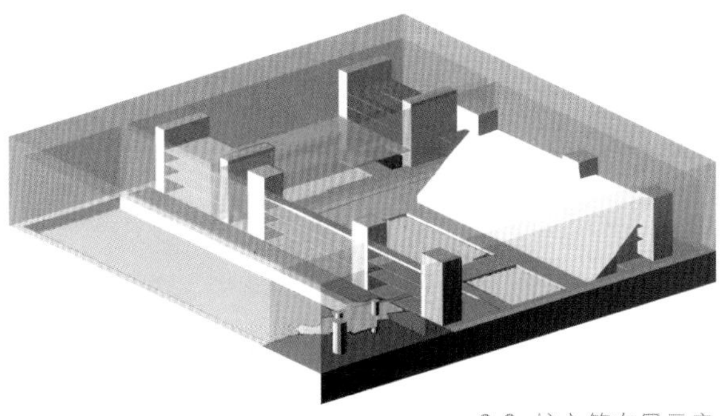

3-8 核心筒布局示意

第二节 造型与立面设计

国家游泳中心具有建筑跨度大、观众容量大、厅堂体积大等特点，这就要求采用技术先进，结构自重轻、形式轻巧灵活，通过结构自身的美展现整个建筑的特色。

一、方形的由来

“水立方”独特造型的由来绝不是一蹴而就、信手拈来的，它既有别于传统意义的中国古建筑乃至当代的一切建筑，但又根植于中国古老文化丰厚积淀的土壤中。它抛开简单的形式的羁绊与困扰，直接触及国人内心深处的共通的文化脉络进而产生共鸣。它不是直白的西方式的感官刺激，而是持久的含蓄的富有水墨山水画式意境的东方式水主题文化的建筑表达。

（一）方城营国的思想

考古证实，早在西周就对城市的建设布局有了严格的规定，《周礼·考工记》的“营国”制度对中国古代城市规划实践活动产生着深远的影响。从曹魏邺城、唐长安城到元大都和明清北京城，方城营国的城市形制对中国古代都城的影响得到了充分的体现（图3-9）。

（二）元大都及明清北京城的营造

北京是一座富有神奇魅力的古城。作为一座历经辽、金、元、明、清五代的古都，源远流长的文化积淀，世代相袭的古老传统，创造了独具特色的建筑风格和都城风貌。元大都是平地营造并新建的最大都城，它继承总结和发展了中国古代都城规划的优秀传统。元大都是以宫城，皇城为中心布置的，道路系统规整砥直，成方格网状，城区的轮郭接近于方形，城市的中轴线就是宫城的中轴线（图3-10）。

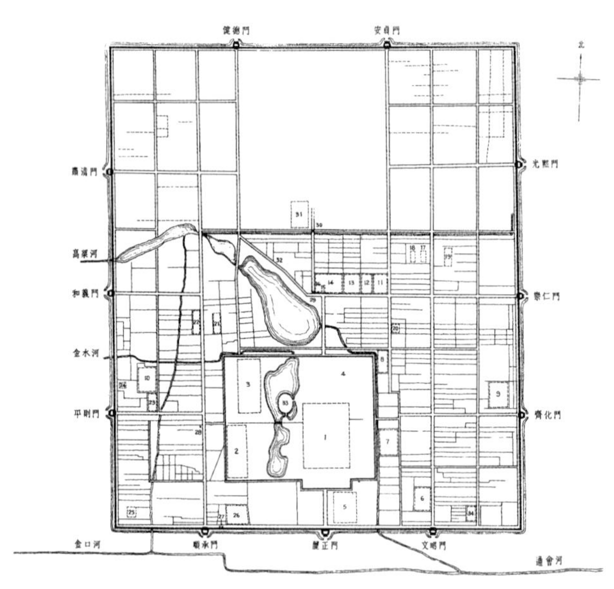

3-10 元大都复原示意（引自《中国古代建筑史》第二版，中国建筑工业出版社，1984年）

3-9 《三礼图》中的周王城示意

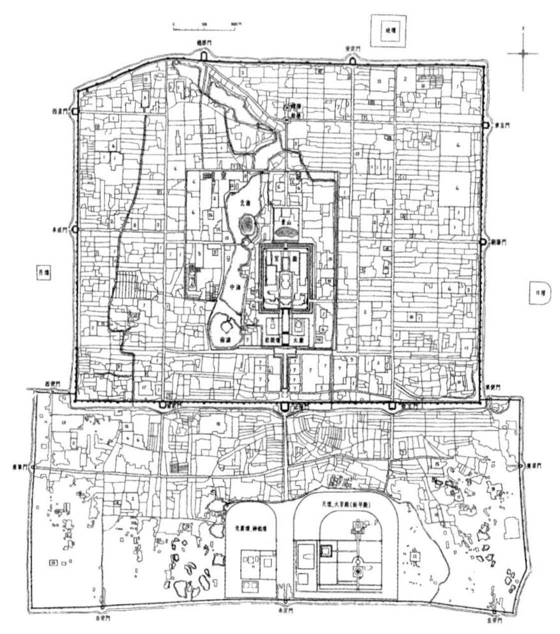

3-11 明清北京城示意（引自《中国古代建筑史》第二版，中国建筑工业出版社，1984年）

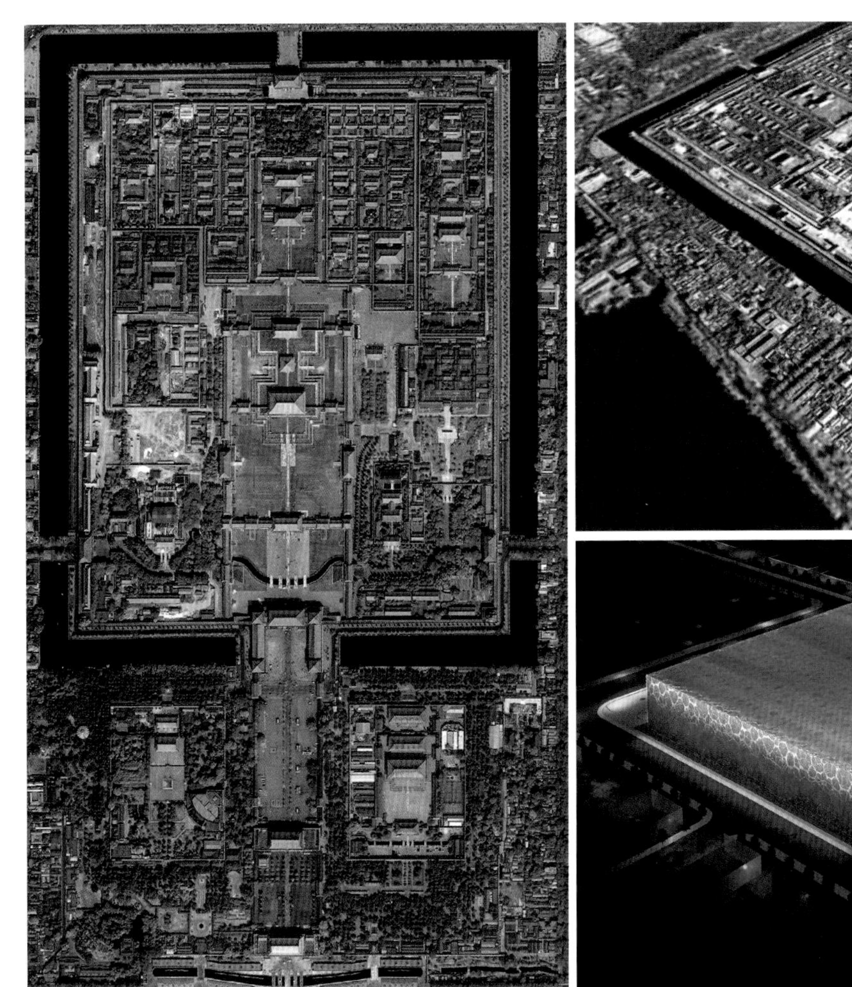

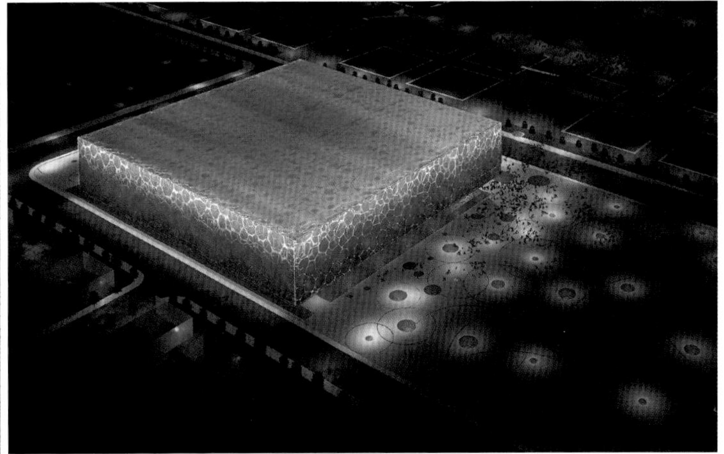

3-12 紫禁城航拍图

明清北京城城区的划分有明显的功能分区，三套方城，宫城居中的轴线对称布局。三套方城分别是居全城中心位置的宫城（紫禁城），宫城外圈套筑皇城，皇城外套筑内城，构成三重城圈（图3-11、图3-12）。

（三）北京方形合院式民居

北京城内的每条胡同里都有鳞次栉比的大小院落，其中作为传统住宅形式，最主要最典型的类型就是合院。所谓合院，即是一个院子四面都建有房屋，四合房屋，中心为院。而标准四合院是由北房、南房及东西厢房四面围合，用卡子墙把房屋连接起来，形成一个封闭式院落，中心有个庭院，作为往来、采光、通风的之用（图3-13）。

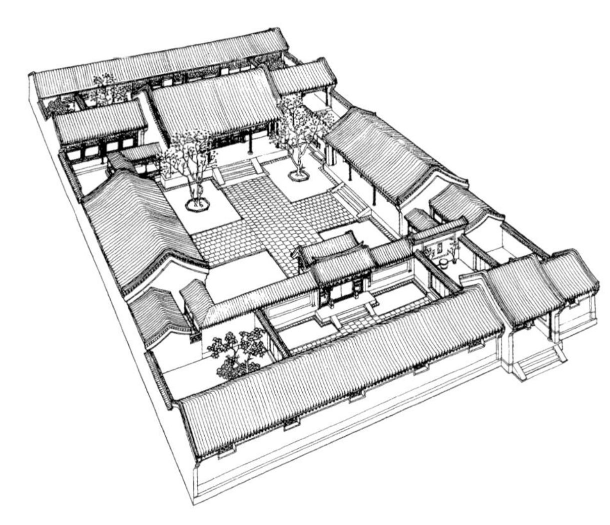

3-13 传统北京四合院鸟瞰示意（引自《中国古代建筑史》第二版，中国建筑工业出版社，1984年）

（四）中国古典哲学思想

1．“没有规矩，不成方圆”的礼学观念

人所有规矩和知识，以及中国人所崇尚的那种和谐统一都源自方形。

2．“天圆地方”的宇宙观

“方属地，圆属天，天圆地方”——《周髀算经》

天圆地方的说法，是中国传统文化的基本内容之一，历来为文化雅界、民间风俗所尊奉，自古就根深蒂固于中国的传统宇宙观认识观当中。

（五）功能空间的直接反映

投标方案之初对水的主题的形态捕捉是最先也是最容易被想到的造型处理手段。海边突如其来向岸边拍打的巨大浪头让设计师从中获得了巨大的快乐的同时，“水波浪”［图3-14(a)］也应运而生，夸张的水波浪给人们带来跳跃的视觉和感官刺激，这是一种活跃而张扬的美。但当设计师想要把游

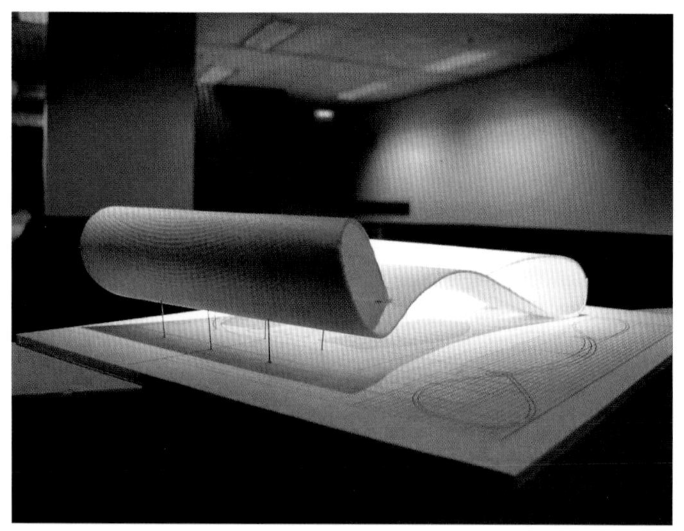

(a) 水波浪

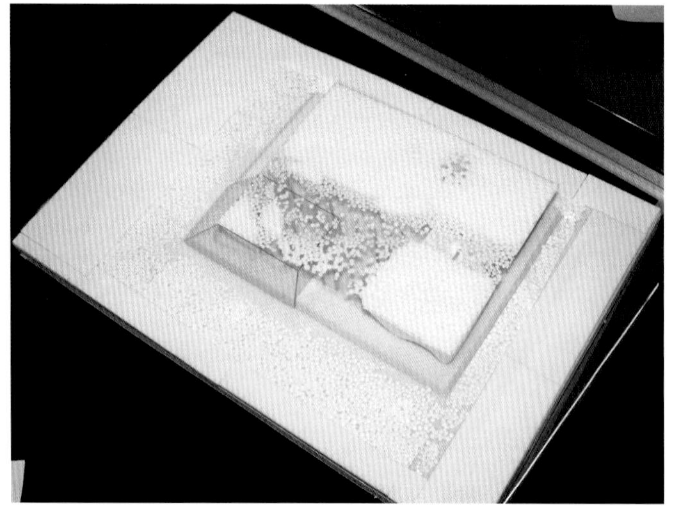

(b) 湿地景观

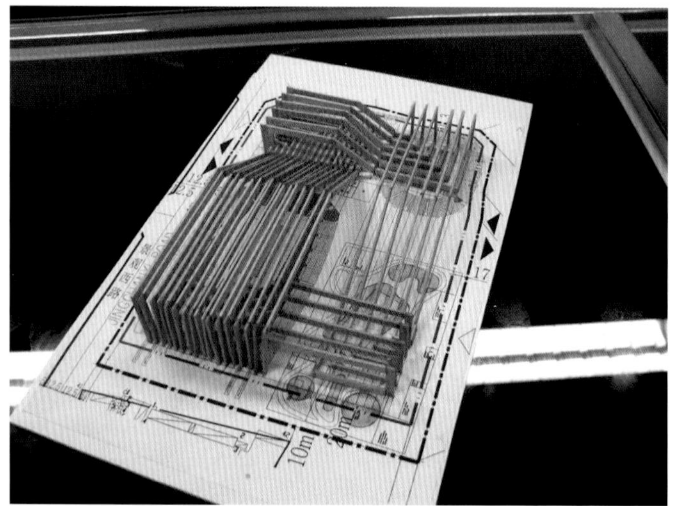

(c) 结构

3-14 投标阶段构思模型

3-15 “水立方”与“鸟巢”的对比示意 1

泳馆的功能放进其中时，却难以实现。

试图把奥林匹克赛事要求的50m×25m比赛泳池、50m×25m的热身池和嬉水池三个主要的池厅集于一体，本身就限制了建筑外型的自由与发散［图3-14(b)、图3-14(c)］。"形式追随功能"——沙利文，建筑大师的古训在"水立方"上得到淋漓尽致的再现，三个方形的池厅牢牢地控制了建筑的整个空间边界，方形的建筑外型最直接也最易于与各池厅相对应、避免冲突与碰撞。

（六）和谐共生的自然观

"水立方"与北京中轴线另一侧的国家体育场——"鸟巢"沿中轴对称并遥相呼应，形成了地与天、阴与阳、水与火、内敛与张扬、诗意与震撼、可变情绪与强烈性格之间的共生关系。与"鸟巢"所表现出的兴奋、激动、力量感、阳刚气息相比，"水立方"宁静、祥和、柔美，带有迷人的感情色彩，它的轻灵并且具有诗意的气氛会随着人的情绪、活动以及天气、季节的变化而变化（图3-15）。"水立方"与"鸟巢"在对比中和谐统一，"鸟巢"强势，"水立方"优雅；"鸟巢"是椭圆形的，形体轮廓平顺光滑，而"水立方"是方正有加，棱角分明；"鸟巢"鲜红的看台底板艳丽而奔放，而"水立方"泛着蓝光的色调优雅而谦逊。可以说，"鸟巢"极具男性阳刚之美，水立方则对应地呈现出女性柔美的特质（图3-16）。

二、立面设计

"方"的形态确立了，表皮如何填充？采用什么样的肌理？有人提出种草，还有人提出斑驳的钢质表面（图3-17）。"水"是一种重要的自然元素，并激发人们欢乐的情绪。针对各个年龄层次的人，探寻"水"可以提供的各种娱乐方式，从而开发出水的各种不同的用途，创造出一个令人精神愉悦的场所。这种"方"与"水"相结合所产生的设计理念就被称作"水立方"（图3-18、图3-19）。

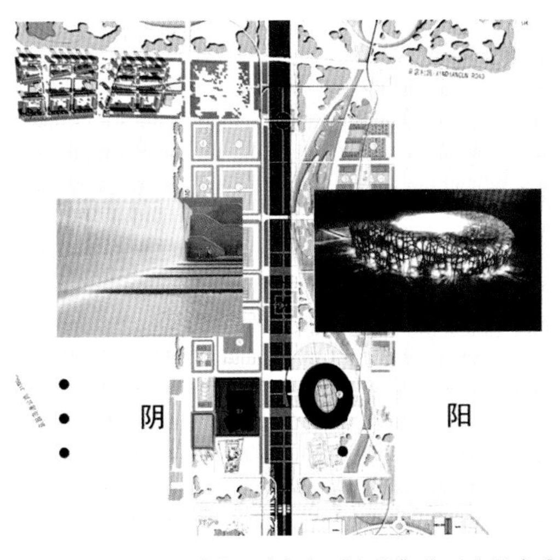

3-16 "水立方"与"鸟巢"的对比示意 2

3-17 方形钢丝网构思模型

3-18 "水立方"公式

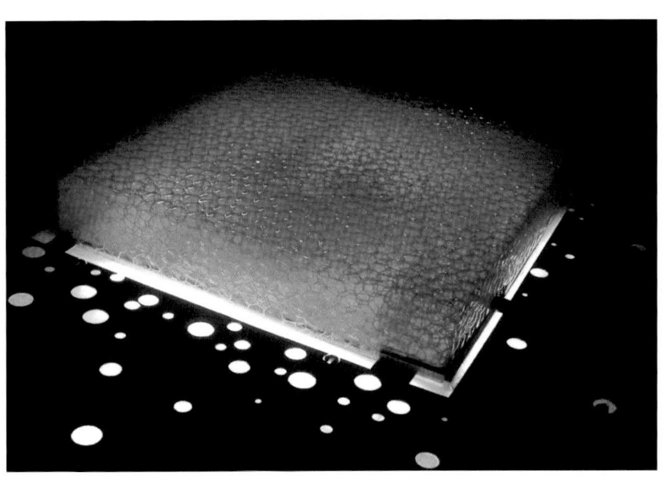

3-19 正式投标构思模型

直到“泡泡”概念的出现，“水”与“方”的结合才能真正得以实现。“泡泡”最初是通过几颗巨大的被戏称为“蛤蟆卵”的构思方案提出的（图3-20），这时，又试图把一串串的水泡放进盒子里去，设计师并由此通过电脑贴出各种泡泡图像激发了设计灵感。最终实现“泡泡”的是幕墙工程师们采用钢构件分隔了每个“泡泡”单元，使“泡泡”成为分子，赋予了这一方盒子“水”的外观特质（图3-21）。

（一）“泡沫”理论

19世纪末期，开尔文（Load Kelvin）（图3-22）提出“如果我们将三维空间细分为若干个小部分，每个部分体积相等但要保证接触表面积最小，这些细小的部分应该是什么形状？”的问题，直到1993年，两个爱尔兰教授Weaire 和Phelan提出了新的解决方案，即由两个不同的单元体构成，其中一个为14面体（2个面为六边形，12个面为五边形），另一个为12面体（所有面均为五边形）（图3-23、图3-24）。这种组合的表面积比开尔文提出的泡沫结构表面积要小。Weaire—Phelan 模型一直延用至今，它是三维空间最理想的组成结构。

（二）结构的精妙阐释

采用解答世界上最有挑战性的数学难题的数理模型作为构建基础，并遵循了自然界最普遍的物态构成形式是“水立方”结构体系的精妙所在。

以Weaire—Phelan模型作为“水立方”的结构设计基本模型，将水泡这种原本仅存于自然界的结构形式放大到建筑结构体系的尺度，尽管它在外观上呈现出复杂的组织形式，但这种结构实际上建立在高度重复的基础上。它只包含三个不同的表面，四条不同的边和三种不同的角点或节点。由于这种结构上的高度重复，可以通过空间钢结构桁架来进行构建和安装，此种空间结构体系建造起来并不困难（图3-25）。

1．结构形成过程

首先是构造一个空间钢桁架的单个单元，这个单元可在两个方向上重复以形成大面积的空间钢桁架结构。为了创造一个大小不一的图案，可把已形成的结构在空间中旋转45°角。在三维空间中，这个形成的立方体是在两个轴线上旋转的，也就是横向旋转一次，纵向旋转一次，旋转完毕后，用“磨具切割机”按照最终方形的屋顶轮廓把形状切出来。

最后一步是把切出来的空间钢结构桁架进行清理，把屋顶及墙体周边不需要的杆件清理掉，最终得到一个不仅具有高度重复性而且具有高效率的空间钢结构桁架。

2．几何结构分析与比对

“水立方”空间结构桁架按不同杆件的长度进行归类可

3-20 投标阶段构思模型变异泡泡

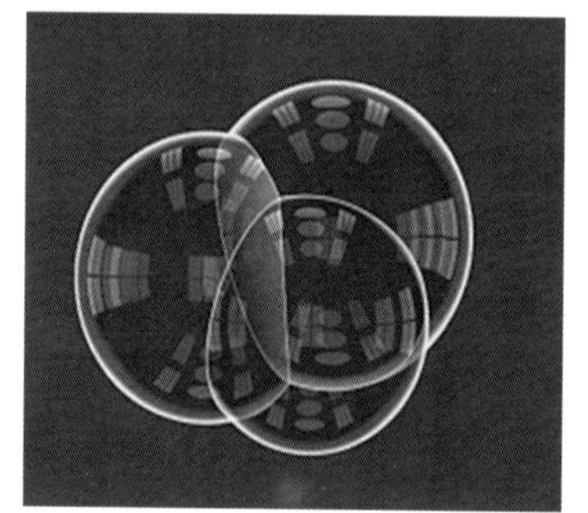

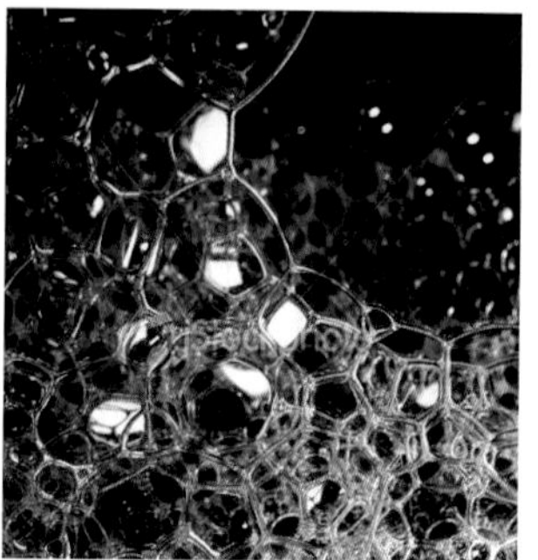

3-21 “泡泡”形态

3-22 开尔文与多面体草图

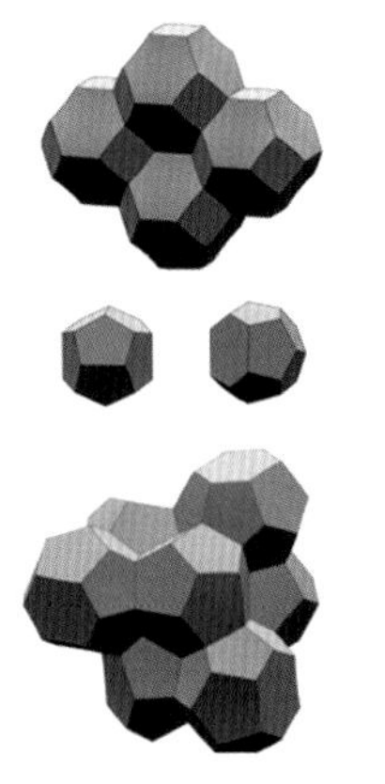

3-23 14与12面体模型

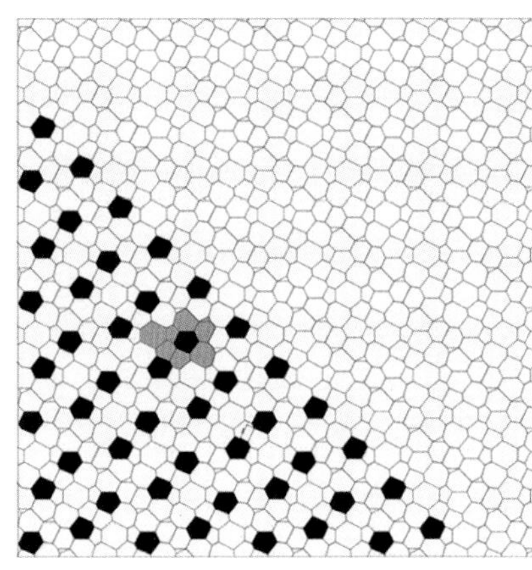

3-24 模型平面组合示意

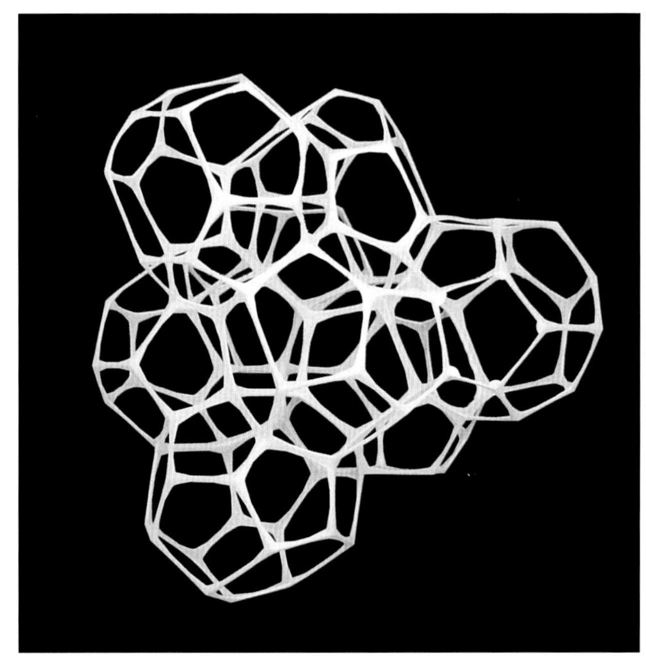

3-25 结构骨架模型

分为30° 转角和45° 转角这两种几何形式。

(1) 30° 角几何形式:

①面层结构：面层结构是指屋顶的上层和下层，墙体的内层及外层。该表面层形成了空间钢结构桁架体系的主要受力杆件，通过对此模型表面杆件的长度测量分析，表面层杆件长度变化较大。

②内部结构：对内部结构的杆件情况进行研究可以看出与外表层类似的图案，但沿30° 角的图案比外表层的更清晰。重复的单元体也清晰可见。

从杆件长度的分析可以看出，内部杆件的长度有很高的重复率，在71%的内部杆件中，只有4种不同的杆件长度。剩余的29%的杆件，具有74种不同的杆件长度，这些杆件将外表面层及内部典型单元连接起来。综上所述，内部杆件重复性高，空间钢结构桁架杆件及其连接可用重复的模式加工制作，用有限的节点形式采用焊接或螺栓连接。

(2) 45° 角几何形式:

①面层结构：结构的重复性在沿45° 角的方向上是清晰可见的，可以看出97%的杆件只有9种不同的长度，剩余3%的杆件拥有9种不同的长度。比30° 的情况具有更大的重复性。但也相应减少了建筑外观的随机性。

②内部结构：30° 角所生成的空间框架的内部结构具有很高的重复性，71%的杆件只有4种不同的长度。45° 角结构的重复性更高，90%的杆件只有4种不同的长度。

综上所述，由于结构是由简单的单元体组合而成，所以它具有很高的重复性。对于结构的施工具有较高的可操作性，只要将一些具有相似长度的杆件焊接或用螺栓连接在变化不多的节点上即可。

（三）表皮与结构的统一

“泡泡”要用什么材料来实现呢？被称为“泡泡墙”的ETFE膜在此时进入设计师的视线。为了体现“水”与“方”的理念将水的概念进一步升华，基于Kelvin“泡沫”理论产生的设计灵感，利用水的独特微观结构，为“方盒子”包裹上了一层建筑表皮，上面布满了酷似水分子结构的几何形状；通过表面覆盖的膜结构气枕赋予了建筑冰晶状的外貌，使其具有独特的视觉效果和感受，轮廓和外观因此变得柔和，水的神韵在建筑中得到了完美的体现。

“水立方”使用的ETFE共由3000多个气枕组成，覆盖面积达到$10\times10^4m^2$，展开面积达$26\times10^4m^2$（图3-26），是世界上唯一一个完全由膜结构来进行全封闭的公共建筑。气枕将通过事先安装在钢架上的充气管线充气。整个充气过程由电脑智能监控，根据当时的气压、光照等条件使气泡保持最佳状态。应用于“水立方”之上的ETFE为双层结构，效果也与温室类似，冬日光线照进来时，可以保证室内温度；而夏天可以通过双层结构引入通风系统，并在建筑下部安装一米多高的百叶通风口，原理类似于呼吸幕墙。冬天关闭，夏天开启，保证冬暖夏凉。

1．ETFE围护材料

ETFE膜材越来越受到国际工程界的广泛关注。合理的成本与造价、质量轻、热学性能良好、可调节的透光性、高效的自洁性以及出色的阻燃性和稳定性都显示出其优异的性能。

ETFE于“水立方”是第一次进入我国并被大量使用的新型围护材料，但在国外建筑界已经应用了几十年，技术已经相当成熟。它在大大降低屋顶及外立面围护材料重量的同时，充分展现建筑全透明化的发展趋势，极具革命的开创性意义。ETFE多数应用于温室外立面，温室对环境和温度的要求与游泳馆类似，如英国的伊甸园、2006年足球世界杯主场。

2．梦幻的夜景观

建筑表皮以单纯的形体凸现别具一格的表皮视效，以

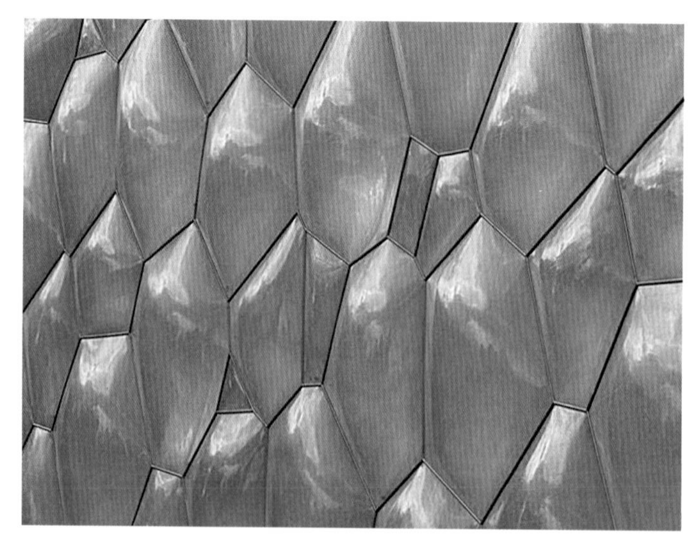

3-26 “水立方”外立面肌理照片

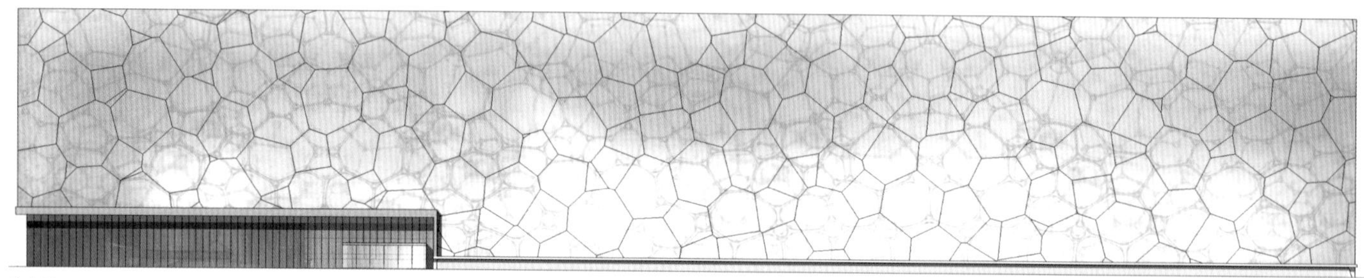

东立面

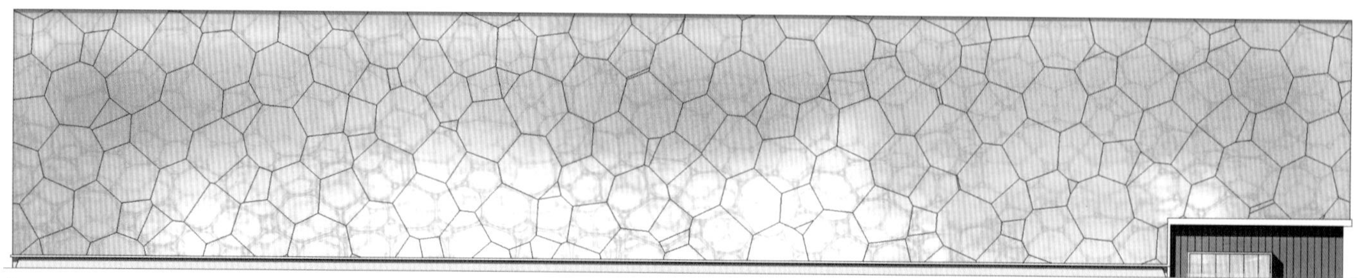

南立面

3-27 东、南立面示意

3-29 五彩斑斓的光线演绎出的"水立方"

图像的强大力量穿越文化、语言的障碍，直接影响人内心深处的情感。游泳中心巨大的体量，使得即使远离比赛地点的区域也可以受到比赛热烈气氛的感染。比赛开始前，"水立方"用赛场的光环召唤着自己的观众们，强化着激动和期待的心情；比赛结束时，光环将伴着观众踏上归途（图3-27、图3-28）。

"水立方"的立面或者说表皮被作为一个独立而完整的部分进行设计，与现代主义建筑立面与功能空间的对应关系不同，其表皮不再仅仅作为功能空间的围护和限定者，而更多地具有信息传达的媒介和社会意义的载体的特征。在单一表皮的包裹下，传统的体育建筑形象似乎被消解，得益于先进而高效的计算机控制的照明体系，经五彩斑斓的光线演绎（图3-29），"水立方"更像一个报告赛况的巨型公告牌或者渲染狂热气氛的巨型霓虹灯。这一对传统球场的超现实演绎无疑回应了文丘里的观点："基于复杂的媒体功能和使用功能需要以及建筑内外的冲突，建筑的内和外应该分别对待，并可以有所不同而无须一致"。

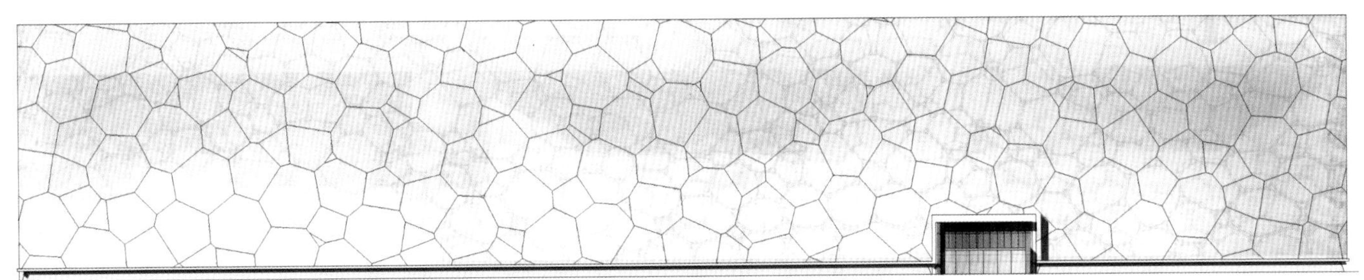

西立面

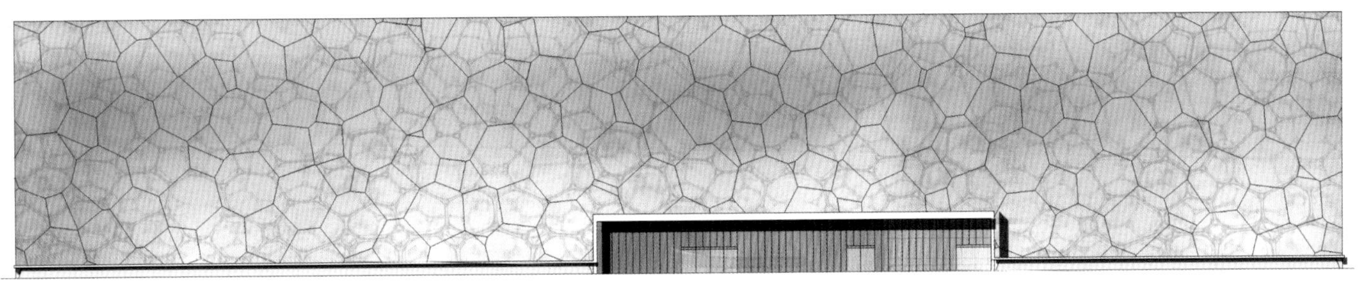

北立面

3-28 西、北立面示意图

第三节　看台布局与形式

在体育建筑中，比赛大厅是整个建筑的核心空间，看台则是这个核心空间中的重要组成部分。从某种意义上说，赛场是运动者的舞台，看台是观者的舞台。而作为观众的承载体，看台应为观众提供一个良好、舒适、安全的观赛环境，“水立方”看台正是通过细致入微的设计很好地诠释了这一特点（图3-30、图3-31）。

一、赛时赛后功能转换

“水立方”看台是按照“赛时比赛使用”和“赛后运营使用”两种时态模式，以永久运营使用的构想结合赛时要求进行设计的。

（一）赛时看台功能

奥运会赛时会接待大量的人群观看比赛，因此看台需提供足够的坐席数量。“水立方”看台约17000个座位，包含约11000个钢结构临时座椅。赛时来观看比赛的人员包括贵宾、媒体及相关转播设备、参赛的运动员以及技术官员、普通观众，出于安全或秩序考虑，这些人群彼此之间不能混合。因此看台被分成不同的坐席区域（图3-32、图3-33），与看台下功能房间划分是相对应的。

（二）赛后看台功能

相对于赛时而言，赛后观众种类比较单一，主要是普通观众，并且需求量比较小。这时如果继续保留大量的看台，势必造成运营成本过高。正是出于经济性考虑，“水立方”看台有大量的钢结构临时看台。赛后这些看台可以被拆除。看台后部拆除位置将会加建两栋内部小楼，改造为商业、娱

3-30 “水立方”看台内景 1

3-31 “水立方”看台内景 2

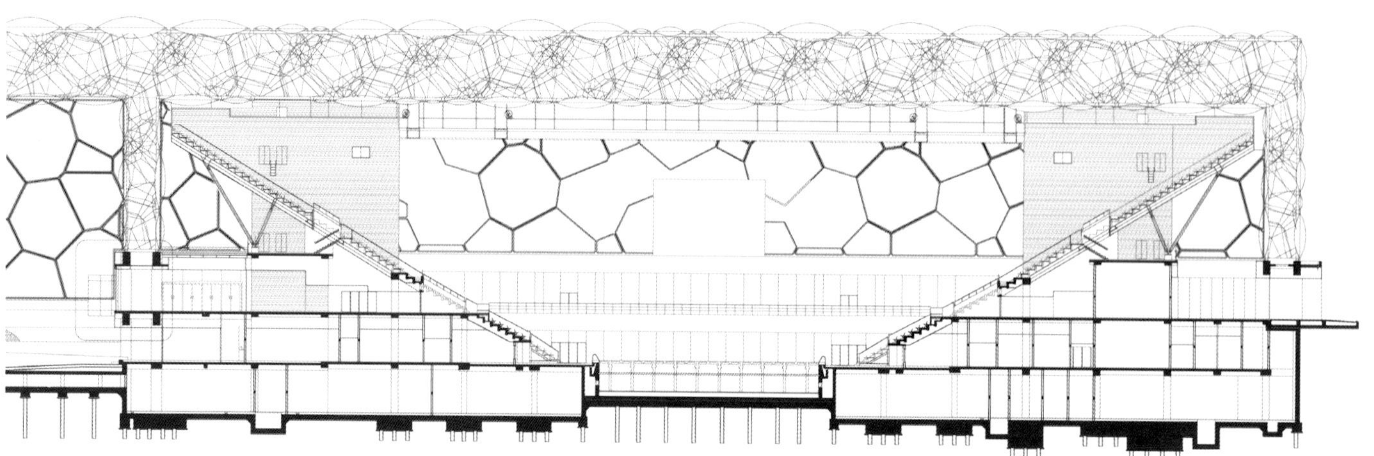

3-33 赛时看台剖面

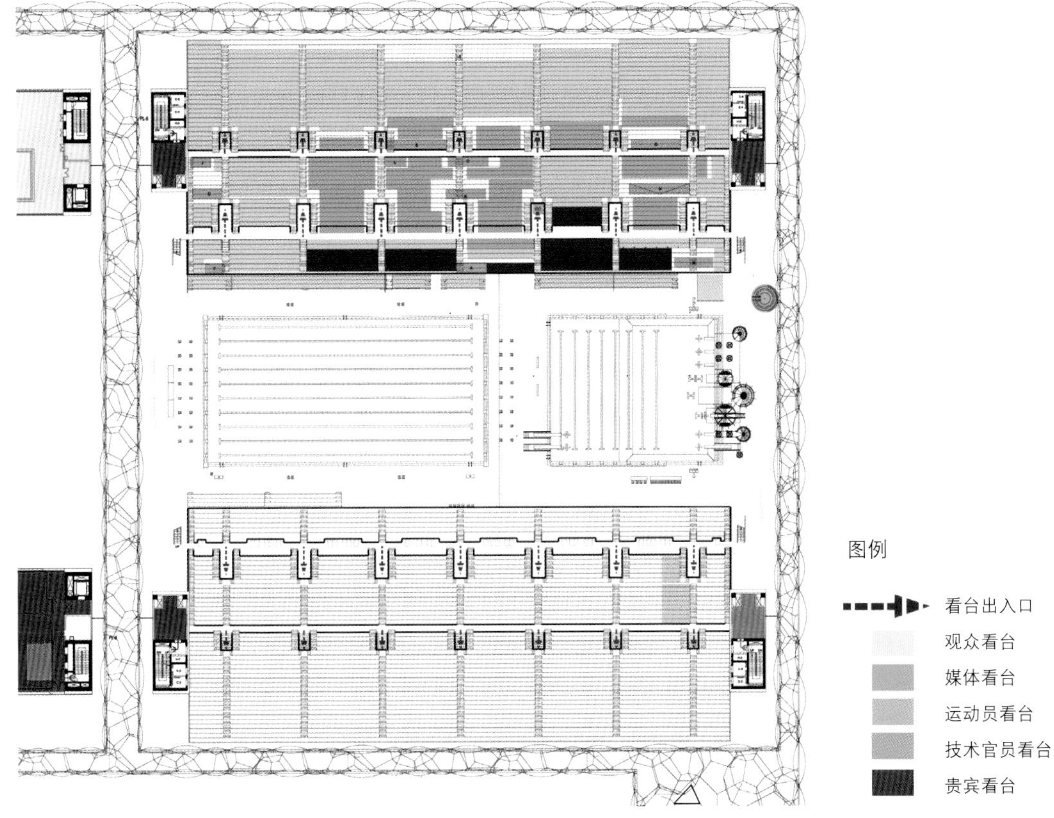

3-32 赛时看台功能分区平面

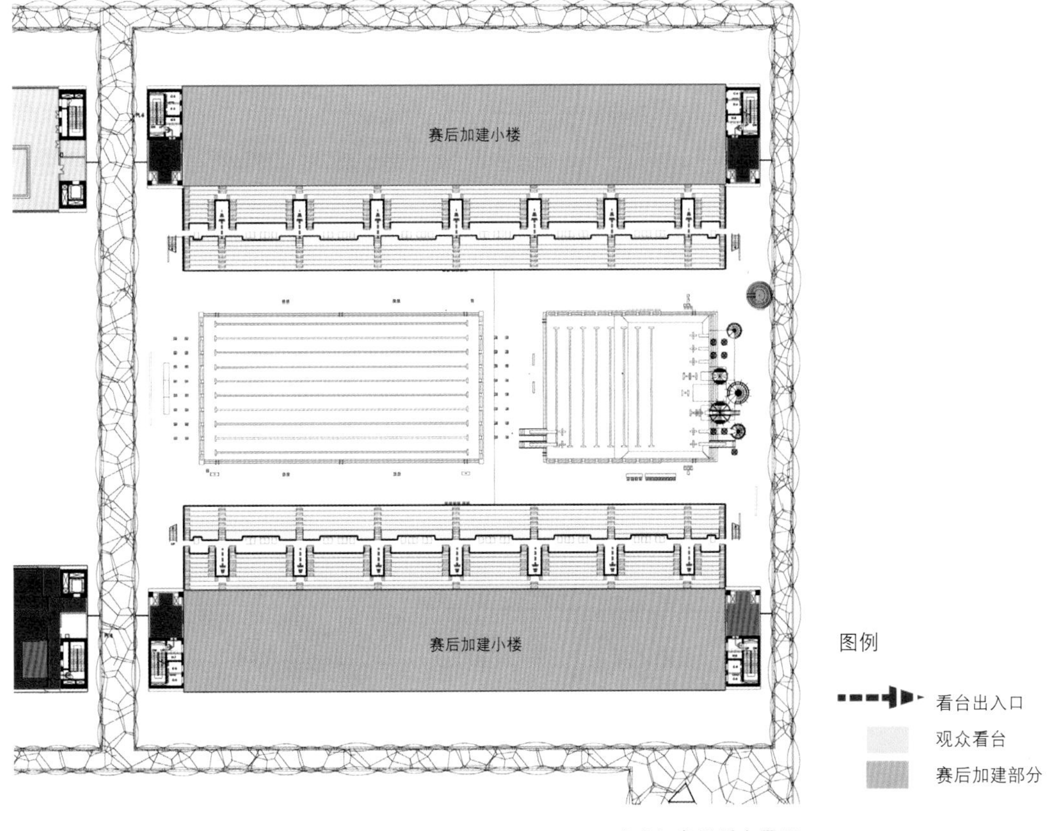

3-34 赛后看台平面

乐、健身、培训等运营功能空间（图3-34）。

二、看台形式

（一）看台形式

为保证看台视线质量的均好性，“水立方”看台按照常规沿比赛池南北两侧对称布置。东西不布置看台，这样自然光线可以通过东西两侧的“泡泡”墙射入比赛大厅。

1．看台疏散方式

（1）疏散路径：每侧看台±0.000标高（首层）处设7处出入口，8.060标高（二层）处设7处出入口。上层出入口以上观众下行疏散，下层出入口以下观众上行疏散，两出入口之间观众双向疏散。观众通过这些出入口直接向外到达同层的观众大厅（图3-35～图3-37）。

（2）疏散宽度：体育场馆建筑看台一排中的连续坐席数量，在仅一端有纵走道时，不应超过14座，当两端都有纵走道时，不应超过28座；坐席中的通道的最小宽度应为1.2m；通道应均匀一致且途中没有危险；通道表面应为光滑。

“水立方”看台通过纵向走道进行疏散，除看台两端边走道为0.9m宽外，其余纵向走道为1.2m宽。首层±0.000标高处和二层8.060标高处各有一个横向走道，用以调节相邻区域的疏散人数。普通永久坐席采用850mm排距，普通临时坐席采用750mm排距；相邻座位间中心距480mm。看台纵走道间最大连续座位数为27座，看台横走道间最多连续排数

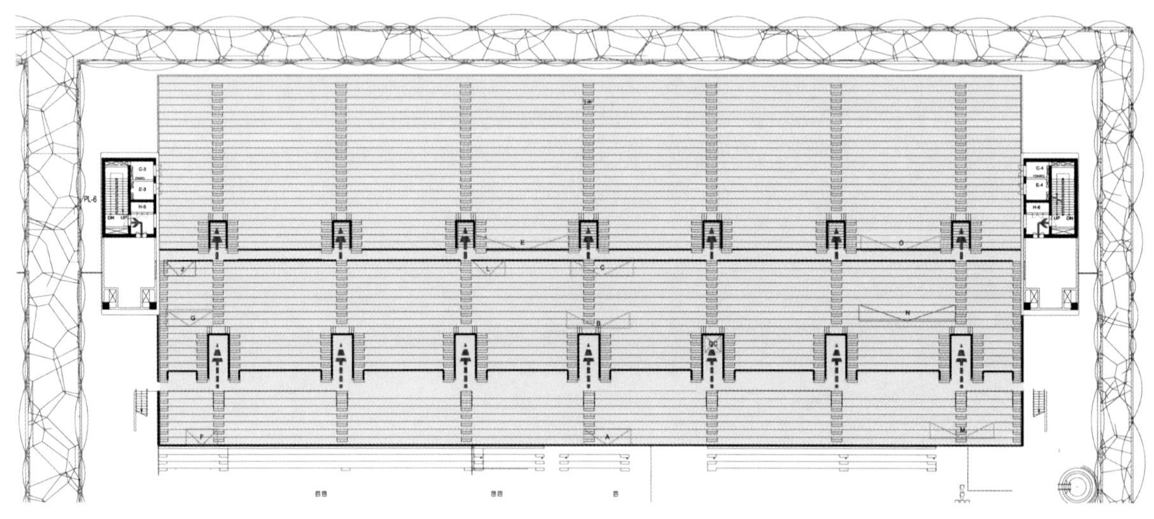

3-35 单侧看台出入口

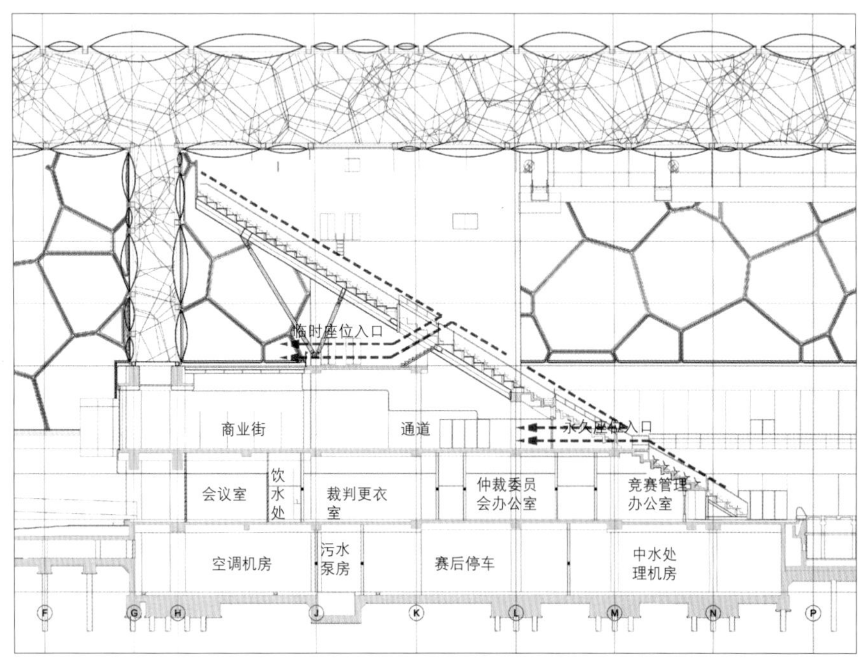

3-36 看台出入口疏散示意

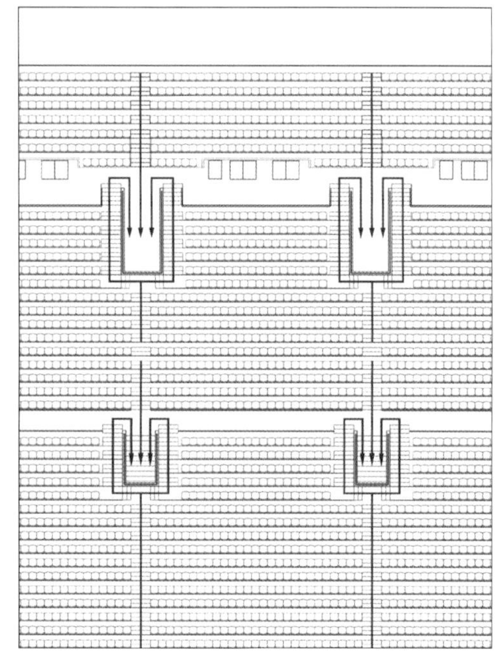

3-37 看台出入口疏散示意

为24排。

2．看台组成

（1）临时坐席："水立方"看台采用了大量的临时坐席。临时坐席分为两类。一类为钢结构临时坐席，位于永久看台后部；一类为可移动的临时看台，位于看台前部临池岸处。赛后这部分临时看台将会拆除（图3-38、图3-39）。

（2）贵宾席、评论员席及摄像平台：贵宾席和媒体看台中评论员席是通过普通看台改建而成，摄像平台按照转播需求分布于看台各处（图3-40、图3-41）。

（3）无障碍坐席：赛时期间南侧观众首层看台的横向过道处设置了32个无障碍坐席，北侧贵宾区横向过道处设置了10个无障碍坐席。每个无障碍坐席旁为陪同的人员提供折叠座椅。无障碍坐席是通过将过道外挑局部放宽形成的，每个轮椅坐席尺寸为1100mm×800mm，并留出足够的空间以便于轮椅通行。残奥会时将按要求临时改造部分坐席，增加无障碍坐席，以满足要求（图3-42）。

3-38 可移动临时坐席

3-39 可移动临时坐席

3-40 贵宾席

3-41 摄像平台

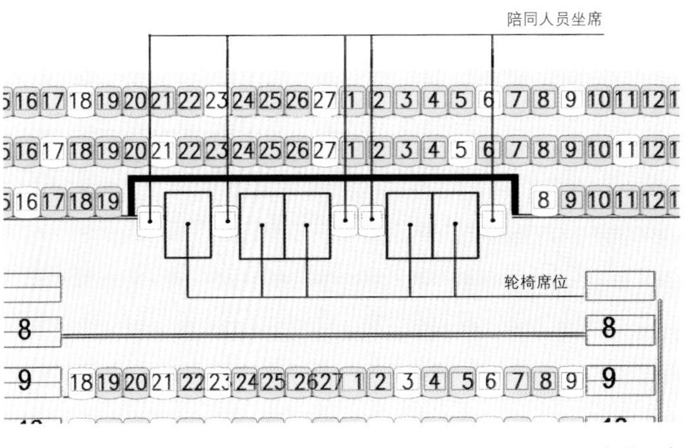

3-42 无障碍坐席

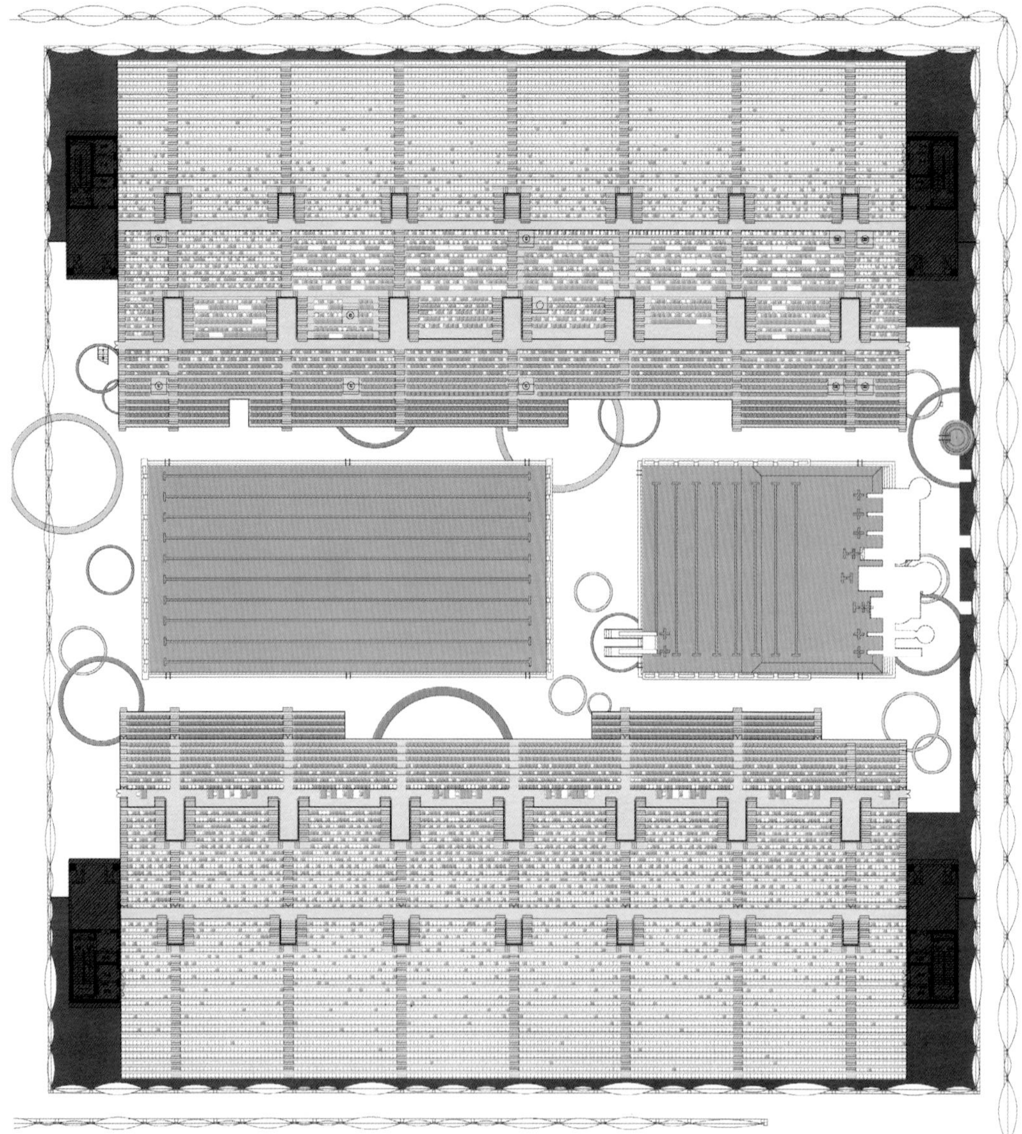

3-43 看台坐席整体排布效果

3．坐席设计

（1）色彩：整个建筑室内主色调为蓝、白两色，这种与水相关的色彩元素与“水立方”中“水”的设计主题相呼应。为了营造统一的室内环境，观众看台坐席颜色也分为蓝、白两色。坐席的排布统一设计，蓝白两种色彩的座椅交替变换，由前排至后排逐渐由全蓝变换为全白（图3-43、图3-44）。

（2）栏杆系统：为保障观众安全，看台栏杆高为1120mm。所有栏杆、扶手设计均经结构验算。

4．看台细部处理

（1）座椅设计：为了将普通坐席迅速便捷地更换为特殊坐席或其他用途，座椅连接采用可拆卸方式。座椅上有水波样的图案（图3-44、图3-45）。

（2）送风口：永久看台为钢筋混凝土结构，环氧自流平饰面。看台座椅下有送风口，为观众提供舒适的微环境（图3-46～图3-48）。

（3）出入口处纵走道处理方式：为了满足《绿色指南》中关于“纵走道尽量均匀一致”的要求，“水立方”看台总走道在看台出入口处也进行了处理，最大限度保证人流不在此处滞留。相应地出入口处栏杆需提高（图3-49～图3-51）。

（4）栏杆：为避免遮挡观众视线，同时满足足够的防护高度（不小于1050mm），“水立方”首排看台栏杆也与众不同。外侧上部为透明玻璃（20mm厚钢化夹层玻璃）栏板，玻璃上沿距看台楼面1110mm；里侧下部为400mm高钢筋混凝土实心栏板，上装500mm高、直径65mm钢管水平安全扶手，水平扶手上沿距看台楼面900mm，立杆为直径50mm钢管，间距850mm（图3-52、图3-53）。

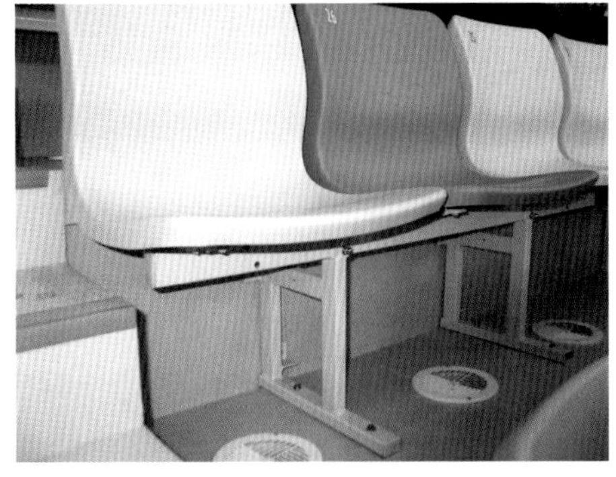
3-44 坐席连接构造

3-45 坐席上的"水波"图案

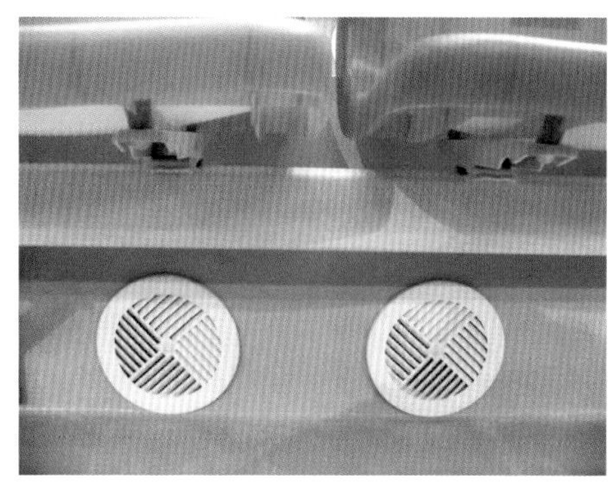
3-46 看台座椅下送风

3-47 看台座椅下送风

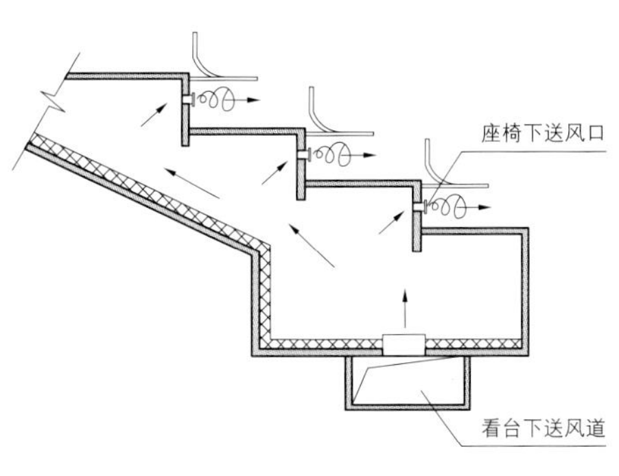

3-48 看台座椅送风示意

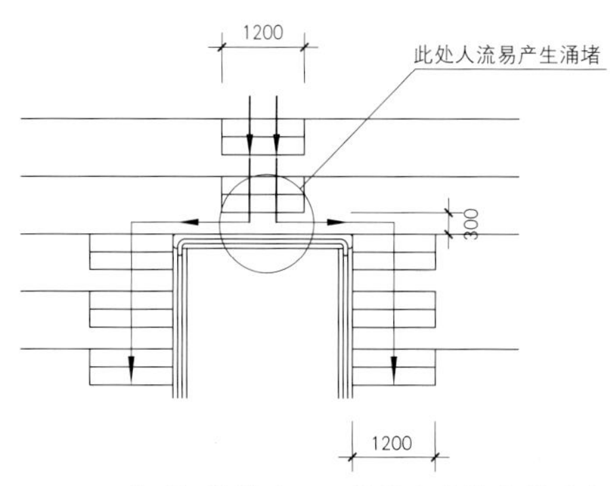

3-49 常规出入口处纵走道的处理手法

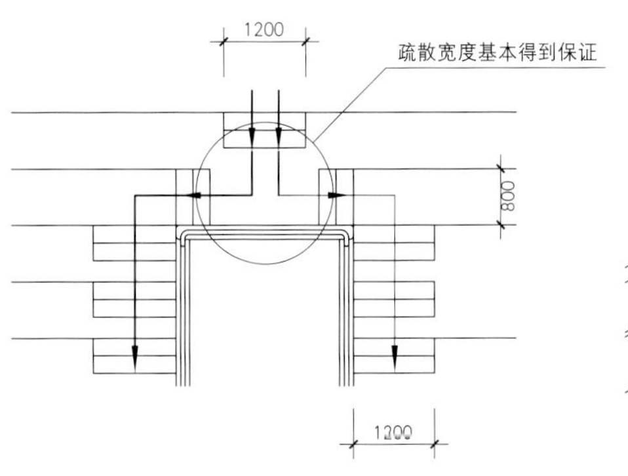

3-50 "水立方"中出入口处纵走道的处理手法

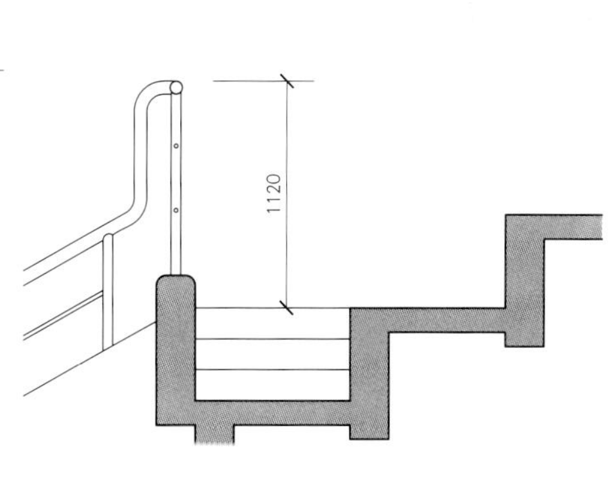

3-51 "水立方"中出入口栏杆相应提高

3-52 看台首排栏杆实景

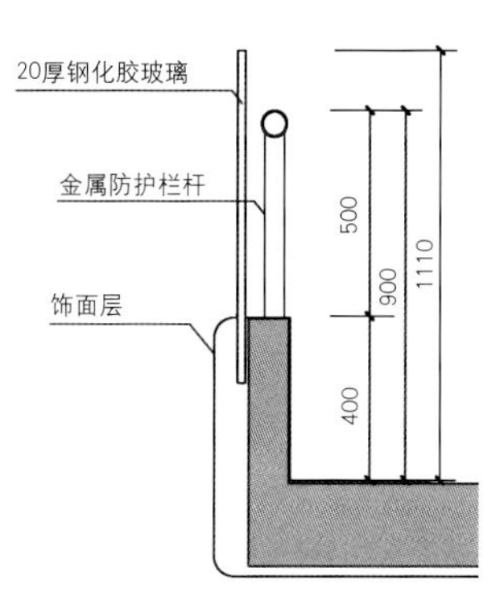

3-53 看台首排栏杆剖面示意

第四节　赛时流线与场馆运营

随着奥运会的连续举办，奥运场馆的开发建设也备受世人瞩目，它们既是运动员充分展示体育竞技水平的殿堂，也是举办国向世界展示综合国力和民族特色文化的绝佳场合。历届奥运会主办国都曾面临如此挑战，赛事不断从一个国家转移到另一个国家，而且每届赛事还包含诸多不同的竞技项目，随之也产生大规模兴建体育场馆的问题。 而事实上，即使是极其热衷体育竞技运动的城市，奥运会后也很难充分利用那些专门为现代奥林匹克运动而兴建的大量场馆。于是，场馆的运营设计成为备受关注的话题，一届成功的盛会不仅仅应该在赛时期间办得精彩，还需要关注场馆赛后的整体运营状况。

场馆运营（Venue Operations）的主要任务是确定各种人员（如运动员、媒体、安保人员等）的空间分布，定义初始的内、外部各种交通和人流区域及相应路线，在此基础上进行深化设计并布置和增设各类赛事服务临时设施。

一、运营模式与构成

（一）运营公式

通常用下面的公式来表达竞赛场馆的功能构成：

竞赛场馆=永久场馆+临时设施

奥运会作为级别最高的体育盛会，在参与人员种类、数量上都超过其他赛事。虽然仅历时16天，但这段时间内对场馆的各种需求都处在峰值状态，表现在座椅数量、各种机房、办公用房的数量和面积等方面。而在场馆赛后的几十年甚至是上百年的使用寿命中，这种峰值状态都难以再现。奥运会结束后，需求即行下降。如果按照奥运会的瞬时而巨大的需求将场馆的各种功能需求设计成永久状态，在奥运会结束后，将出现大量座椅和用房的闲置以及空间的浪费。以雅典奥运会为例，奥运会后很多场馆面临空置的窘境，对于主办方来说，投资巨大兴建的场馆赛后即成为沉重的包袱。更科学的思路应该是按照赛后长期运营的需求设计场馆，赛前加以调整以应对奥运会的瞬时需求，赛后恢复（图3-54），场馆永久设施和赛时临时设施的交集越大，场馆的经济效益就越好（图3-55）。

比较著名的案例如1996年亚特兰大奥运会的主场以及2000年悉尼奥运会的主场。前者在设计时就按一个棒球场设计，赛前增加临时看台以满足田径比赛和开闭幕式的需求，

传统的运营思路

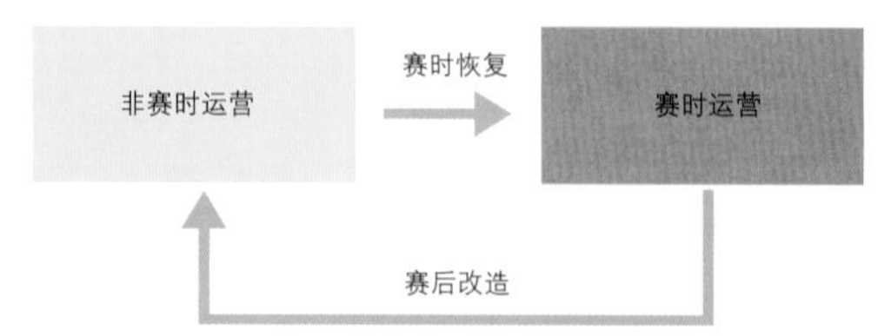

科学的运营思路

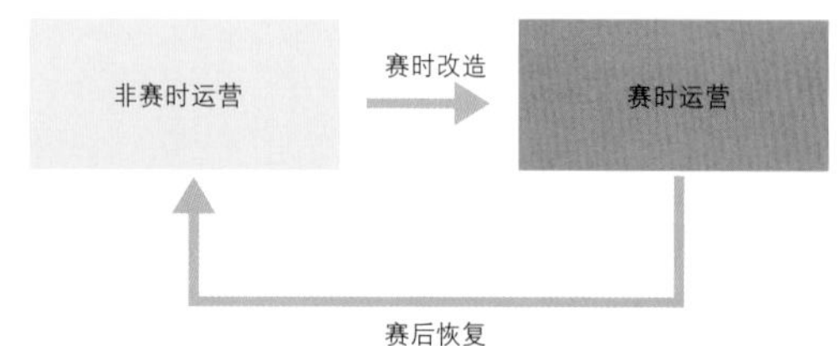

3-54 传统的运营思路与科学的运营思路

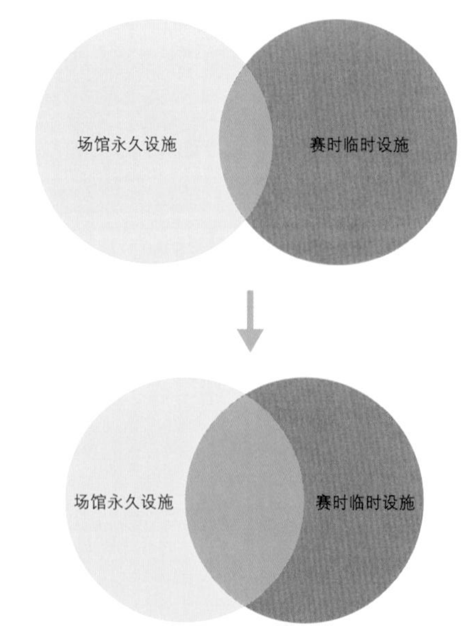

3-55 永久设施与临时设施的关系

3-56 评论员桌、新闻工作台
3-57 临时座椅
3-58 临时景观和围栏
3-59 安检帐篷

赛后将多余的看台拆除，作为当地的棒球俱乐部主场使用。后者除了使用大量的赛后拆除的临时看台以外，还将下层看台做成可以前后移动的活动看台，可以通过调节满足田径比赛、足球比赛和橄榄球比赛的需求。

下面将对国家游泳中心在奥运会时和奥运会后的运营状态分别阐述。

（二）临时设施

举办奥运赛事的场馆应具备临时扩容的功能，包括坐席数量的增加、工作人员的安置、物流和媒体临时综合区及储藏区域的设置等都要求设置重要的临时设施以满足奥运会赛时高标准的运行要求。临时设施的作用是支撑场馆的有效运行，能在比赛场馆设立“前院”和“后院”区，并在后院内设置要求的指定区域；将运动员与媒体分开（混合区和访问间除外）；提供辅助的安保措施；提供临时交通辅助设施；协助人群流动和通行的管理。

在“水立方”中所使用到的临时设施主要包括以下内容（图3-56～图3-59）：

（1）坐席（通常包括相关的评论员桌、新闻工作台、摄像机工作台、坡道、楼梯和贵宾升降台）；

（2）构筑物（帐篷和大帐篷）；

（3）体育活动表面；

（4）其他表面（例如沙砾、地毯、湿岸等）；

（5）临时卫生间；

（6）分隔系统；

（7）围墙和遮蔽物。

二、赛时流线

（一）赛时人流类型

奥运会赛时的人员主要分为七大类，即普通观众和赞助商、贵宾和奥林匹克大家庭、运动员及随队官员、赛事管理人员、新闻媒体、场馆运行人员和安全保卫人员，针对不同的人群空间划分要求也各异。

1. 运动员及随队官员

运动员及随队官员来往于比赛场馆与奥运村之间，由大轿车送抵场馆区，通过直接通道进入比赛场馆。此类人员不得与新闻媒体及赛事管理人员流线共用或发生交叉，以避免互相的干扰，同时要减少与后院其他人流的交叉，条件不宽裕时，运动员可以与贵宾共用通道。运动员入场和离场的流线也是场馆功能用房布局的重点，组织运动员形成单循环的流线体系能够保证他们在观众和新闻媒体面前有个良好的场上表现。

"水立方"赛时运动员及随队官员乘坐大轿车于场馆西侧的机动车道下车，使用北侧最西边的入口进入，然后由楼梯和电梯进入地下一层的热身场地、比赛场地和运动员更衣室的所在地进行赛前的更衣和准备活动。

2. 新闻媒体人员

新闻媒体人员是工作强度最大，空间分布最复杂、流线最独立的场馆使用人群，他们不与其他人流（特别是贵宾和运动员）发生交叉和混用通道。媒体混合区（Mixed Zone）与新闻中心是此类人员进行赛事即时采访的唯一途径。根据距离赛场的远近，新闻媒体人员的功能使用空间分为三类，即紧邻赛场的媒体坐席、评论员控制室与转播信息控制室；新闻媒体中心、媒体工作区等附属用房；位于后院中的媒体综合区；各功能空间之间有紧密且直接的交通联系。

"水立方"赛时的新闻媒体人员由北侧进入，媒体用房位于地下一层和首层北侧，媒体看台位于泳池北侧。

3. 贵宾和奥林匹克大家庭

贵宾和奥林匹克大家庭是所有人流中人数最少，但安全保障与服务档次要求最高的一类。他们拥有单独的安保随行人员，乘坐特殊通行级别的车辆并持证件由特设通路到达场馆，在场馆内的活动路线需保证不暴露在观众的公共空间中并不被新闻媒体人员干扰。

"水立方"赛时的贵宾和奥林匹克大家庭由北侧进入场馆，在首层北侧活动，贵宾看台位于泳池北侧，具体位置视比赛而定。

4. 安全保卫人员

安全保卫人员是通行级别最高的一类人员，他们可以到达场馆的任何区域。没有任何事情比保障奥运会的安全更为重要，在场馆场地内设立安保范围与边界、建立安保监控中心、布置安保控制点是奥运场馆安保体系的三要素，而安保过程又分为安检、现场安保以及事故案件处理三步。主要的安保功能用房往往紧邻贵宾用房以及场馆运行控制中心设置，为安保的实施提供便利。

"水立方"赛时的安保人员由北侧进入场馆，分布于场馆的各层。

5. 普通观众和赞助商

这是赛时人流最多最密集的一类人群。普通观众和赞助商有简洁高效且独立的公共出入口和通道系统，此人群与其他人群的分隔与区分是划分前后院的基础和根本原因，足够的活动与等候空间是人群集散安全保证的基础。

"水立方"赛时的观众经由设在南广场东侧的安检口检票进入广场等候入场。广场上设有卫生间、观众信息亭及失物招领处等临时设施。入场时使用南入口、东入口及西侧靠南的入口。进入场馆后，可以直接进入下层看台或由楼梯上至二层进入上层看台。

6. 场馆运行人员

场馆运行人员包括场馆管理人员、保洁人员、设备运行和设施设备维护的工作人员等，主要作用是保证场馆各类系统正常使用与运转。其在场馆中是没有单独的通行通道的，往往可以和其他人流共用通道。工作情况下出勤人数有限，不会对其他人群产生干扰。

"水立方"赛时的场馆运行人员由西侧进入场馆，分布于场馆的各层。

7. 赛事管理人员

赛事管理人员包括国际单项联合会官员、单项竞委会官员、场地管理人员、赛事技术人员等工作人员。为了保证和便于赛事组织及赛场管理人员对比赛的管理，其功能用房和使用区域尽量靠近比赛场地，并设置直接通往赛场的安全通道。

"水立方"赛时的技术人员由场馆西侧靠北的入口进入，由楼、电梯下到地下一层，他们的办公区域位于泳池南侧。

以上各类人流所使用的室外停车场、出入口、楼电梯、走廊等基本不发生交叉，流线清晰合理。

（二）出入口设置

"水立方"在东西南北四个方向的出入口数量以及使用人员类型大致如下（图3-60）：

（1）南侧：一个入口，赛时供观众使用；

（2）东侧：一个入口，赛时供观众使用；

（3）西侧：两个入口，赛时靠南的一个供观众使用，靠北的一个供技术官员和工作人员使用；

（4）北侧：四个入口，由西向东依次为运动员及随队官员出入口、贵宾出入口和媒体出入口。

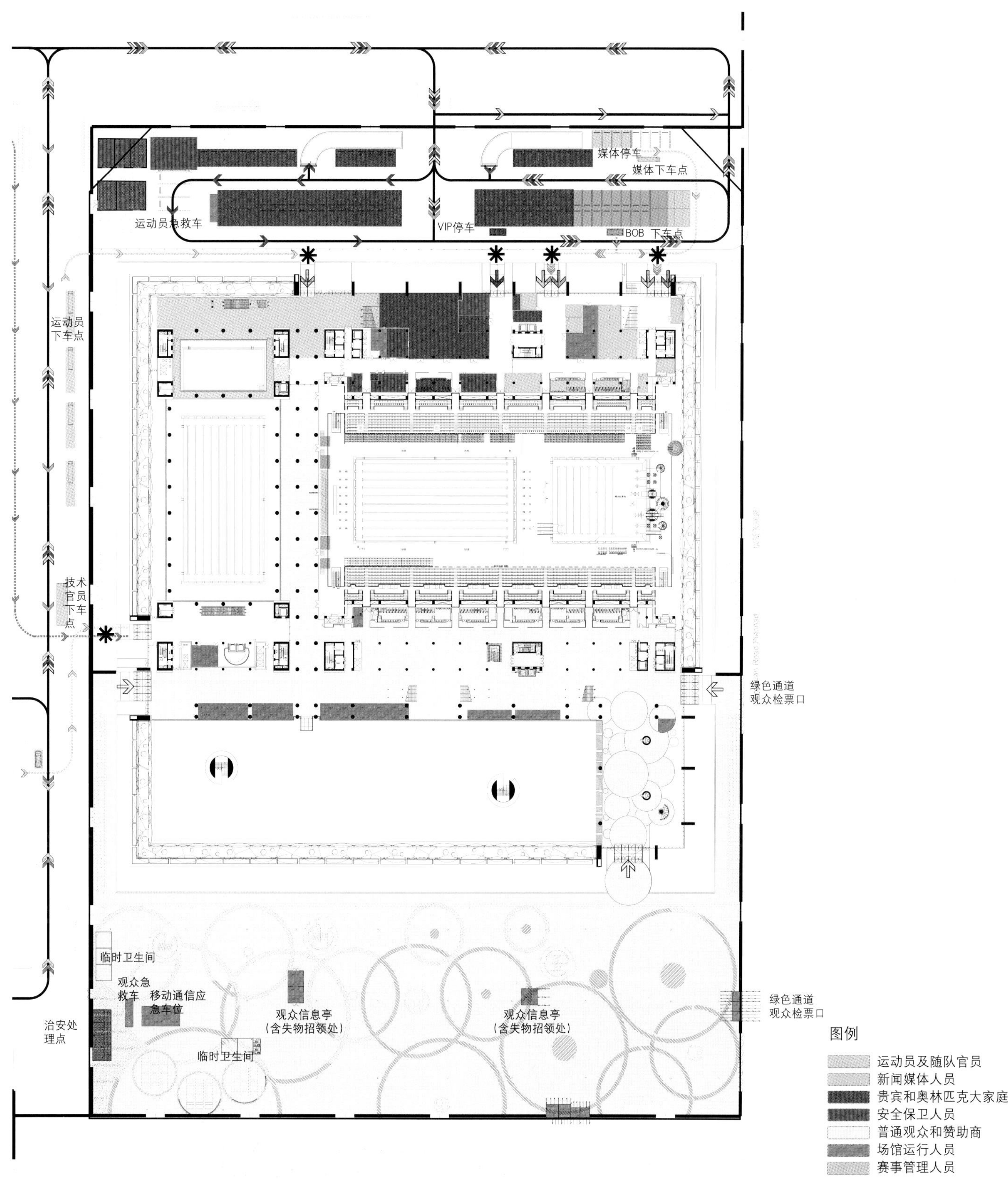

3-60 “水立方”各种人员流线图

三、 赛后运营

（一）商业模式

国家游泳中心在奥运会后将成为一个以水为主题的综合性水上娱乐中心，服务于体育竞技、训练和公众健身、娱乐。这样既满足了举办最高级别的国际赛事的要求，也优化了投资和场地的收益。赛后，国家游泳中心将包括以下运营区域：

（1）比赛区域；

（2）动水区域，包括嬉水大厅和水滑梯；

（3）健身区域；

（4）室内多功能活动场地；

（5）零售、餐厅和体育商品；

（6）健身俱乐部；

（7）停车、卸货和服务。

1. 嬉水大厅

嬉水大厅是赛后为公众提供的水上综合娱乐场所，包括冲浪、滑水、漂流、嬉水、喷泉等多种设施，考虑了各种年龄层次嬉水爱好者的需求（图3-61）。

2. 商业街

比赛池南侧的临时座椅拆除后，将建成一个内部小楼，

3-62 商业街示意效果图

形成连接东侧主场轴线与西侧商业区的室内步行街。步行街一侧有餐饮、酒吧、商场等设施，另一侧是椰林掩映下的冲浪沙滩，商业街将成为奥运公园一带颇具特色的城市公共空间（图3-62）。

3．室内多功能场地

赛后热身池上方预留的空间可作为溜冰场或者三块网球场或者两片篮球场使用。

4．健身、餐饮、办公

热身池及比赛池在没有比赛任务时可开放给公众作健身之用。赛后，赛场北侧的钢结构临时坐席将被拆除（图3-63、图3-64），在拆除位置加建内部小楼，作为独立的高级水上健身会所。

3-61 嬉水大厅示意

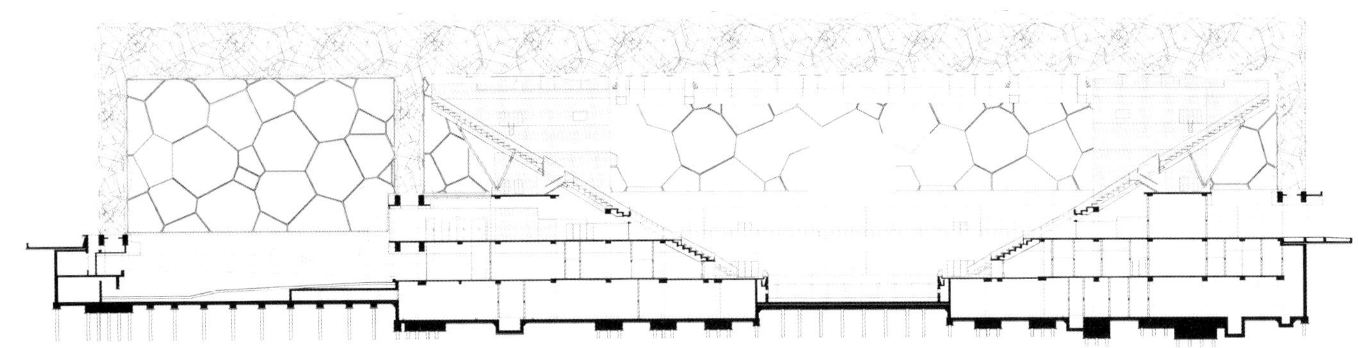

3-63 赛时南北剖面示意

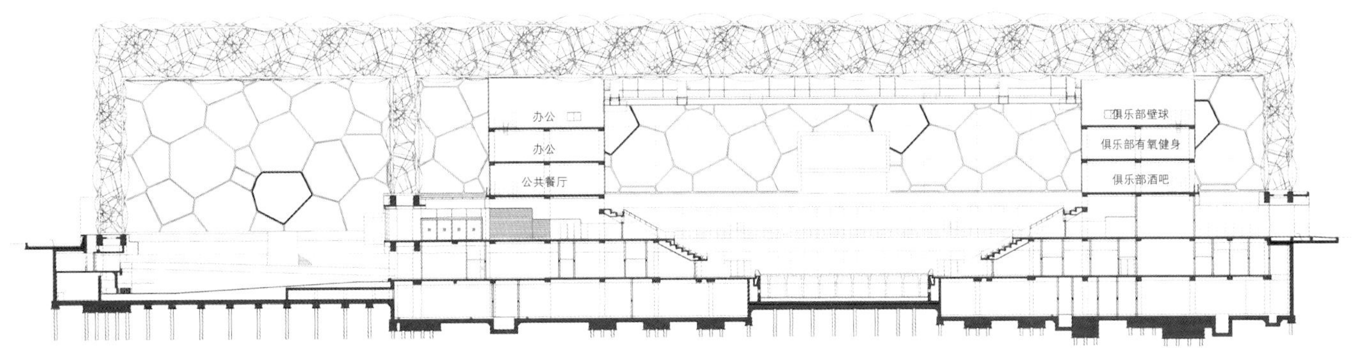

3-64 赛后南北剖面示意

第五节 体育工艺设计

国家游泳中心作为奥运会主要比赛场馆，其体育工艺设计在严格遵守国际泳联规定的基础上，适应现代赛事运行要求。

对于国家游泳中心来说，其体育工艺设计的核心就是各游泳比赛池、跳塔、体育照明和竞赛辅助设施的设计。国家游泳中心在这些设计方面均采用了目前国际最先进的技术和标准。

一、泳池部分

国家游泳中心的泳池包括游泳比赛池、跳水池和热身池三部分。均按照国际泳联的最新竞赛池设计要求设计，同时还采取了一系列技术措施，为运动员取得更好的比赛体验和更佳的成绩创造必要的条件。

国家游泳中心设置的三个水池按照国际泳联的尺寸要求设计，其周围空间及其标志均符合国际游泳联合会（FINA）《国际游泳竞赛规则》和中国游泳协会《游泳竞赛规则》、《水球规则》、《跳水规则裁判法和花样游泳裁判员手册》的要求。

（一）泳池及周边空间

1．泳池尺寸

国家游泳中心竞赛游泳池尺寸为50m×25m，共8条赛道，在1和8泳道每侧再备一条泳道，水深3m。两端池壁自水面上30cm至水面下80cm的范围内的长度误差在0.03m以内，安装计时记分触摸板后，误差也不超出此范围，同时，游泳池兼顾水球与花样游泳比赛的场地设置要求（图3-65、图3-69）。

跳水池设计尺寸为25m×31m，水深4.5～6.0m。同时考虑在跳水池进行短池比赛的需要，在短边方向设置了8条赛道，可以满足短池游泳训练和比赛的需要，并在跳水池后方设有一个圆形放松池，并配备相应淋浴设备（图3-67、图3-68）。

热身池设计尺寸为50mx25m，水深2m，在两端均设置出发台（图3-66、图3-70）。

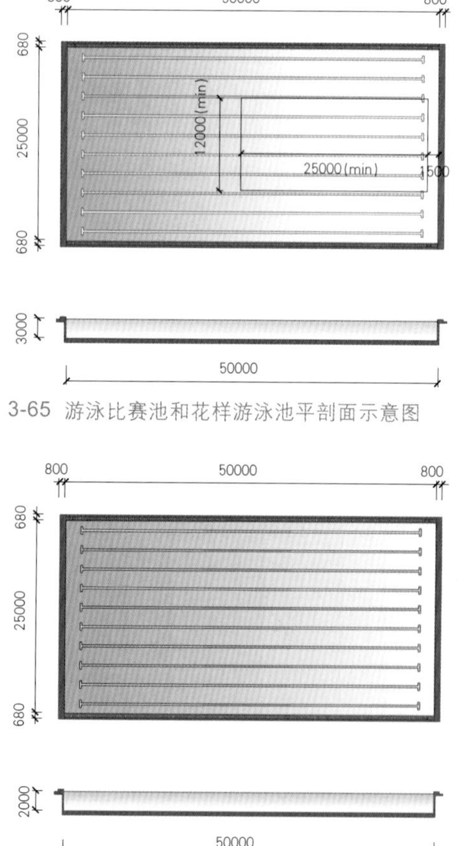

3-65 游泳比赛池和花样游泳池平剖面示意图

3-66 热身池平面示意图

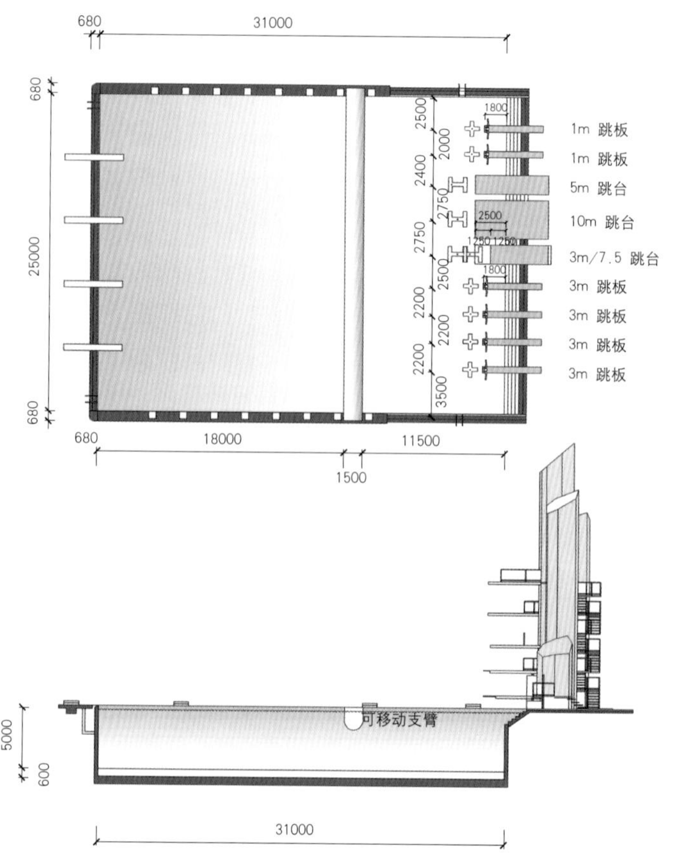

3-67 跳水池及跳塔平剖面示意图

2．泳池周边空间

游泳池周围池岸设计宽度：泳池侧面池岸宽度约9m。与跳水池之间池岸宽度为12m，另一端宽度为11.7m。

跳水池周围池岸设计宽度：跳水池侧面池岸宽度为9m，跳台侧池端岸宽为8m。

热身池周围池岸设计宽度：泳池侧面池岸宽度为4.5m，两端池岸分别为6.9m和5.9m。

3．泳池净空

为满足体育照明和进行高清电视转播的要求，游泳池水面上空净高度约28m。

（二）先进的泳池构造

国家游泳中心的泳池部分采用了独特的设计以优化泳池的设计，为运动员创造更好的比赛条件。也配合整个游泳中心的设计，创造优美的室内景观。其主要包括以下几个方面：

1．泳池构造

“水立方”采用了双层池体的设计以避免看台和池岸上的振动传递到池体，并保证泳池的精度，同时，利用两层池壁之间的空间，设置了池岸回风、观察窗回廊等功用设施。

2．泳池的细部构造

“水立方”游泳池溢水槽采用特别的断面设计，以减低水循环时的噪声。

3．面砖工艺

“水立方”泳池的面砖采用了特殊措施、工艺，泳池面砖的排列与划分与游泳池相协调，既保证了比赛的要求，又体现了整个泳池的优美比例，既满足了承受泳池内巨大的水压力的要求，同时，在色彩上配合“水立方”整个室内设计的色彩，使整个室内效果浑然一体。

3-68 比赛池全景

二、跳塔部分

国家游泳中心的跳台设计遵照国际泳联2007年最新的比赛规则，国家跳水队为设计提供了专业的协助。主要设置如下：

跳台——5m跳台1个，宽2.6m；10m跳台1个，宽3m；3m和7.5m跳台重叠布置，宽1.5m。

跳板——1m跳板3块，在跳台侧布置1块，对岸布置2块；3m跳板3块，布置在一个平台上。

跳塔的各部分被设计成为相互关联的一组形态各异的圆柱体，形体比例上相互统一，形成有机的整体。跳塔采用了玉砂彩釉玻璃材料，与“水立方”通透纯净的室内空间既统一又形成对比；既烘托了“水立方”的纯净，又突出了自身的圆润自然，两者相辅相成，浑然一体（图3-71）。

三、竞赛辅助用房

竞赛辅助用房主要分为竞赛服务的相关机房、裁判员使用的办公用房、运动员使用的更衣室和陆上热身用房等几大类。彼此相对独立，又互相联系，按照比赛的要求关联在一起。

1. 竞赛服务用房

这部分用房主要包括成绩处理机房、计时计分机房、灯光控制室、扩声控制室、显示屏控制室等。其功能主要是为游泳比赛提供技术支持，为比赛成绩的真实可靠和比赛的舒适安全提供保障。

3-69 游泳比赛池和跳水池全景

3-70 热身池全景

国家游泳中心将这部分用房设置在池岸北侧靠近比赛池的相应部位，以方便为比赛提供服务。跳水成绩处理机房与计时计分机房分别位于跳塔北侧和游泳比赛池终点线延长线上，与场地内的各种计时计分设备联系方便，方便快捷地将比赛结果统计出来，保证比赛成绩的公平准确。其他机房也布置在可以方便看到整个比赛场地的相应位置，为比赛提供照明、电声广播和信息展示的服务。

2. 裁判员用房

裁判员用房功能复杂，主要包括裁判员更衣室、休息室、竞赛管理办公室、仲裁录像室、赛事控制中心等各类管理办公用房。在奥运会时，还要包括大量的国际奥委会、国际单项委员会和国内的相应竞赛委员会的办公用房。

3. 运动员用房

运动员用房是比赛场地的顺延，是整个比赛流程中不可或缺的部分，与比赛场地有着紧密的联系。这部分用房主要包括运动员休息室、更衣室、陆上热身用房、检录处、医疗中心、兴奋剂检查站等。这部分的用房相对固定，彼此的关系也与比赛的工艺流程密切相关。

（1）运动员休息室：国家游泳中心共设置了8套运动员休息室，其中比赛大厅4套、热身区4套。可供2～4支水球队或80名游泳运动员同时使用。每套休息室均设置更衣室、淋浴室和卫生间。更衣室内设有更衣柜、座凳等设施，并且部分更衣室设置可灵活分隔的单人更衣间，同时考虑无障碍设计。

（2）检录处：检录处位于运动员热身后进入比赛区的通道上，供游泳、跳水、花样游泳运动员检录和水球运动员集合使用。可以容纳三个以上的分项比赛的运动员同时检录。

（3）陆上热身用房：国家游泳中心在热身池区的两侧设置了陆上热身用房。分为陆上训练区和力量训练区。紧邻比赛场地，方便运动员赛前热身和比赛。

（4）医疗中心：运动员医疗中心位于比赛大厅北侧的运动员区，为运动员提供医疗服务。与比赛场地和场馆出入口之间设有便捷的无障碍通道，方便需要急救的运动员送往相应医院治疗。

（5）兴奋剂检查站：兴奋剂检查站与运动员医疗中心相邻，位于运动员比赛退场的通道上。设置了4套工作室。每套工作室都包括检查室、采样间（卫生间）。

3-71　跳塔全景

第六节　无障碍措施

“水立方”　的建设过程中始终遵循“绿色奥运、科技奥运、人文奥运”的理念。从场馆设计过程阶段就将场馆各设施的使用便利性和舒适性放在核心位置，创建一个让尽可能多的人光临，能够安心、安全地游乐和观赏比赛的会场。各种各样的残障人群是奥运会不可忽视的一类群体，为了让他们也同样能够充分享受和体验到奥运赛事带来的快乐，极大地体现这一全球盛会的人文关怀，无疑“水立方”无障碍设施将是对人文奥运的实质而具体的展现。

对于场馆硬件设施来说，其无障碍环境主要为无障碍通道。无障碍通道的主要特征为：必须提供一条通向建筑物的或在建筑物内部通向所有设施的连续通道，不应该有任何妨碍残疾人安全、安心通过的障碍物。无障碍通道必须为智力、身体、感觉和移动能力上有残疾的使用者提供方便。对于不适宜步行的人群，其上不应有台阶、楼梯、十字转门、自动扶梯或者其他可能妨碍残疾人安全、独立通过的障碍。

作为奥运主要场馆的“水立方”，对场馆的无障碍设施进行了细致的考虑与设置。无障碍设施的布置主要包括以下四个方面：交通无障碍设施；观众服务无障碍设施；看台无障碍设施；比赛无障碍设施。

一、交通无障碍设施

这部分主要包括场馆周边及场馆内的交通无障碍设施（图3-72）。

（一）外部道路交通

所有场馆使用人中的残疾人，包括贵宾、运动员、竞赛官员、记者、观众中的残疾人都可以通过城市无障碍系统进入国家游泳中心用地内道路和广场组成的场馆周边无障碍系统，各类人群的车站和下车点靠近相应的建筑出入口，到出入口的距离均小于60m，运动员的轮椅、无障碍班车可以在运动员出入口处就近停靠。

（二）停车场

上下车区地面平坦，在用地安保线内的贵宾、运动员、媒体、场馆运营停车区按3%的比例设置无障碍停车位，每个停车位相当于1.5个标准车位。并提供在各种光线下均清晰易读的各种标志。如出入口、方向标志和无障碍车位的国际通用标志等。

（三）场馆入口和售票处

出入口：所有进出场馆区域和建筑的入口和出口，包括员工签到入口、观众入口、注册人员入口和出口，进出路线都是无障碍区域。设置在无倾斜或低倾斜区域。

售票处：为临时设施，长度1.2m范围的售票台高度为850mm以下，轮椅可以直接接近售票台。每组售票处都装有助听设备。

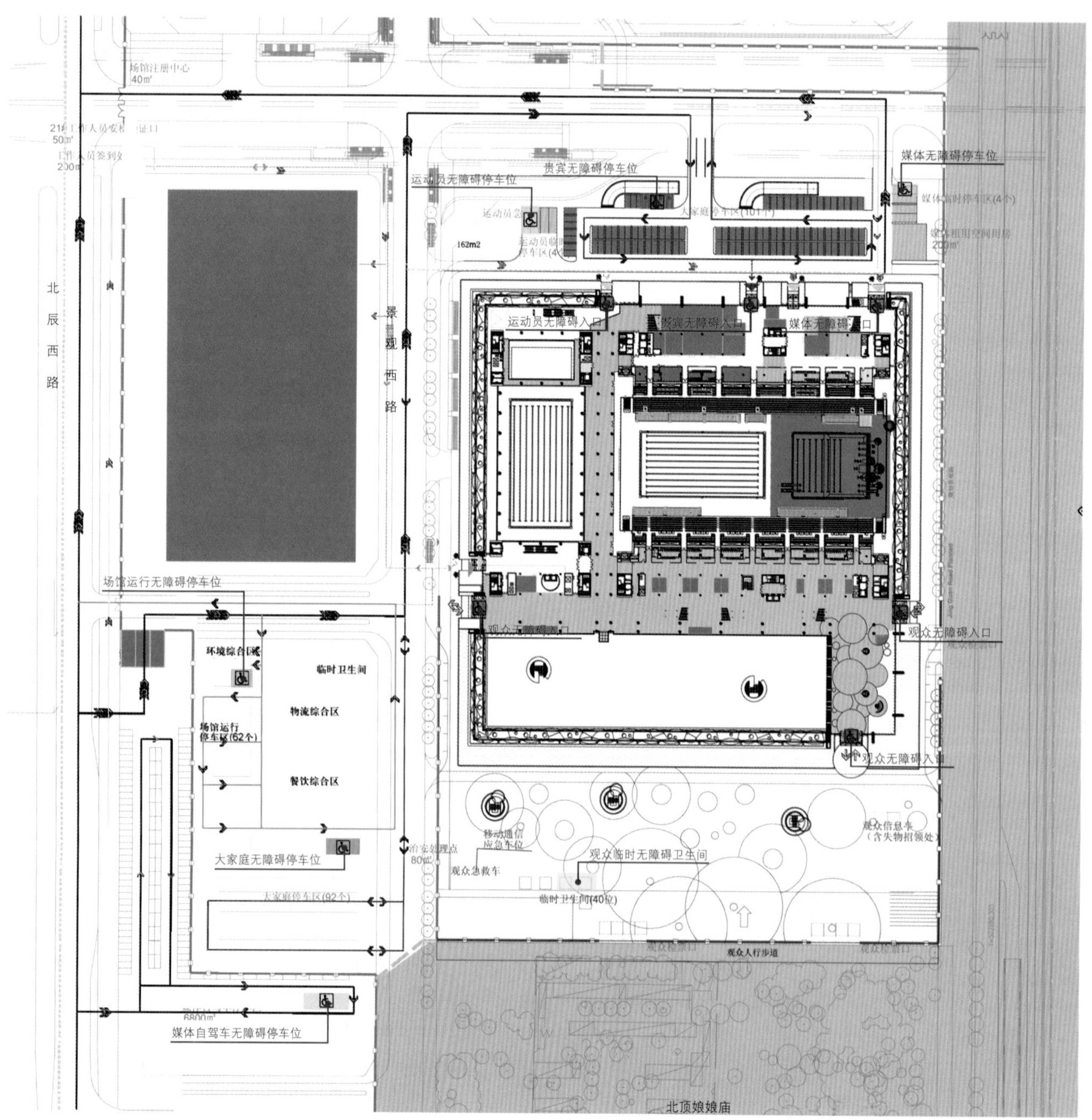

3-72 “水立方”周边无障碍设施分布

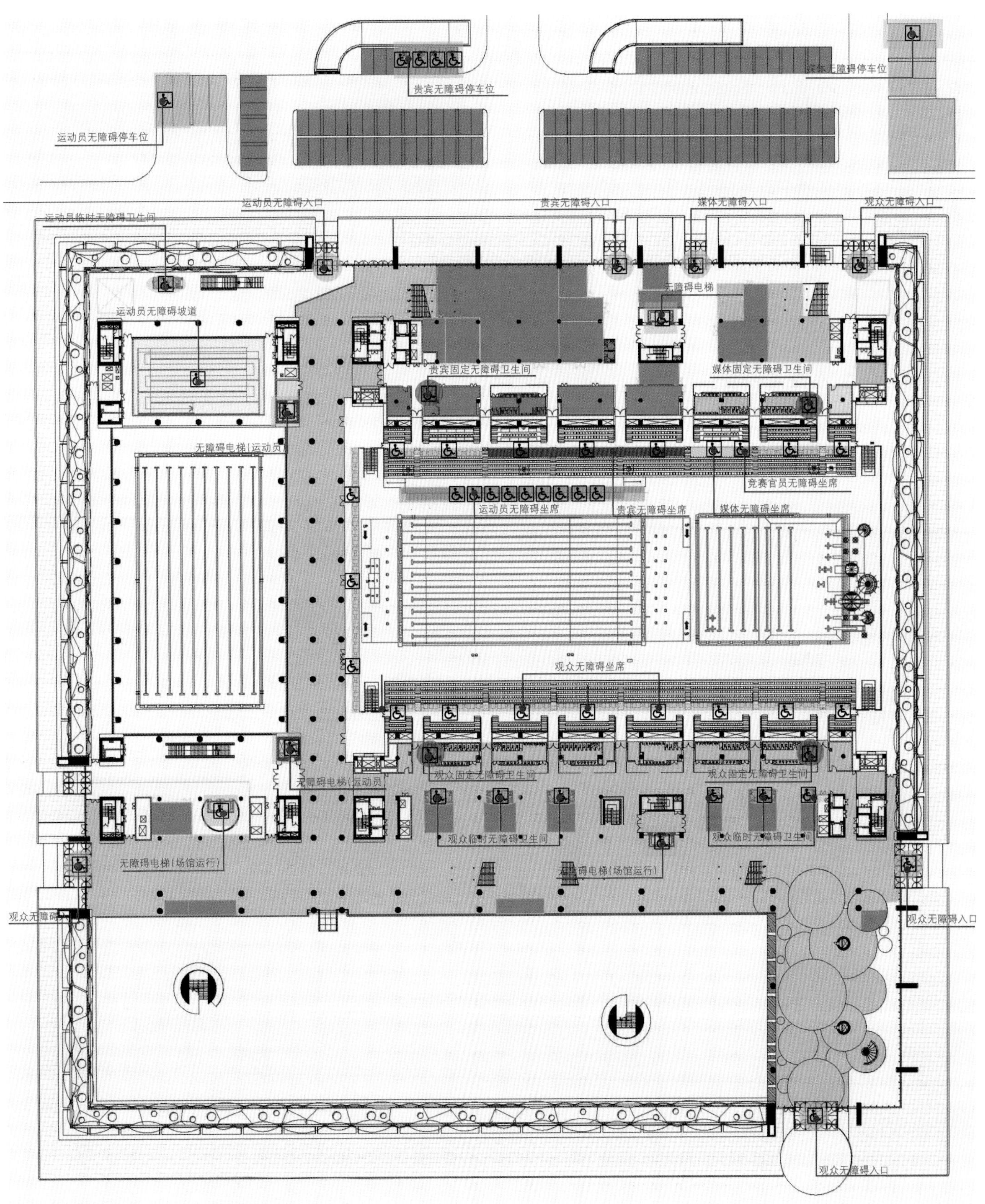

3-73 “水立方”观众区域无障碍设施分布

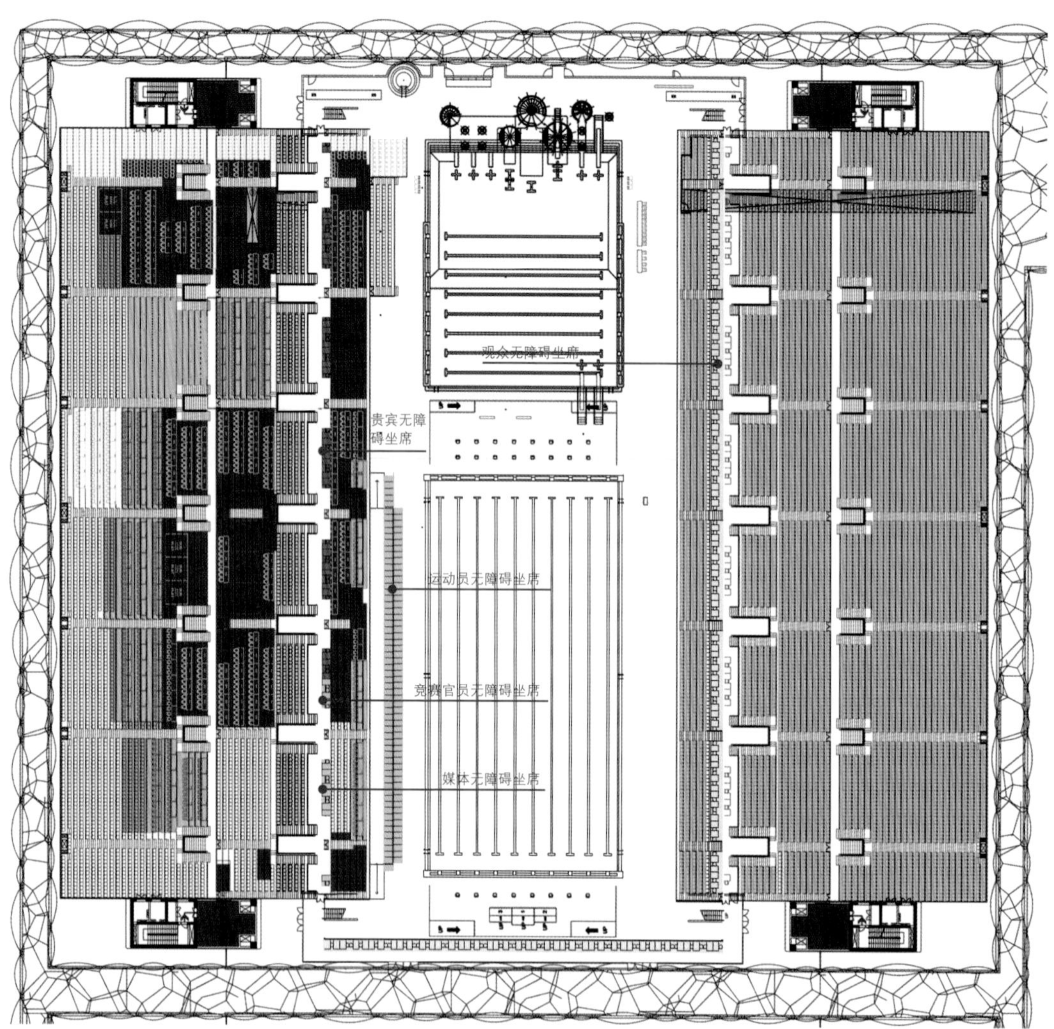

3-74 “水立方”看台无障碍设施分布

（四）通行区

步行通道：主要步行通道、通行区域和供大量人群经过的通道都是1.8m宽以上，能允许两辆轮椅同时通行。在广场和几个主要入口，均设置了盲道和各种指引标志，便于各类人群的使用。

楼梯：所有楼梯台阶高度在150～180mm范围内，观众、贵宾、运动员等使用的楼梯台阶高度均为最佳高度150mm。楼梯每侧设置了900mm高的栏杆，满足大多数人群的使用。

电梯：建筑中共有10部电梯，赛时每部电梯均有一位志愿者服务，可转换为供各类人员使用的残疾人电梯。电梯轿厢面积大于1100mm×1400mm，控制按钮在距地900～1400mm范围内，可提供声音提示。

地面：通道和通行区域的提供平坦防滑和少反光的地面。并且在靠近楼梯、电梯处设置明显的标志方便使用。

可触性地面服务指示器：将主交通入口与观众公共主入口连接起来。

二、观众服务无障碍设施

这部分主要包括观众的休息厅、餐饮服务和卫生间等部分的无障碍设计（图3-73）。

（1）出入口：所有门能够独立使用，门宽大于等于1m，门上设置有推门手柄。门扇与门框或相邻墙壁的亮度对比大于30%。

（2）卫生间：在现有观众区设置了一定数量的男女兼用的无障碍卫生间，同时按照IPC（国际残疾人奥林匹克委员会）手册无障碍卫生间数量要求，在观众区采用一些临时可移动式的无障碍卫生间来满足要求。无障碍卫生间配备坐便器，并配置相应的栏杆扶手和报警设备保证残疾人使用的舒适和安全。另外，在男女卫生间中，设置了相应数量的坐便器，满足老人、儿童等活动不方便的人群使用。

（3）服务台："水立方"在观众的主要入口均设置了服务

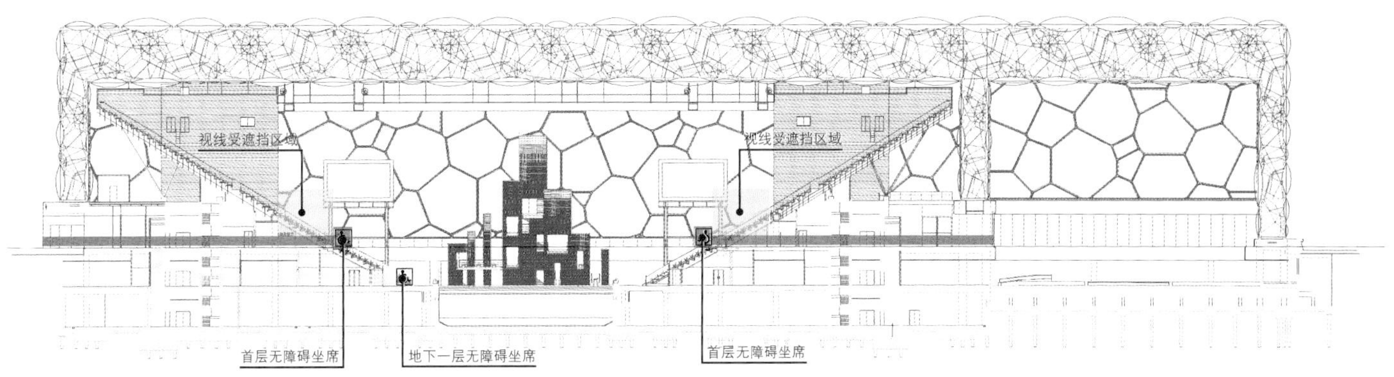

3-75　"水立方"看台无障碍设施交通流线分析

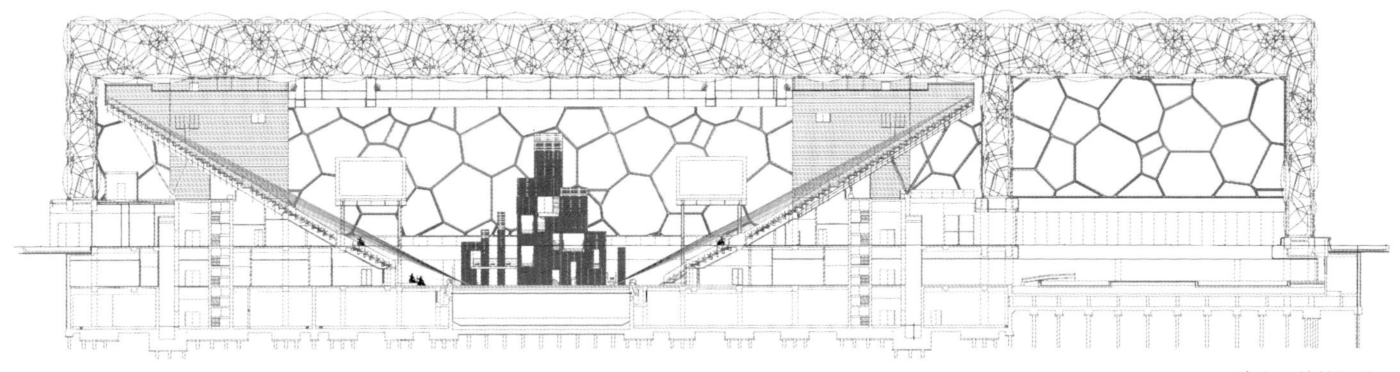

残疾人轮椅视线

3-76　"水立方"看台无障碍坐席视线分析

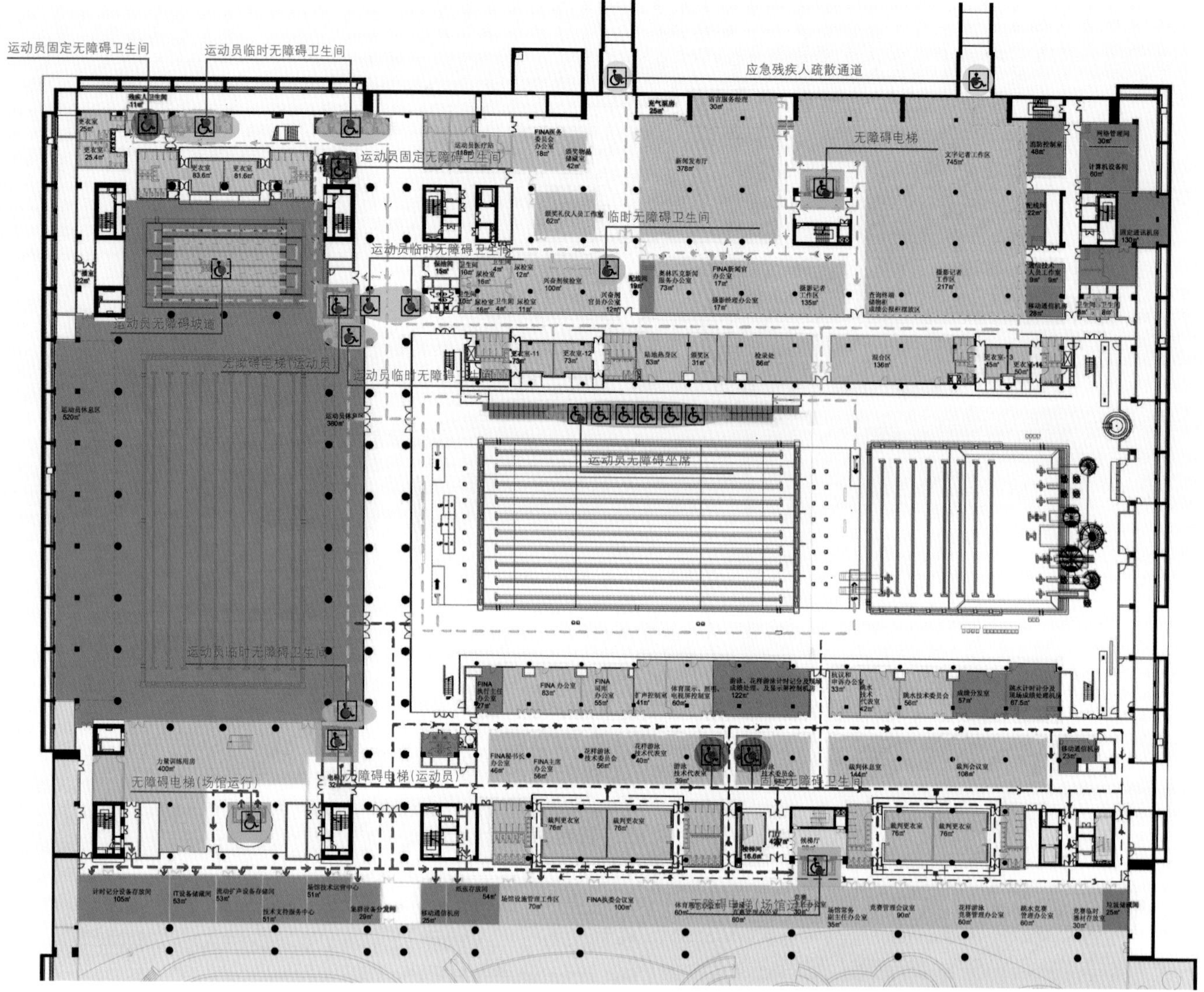

3-77 "水立方"比赛厅及热身区无障碍设施分布

台。服务台为临时设施，高度为850mm。能够为观众提供各种服务，尤其是语音和图像等特殊服务，方便听力障碍者或者其他残疾人的活动。

（4）标志：在观众公共区域设置了大量的各种清晰易读的标志，使用国际标准符号和象形图，文字标志则采用汉语和英语双语标志。每间隔一定距离，设置方向和位置指示标志，同时设置场馆区域指示图，指明公共交通、公共区域和主要目的地的方向。所有的标志系统均采用增强性的颜色和字体，提高易读性，其亮度、对比度与周边相比均高出30%以上。

三、看台无障碍设施

看台区域的无障碍设计主要包括无障碍坐席、赛事体验和标志三部分（图3-74、图3-75）。

（一）无障碍坐席

"水立方"的坐席的每个分区都设置了无障碍坐席，每个无障碍坐席旁设置一个陪伴席。所有的无障碍坐席均设置在南北看台0.000标高的横向走道处，占用两排下层看台搭设临时残疾人轮椅平台，与观众出入口相邻，与疏散通道同层，保证残疾人使用和疏散过程中的安全与舒适。其主要设置如下：

观众坐席按12949人的1.5%比例计算，需要150个无障碍坐席。分别位于比赛大厅的南侧横走道处，位于主要疏散口之间，便于使用。

奥运会大家庭坐席699个，设置无障碍坐席30个；位于奥运会大家庭坐席区后侧的横走道处。

竞赛官员坐席200个，设置无障碍坐席4个；位于北侧看台横走道处。

记者坐席1682个，设置无障碍坐席7个；位于北侧看台横走道处。

运动员坐席1672个，设置无障碍坐席120个。运动员轮椅坐席设在竞赛池边的北侧。

无障碍坐席的设置是经过精心设计的，既满足了残疾人轮椅的使用要求、观看比赛的视线要求，也方便残疾人的快捷疏散（图3-76）。尤其是视线设计，保证了无障碍坐席获得最好的视觉质量，同时对其他坐席的影响减到最小。

（二）赛事体验和通信

在公共区域设置扩声系统，在满足欣赏赛事和体育展示要求的同时，也提供引导指示。比赛区域内的主显示屏，可以为听力有障碍的观众提供相应的指示帮助，便于他们观赏比赛和通行方便。每组公用电话中有一部是轮椅无障碍电话，轮椅可以方便靠近。

（三）标志

赛时在看台的主要通道和重要部位处设置各种标志，便于各种人群及时快捷地到达各自看台座位，同时在疏散时，合理引导各种人群安全便捷地疏散。

四、比赛无障碍设施

包括比赛厅内的比赛池和周边区域、运动员更衣室和热身活动区域三部分（图3-77）。

（一）比赛池及周边区域

采用统一地面标高，取消门槛，保证轮椅等的通行畅通，泳池周边留有足够的活动空间，考虑了运动员轮椅存放空间，跳台和池岸区域均考虑防滑措施和防滑材料，保证运动员的使用安全。

（二）运动员更衣室

没有门槛或其他隔断的淋浴房可以让轮椅直接进入，便于使用；开关都安装在坐轮椅的人能轻易够着的地方，使用较大的板式夜光电灯开关；更衣室内卫生间全部设置为坐便器，所有的水龙头均为杠杆式手柄，并在相应位置设置紧急呼叫按钮，方便行动不便的运动员使用，并保证其安全。

（三）运动员热身活动区域

在运动员热身活动区的建筑内部，通过加设临时设施满足室内残疾人垂直交通的要求。在热身池北面的蹦床区设置了临时的无障碍坡道，帮助运动员克服从地面层到比赛层的5.44m高差。此坡道宽2m，坡度为1/20，坡道总长136m，每20m坡道处设置一处2.5m宽的休息平台。另外赛时在地下一层共设置15间临时可移动式的无障碍卫生间。其中热身池更衣室边9间，热身池附近4间，比赛池附近2间，满足运动员在该区域的使用需要。

第七节 生态设计理念

游泳馆建筑是各类公共建筑中的能耗大户，其使用的大量水资源、维护宽大的比赛空间的空调系统和庞大的附属设备设施消耗着大量的能源，成为国内乃至世界的一个棘手的难题。在“水立方”的设计中解决这一难题，体现了2008年北京奥运会的“绿色奥运”的理念，也是当前国际建筑发展趋势与方向。

在“水立方”的设计建造过程中采用了大量设计手法和技术措施来充分体现世界的生态建筑理念，主要表现在以下几个方面：(1)在建筑设计中，采用简单实用的建筑技术，达到节约能源、减少能耗的目的；(2)充分利用可再生能源和建筑材料的循环使用；(3)在满足需要的前提下，大量使用新技术和新能源；(4)灵活设置建筑空间，在赛时与赛后运营之间形成完美的平衡。

一、建筑技术的应用

国家游泳中心在设计中采取了一系列的建筑设计手法和节能措施来降低室内的空调负荷，使其单位面积年空调能耗低于国内同类型场馆指标，节能技术达到了领先水平，也为此后国内相关场馆的设计提供了参考。国家游泳中心的建筑节能特性（图3-78、图3-79）体现在如下方面。

（一）紧凑的建筑空间

国家游泳中心有一个美丽的名字——“水立方”。这个名字既源自其美丽的外表，也和其方正唯美的造型密不可分。国家游泳中心将游泳馆常规的比赛大厅、热身大厅和对外开放的嬉水大厅巧妙地整合在一起，形成了一个完美的正方形平面。既节约了用地，减小了建筑体积，又与中国传统的天圆地方理念相结合，为减少空调负荷创造了有力的物质条件。

（二）环保的围护结构

在对“水立方”那漂亮的透明的膜结构外皮而着迷的同时，有很多人也质疑其增加了建筑的能耗造成浪费。其实，国家游泳中心的外围护结构既突出了“水立方”这一“水”的主题，又节约了能源。“水立方”的外围护结构采用的是双层ETFE气枕结构。其布局与当前在生态设计中应用广泛的双层幕墙体系相似，并与游泳馆建筑的特点相结合。两层ETFE气枕之间形成了室内外空气、阳光和能量交换的空间。既为游泳中心创造了舒适的室内环境，也节约了能源。

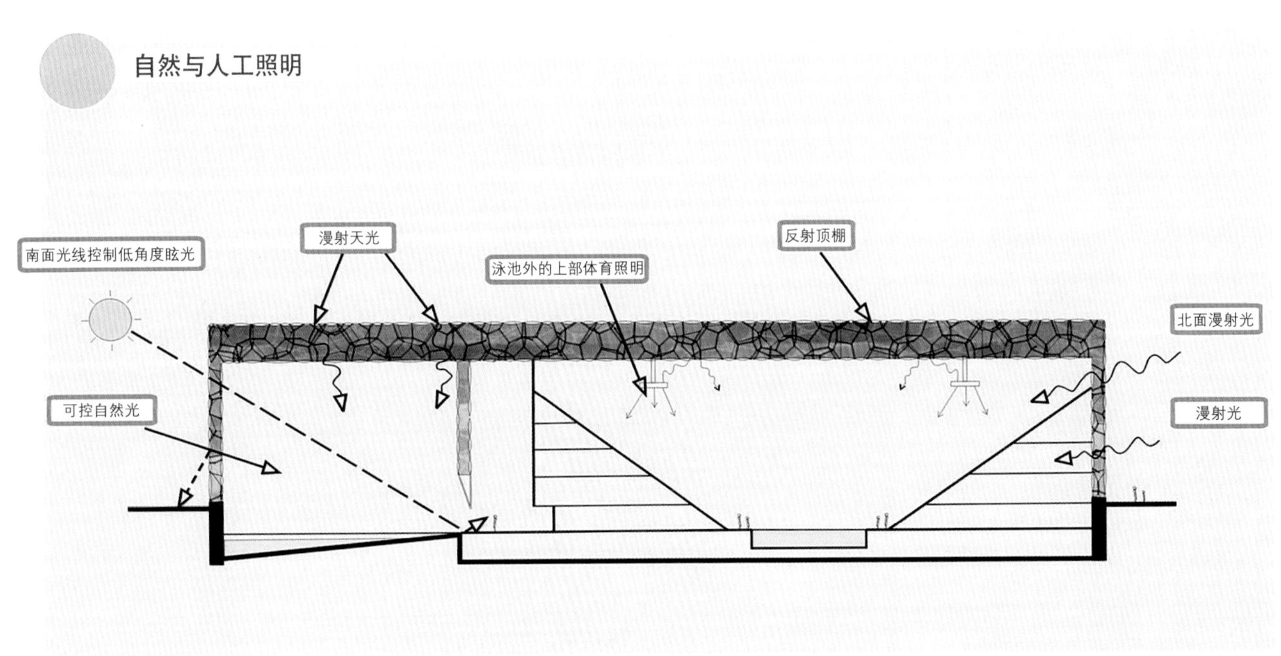

3-78 “水立方”外围护结构节能示意

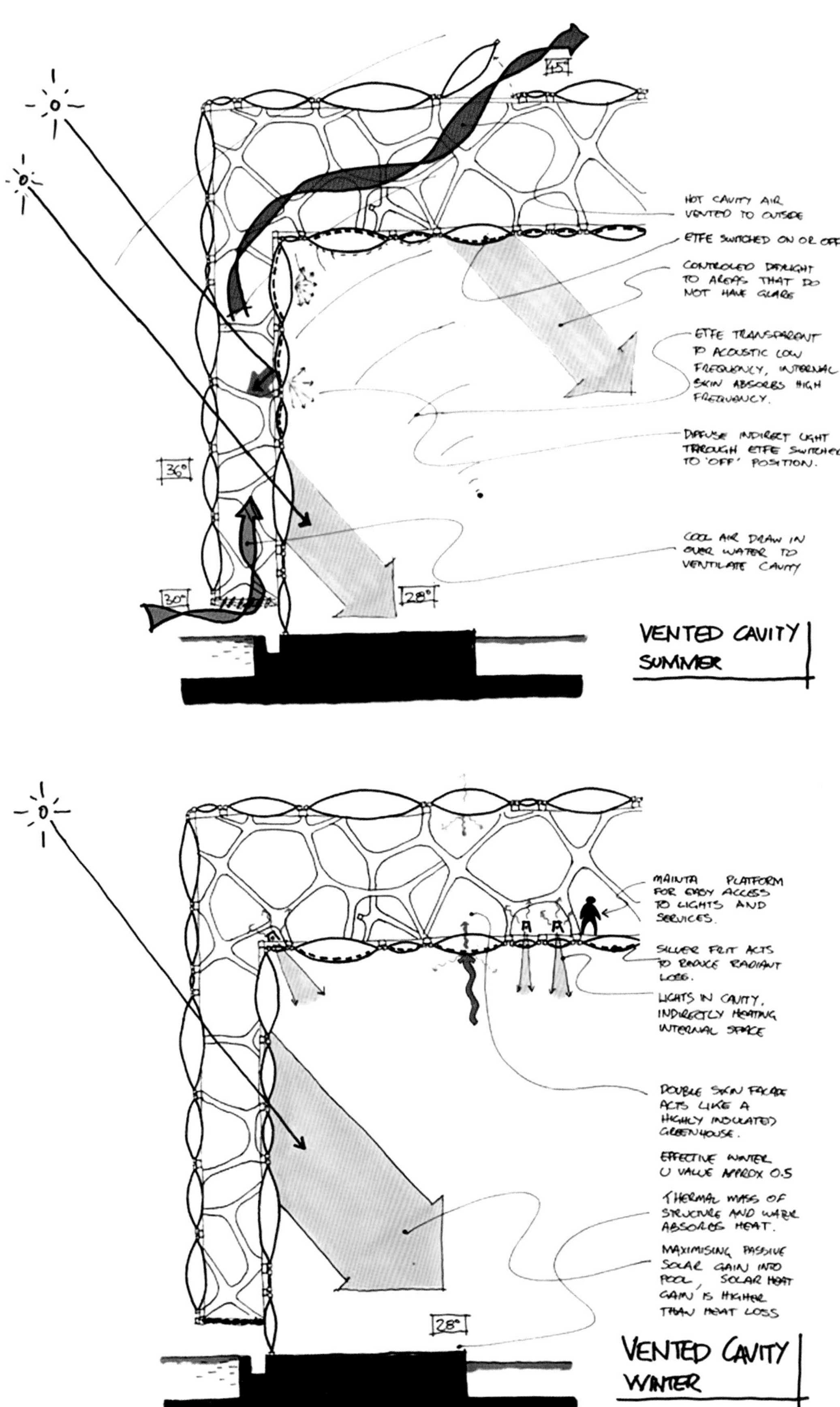

3-79 “水立方”膜结构冬夏两季透光及通风示意

具体措施是太阳辐射通过半透明的ETFE气枕进入室内，被室内表面吸收以后通过对流和辐射的方式释放，进而提高室内的温度。在冬季，这部分太阳辐射部分补偿了室内热负荷，同时夜间比赛水池和地面释放出白天蓄热，削减了白天和夜间的负荷差，减少了采暖能耗。

在夏季透过ETFE气枕的太阳辐射虽然会增加空调系统的冷负荷，但是双层ETFE气枕间的空腔会适当开启，空腔间被加热的热空气会上升排出室外，带走多余的热量。而室外空气由游泳中心外的水池与气枕结构之间的缝隙进入室内，在经过水面时，受到相对温度较低的水面影响，以降低室内温度。空气受热后又排出室外，从而形成良性循环，大大降低了围护结构的温度，减少了空调系统的能源消耗。

（三）充分利用自然采光

由于实际建筑的围护结构全部采用透明的膜结构，自然光线经过围护结构的漫反射后，均匀地射入游泳馆内，基本上可以满足白天的使用要求，从而节约日常照明能源损耗。

（四）利用自然通风

在建筑设计中，充分利用嬉水大厅和比赛大厅两个高大的建筑空间为采用自然通风创造了条件。根据研究，在全年相当长的一段时间内，室内采用自然通风不仅可以满足室内环境对新风的需求，而且可以补偿部分或全部室内热湿负荷，创造与室外互动的自然生态环境。通过计算机模拟，比赛大厅在过渡季节和整个夏季基本上都可以采用自然通风就能满足室内热湿环境的需要而不需要空调制冷（赛后模式且观

3-80 “水立方”LED夜景照明

众席无人的状况下），从而大大降低了空调负荷。

二、生态可持续资源的利用

国家游泳中心在设计中采取了一系列的节能技术和绿色环保材料，大大减少了"水立方"这一大型公共建筑对周边生态环境的压力，为国内相关场馆的设计提供了有益的探索。

（一）水资源的回收利用

具体措施主要包括：洗浴废水尽最大可能收集，经处理后回收利用，减少对市政水源的需求；冲厕、绿化、浇洒道路采用中水，减少自来水用量；所有大便器、小便器、洗手盆采用红外感应冲洗阀和龙头，其余均采用节水型卫生器具；淋浴采用双管自动恒温调节阀供水方式，尽可能减少无效水量；雨水回收利用，合理利用自然资源等。

（二）绿色环保材料的使用

（1）使用膜结构作为主要建筑材料。其质量轻、寿命长、抗拉伸、延展性好，抗紫外线和化学物质侵袭能力强，自洁性好，属阻燃性材料，不仅使建筑外表晶莹美观，而且具有节省建筑成本，充分利用太阳能等好处。更重要的是其利于回收，生产和回收过程对环境污染较小。

（2）选择国家推荐的绿色管材，减少污染。

（3）采用绿色环保建材及产品。如建筑涂料、油漆、防水材料、防火涂料、保温材料等采用绿色、环保、无辐射材料。

三、新能源、新技术的应用

国家游泳中心在设计中采用了许多适合中国国情的新技术，实践了"科技奥运"的理念，这些新技术的应用，促进了游泳馆的节能减排和新能源的利用。

（一）太阳能发电技术的应用

将太阳能发电技术与建筑设计相结合，在建筑外广场设置了与广场照明相结合的光电系统。该系统的发电量可以满足大部分照明系统的需要。

（二）LED照明技术的应用

LED照明技术是当前国际上新兴起的照明节能技术。其工作电压低，寿命长，转换效率较高，在夜景照明中被广泛采用。国家游泳中心在外立面的夜景照明中采用了不同颜色的LED（发光二极管），从而创造了丰富的夜晚景观效果，同时也节约了电能的消耗（图3-80）。

（三）智能应急照明控制系统和节能灯具的应用

智能应急照明控制系统，可以按照实际情况合理调整照明度和照明区域，在满足使用的要求下既提高了安全性，又节约了设备和电能消耗。同时，国家游泳中心内大量使用节能灯具。既减少了灯具维护的支出，也节约了能源。

（四）其他节能措施

国家游泳中心中还采用了很多其他节能措施，并充分利用了各种新能源。

（1）空调冷水机组的冷却水系统采用热回收技术，将废热回收用于生活热水及游泳比赛池池水加热。

（2）空调系统采用了排风热回收技术，将排出的废气的热量用来加热新风，从而降低空调的能耗。并充分利用室外新风在冬季对内部温度较高区域提供"免费制冷"。

（3）利用地下水进行制冷和加热。由于地下水温度相对恒定，所以在夏季，游泳中心利用温度较低的地下水为空调系统降温，减少空调的制冷负荷。在冬季，则利用温度较高的地下水为空调系统加热。减少空调的制热负荷。

（4）采用了可变遮阳系数技术。通过可以调节的遮阳系统，可以调整进入室内的太阳光的强度和热量，从而达到合理利用自然能源调节室内环境的目的，尽量减少对人工照明和空调系统的使用，节约能源消耗。

第四章 幕墙系统

第一节 系统概况

“水立方”屋面、立面和内部隔墙均由双层ETFE材料的充气气枕构成，并由建筑钢结构进行支撑，如图4-1所示。

带图案的半透明内涂层能够实现一定程度热能和日光控制。在立面系统中，内表面还起到遮阳和日光调控的作用。根据内部空间的使用功能，内表面具有不同的透明度。这是通过在多层膜层上印刷图案来实现的。

印刷图案选择为圆点，直径16mm，密度分10%、20%、30%、50%和65%，分别位于屋面和立面的不同位置。对ETFE膜材印刷图案进行的视觉测试如图4-2所示。

屋面气枕遮挡雨水，使其通过沿防水层围合的U形天沟进入虹吸系统。屋面气枕表面可附加一层雨噪声降噪网，顶棚系统下悬挂吸声材料保证整个建筑物各个功能区域的声学性能。屋面U形天沟提供了维修人员行走的路径，其内还设置安全绳索系统，以确保维修人员安全进出。屋面每个气枕周围都设有防鸟索，以免气枕被损坏。

这两层气枕的主要功能：

（1）外表面：抵御外部各种荷载和气候。

（2）内表面：有助于保护结构框架使其不受泳池环境影响；额外的热工绝缘和隔声；在进行上部维护时，保护使用者的安全；提供可通风空腔；与外层表面共同控制太阳能射入、热损失、日光水平和眩光。

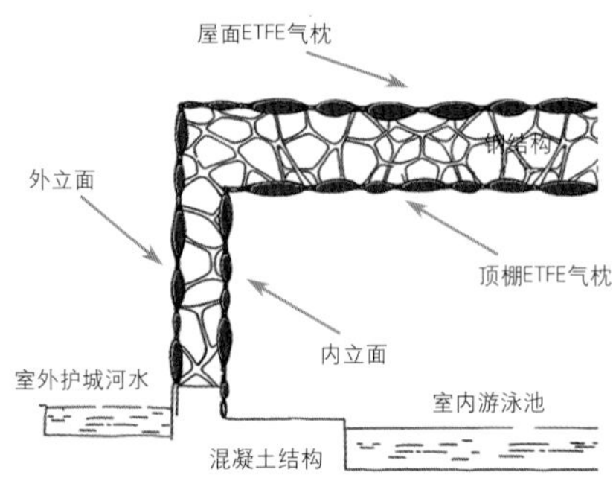

4-1 “水立方”幕墙系统示意

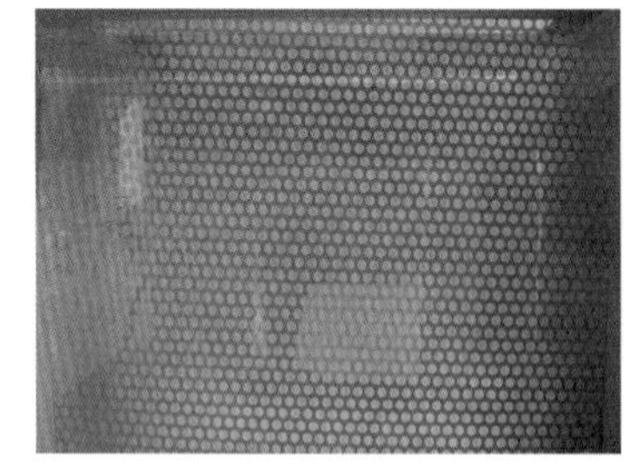

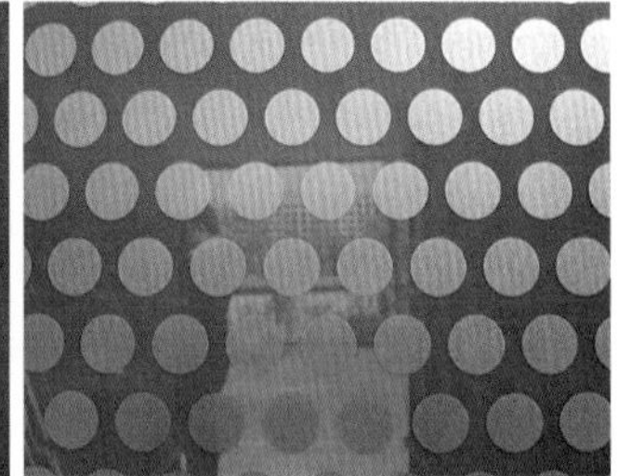

4-2 ETFE膜材印刷图案视觉测试

第二节 性能要求

一、耐久性

（一）饰面及结构构件耐久性

在北京的气候条件下（酸雨、沙尘暴），下列构件满足一定的使用年限。

（1）防腐处理的铝合金：20年；

（2）ETFE：30年；

（3）垫圈和包括有机硅焊接垫圈的密封材料：25年。

（二）其他构件耐久性

满足使用年限：50年。

二、ETFE 气枕找形

在形状产生过程中，应考虑以下因素，并根据适当的膜方向来模拟膜应力计算，气枕最大高跨比为12%～15%。

（1）内部压力；

（2）内部荷载；

（3）周边形状；

（4）气枕高度；

（5）图案构成。

三、颜色及外形

应确定薄膜层的颜色和透明度并在整个结构中保持一致。在5m远距离内看不出材料有明显的褪色或污渍。在安装后，不管是可维修还是不可维修，气枕应不会破损。

在使用年限内，气枕的透光性降低幅度不得超过2%。在5m远距离内应保持视觉上的透明度一致性。气枕厚度增加不得超过10%，所有杆件不得因局部较薄从外观上显露。项目选用ETFE膜材颜色及镀点见表4-1。

气枕构成示意图　表4-1

	气枕示意图	膜材构成
屋面气枕构成	室外 R1 R2 R3 R4 空腔	R1：250μm中蓝ETFE膜，250TB； R2：100μm无色透明镀银点ETFE膜，100NJ-S； R3：100μm无色透明ETFE膜，100NJ； R4：250μm无色透明镀银点ETFE膜，250NJ-S
顶棚气枕构成	空腔 C1 C2 C3 C4 室内	C1：250μm无色透明镀银点ETFE膜，250NJ-S； C2：100μm无色透明ETFE膜，100NJ； C3：100μm无色透明ETFE膜，100NJ； C4：250μm无色透明ETFE膜，250NJ
外立面气枕构成	室外 EW1 EW3 空腔 EW2	EW1：250μm中蓝ETFE膜，250TB； EW2：100μm无色透明ETFE膜，100NJ； EW3：250μm无色透明镀银点ETFE膜，250NJ-S
内立面气枕构成	空腔 IW1 IW2 室内 IW3	IW1：250μm无色透明镀银点ETFE膜，250NJ-S； IW2：100μm无色透明ETFE膜，100NJ； IW3：100μm无色透明ETFE膜，100NJ

四、荷载

建筑结构设计寿命100年，考虑相应的荷载分项系数和适当的荷载组合。其静荷载为ETFE膜、连接支承构件自重；屋面活荷载为0.3kN/m^2；雪荷载为0.55kN/m^2（均布）。

五、位移及挠度

（一）总位移的调节

在不减少规定性能的同时能适应一定量的变形，即在所有设计荷载和温度变化适当组合下的覆盖结构的变形和移动；由下列建筑偏转引起的尺寸及形状的改变：包括安装、收缩、弹性变形、支承结构变形，潜移、挤压、扭转及湿热变化。提供所有活动节点在允许误差和位移下，连接宽度的平均值、最小值和最大值，确保节点能够适应变形。

（二）温度变形的适应性

能适应任意构件温度变化造成的覆盖结构尺寸的变化。

（1）外部-20℃到+90℃；

（2）内部直接受光照的部位：-10℃到+70℃。

六、热工及光学

（一）热工性能

立面最大的总体传热系数“U”值：屋面为0.65W/(m^2·K)；墙体为1.1W/(m^2·K)。

（二）结露

在规定工况下，围护结构隔汽层上下面，或在能影响工作性能的区域内及表面不应形成结露；在规定工况下，围护结构隔汽层的上下面，或在能影响工作性能的区域内及表面不应形成空腔结露。为此，要进行热工绝缘，但保证防雷接地保护设施的连通。

七、消防

材料应不燃且不产生有毒气体。

八、声学

混响时间控制：采用固定措施与备用措施，实现混响时间控制在2.5s以内。

隔空气声：据客观条件，同时邀请专家进行协商，将比赛大厅在不影响奥运赛时使用功能的前提下，声学上可以按半室内游泳馆考虑；根据测试结果，两个三层气枕的计权声压级差（$D_{nT,w}$）为20（dB）。

隔雨噪声：降噪10～12dB。

九、误差

钢结构施工误差控制在±5mm以内。

十、维护和更换能力

屋面和外挂立面的设计应能使所有的膜层作为一个单元体进行拆换，并可只更换ETFE膜。

十一、防害

选择的材料必须可以抵抗微生物、真菌、昆虫、爬虫、鸟类或蝙蝠和老鼠的攻击。关闭隔绝所有开口以防昆虫、爬虫、鸟或蝙蝠和老鼠的进入。

第三节 材料

一、ETFE材料

ETFE是Ethylene Tetra Fluoro Ethylene（乙烯—四氟乙烯共聚物）的缩写，是一种无色透明的颗粒状结晶体。ETFE由生料挤压成型，是一种典型的非织物类膜材，为目前国际上最先进的薄膜材料。ETFE最初由美国航天局为太空计划研制开发的，1982年Foiltec第一次将ETFE膜材应用于建筑项目中，这座历史最长的ETFE建筑物是位于荷兰Arnheim Burger动物园中的红树林厅，如图4-3所示。此后在欧洲该项新技术被广泛应用于建筑的屋顶和立面，大量的工程实例和试验数据证明ETFE与传统建筑围护结构相比具有多项优势。它质量轻寿命长、抗拉伸、延展性好，装配系统较同等透明装配体系更简单、轻盈，透光性好，抗紫外线和化学物质侵袭能力强，自洁性好，属阻燃性材料。其建筑外表晶莹美观；轻质立面装配结构节省建筑成本；是利用太阳能的环保产品；日光被引入内部空间；同时ETFE膜上的新图案设计还创造出了动感的建筑特质。

4-3 世界上第一座ETFE建筑物

4-4 膜材表面图案

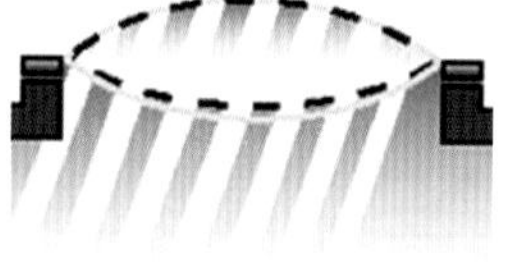

4-5 气枕透阳

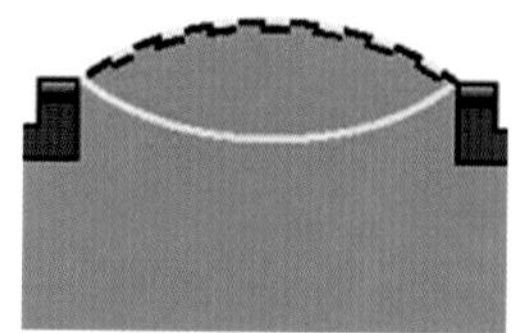

4-6 气枕遮阳

（一）寿命长

本项目ETFE的外围护结构（ETFE立面及屋面系统）的设计寿命为为30年。目前用于荷兰Arnheim Burger动物园中的红树林厅的ETFE膜材料在经历了25年后各种材料特性未显现出明显的衰变。

（二）力学性能良好

（1）质量轻：1.75±0.05g/cm^3；

（2）延展性好：当材料被拉伸15%～20%时，产生第一个屈服点；继续拉伸之25%，产生第二个屈服点；当材料被拉伸到300%～400%时，发生脆性破坏；

（3）充气ETFE气枕可以有效地将风荷载、雪荷载等作用力传递到支撑体系上，将平面外荷载转化为平面内荷载；

（4）受力变形可恢复。

（三）透明度高

可见光透光率高达94%；可见光反射率不超过8%；太阳光透光率同样高达94.6%；太阳光反射率不超过9.6%；太阳光吸收少于8.6%；紫外线（UV）透射率因ETFE膜材的厚度、颜色、表面印刷图案、低辐射（Low-E）涂层而异。

（四）光能控制

为控制进入室内的阳光和热量，可以通过在ETFE膜材表面印刷不同图案或在气枕外设置遮阳系统的方式进行调节。

（1）膜材表面图案印刷，如图4-4所示；

（2）气枕可变遮阳，如图4-5、图4-6所示。

（五）热传导

ETFE气枕内的空气可将传热系数*U*值降至很低；其随着气枕的膜层数和其内的空气量变化，变化情况见表4-2；较低的*U*值可以减少热损失。

*U*值与气枕的膜层数关系　　表4-2

膜层数	*U*值［W/(m^2·K)］
2	2.94
3	1.96
4	1.47
5	1.18

（六）防火性能

ETFE的熔点约为275℃；由于氟元素的存在，决定了ETFE的自熄性，如图4-7所示；燃烧溶化时，无液体滴流；无有害

4-7　膜材料燃烧试验

材料性能对比　　表4-3

性能	ETFE	聚碳酸酯板	单层玻璃	双层玻璃
寿命（年）	>25	10	>25	>25
自重（kg/m^2）	1	3.5	30～50	40～60
跨度（m）	≤10	1.04	≤3	≤3
*U*值［W/(m^2·K)］	1.96	2.3	5.5	2.7
透光率（%）	20～90	≤88	≤86	≤76
遮阳系数	0.20～0.79	0.38	0.77	0.67
防火	难燃	自熄	难燃	难燃
清洁	自洁	人工/机械清洁	人工/机械清洁	人工/机械清洁
修理	胶带修补	更换	更换	更换

气体产生。

（七）声学

质量轻，对室内声音无反射；ETFE建筑物的室内混响时间短于建筑立面采用表面坚硬材料的相同建筑物；ETFE气枕的声学特性是低频声音透射、高频声音反射。

二、与其他材料的对比

ETFE与相关材料性能对比见表4-3。通过对比，可看出ETFE的明显优势。

ETFE膜是透明建筑围护结构中品质优越的替代材料，使用寿命至少为25～35年，是用于永久性多层围护结构的理想材料。作为达到B1、DIH4102防火等级标准的难燃材料，燃烧时不会滴落。且该膜质量很轻，每平方米只有1kg左右。这种特点使其即使在由于烟、火引起的膜融化情况下也具有相当的优势。

根据位置和表面印刷的情况，ETFE膜的透光率可高达90%，保证建筑内部的自然光线。通过表面印刷，该材料的半透明度可进一步降低到20%。根据几何条件及膜的层数，其*U*值可高达2.0W/(m^{2}K)。由人工高强度氟聚合物制成的ETFE，其特有的抗黏着表面使其具有高抗污、易清洗的特点。

第四节　基本构造

气枕装配系统构成示意如图4-8所示。其立面标准节点见图4-10，屋面标准节点见图4-11、图4-12，顶棚标准节点见图4-13。四种压盖模型效果对比见图4-9，图中右起第二个为最终方案。

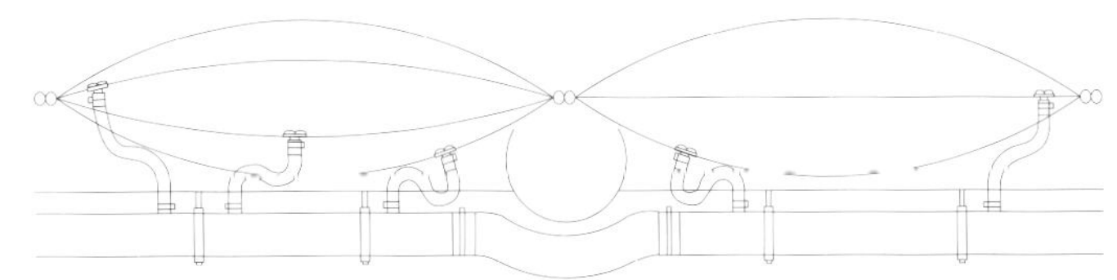

4-8　气枕装配系统构成示意

4-9　四种压盖模型效果对比

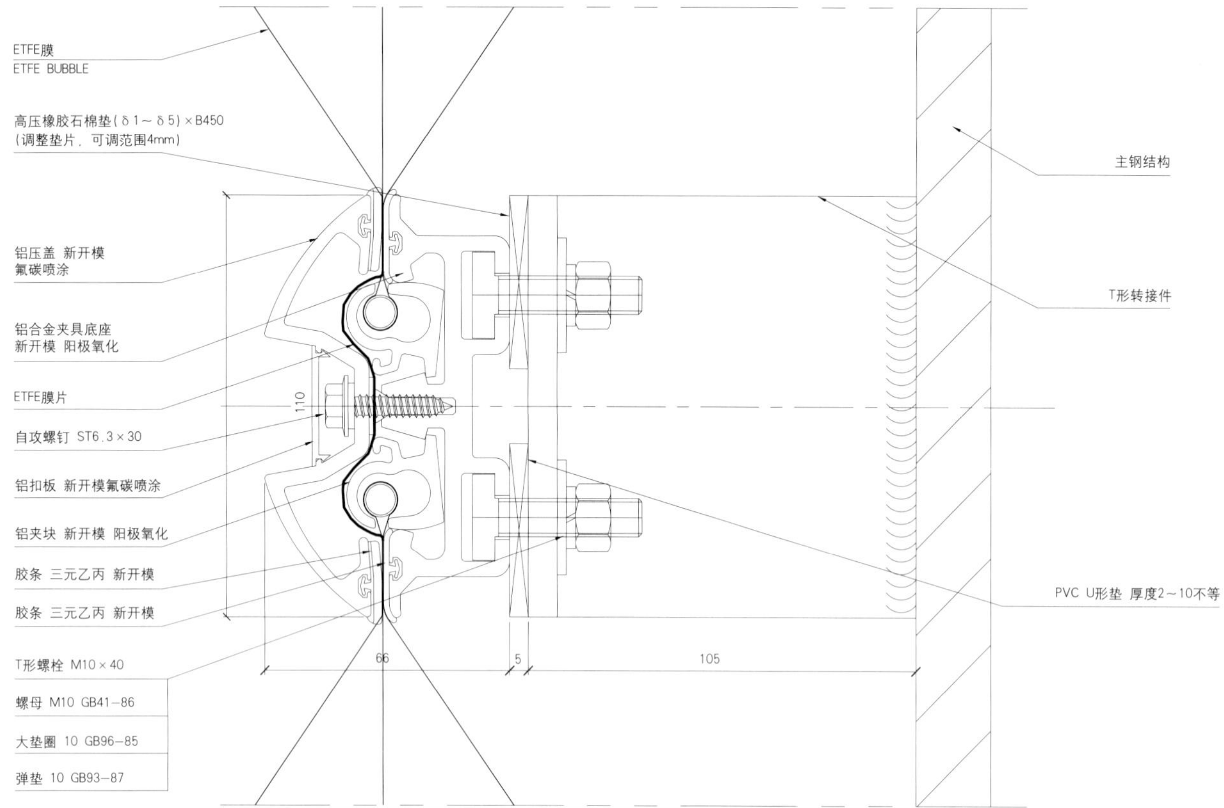

4-10 立面标准节点图

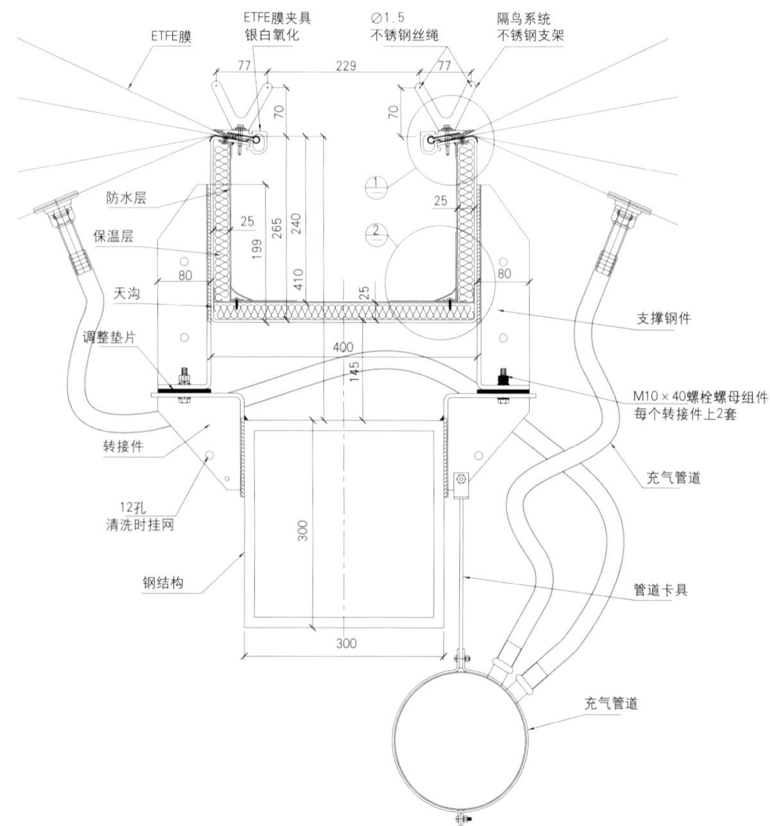

4-11 屋面标准节点（钢杆件中间部位）

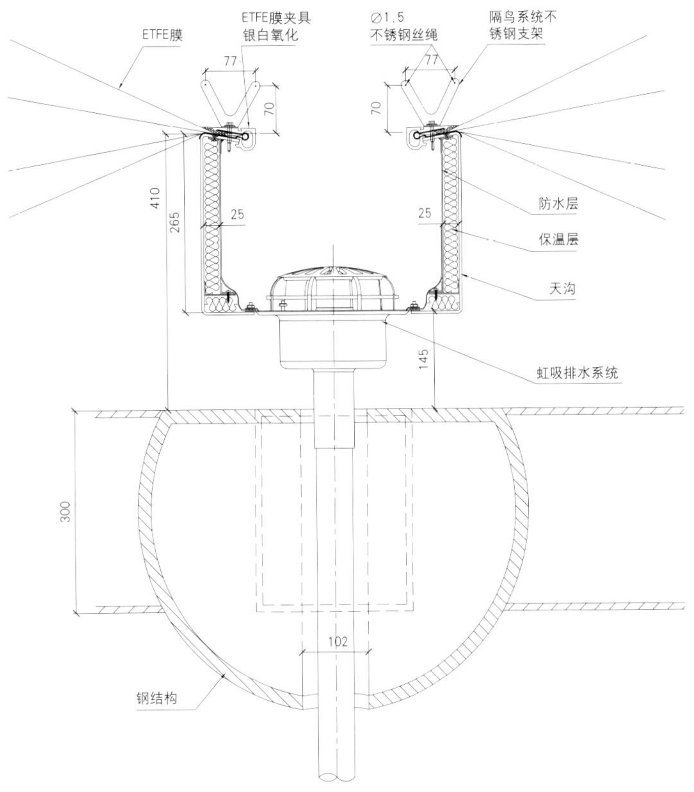

4-12 屋面标准节点（球节点处）

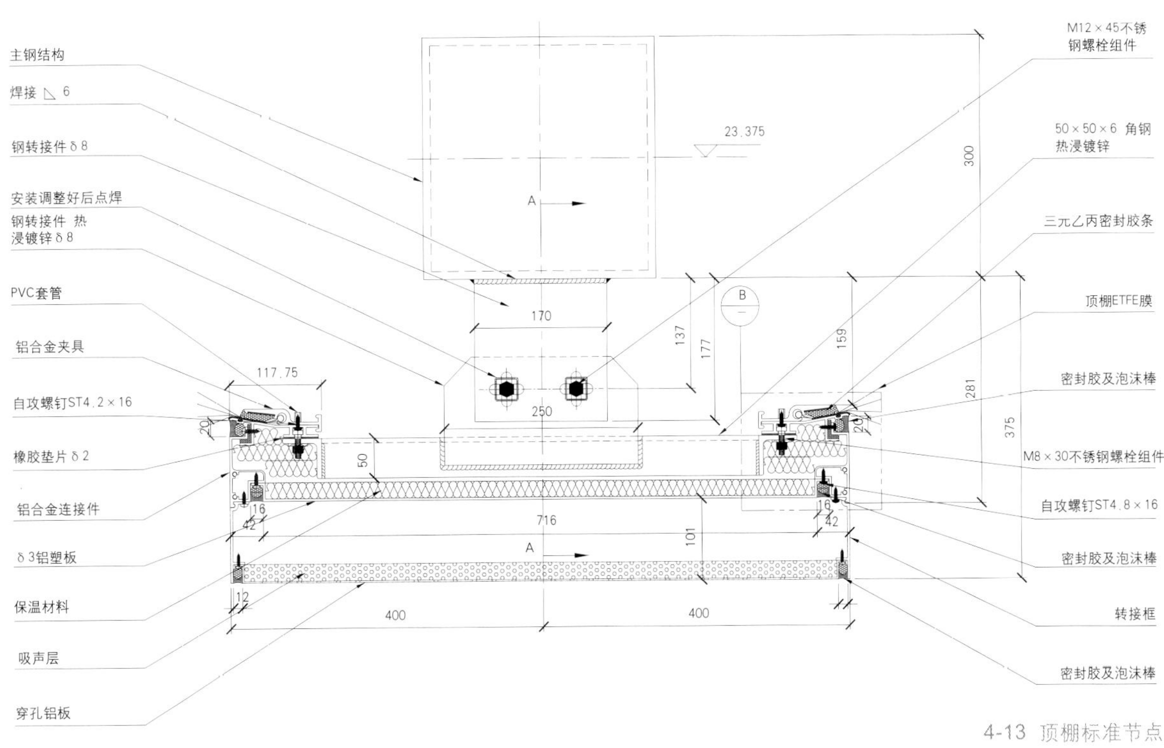

4-13 顶棚标准节点

第五节　ETFE气枕的制作

“水立方”的气枕尺度超出ETFE膜材料的宽度（通常卷材的宽度为1.5m），因此每层ETFE膜材是由若干块膜材拼接而成的，拼接方式为热合焊接。本项目也采用了世界上最长的ETFE热合机，如图4-14所示。单层ETFE膜材制作完成后，需要在适当的位置安装充气阀。完成全部ETFE膜材的制作后，就可以进行组装工作了。将若干层ETFE膜材叠放在一起对齐边缘，通过热合焊接方式将它们连接在一起，形成气枕后再在其边缘热合焊接上用于安装的边绳。

与ETFE充气枕相配套的充气系统能保持气枕内部压力的恒定，气枕内压设计值为250Pa，外凸矢高为气枕形状内切圆直径的12%～15%。当屋面积雪较多时，气枕的充气系统将提高屋面气枕的内压至550Pa，同时加大外凸矢高，以增加气枕的抗压能力不至于被积雪压垮。整个建筑物的充气系统包括18个充气单元和区域充气管道及单个气枕的充气管道，每个充气单元中含有鼓风机、除湿单元、过滤装置及加热器。由于气枕的密封性非常好，充气单元仅在气枕内压低于设计值时才启动。充气单元启动和停止可以通过在各立面、屋面和顶棚气枕内部安装气压传感器连接到中央控制计算机的方式实现。这样的设计可以最大限度地节约能源、减小气枕内部结露和污染的几率。立面充气系统示意如图4-15所示；屋面、顶棚充气系统示意如图4-16所示。

4-14 ETFE膜材热合机

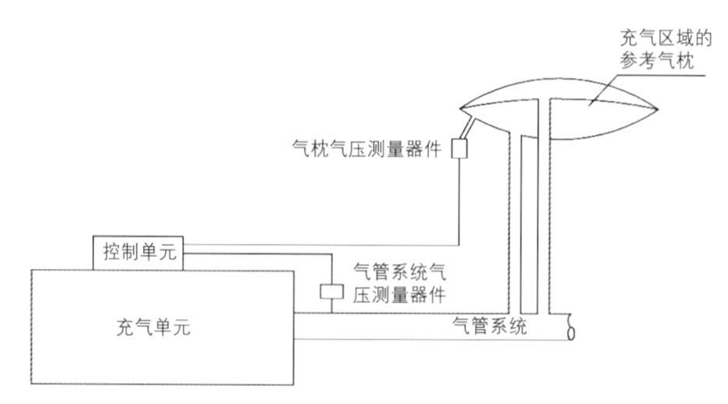

4-15 立面充气系统示意

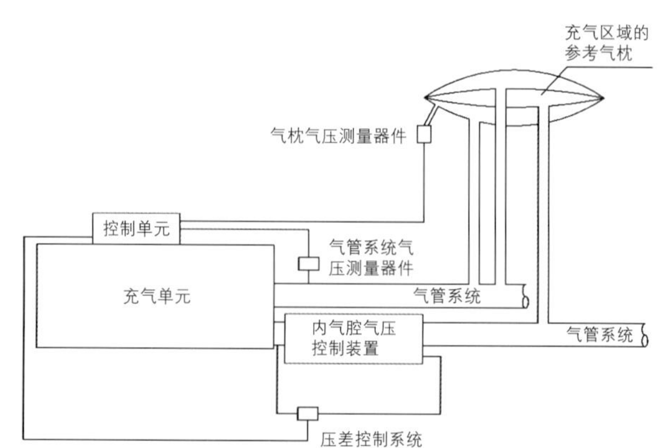

4-16 屋面、顶棚充气系统示意

第六节　幕墙的建筑物理性能

一、建筑声学性能

（一）声学和扩声系统设计

水上运动和嬉水中心对声学有着独特的要求，而这些要求却经常被忽略。由于内部使用性和机械噪声造成的房间内回声和回声等级的声学控制对于成功运作这个中心来讲是最关键的。尤其是"声学要求很高"的空间，包括空间巨大，采用轻质屋面的奥运会游泳中心。

同样重要的是建筑外围护结构设计，必须控制外部环境噪声使其不能进入噪声敏感区并且必须防止中心内嘈杂活动和机房噪声影响附近噪声敏感区。只有当这些重要事项都一一解决之后，本建筑才能为选手、教练、观众和工作人员提供一个舒适的氛围；一个清新自然的系统；一个公众乐于光临的环境。

国家游泳中心的另外一个问题就是建筑立面和屋面上的雨水冲刷噪声，这是因为建筑立面采用的是轻质材料，并且奥运会将在降水量最多的月份举行。屋面和立面的设计要求使用一种缓冲材料和/或一种降低雨水噪声的方法，以期控制内部噪声等级以符合相应的设计标准。

（二）材料性能实验课题

为实现上述要求，了解ETFE膜材料和气枕的声学性能，清华大学声学实验室在清华大学搭建的雨噪声原型测试塔（图4-17）分别对1个或2个2层、3层和4层膜气枕的声学性能进行测试（图4-18～图4-22），从而得到气枕与各种吸声、隔声材料组合的吸声系数、空气声隔声值以及测试塔内模拟比赛大厅混响时间值。

（1）混响时间控制：采用固定措施与备用措施，实现混响时间控制在2.5s以内。

（2）隔空气声：据客观条件，同时邀请专家进行协商，将比赛大厅在不影响奥运赛时使用功能的前提下，声学上可以按半室内游泳馆考虑；根据测试结果，两个三层气枕的计权声压级差（$D_{nT,w}$）为20（dB）。

（3）隔雨噪声：采用超级TEXLON，可减少雨噪声10～12dB。

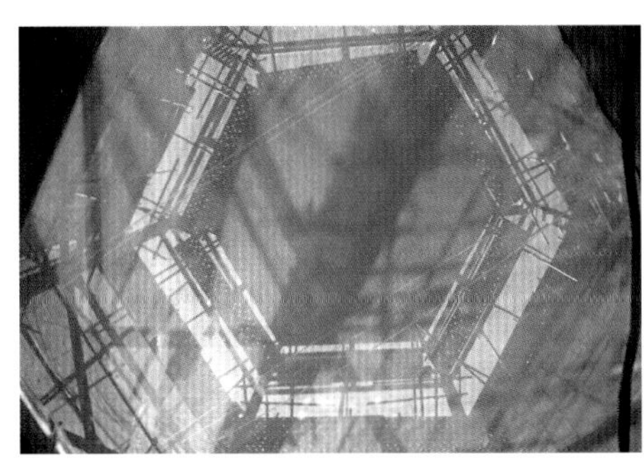
4-18　两个三层气枕

4-19　大水箱模拟降雨

4-21　在上层气枕上加"泰丝龙(TEXLON)"

4-17　雨噪声原型测试塔外景

4-20　在下层气枕上加阳光板

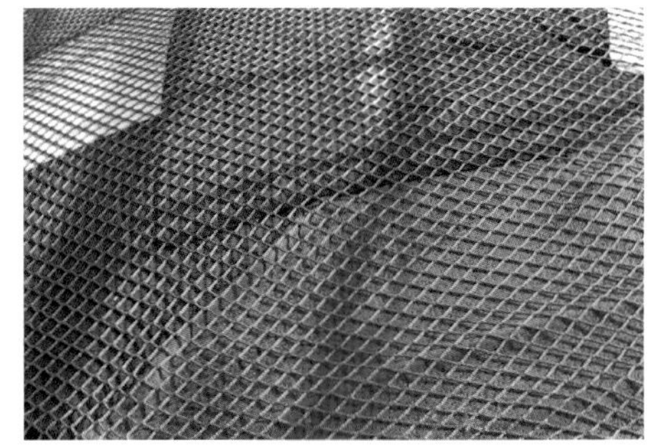
4-22　在上层气枕上加毛毯

（采用两个三层气枕+一层毛毯+一层大孔网+一层毛毯，可减少雨噪声17dB。如在比赛过程中下大雨，还应采取特殊措施。）

（三）比赛大厅建筑声学

根据测算值进行相应的计算分析，以及历次专家会意见，"水立方"采用如图4-23所示的解决方案。

1．吸声材料

（1）临时吊顶（5200m^2）：面荷载（包括龙骨）小于6kN/m^2、穿孔蜂窝铝板、轻型玻璃纤维吸声材料；

（2）马道表面（2400m^2）：穿孔蜂窝铝板；

（3）顶棚宽天沟（1500m^2）：穿孔蜂窝铝板；

（4）比赛大厅四角电梯筒外墙（1800m^2）：穿孔蜂窝铝板；

（5）临时观众席后墙（500m^2）：穿孔蜂窝铝板；

（6）东内立面临时吸声墙（1600m^2）：BASF轻质吸声海棉。

2．备用措施

大厅中部挂透明微穿孔吸声膜（面积视现场测试结果情况定），在顶棚气枕夹具预留吊挂孔。

内顶棚宽夹具附加吸声介质1500m²
两侧比赛看台顶部加吸声吊顶5200m²
马道表面附加吸声介质2400m²
东内立面临时吸声墙1600m²

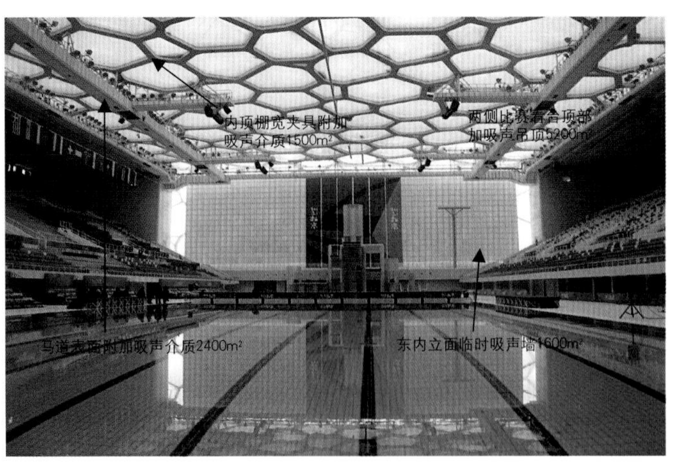

4-23 比赛大厅声学解决方案

3．屋面雨噪声降噪

在气枕边框处做好雨噪声降噪网安装的预留，在必要时采取临时安装，如图4-24所示。

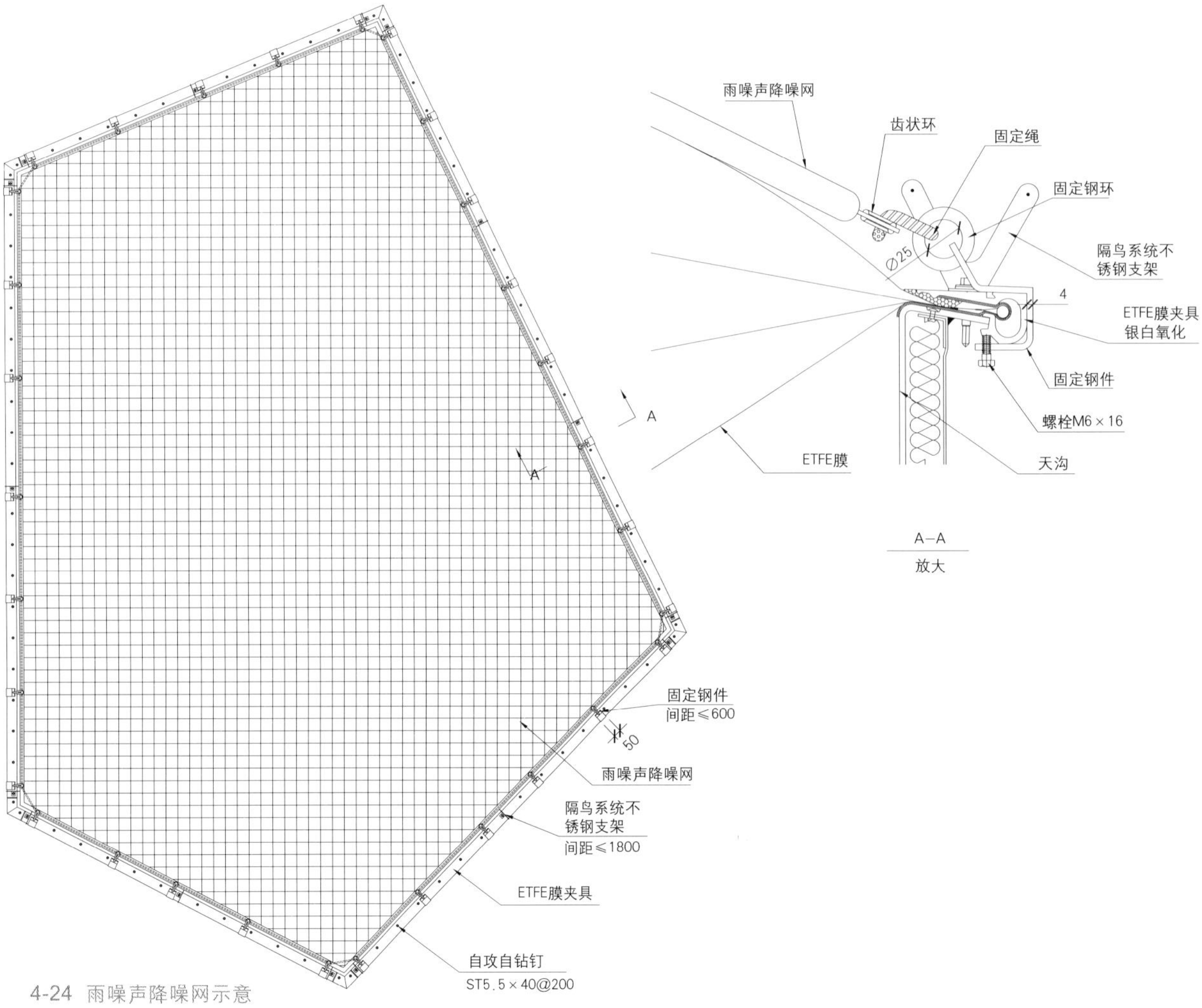

雨噪声降噪网
齿状环
固定绳
固定钢环
隔鸟系统不锈钢支架
4
ETFE膜夹具银白氧化
固定钢件
螺栓M6×16
天沟
ETFE膜
Ø25
A
A—A
放大
固定钢件
间距≤600
50
雨噪声降噪网
隔鸟系统不锈钢支架
间距≤1800
ETFE膜夹具
自攻自钻钉
ST5.5×40@200

4-24 雨噪声降噪网示意

二、室内光环境研究

采光就是将自然光引入建筑物内部。这样做的原因很多，通过采光，形成一个半室外环境，加强室内外的视觉联系。改善内部空间的外观，使之更轻、更亮，改善了颜色再现性、空间定义和时间暗示。提高使用者的舒适度和满意度——对生理和心理的影响包括感觉更放松和视觉舒适性增加，减轻疲劳，调节生理节奏。

可降低照明负荷，降低能源消耗。

（一）设计意图

采光的设计意图是为游泳中心内部空间引入合理日光。透过轻薄的像泡泡一样的表面可以看到游泳中心的有机框架，所以该建筑物给人的感觉是一个透明的半室外空间，形成广泛的室内外视觉联系。带薄塑料气枕的泡泡状结构设计激起了室内外参观者强烈的感官冲击。

（二）采光设计考虑因素

1．内部采光水平

总体而言，要求达到相当高的自然照明水平，但是必须根据空间的用途来进行调节。例如，嬉水大厅希望达到高标准采光，但同样高标准的采光就不适合于壁球场。

内部采光水平一般用采光系数来表示。其定义为：在标准全阴天天空下，内部采光水平（在一个水平面上测得的照度）与无遮挡外部水平表面上可获得的采光水平的比值。例如，全阴天天空下，室外照度为10000 lx，如果室内空间的采光系数是1%，那么该空间内的水平照度将为1%×10000 lx＝100 lx。

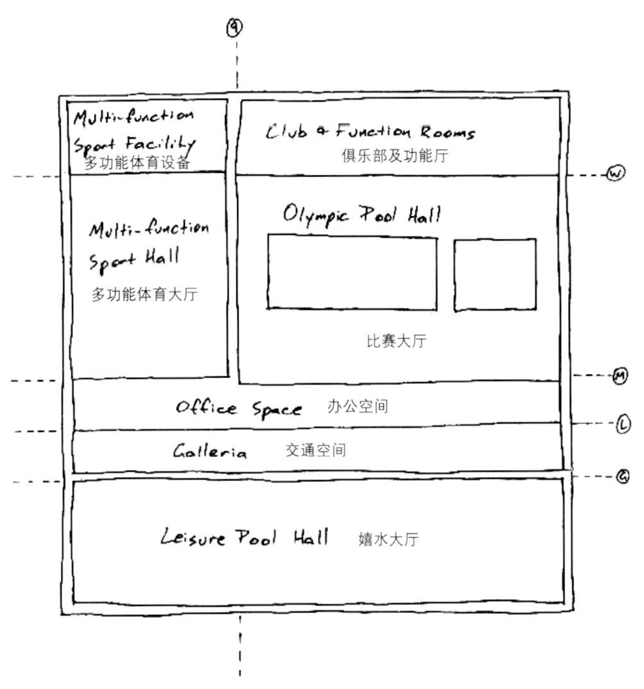

4-25　国家游泳中心采光分区

2．采光均匀性

日光在游泳中心内的分布同样是重要的。在很可能举行赛事活动的区域内，采光效果应相对均匀一些。例如，比赛大厅内泳池池岸上方采光的均匀性就很重要。但是，在某些供大众活动的区域，例如嬉水大厅，采光均匀性水平允许低一些。在这些区域内，事实上要求有一些不均匀性，因为光线的不均匀会使空间的视觉效果更为生动。

3．审美影响

日光对内部空间的审美有重大影响。高方向性太阳光能够形成优美的空间界定。日光是最佳的的光线，在日光下能够观察和辨别颜色。日光透过大面积的淡色表面能够使空间显得更加明亮，并能够影响空间感觉。一天之中，日光方向和颜色的变化能够反应出外部环境以及时间的流逝。

4．视觉联系

通常要求内外空间之间存在视觉联系。嬉水大厅内强烈的视觉联系是比较理想的。

5．视觉舒适性

必须保证每个进入游泳中心的人员视觉上感到舒适。对于位置较高的工作人员，使之获得视觉舒适感是最难的，比如比赛大厅南面办公空间内的工作人员。而在游泳中心自由走动的参观者或那些从事非细节视觉工作的人员，比如在俱乐部泳池周围放松的参观者，视觉舒适性就较易实现。

6．人员的安全

还必须保证空间内的所有人员的安全。这就意味着视觉条件不能出现安全危害。例如，对造浪池旁的救生员而言，从水面反射的日光会严重影响他们观察水下出现了麻烦的游泳者。

7．体育比赛和电视转播

某些游泳中心的内部空间可能会被全国性或国际性体育比赛和电视转播所占用。对于比赛大厅而言，这点尤为重要。体育比赛和电视转播均有特殊的光学要求，这些要求将影响采光的设计。因此对这些要求进行调查分析极为重要。

（三）采光设计方案

为了清楚地描述游泳中心的采光设计方案，将建筑物粗略分为7个不同区域。分区情况如图4-25所示。每个区域的采光目标值由其预期用途来确定，从而使整个建筑内不同空间具有各不相同的采光目标值。

（四）采光目标值

《国家游泳中心立面装备系统工程技术规程》中，遮阳系数的设计推荐最大平均值见表4-4。

《国家游泳中心立面装备系统工程技术规程》中，立面的光传送的最大平均值见表4-5。

（五）材料性能的科研课题

1．ETFE膜材料透光性能测试

建研院物理所在对ETFE膜材料进行光学测试时，将材料生产厂家提供的资料与实测结果进行了对比，对比结果见表4-6。

表中“/”符号前为厂家提供的结果，“/”符号后的数据为建研院物理所提供的测试结果，测试结果表明：两者的测试结果基本一致。

2．ETFE气枕透光性能测试

随后建研院物理所又对两个1m×1m的双层膜气枕进行了光学测试（图4-26、图4-27），结果见表4-7。

3．比赛大厅和其他区域光环境模拟

为实现以上推荐值，我们在各个立面和屋面、顶棚气枕的膜材料上增设了不同密度的银色镀点，镀点位置和密度图如图4-28、图4-29所示。

根据《国家游泳中心立面装备系统工程技术规程》对遮

设计推荐遮阳系数最大平均值　　表4-4

区域	立面	最大遮阳系数
比赛大厅	屋面	0.18（通风或部分不透明）
	东面	0.37（通风）
嬉水大厅	屋面	0.34（全部）
	南面	0.37（嬉水池，通风） 0.50（冬季嬉水池，不通风） 0.53（餐厅）
	西面	0.37（通风）
多功能体育大厅	东面	0.57
	屋面	0.21（通风或部分不透明）
	西面	0.37（通风）
俱乐部及功能厅	北面	0.6
多功能体育设备	屋面	0.22（通风或部分不透明）
	北面	0.6
	西面	0.37（通风）
商业街	屋面	0.4
	东面	0.46
	西面	0.45

立面的光传送的最大平均值　　表4-5

区域	立面	可见光传送	
		总 量（平均）	镜面
比赛大厅	屋面	2.0%～5.5%	小于1.5%
	东面	4%～13%（赛时0%）	1.5%～3%（赛时0%）
嬉水大厅	屋面	8%～25%	大于1.5%
	南面	～25%	大于2%
	西面	8%～25%	大于1.5%
	东面	8%～40%	大于2.5%
多功能体育大厅	屋面	1.5%～8%	1%～4%
	西面	5%～25%	小于2.5%
俱乐部及功能室	北面	15%～40%加上要求的内墙	大于4%
多功能体育设施	屋面	1.5%～8%	1%～4%
	北面	15%～40%加上要求的内墙	大于4%
	西面	5%～25%	大于2.5%
商业街	屋面	5%～25%	大于2.5%
	东面	20%～45%	大于4%
	西面	20%～45%	大于4%

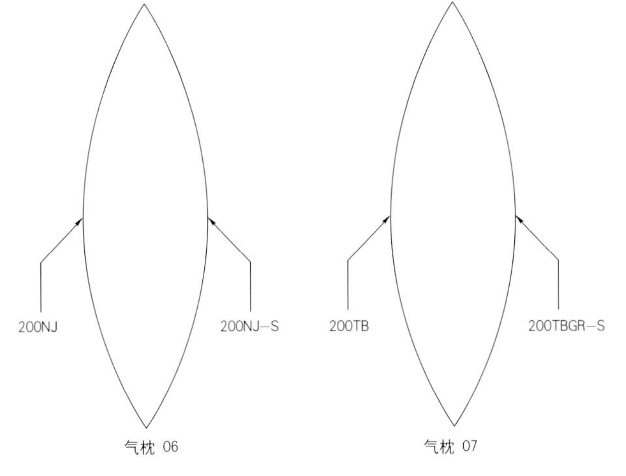

4-26 测试气枕构成示意

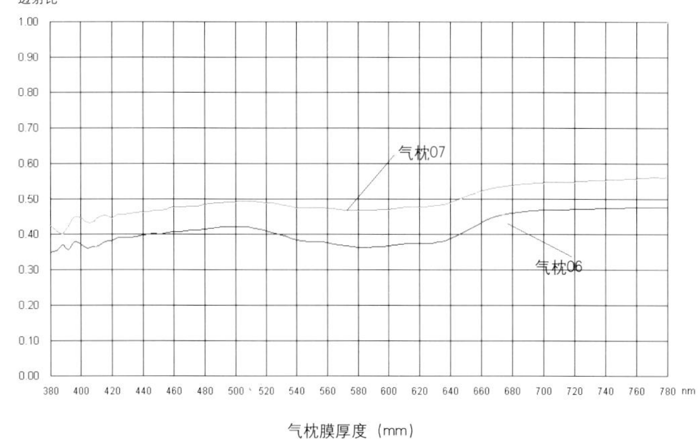

4-27 气枕透光性能曲线

ETFE膜材光学参数对比表 表4-6

名称	状态	可见光（%）		太阳光（%）		UV	G-Value
		透射比	反射比	透射比	反射比		
200NJ	无色透明	92.1/92.1	6.7/8.4	93.4/92.6	5.9/7.2	85.1/87.6	0.95/0.957
200TB	蓝色	83.2/82.8	6.8/8.0	89.3/88.7	7.3/8.2	79.0/81.9	0.90/0.926

ETFE气枕透光性能测试结果 表4-7

试件名称	无框		有框	
	Tr正（%）	Tr反（%）	Tr正（%）	Tr反（%）
气枕06	43.77	43.23	36.01	—
气枕07	55.45	46.54	45.62	—

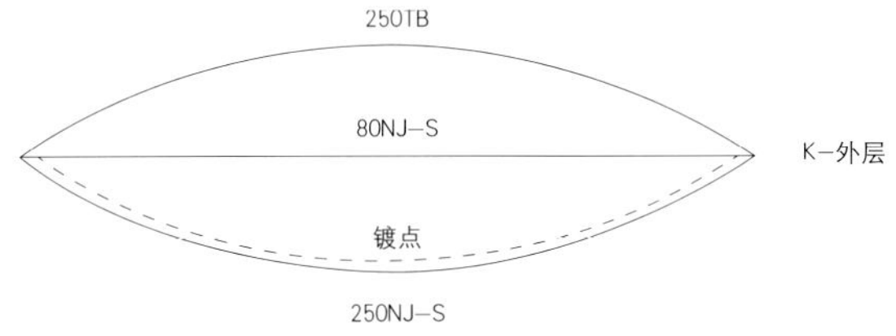

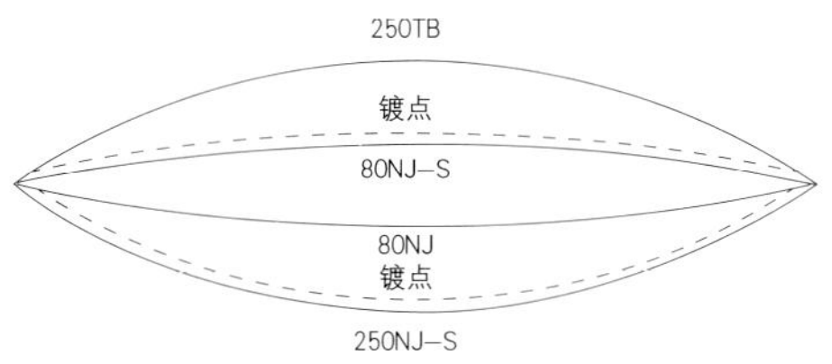

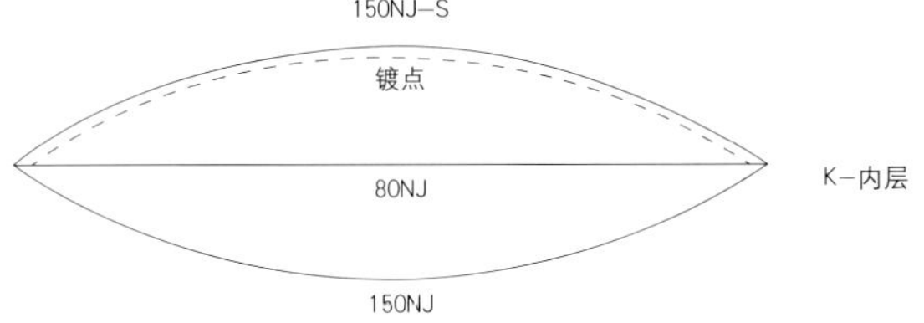

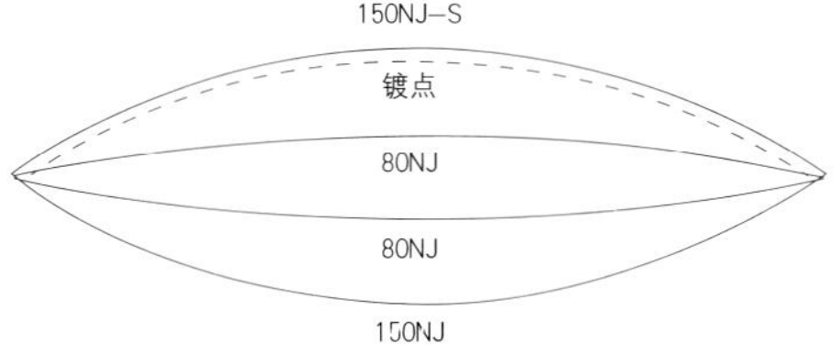

4-28 立面气枕膜材构成

4-29 屋面、顶棚气枕膜材构成

阳系数和光传送的最大平均值的要求，对整个建筑物室内光环境进行了计算机模拟，模型如图4-30所示。

模拟结果见图4-31、图4-32和表4-8。

晴天空条件下观众有机会看到东边亮度较高的天空，同时东边天空亮度剧烈变化对摄像不利，正式比赛时应在东侧加挡幕遮挡。

室外临界照度：全部利用天然光进行采光时的室外最低照度；开关灯时的室外照度。

赛后主要区域室内光环境计算机模拟分析结果见图4-33、图4-34、表4-9。

基本能达到预期的目标要求。个别空间由于室内方案的调整，与目标值有一定差异。

4．照明能源的节省

ETFE立面设计为游泳中心实现高水平采光提供了条件，自然光条件下室内各区域平均照度见表4-10。预计电力照明负荷将降低，小于"封闭箱"建筑中的电力照明负荷。这一点可从嬉水大厅得到证实，预计嬉水大厅将采用大量的内部采光。

在全负荷照明的状态下，"封闭箱"式建筑所要求的照明负荷大约为25W/m^2。如果游泳中心全年从早晨8点运行到晚上10点，每年节省照明能源约相当于130kW·h/m^2。

游泳中心内部采取自然采光、将关闭或在适当的地方减少电力照明，预计电力照明负荷能够在上午8点～下午4点期间降低到5～10W/m^2，在下午4～6点期间降低到10～20W/

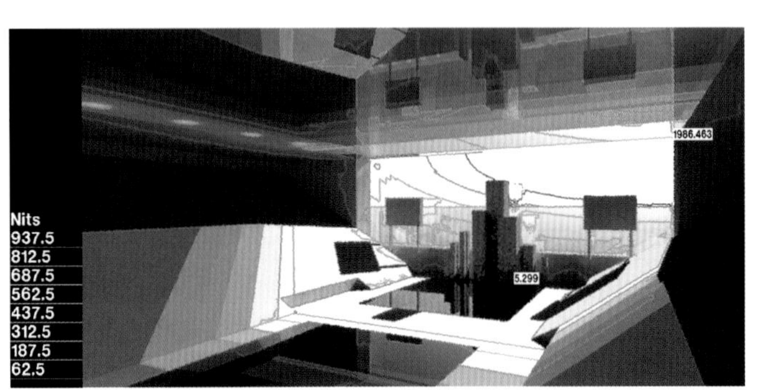

4-31 比赛大厅赛时（晴天空）视角一

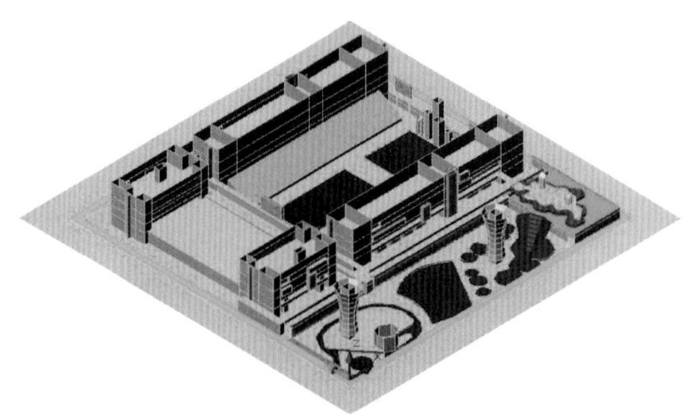

4-30 室内光环境模拟计算机模型

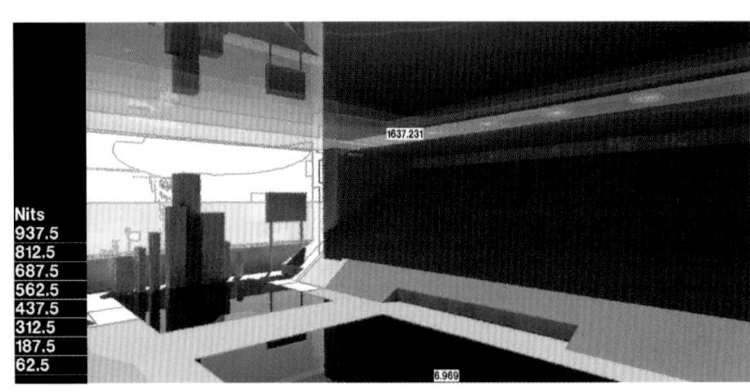

4-32 比赛大厅赛时（晴天空）视角二

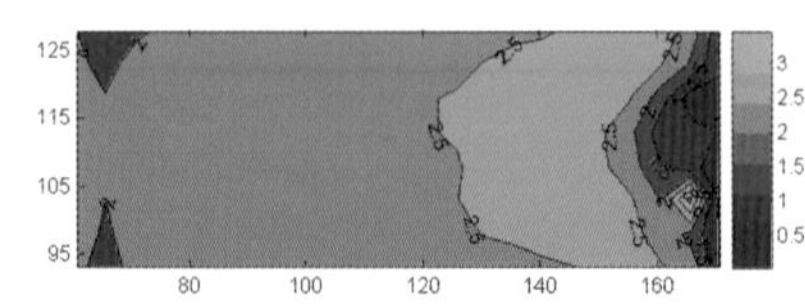

4-33 比赛大厅赛后室内光环境计算机模拟分析结果

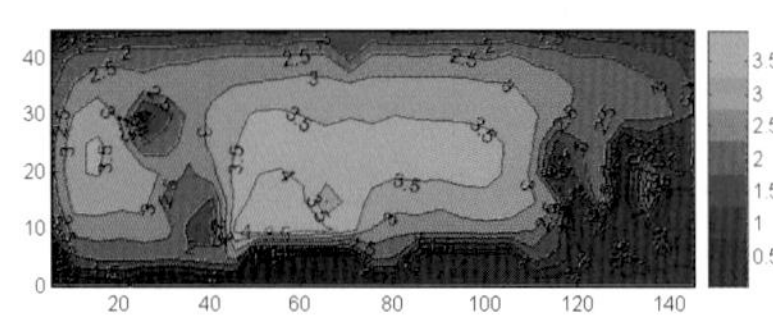

4-34 嬉水大厅赛后室内光环境计算机模拟分析结果

国家游泳中心比赛大厅照度分析结果　　表4-8

平均采光系数（%）	室外临界照度（lx）	室内平均照度（lx）	天然光利用时数（h）(8月份)
2.2（<2.5%符合预期的目标）	5000	110	12.2
	10000	220	10.5
	20000	440	8.5

m^2。在下午6～10点期间，需要进行满负荷照明。相当于每年节省照明能源60～80kW·h/m^2。

因此，嬉水大厅有效的日光利用节省了电力照明的年需求量的40%～55%。

赛后室内光环境计算机模拟分析结果 表4-9

区域	计算区域（m）	计算高度（m）	网格间距（m）	采光系数（%）			
				最大值	最小值	平均值	目标值
比赛大厅	110×35	0.2	5×5	3.67	0.62	2.28	2～20
嬉水大厅	140×45	0.2	5×5	4.31	0.00	2.13	5～50
泡泡吧	27.5×42.5	0	2.5×2.5	10.51	0.14	3.79	——
南商业街	160×10	0	2.5×2.5	5.07	0.89	2.35	5～50
北商业街	160×10	0	2.5×2.5	24.03	1.21	4.53	5～50
溜冰场	35×60	0	5×5	3.90	1.69	3.06	2～10

室内各区域光环境（采光效果）分析 表4-10

<table>
<tr><th rowspan="2">场所</th><th rowspan="2">平均采光系数（%）</th><th rowspan="2">室内平均照度（lx）</th><th colspan="2">照明标准值（lx）</th></tr>
<tr><th>训练、娱乐</th><th>国内比赛</th></tr>
<tr><td>比赛大厅（赛时）</td><td>2.20</td><td>220</td><td rowspan="2">300</td><td rowspan="2">750</td></tr>
<tr><td>比赛大厅（赛后）</td><td>2.28</td><td>228</td></tr>
<tr><td>嬉水大厅</td><td>2.13</td><td>213</td><td colspan="2">300</td></tr>
<tr><td>泡泡吧</td><td>3.79</td><td>379</td><td colspan="2">100～200</td></tr>
<tr><td>南商业街</td><td>2.35</td><td>235</td><td colspan="2">300</td></tr>
<tr><td>溜冰场</td><td>3.06</td><td>306</td><td>300</td><td>1000</td></tr>
</table>

注：室外临界照度10000 lx，天然光利用时数8月份平均每天10.5h，全年平均9.0h。

第五章 室内空间环境

“水立方”外部造型及其外部景观的设计主题是“水”，室内空间的创造在尊重这一不变主题的同时，强调了光与色彩的应用，虚幻与现实的对比，以及对自然的无序性和随机性的尊重与运用。

第一节 内部空间构成

“水立方”内部的主要空间包括各种功能性的节点空间，包括比赛大厅、热身池大厅、陆上训练区；与各类人群相关的各入口大厅，如东南主入口大厅、西入口大厅、北入口大厅；线性空间主要为连接各主要功能空间的重要走

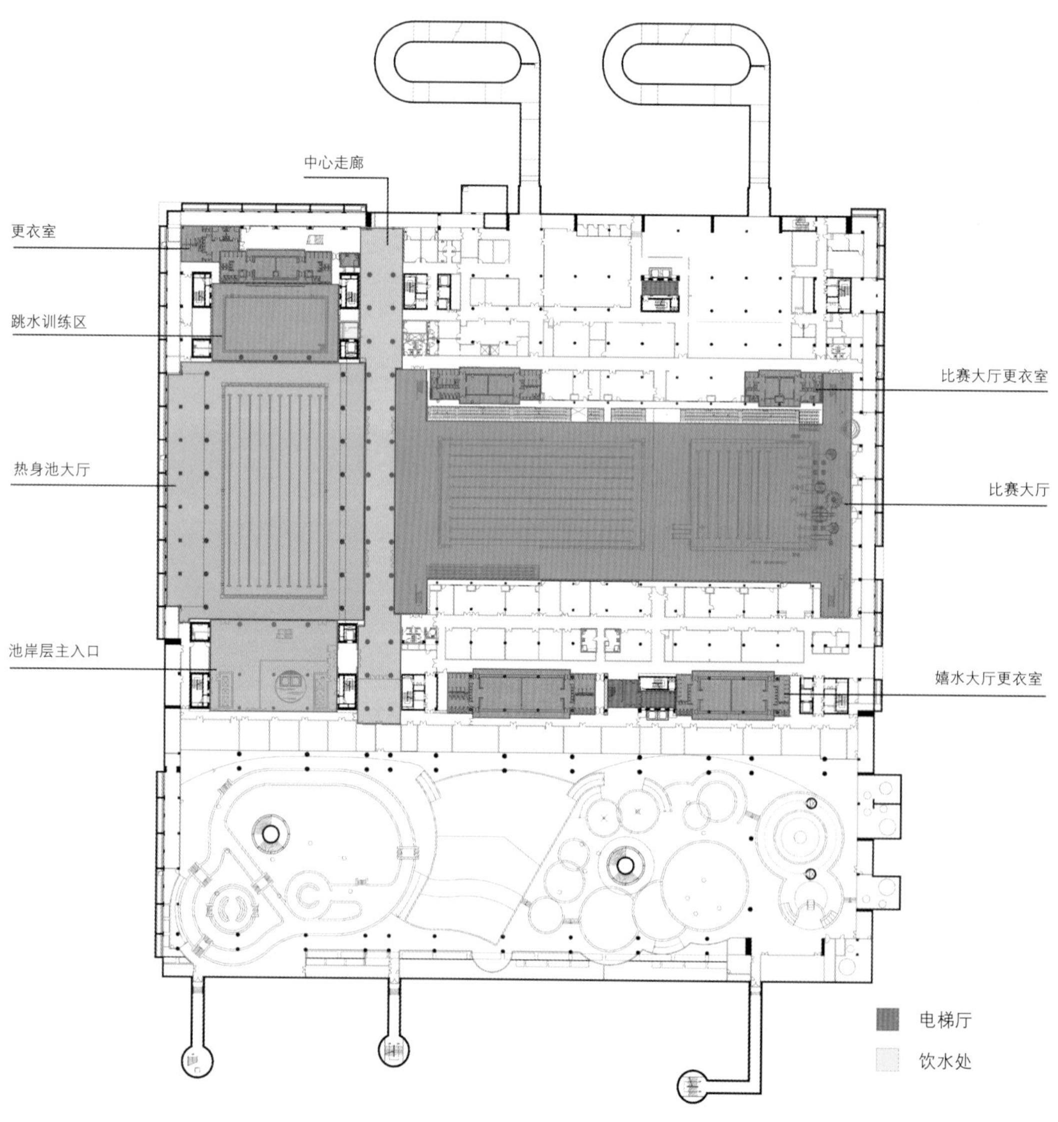

5-1 地下一层主要空间示意

廊——南北连接桥以及南商业街（赛时为观众集散大厅）；以及各种重要的小型功能空间，如更衣室、卫生间、饮水处、电梯间等。这些空间共同构成了“水立方”丰富多彩的室内空间（图5-1、图5-2）。

一、三个节点空间

（1）东南入口：主要永久性景观性入口及赛事期间功能性入口，是室内外的延续和交融。

（2）西入口：目的性使用者赛后下到池岸层的主要入口，是人们“get wet”（“亲水”）的前奏空间。

（3）北入口：赛时为运动员入口，赛后为大众的另一主要入口，可以作为教育娱乐性场所，展示关于水、水上运动、“水立方”建筑等相关的趣味性主题活动内容。

二、水滴母题延伸

室外景观的圆形水滴母题延伸进室内，散落于主要的公共空间，点亮空间中垂直交通要素（如楼梯、电梯等）的起止点，同时也标志人在空间中的漫游轨迹。这些水滴状元素在3个入口处聚集，提供特殊照明或空间趣味，连续人在不同空间中相似而又不同的记忆。

三、两个线性空间

（1）南商业街为动态商业性空间；

（2）架于比赛大厅及热身池大厅上空的南北连接桥作为体育文化展馆及小憩之用。

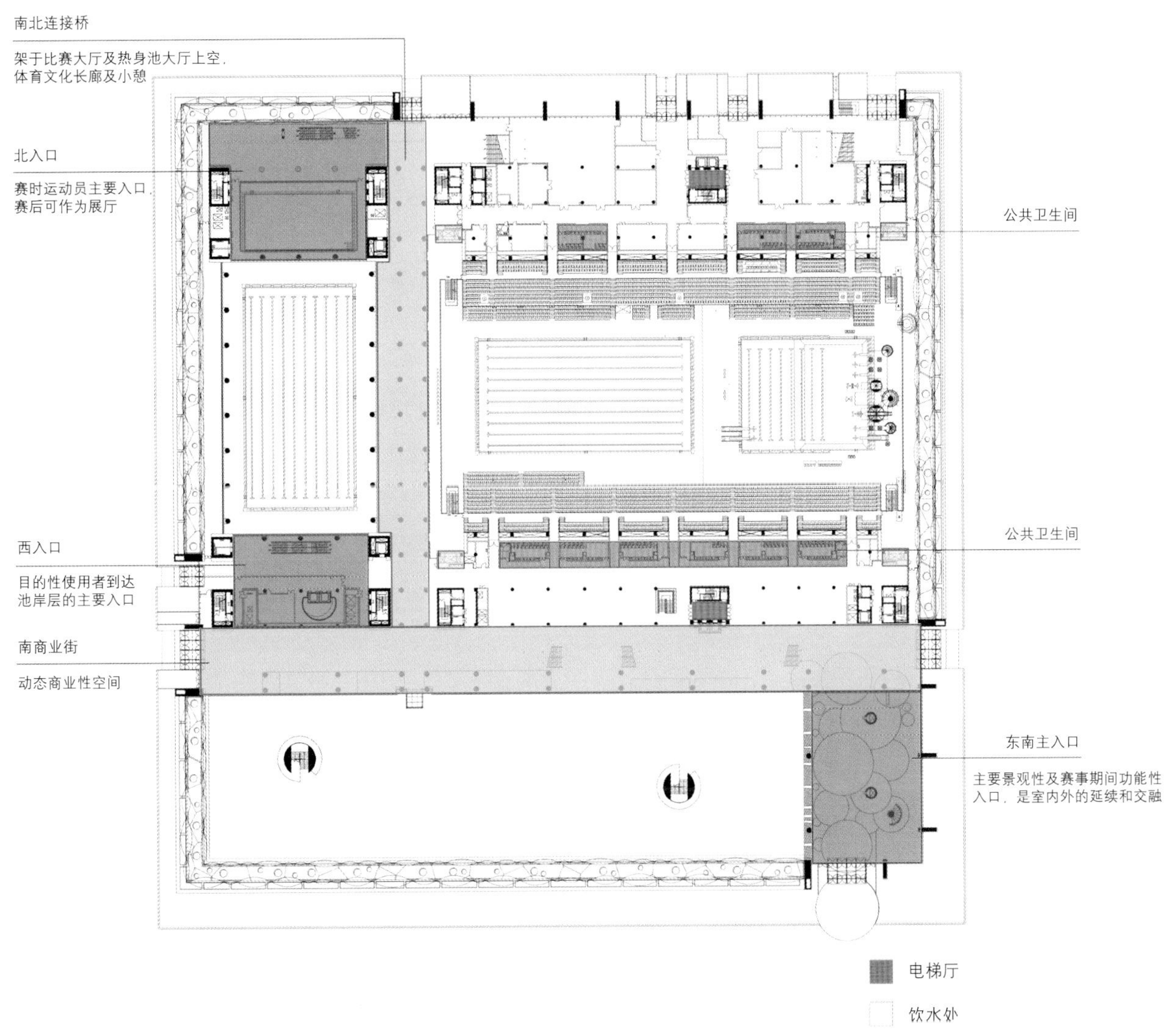

5-2 首层主要空间示意图

第二节　空间设计理念

一、光与光谱——白色与多彩色

纯净的白色被定义为"水立方"室内的主体颜色，它与淡蓝色晶莹剔透的"水泡"墙体与顶棚共同构筑一个冰清玉洁的童话般的世界，白色光被水雾、水泡等分解后折射出梦幻般的彩虹。在以白色为背景的空间内，设计者引入了色调含蓄，柔和而清新的多彩色，通过光的作用，影射于白色底调上，像代码一样标志不同的功能性空间（图5-3）。

二、水对空间的标志

通过引入一系列抽象的室内水景（包括虚拟的和真实的），并赋予其水蓝色彩和灯效。这些虚拟的和真实的水景成为白色空间中的标点符号，标志人在空间漫步中的记忆点，并通过视觉、听觉和触觉强化人对水的多方位感知（图5-4）。

三、虚与实的运用

在表达水与大地，空灵与厚重之间的对比逻辑时，选择使用白色敦实的实体与轻盈通透的"水泡"屋盖进行对话。这种设计逻辑可溯源到传统的中国建筑，其可抽象为飘逸的飞檐屋顶，被承托于敦实厚重的基座之上。悉尼歌剧院也用现代手法再现了这一逻辑（图5-5）。

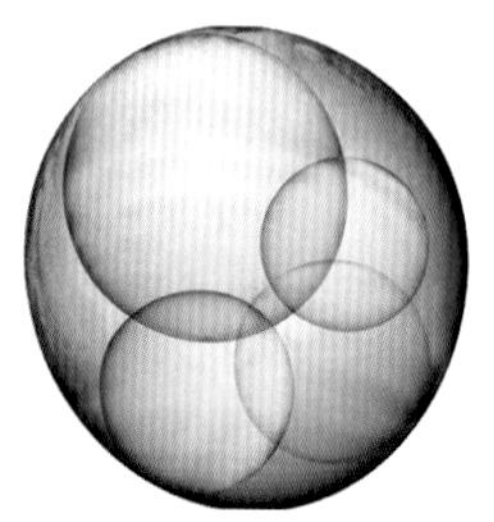
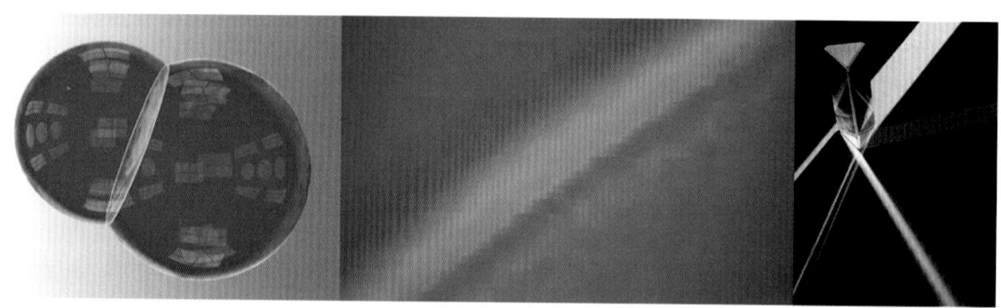

5-3 色彩概念

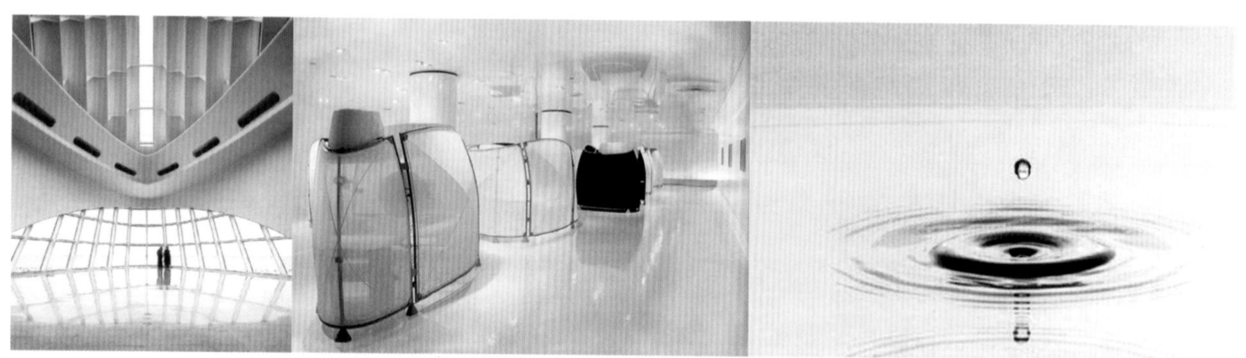

5-4 空间识别

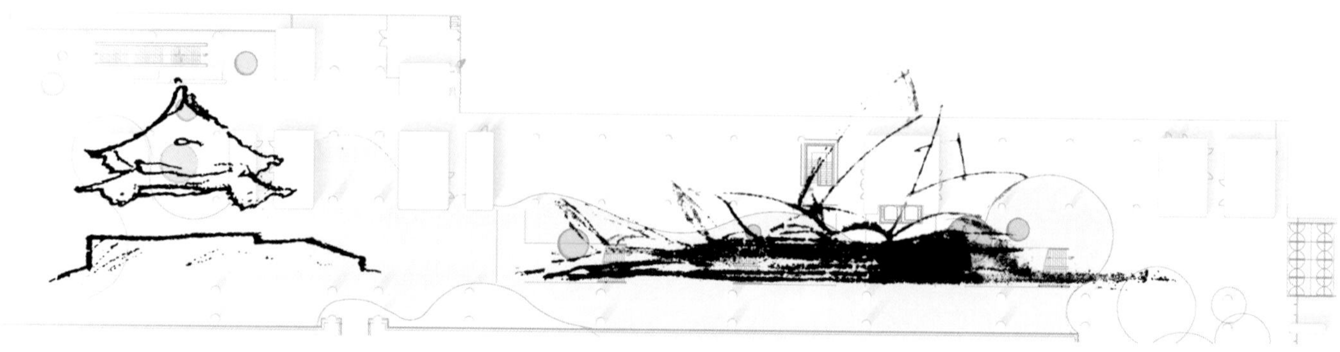

5-5 虚与实

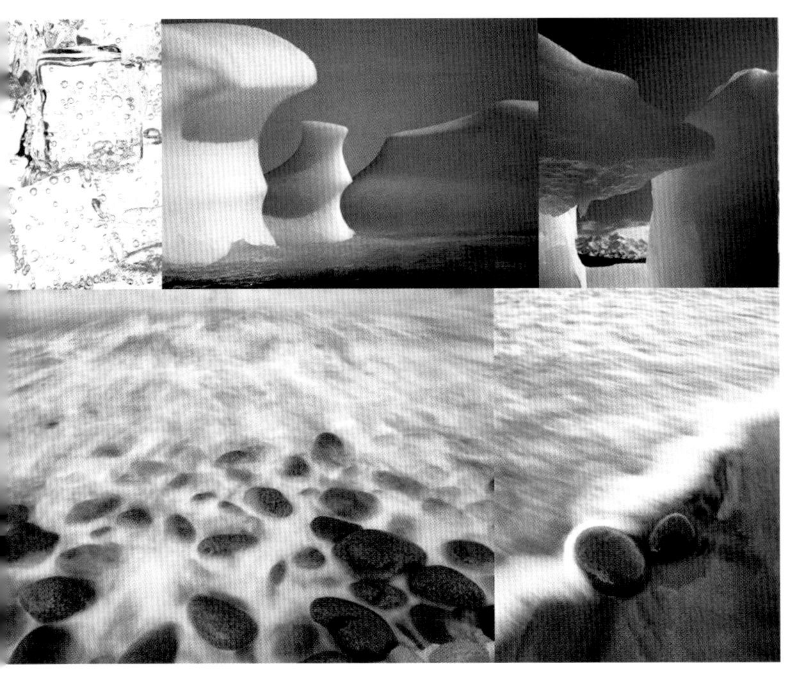

5-6 水的形态

5-7 自然的无序

四、“圆角的方”——“水立方”的两重性格

室内空间体块的转角大都被处理成光滑圆润的圆角，是对游泳者的一种关怀，同时使空间体块带给人们与水相关的联想，如开始融化的冰块，被水磨蚀后的岩石等（图5-6）。

“水立方”的上部结构，被饱满浑圆的“泡泡”气枕所覆盖，这个有着见棱见角名字的“水立方”内其实充满着如水一般柔和的曲线和光滑界面。这给“水立方”带来有趣的方中有圆、圆中有方的双重性格（图5-6）。

五、自然的无序和随机

自然化与人工化——随机的无序与人造美（单纯几何原型的使用和重复）。对室内各个界面的设计追求一种整体感和纯净感。尽可能弱化各种块材的拼接所带来的有规律的分格（图5-7）。

无论是室外圆形水池的布置、入口的“汀步”、商业街地面上散布的圆形水滴状“光池”，还是墙面上的冲孔肌理都打破规则，追求一种自然的无序性和随机性。与“水立方”上部钢结构一样，这种无序性力求建立在有序的基础之上。有序中的无序是自然界的普遍现象，这被引伸为“水立方”内部装饰的一条设计原则。

相反，在材料的选择和运用上并不追求自然和具象，而是强调人工的抽象美。“水立方”内部，除了主入口景观的延伸部分选用了传统的白色天然石材外，唯一所剩的天然材料便是“水”。地面、墙面均采用人工材料。

六、虚拟世界与现实世界的混淆并列

在设计中，对特殊空间效果的可变处理，使空间具备可变的表情，如通过投影改变主要界面的色彩和照明，通过引入艺术家作品而变幻小型空间的效果等。这使建筑与时俱进，永远年轻（图5-8）。

5-8 虚拟与现实

第三节　主要室内空间效果

一、主要公共空间

（一）东南入口大厅

东南入口是“水立方”最重要的“景观性”入口。在这里，“水”这一主题表现得淋漓尽致，室内室外元素和谐交融。护城河的水面自然延伸至室内。内外仅以覆有薄型水幕的通高玻璃幕墙相隔，人通过覆以薄薄水幕的玻璃廊桥进入大厅。大厅的地面是浮于水面上的一系列大大小小的“汀步”，又似广场上散布的水滴溅落进室内，边缘被暖光勾亮。在蓝色水面映衬下，洁白如玉、浑然一体。

大厅的照明采用高亮度的金卤灯将各“汀步”照亮，形成大大小小的圆形光斑，由百余盏可瞬间启动的节能筒灯围绕其间，形成众星捧月、星光错落的夜空景象，并与地面水景遥相呼应，节能筒灯兼有疏散照明的作用；大厅中央的两根圆柱通过安装于吊顶内的宽光束金卤灯照亮；西侧穿孔板墙面由LED洗墙灯打出变幻多色的效果；地面内设LED射灯，勾勒水景轮廓的同时将水面照亮（图5-9～图5-13）。

5-9 投影墙

5-10 入口大厅

5-11 大厅内景

5-12 接待台

5-13 螺旋楼梯

（二）南商业街

贯穿“水立方”东西的南商业街被定义为动态商业性线性空间，这里同时吸引目的性和非目的性使用者到达和穿行。由于商业街室内空间较高，选用小孔金卤灯与节能筒灯相结合的照明方式，赛时临时坐席下多孔板内另设内透式照明，营造出星空般奇特的效果（图5-14～图5-19）。

5-14 商业街夜晚的星空

5-15 缀满星星的商业街

5-16 观众楼梯

5-17 观众大厅

5-18 浪漫的蓝色

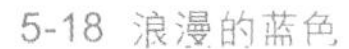

5-19 二层观众平台

（三）西入口大厅

西入口在赛后永久模式中将是大部分人到达泳池层（地下一层）的主要入口。对目的性使用者（游泳者）来说，是其买票等候的过渡空间，人们将怀有一种"get wet"（"亲水"）的期待和兴奋；对非目的性使用者（玩或随机造访者）来说，其气氛和内容应形成一种诱惑和感染力（图5-20～图5-21）。

5-20 接待台

5-21 西入口门厅效果图

（四）南北连接桥

连接桥为架空长廊，位于比赛泳池及热身池大厅之上，室内“泡泡”墙之下通过室内设计营造出浓厚的体育文化氛围（图5-22）。

桥的顶部为大面积玻璃天窗，以柱间大梁进行分格，自然体现结构自身的韵律美。日间，自然光从头顶流泻而下，穿过顶部二十余米高的网架空间，在桥面洒下斑驳的光与影，这是光影的魔术之廊；夜晚，幽蓝的灯光映照夜空，将参差的钢骨架反射出粼粼的微光，人游其间，仿似鱼翔浅底，这又是一条如水的梦幻之廊（图5-23、图5-24）。

5-22 南北连接桥

5-23 深邃的蓝色海洋

5-24 顶棚玻璃与钢结构

(五) 北入口大厅

在由南商业街和连接桥构成的线性空间序列上，北入口大厅形成除东南入口大厅及西入口大厅外的另一个重要节点空间，是线性空间序列的端点。

这一空间中，西北两面的室外泡泡墙均降至人的视点高度，加之"泡泡"顶棚和东面的室内泡泡墙落至6.4m的高度，使其成为几个入口大厅中唯一一个被"泡泡"结构所环抱的空间。赛后可根据运营需要将此入口大厅与儿童游乐、休憩、教育及展示功能结合在一起，可展出关于水、水上运动、"水立方"的落成等一系列相关主题的内容，类似一个小型博物馆或奇幻世界（图5-25～图5-27）。

5-26 北入口

5-25 北入口大厅顶棚

5-27 北入口大厅

二、竞赛空间

（一）比赛大厅

比赛大厅与热身池大厅在池岸层由一条大走道隔开，走道两侧为通高玻璃幕墙，使两个大厅在视觉上连续一体、分而不隔。这两个空间里，从池岸铺装到整体空间的色彩布局统一而协调，主次有序、前后呼应、相辅相承（图5-28～图5-30）。

（二）热身池大厅（图5-31）

由于热身池大厅的顶棚与首层顶棚处在同一高度，考虑首层整体视觉效果以及与连接桥的视觉一致性，吊顶整体设计与商业街以及北入口采取了相同的处理手法。

5-29 跳塔

5-30 看台座椅

5-31 热身池大厅

OMEGA
02:47:34

5-28 比赛大厅

三、交通及辅助空间

（一）泡泡吧

“水立方”室内最为特殊和富有魅力的一个空间，如一个孤岛“飘浮”于东南入口“水的大厅”的上方。在这里“水泡”网架结构落至地面，整个空间藏于高达二十余米的“泡泡”结构层中，人在其中似在海底，又似置身于巨大的水泡团之中。这是整个建筑中唯一能读出“水泡”结构单元的空间（图5-32）。

在“孤岛”周围有一条蜿蜒的“光河”，可因光纤而变换颜色。“光河”宽度，依泡泡离地面距离高矮而宽窄不一，旨在将人与ETFE气枕隔离开来，同时又保持视觉上的亲密感。家具依“河”就势而设，半透明材料与灯光结合设计，营造出自然随机、趣味横生的小型空间。吧中两个大型核心筒处理成“光柱”，夜晚，吧中的灯光加之空间网架上的立面夜景照明灯光会透射到室外，散发神秘的诱惑力（图5-33～图5-35）。

5-33 泡泡吧效果图 1

5-34 泡泡吧地面局部

5-35 泡泡吧效果图 2

5-32 泡泡吧

（二）卫生间

在白色为主体的空间中，彩色玻璃锦砖入口墙（墙内侧镶有白色洁具及干手设施），以“岛”的形式成为视觉及空间的中心。每个卫生间都有一个独特的色彩，并通过玻璃砖墙透射进观众疏散大走道。

卫生间入口墙面玻璃锦砖的颜色与比赛大厅内对应的座位区颜色相同，在白色为主题的空间内，色彩成为空间代码，标志不同的区域（图5-36、图5-37）。

（三）电梯厅

电梯厅外观为白色核心筒，内部除中部区域的墙与顶棚为白色外，转为具有独特单一色彩的地面及墙面。色彩通过电梯厅两端通高、通长的玻璃出入口透射到外部走廊。不同楼层、不同位置的电梯厅各有一种独特的颜色主题和艺术主题（图5-38、图5-39）。

5-36 观众卫生间

5-37 观众卫生间内部

5-38 电梯厅 1

5-39 电梯厅 2

（四）饮水处

小型饮水处分散布置于场馆首层和地下一层（泳池层），规模各异，是置于白色核心筒实墙上的一系列小型彩色凹龛。其空间主题颜色不同，形式同中有异。

在表达形式上试图在大型公共场所背景下营造一个人与水亲密接触的“私人”空间。通过水的声音（流动及散落于硬质界面上的声音）、水的光影（流动及散落于透明界面上的光影）、水流动的轨迹（配以重点灯光照明）及水的味道（taste），放大水给人各种感官带来的平常而又特殊的体验（图5-40、图5-41）。

（五）地下一层办公区

地下一层办公区为赛时的主要办公用房，赛后作为各泳池的服务用房，中心的宽走廊可作为嬉水大厅的人群集散区，同时可兼具部分餐饮、纪念品零售功能（图5-42）。

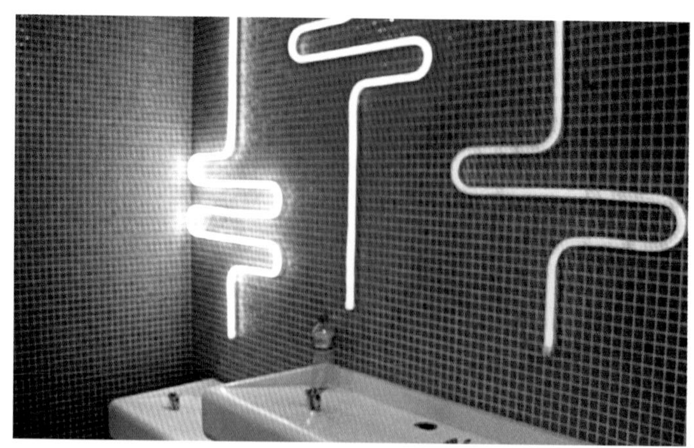

5-40 饮水处 1

5-41 饮水处 2

5-42 地下一层大厅办公区效果图

（六）细部处理

“水立方”内的细部处理仍然延续了原始的设计概念，以无序性和表达水的各种状态为主题。包括兼具吸声效果的立面板材装饰、晶莹的玻璃幕墙以及类似瀑布水流的光纤均被应用到内部空间的各处（图5-43～图5-45）。

5-43 局部 1

5-44 局部 2

5-45 局部 3

第六章 景观环境设计

第一节 景观概况

一、功能分区

室外环境由建筑主体（图6-1）自然分为东、西、南、北四个景观空间。东西两侧进深较小，与红线之间仅有8m的距离，主要功能为4.2m宽的人行通道和绿化种植带，绿化种植带的设置，便于空间的分割，并与市政道路的高程衔接。南侧广场面积较大，为主要人流疏散广场。北广场布置地下车库出入口及地上停车位（图6-2）。

二、景观设计概念

方掷于水，水滴四溅，滴水荡出涟漪，形成国家游泳中心室外自然景观的背景图案，即“圆与环”（图6-3）。在此背景图案之中，水景、草坪、小径及其他场地内的构筑物均尽量遵循单纯的圆形几何图案造型，并以自然随机的形式进行分布。

6-1 “水立方”鸟瞰

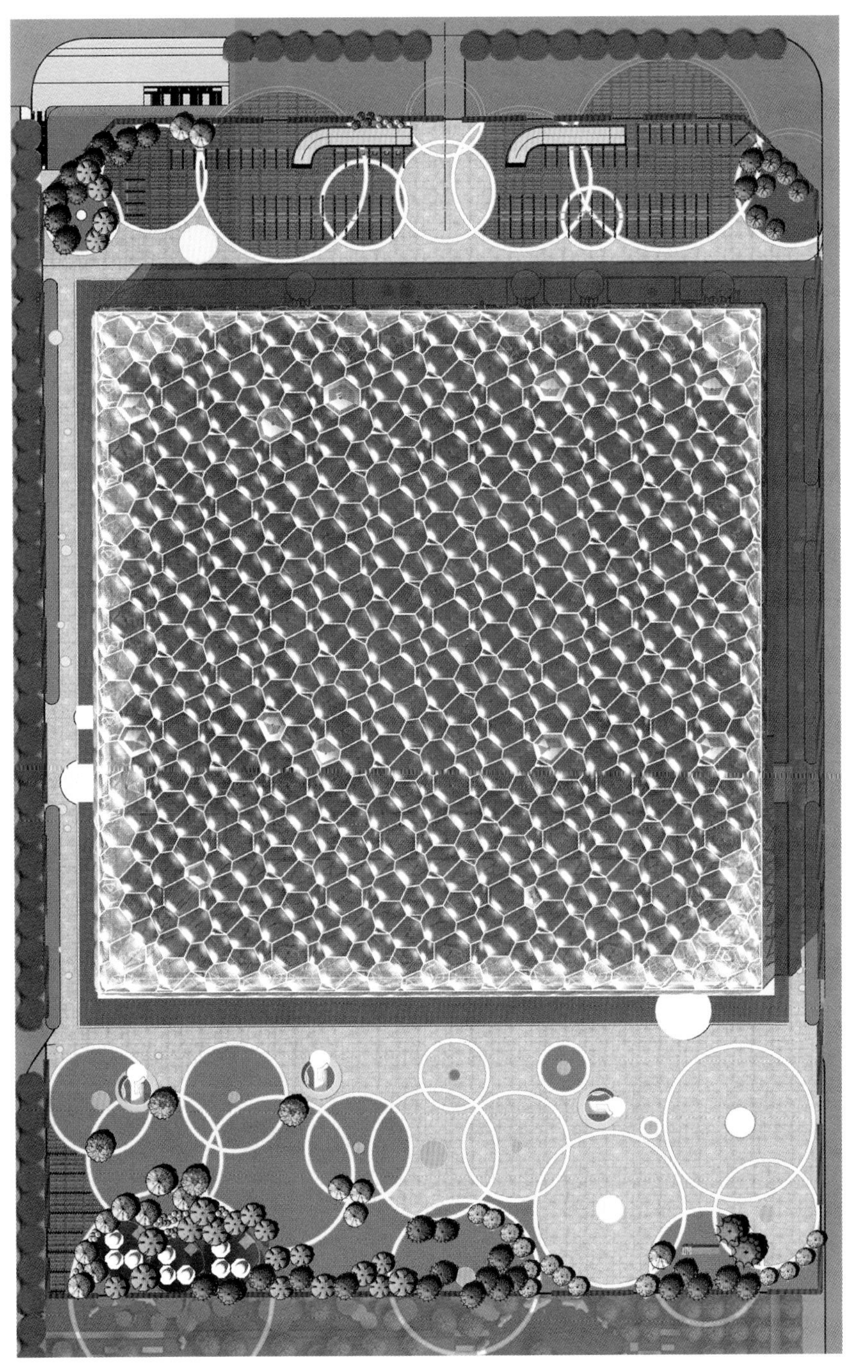

6-2 总平面图

6-3 水的肌理

第二节　景观元素

一、水景

水景是游泳中心室外广场景观设计的中心主题，也是塑造建筑主体边缘及公共入口空间的重要元素。一方面，水的特性是虚幻、灵动和可变的，它的颜色、声音，不同的形态，与光之间的互动效果等共同定义了水本身。通过国家游泳中心的水景设计将以上对水的理解更加形象化和艺术化。与建筑主体“水立方”相呼应，“水立方”的水景设计遵循简洁、抽象的原则，充分体现水的宁静和柔美。另一方面，水又是可变、不定的，状态不一、随外界的感染而呈现不同表情的，在特殊的时段和场合，这些水景将被人为“激活”，呈现另一派欢腾和热烈的景象。

（一）水池

“水立方”广场上的水景以圆形水池和喷泉的形式位于环形道路的圆心位置，成散落的随机状态，并呈现近大远小、近密远疏的特点。圆形水池平面直径分别为3m、5m和8m，水池构造较为特殊，通过不锈钢盖板分为上下两层（图6-4）。游人所见的池体深度较浅，增加了游览的亲近感和安全性。

南广场上三个可上人出口边也设置了一圈环形的水池。与其他水滴状的水池相同，其边界为白色石材，无论与麻灰

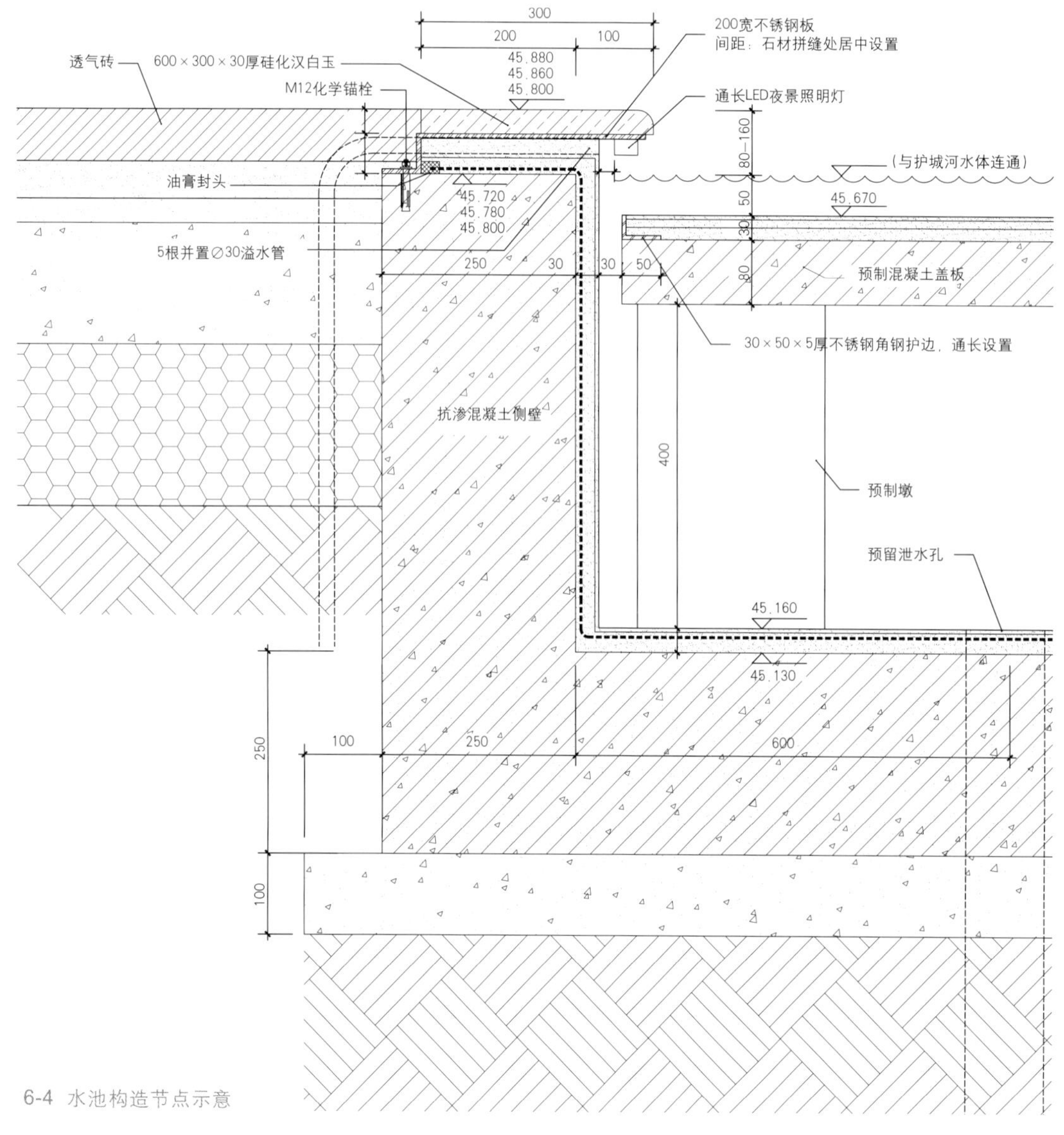

6-4 水池构造节点示意

色的广场颜色还是与绿色草坪均形成鲜明的对比。池底铺设水蓝色玻璃锦砖，以保证在白天及无水的冬季仍呈现蓝色，给人以水的暗示，与“水立方”主体的“蓝色”交相呼应（图6-5）。

在人常到达的区域引入感性水景，使水景与游人形成有效的互动。如当人走进场景和在场景中行进时，身边的水景被激活，即人在空间中的出现及运动成为水景的控制信号，

6-5 水池效果示意

一方面可增加水的趣味性，另一方面，在无重大赛事的平时，可避免大面积启动水景带来的对水过多的消耗。

（二）喷泉

“水立方”的水景设计用一种不规则、随机的组合，通过一种单纯的形式将散布于广场上的“水滴”联系起来，形成一种独特的、三位的“水”肌理。这种水景是简洁抽象的，同时，规则性也使其更加有趣和充满惊喜。

喷泉水景的主要形式有以下几种：

（1）喷射高度可变的喷泉：这是一种较为常见的喷泉方式，在这里进行全新的组合。在诸多“水滴”状圆形水池及场地上的白色圆形台基中，选择一个安装此种喷泉装置的系统，使喷泉水体采用透明的质感，使游人的视线能够穿透喷泉，观赏“水立方”的建筑主体，营造一种截然不同的梦幻效果。

（2）雾化喷泉：这是“水立方”产生之初便形成的构思，用雾化水景覆盖“水立方”基底的混凝土支撑，也就是希望用水雾模糊“水立方”建筑与大地之间的界限，使建筑看似漂浮于大地之上。与之呼应，水滴状水池中也安放了可雾化水体的喷头系统。使建筑本身与外部空间通过“水”达到更加完美、自然的融合（图6-6）。

6-6 喷泉效果示意

喷射高度可变的喷泉和雾化处理将与护城河中相应的水景被一体化控制和应用。当雾化处理被激活，护城河与雾化系列中的圆形水池被白雾笼罩，成为广场上的主导水景特征；在某些时段，广场及护城河中的喷泉被同时激活，其水柱高度此起彼伏，随机变化，遥相呼应，成为场地上主要的活跃元素。这样，虽然水景的排列分散而随机，同样可以在整个场地内形成鲜明的规模化的水景。

（三）"护城河"

正如中国古城池被河水环绕一样，"水立方"四周以线性水池与陆地分开，仅以桥的形式与建筑入口处相连。外墙在近人尺度周围环以一米多高的"水墙"，使承托于其上的空间网架体系看似漂浮在大地之上。

水墙有两种水景特征：其一为流动形态的水——小型瀑布；其二为雾化水景处理。这两种特征将与广场上圆形水池相应的水景系列遥相呼应，塑造不同的场所气氛。这两种处理使"水立方"与大地的相交线变得模糊和富有诗意。

"护城河"上浮有白色圆形台基，类似"汀步"，除作单独的景观石外还可与水景相结合，形成独特的景观小品。

"护城河"内的另一种水景为"水波圆环"，水波可在特定的场合转为由一定喷射高度的喷泉环。

6-7 "护城河"近景

6-8 "水立方"南广场鸟瞰图

6-9 南广场的环形铺装

6-10 透水砖

6-11 天然汉白玉

6-12 植草地坪案例示意

“护城河”的池壁均以白色硅化汉白玉敷设，靠近广场一侧与室外地坪高差仅为150mm。水平面与场地标高基本持平，使游人与“水”的关系更加亲近。整体护城河深度为500mm，河体底部镶嵌白色卵石（图6-7）。

（四）水景技术措施

1．用水量

北京地区气候干燥，水蒸发量大，水资源珍贵，因此尽量采取减少水分散失的措施，最大可能利用中水，加大雨水回收等都是被运用到的重要技术手段。

2．冬季水景的处理

北京冬季寒冷，室外水景易结冰。如何保持水景构思在四季内的完整性，是一个问题。在方案初期，就此进行过多方面的探讨。如通过水池加热系统保持水的液态，但会消耗一定的能源；也可任其结冰，使水的固体形态成为冬季的主题，但会带来一定的安全隐患和水池结构难题。最后，在参考国内外先进的景观水体设计的基础上，确定采用“双层水池”的形式（图6-4）。通过不锈钢盖板将水池分割为上下两层，上层为游人可见部分，距离场地标高仅为200mm。水景喷头位于盖板以下，便于在冬季隐藏，即使是在枯水期，也不会影响水池的效果。

3．安全问题

在奥运会及其他各类重要赛事期间，广场难免将作为人流聚散的主要场所，大量人流将在此排队等候进场和散场离开。从安全的角度考虑，水景的设置可能会与这种功能发生冲突。因此在靠近建筑南侧主要入口的广场部分，尽量减少水池喷泉的设计，以确保赛时的安全性。同时，水池深度的设计也完全不会在聚散安全上对游人造成危险。

二、铺装

（一）铺装的形式

广场铺装形式如图6-8、图6-9所示。

（二）铺装材料

为将“绿色奥运”的理念落实到每一个角落，广场上大面积采用灰色透水砖，保证特殊天气情况的使用效果，增加雨水收集率。环形小径以及部分圆心区域铺装硅化汉白玉，与建筑周边的护城河材料相呼应，体现传统中国建筑的元素。灰色的透水砖，白色的大理石以及绿色的草坪、树木使“水立方”室外的颜色既整洁又丰富，同时与建筑本身的风格相吻合。

1．透水砖

在大面的广场范围内采用了透水砖这种环保材料。砖体采用麻灰色仿石材质，行走舒适感强，感官效果好。最具优势的“透水、环保”性体现在：将雨水渗透到地下，补充地下水，解决地下水日益匮乏的难题；透水净化同步完成，节省污水处理成本，节约甚至可取消地下水管线；接通地气，融雪防滑，给大地换上会呼吸的皮肤；含水降温、调温调湿、减尘。

此外，为强化透水性能，砖体与地面连接的方式也与普通石材不同，铺装构造层次分为三层：透水砖、粘结找平层和级配砾石层，其最大的特点在于粘结找平层不仅具有较高的粘结强度，同时具有优异的透水性。采用该种铺装结构的路面及广场，能承载更大的荷载。该铺装结构形成的统一的整体，使降水更有效地渗入地下，保证面层干燥清洁，构成全新意义上的生态环境（图6-10）。

2．硅化汉白玉

汉白玉为大理石的一种，是中国古代皇家重要建筑中广泛采用的一种高贵石材，“水立方”护城河边缘汉白玉材质的应用，也是对于中国古代建筑文化的继承与弘扬。与之相呼应，广场上的环形小径也采用了白色大理石的处理手法。经过硅化的大理石较一般大理岩质岩石强度更高，满足其作为广场铺装的强度要求（图6-11）。

广场上的硅化汉白玉均进行了严格的筛选，尽量选择色彩纯白且结晶匀质的石材，以保证铺装效果。

3．植草地坪

“水立方”北广场分布了大面积的地上停车场地，为增加绿化景观面积，提升景观视觉效果，场地上大量应用了“植草地坪”。所谓植草地坪系统是绿化地坪与硬化地坪的有机结合，在功效上远优于传统的植草砖（图6-12），并具有以下几个特点：

（1）高绿化率：植草地坪由于其植草腔内的曲面设计，较普通植草砖可种植草的面积更大，其绿化率可达到60%～100%，同时不降低地面的承载力。

（2）高成活率：由于种植面积增大，且所有种植草孔腔彼此连接，因此草皮的成活率将大大提高。

（3）承载力高：植草地坪系统为一种现场制作并连续配筋强化的多孔质草皮混凝土铺地系统，具有良好的整体性、连续性和透水性，最高承载重量可达60t。

（4）保持水土：植草地坪能够很好地解决暴雨冲刷一般植被土地所形成的水土流失问题，同时可以解决硬化地面渗

6-13 白玉印章

6-14 石印章

6-15 石雕柱础

6-16 石印章

6-17 入口标志墙平面图

水能力差甚至不渗水的问题，有利于保持和恢复地下水储备。

三、入口标志墙

（一）设计背景

国家游泳中心入口标志墙位于“水立方”南广场的东南侧，紧邻奥林匹克公园的中央景观通道，位于观众人流的主要入口。鉴于“水立方”的建筑主体为ETFE膜的外围护，在建筑立面上设置“国家游泳中心”标志既困难又不合理，因此在南广场东入口附近独辟一处竖立国家游泳中心的标示墙别具匠心。

海外华人华侨捐款拟兴建一座2008年北京奥运会场馆，为满足广大海外同胞这种真诚的愿望，在准备修建的奥运场馆中选择一个，“水立方”有幸成为这唯一光荣入选的场馆。

北京市港澳台侨同胞共建北京奥运场馆委员会将在媒体上公布捐赠者的姓名或团队组织名称，并在奥运场馆为捐赠者留名纪念。因此“水立方”入口标志墙与港澳台侨同胞捐资人序言墙融为一体，形成完美统一的整体。

（二）设计概念

国家游泳中心采用了世界尖端的建筑材料与技术，现代感十足。入口标志墙作为“水立方”广场上重要的景观构筑物，无疑要与现代的建筑风格和谐统一。同时，作为纪念和表彰海外华人华侨心系祖国、捐资奥运爱国热情的序言墙，又需要展现出一定的中华传统文化的元素。在保证标志墙整体形态现代简洁的基础上，融入中国传统文化的元素及符号，并使两者达到和谐完美的统一。

（三）设计元素

国家游泳中心入口标志墙位于南广场东南侧的草坪中，主体形象$[H_2O]^3$中心轴线与“水立方”南侧主入口轴线重合。其设计创意灵感来源于中国传统的石刻、石雕艺术（图6-13～图6-16）。“水立方”的缩写$[H_2O]^3$为一立方体，为硅化汉白玉石材雕刻品粘贴而成。墙主体为外挂麻灰色光面花岗岩，与广场的透水砖颜色相呼应。整个标志墙旋转60°倾斜放置于草坪上，在整个墙体体量不变的条件下，降低了墙体高度，减少了遮挡性。

标志墙面向“水立方”一侧标示“国家游泳中心”及“水立方”的中英文字样，文字材料采用镜面不锈钢。字块与墙体之间留有20mm距离，后置LED光源，使其夜景效果多变并更具趣味性。正面另一侧预留领导题字位置。墙体背面刻有北京市政府为海外华侨华人捐资共建行为撰写的题词

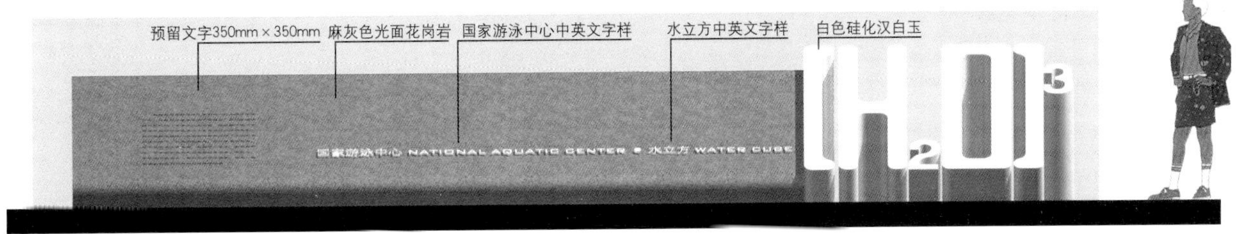

6-18 入口标志墙正立面

6-19 入口标志墙透视

（图6-17～图6-19）。

四、景观照明

（一）功能性景观照明

广场上的功能照明在东西方向上以直线排布，使照明的亮度更加均匀有效。灯柱分别高3m、6m，外观形象及颜色相同。

在绿化与硬质铺装的交接位置均匀分布白色草坪灯，对不同材质与功能的空间进行一定的区分与界定。

（二）地埋LED景观灯

与"水立方"建筑立面幕墙上的泛光照明系统相呼应，广场上也采用地埋式LED光源。若干LED灯星星点点如星空般随机散布于南广场圆形铺装或草坪内，既增加了夜景的生机情趣，又强化了广场中圆形的图案元素。对光源的颜色、强度通过严格测试予以控制，避免地埋灯产生的眩光给游人造成的不适感。

（三）水景照明

水景将在夜间被照亮，与建筑主体"水立方"一起，成为广场上的主角。换言之，将"水"作为照亮场地的主体光源。水景照明的颜色、亮度及色彩变化形式，与建筑主体的照明和谐统一，使整个场地的照明浑然一体，增强感染力和戏剧性。

光源环形布置在水池压顶石下部，光线照亮水面，再通过清澈的池水反射到游人的眼中，既勾勒出了水池圆形的轮廓，又使光线与水波相呼应，给人以更加柔和、灵动之感。结合喷泉的出水口位置也设置了水下光源，夜晚喷泉喷起的时候，水体会被照亮，如同跳跃的光柱，使整个广场更加生动活泼。采用蓝色的光源，与整体色彩风格相一致（图6-20）。

庭院灯、草坪灯、地埋灯的有机结合，点、线、面各种光源形式再加上景观构筑物本身的照明效果，使整个"水立方"广场上的照明层次更加丰富。

（四）入口标志墙的景观照明

结合"水立方"入口标志墙厚重的石材，通过外部泛光照明保证其夜景的观赏效果。主体形象$[H_2O]^3$部分，利用字母本身及其间隙，在底部安装蓝色点状LED光源，打亮石材侧壁，充分照明。正面国家游泳中心及"水立方"的名称标志处在不锈钢字下镶嵌线性LED光源，光线照射到花岗岩面层上再反射回来，将单个汉字及字母的形状用光线勾勒出来，形

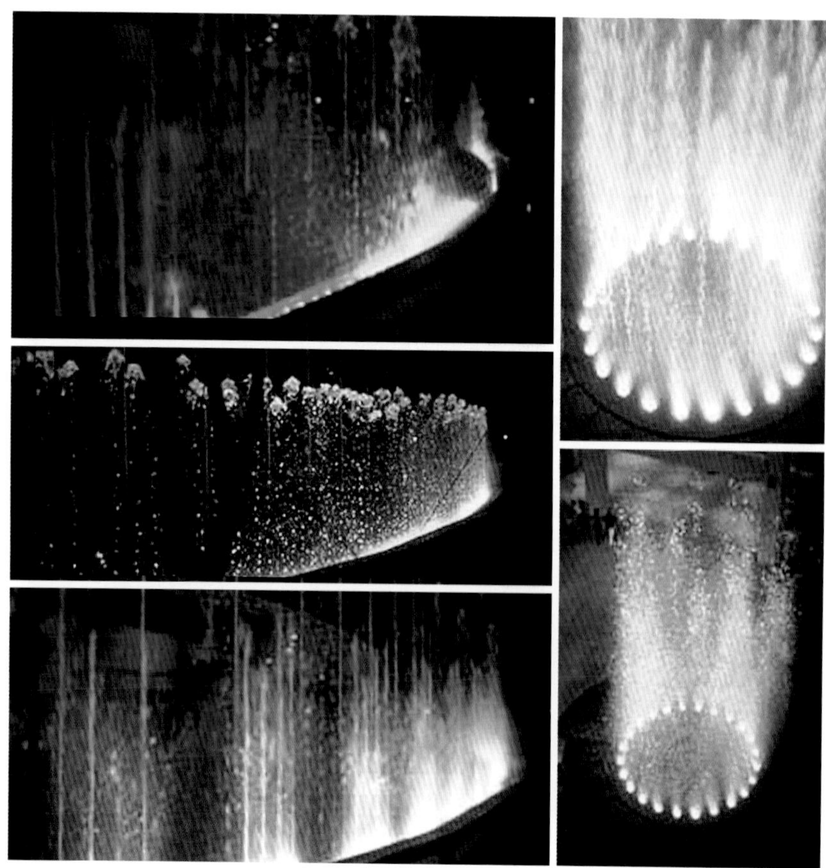

6-20 喷泉照明示意

成典雅、精致的照明效果。

五、景观植栽

"水立方"景观广场的绿化以高质量草坪为主体，上面种植有适量树木，树木在场地边缘较为密集，向内逐渐稀疏并消失于广场上，与"水滴"状水池近大远小的渐变趋势正好相反。树木由南向北逐渐稀疏，且多集中于场地边缘。树木的排列方式由边缘的密集、规则排列过渡到内部星星点点的自然散布式。局部沿绿化及硬质铺装的边缘布置，从空间上强调了平面中环形构图的特点。接近建筑的部分种植大尺度规格落叶乔木，与平坦、整洁的草坪相呼应，营造一种疏林草地般优雅的绿化空间。

（一）草坪

"水立方"广场草坪选用的羔羊毛草，为常绿冷季型草，全年只有2个月的休眠期。该草种具有颜色鲜艳、草质柔软等特点，且抗旱性好，非常适合在北方生长。草坪总体高度为20～30mm，修剪后与周边硬质铺装高度保持一致，有利于形成平整统一的景观效果（图6-21）。

（二）植栽种类及规格

国家游泳中心室外种植面积有限，因此在室外植物种类的选择上也需精心处理。首先在接近南侧用地红线位置选种与北顶娘娘庙文化保护区域内一致的常绿树木华山松及油松，以在红线外形成完美统一的整体，从视觉上拓展用地面积，增加绿化厚度。油松及华山松北侧种植紫玉兰、紫薇、紫叶李等开花乔灌木，增加种植色彩，并且同背景常绿树形成丰富的绿化层次。靠近建筑部分种植法桐及银杏，银杏最大胸径达到33～34cm，法桐的胸径更是达到了38～40cm，以保证奥运会赛时的种植效果。由于其规格巨大，位置突出，因此从形态上选择树干笔直、树形优美、枝条均匀对称的单株，确保观赏效果（图6-22）。同时要实行单株运送，将对树冠及根部土球的损害降到最低，以保证树木优美的形态及成活率。在靠近东侧主入口的位置种植常绿树——白皮松，增强可观赏性。

六、其他细部处理

（一）室外疏散楼梯

结合地下一层嬉水大厅而设置，通向南广场的三个疏散楼梯也同样遵循总体的景观形态原则。圆形的出口、圆形的与广场铺装相衔接的平台、以及周边的环形水池，无不体现"水滴、涟漪"的抽象形状。白色的栏杆及墙体也与整体景

6-21 步道与草坪

6-22 广场上的大乔木

观环境融为一体（图6-23～图6-25）。

（二）室外冷却塔

位于南广场西南角的冷却塔为“水立方”重要的暖通空调设备之一，为使其对总体景观的影响降到最低，采取了多种措施。首先，在满足功能需求的前提下，将设备置于半地下，使地面以上的高度仅为2.2m，大大减低了巨型设备对于视觉效果的影响。其次，在设备周围设置圆形金属格栅，为保证设备的正常运行，格栅的透空率为70%，既进行了一定的遮挡，又与圆形的基本形态相吻合。考虑到冷却塔的出、进风方式，对其周边的种植种类也进行了一定的调整，避免冷却塔正上方被植物遮挡，在格栅周边局部种植灌木，达到软化边界的作用（图6-26、图6-27）。

（三）景观石

2008年北京奥运会牵动着无数爱国华侨的心，他们以不同行动展示着对这次盛会的热情与祝福。南广场的绿化中将放置一块由爱国华侨捐赠的重达29t的翠玉石（图6-28）。玉石底面1.5m见方，基座上部高约4m，通体青翠。

另外，一块5m长，1.5m宽，3.5m高的泰山石也将放置在南广场东侧，作为点缀的景观石。该石在“水立方”建设的初期就放置于南广场，见证了“水立方”从奠基到建成的全过程，具有重大的历史意义。

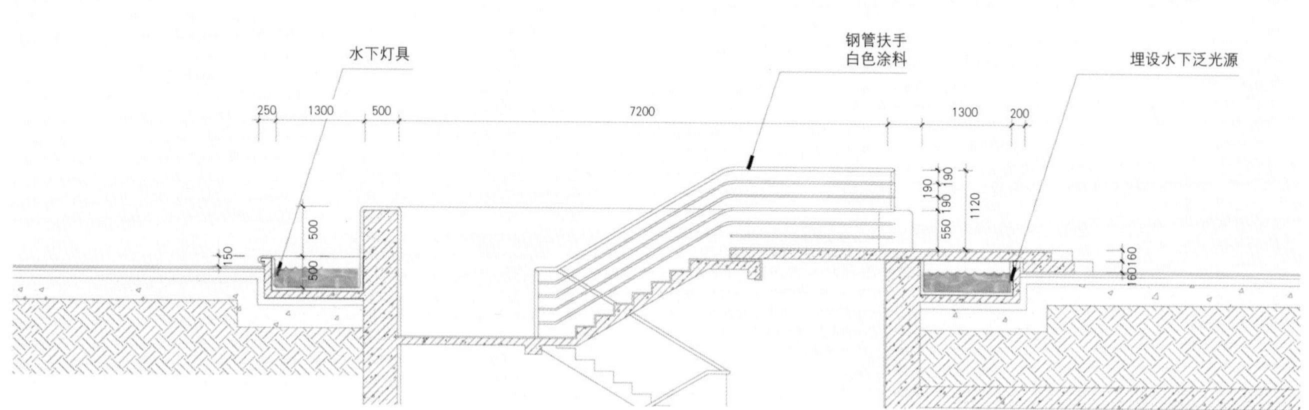

6-23 楼梯出入口节点示意

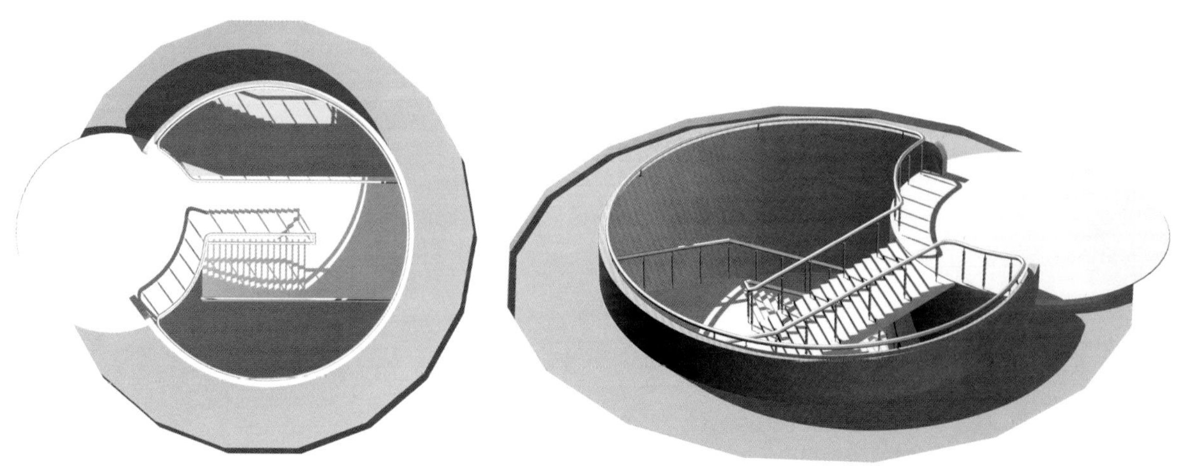
6-24 楼梯出入口透视图

6-25 楼梯出入口

6-26 冷却塔地面以上效果

6-27 冷却塔格栅细部

6-28 捐赠玉石

第七章 结构设计

“水立方”由设计师提出的结构方形建筑造型体现了与国家体育场——“鸟巢”的和谐共生，工程师创造的摹仿水泡组合形式的全新结构形式，具有高度重复性又呈现出一种随机无序的总体感觉，屋面和墙体内外统一采用ETFE充气枕覆盖，整体建筑形态简洁纯朴而又富于变化。

第一节 结构体系

本工程下部结构采用钢筋混凝土筒体剪力墙—框架扁梁—大板体系，上部屋面和墙体结构采用基于Weaire-Phelan多面体理论生成的空间刚架结构，支承于1.200m及6.400m标高的钢筋混凝土平台，结构剖面如图7-1、图7-2所示。

地下室车库、设备用房、比赛池、跳水池、热身池、永久看台、室内网球场及赛时、赛后附属用房等均采用现浇钢筋混凝土结构。其中主体结构利用消防需要均匀布置的消防疏散楼梯间形成承载力、延性均较好的筒体，框架梁采用宽扁梁，楼板采用无次梁的大开间平板，板厚180～200mm，便于施工和使用。永久看台结合台阶采用单向密肋楼板，板厚120mm，密肋梁截面200mm×700mm。临时看台采用钢木组合结构，以便于赛后拆卸。部分大跨度楼盖采用后张有粘结部分预应力大梁，梁截面2000mm×3500mm。

考虑到奥运会高标准的要求，比赛池采用独立结构，与主体结构脱开，减少上部结构人员活动引起的振动和噪声对游泳比赛的影响，同时有利于减少主体结构温度变化和混凝土收缩对比赛池的影响。

国家游泳中心平面尺寸177m×177m，游泳中心的建筑形式和上部钢结构均不允许整体结构设永久伸缩缝。下部钢筋混凝土结构设计采取设置后浇带的措施减小混凝土前期收缩影响，同时适当提高楼板和竖向构件的构造配筋率，克服温度变化、混凝土后期收缩对结构的影响。整体结构计算中考虑温度变化的影响。

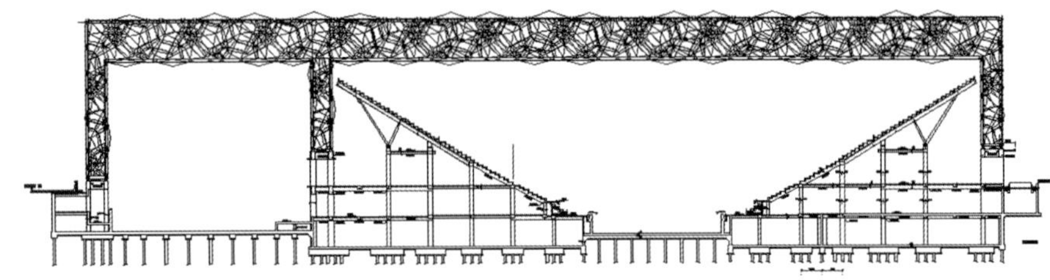

7-1 结构剖面图 1

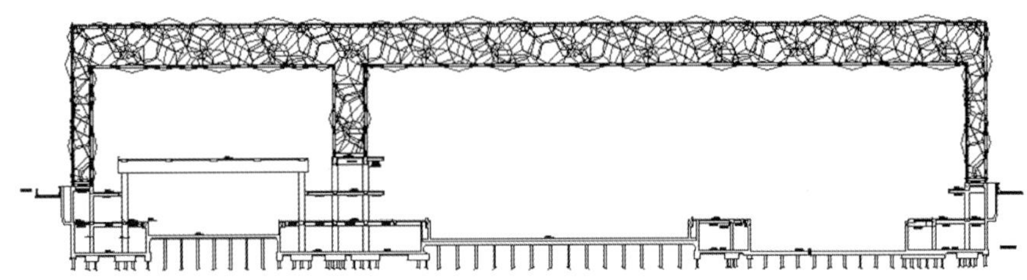

7-2 结构剖面图 2

一、设计条件

（一）工程地质条件

1．土层分布

根据岩土工程勘察报告，按沉积年代、成因类型，将拟建场地现状地面下52.0m范围内的地层划分为人工堆积层及第四纪冲洪积层，并按地层岩性及其物理力学性质指标进一步划分为8个大层。

（1）粉质黏土素填土层：黄褐色，稍湿，稍密，以粉质黏土为主，局部以黏质粉土为主，本层厚度0.8～5.1m。

（2）黏质粉土层：褐黄色，稍湿－湿，中密－密实，含氧化铁、氧化锰、钙质结核、云母及少量有机质，本层厚度1.9～5.1m。

（3）含有机质粉质黏土层：浅灰色－褐灰色，可塑，含云母、氧化铁、氧化锰、较多有机质，本层厚度3.1～10.1m。

（4）粉细砂层：灰色－褐灰色，湿－饱和，中密－密实，主要矿物成分为石英、长石、云母，含少量砾石，本层厚度1.6～8.6m。

（5）粉质黏土层：灰黄－褐黄色，可塑，含氧化铁、氧化锰、钙质结核及少量有机质，本层厚度8.0～13.6m。

（6）卵石层：杂色，饱和，密实，亚圆形为主，一般粒径2～6cm，最大粒径8cm，卵石含量约50%～70%，母岩成分以灰岩、砂岩、花岗岩为主，本层厚度4.0～10.5m。

（7）粉质黏土层：褐黄色，可塑－硬塑，含氧化铁、氧化锰、云母及钙质，本层厚度2.1～11.0m。

（8）卵石层：杂色，饱和，密实，亚圆形为主，一般粒径4～6cm，最大粒径12cm，卵石含量约65%，母岩成分以灰岩、砂岩、花岗岩为主，本层最大揭露厚度13.7m。

2．地下水

根据地质报告，本场地地下层间潜水的天然动态类型为渗入－迳流型。主要接受地下水迳流补给，并主要以地下迳流方式排泄，据近3～5年水位动态资料分析，其水位年变化幅度约1.0～2.0m。勘查深度范围内共分布3层地下水，上层滞水、层间潜水和微承压水。

地质报告建议基础抗浮设计水位绝对标高44.00m。

3．场地地震特性

根据《北京奥林匹克中心区工程场地地震安全性评价应用报告》，钻孔底部卵石层（8层）中剪切波速均大于500m/s，上部覆盖土层厚度约50m，场地土层的平均剪切波速均大于212m/s。在8度地震作用下土层中的砂质粉土和粉砂层不会出现砂土液化问题。

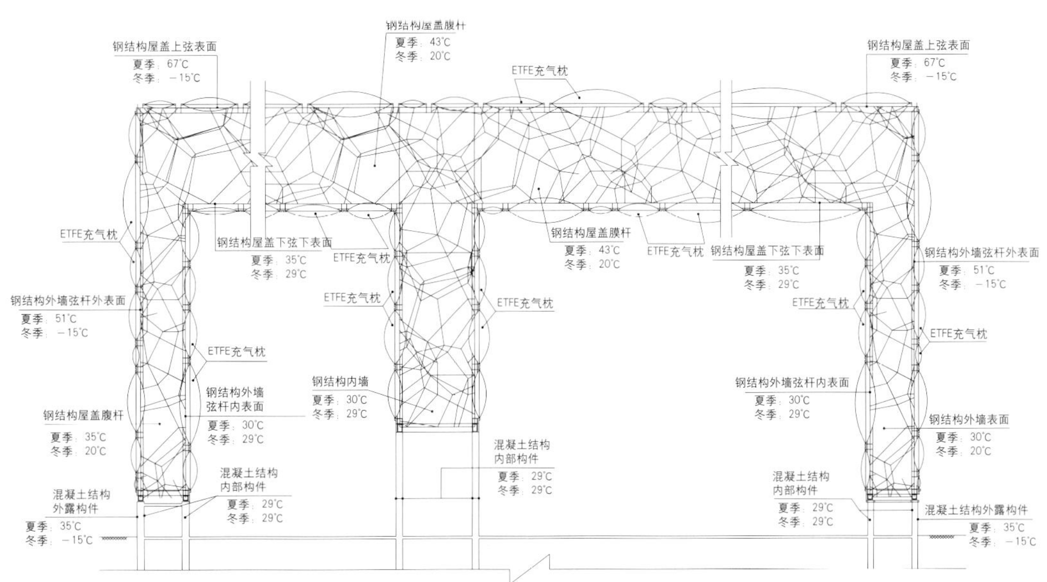

7-3 建筑温度场剖面示意

（二）温度作用

空调专业对整个建筑内外空间进行了温度场分析，并应用到结构分析及计算中，结构的温度分析及取值见图7-3及表7-1～表7-3。

（三）地震作用

根据《北京奥林匹克公园中心区工程场地地震安全性评价应用报告》，地震作用为：

（1）多遇地震反应谱，用于弹性位移、内力计算（100年重现期，超越概率63%）：混凝土结构阻尼比ξ=0.05，地面水平地震动峰值加速度87Gal，地震影响系数最大值0.21，特征周期0.40s。

钢结构阻尼比ξ=0.02，地面水平地震动峰值加速度87Gal，地震影响系数最大值0.28，特征周期0.40s。

（2）罕遇地震反应谱（用于极限承载能力、弹塑性位移复核）：阻尼比ξ= 0.05，地面水平地震动峰值加速度443Gal，地震影响系数最大值1.06，特征周期1.0s。

（3）竖向地震作用：大跨度钢结构屋面竖向地震作用标准值取其重力荷载代表值15%计，长悬臂和室内网球场大跨度梁竖向地震作用标准值取其重力荷载代表值10%。

（4）地震波的选用：本工程抗震设防烈度为8度，场地土为三类，选择W.Washington波（OLY1—3）及Karakyrpoint波（Kar—3）两条强震记录的地震波，100年超越概率为63%的人工波三条。

（四）重力荷载

（1）钢结构屋面、墙面重力荷载：ETFE充气枕及连接支承构件0.25kN/m²，设备、管道0.25kN/m²，共0.5kN/m²。在墙、屋面内外表面均输入0.25kN/m²（考虑到可能的声学材料，附加0.15kN/m²），实际墙、屋面内外表面均为0.4kN/m²。

马道、风管荷载（图7-4）：

①马道梁上加分布线荷载2.5kN/m。

②两边虚线框区域每个节点加1kN荷载，吊风管。

③部分马道梁端节点加5kN荷载作为音箱、维修荷载。

球节点荷载：每个节点加球自重0.6kN；两个显示屏荷载：悬挂点集中荷载5kN/个；排烟风机荷载：悬挂区域内的点每点加2kN；屋面玻璃窗荷载：玻璃窗周边梁加2.26kN/m荷载；考虑可能的悬挂广告等，下弦每节点加2kN荷载。

屋面活载：0.3 kN/m²<雪荷载，活载与雪载不同时组合，故合并计入雪荷载。

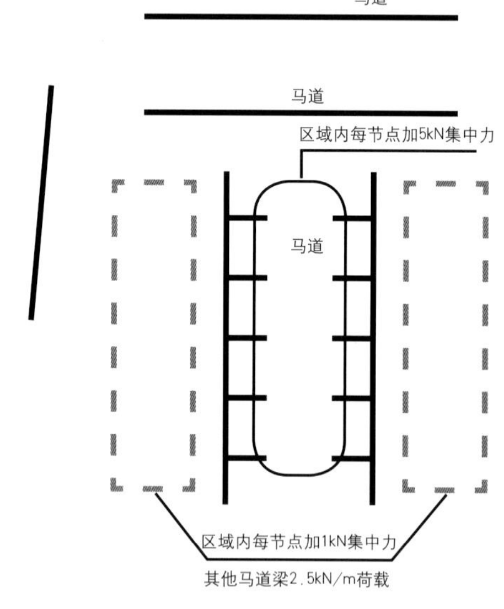

7-4 马道上荷载分布图

结构整体温度变化（结构合拢温度15°C） 表7-1

位置 温度	屋面钢结构			外墙钢结构			内墙钢结构	混凝土结构	
	上弦	腹杆	下弦	外侧杆	腹杆	内侧杆		外露构件	内部构件
夏季（℃）	+40	+28	+24	+28	+20	+17.5	+15	+17	+14
冬季（℃）	−12.5	+5	+9.5	−12.5	+5	+9.5	+14	−8	+14

结构内外表面局部温差 表7-2

位置 温差	钢结构 屋盖上弦	钢结构 外墙外侧	混凝土结构 外露构件
夏季（℃）	24	16	6
冬季（℃）	35	35	34

施工阶段结构整体温度变化（结构合拢温度15°C） 表7-3

位置 温差	钢结构	混凝土结构
夏季（℃）	+45	+20
冬季（℃）	−12.5	−10

(2) 混凝土重力荷载按照建筑做法以及荷载规范选取。

（五）雪、风荷载

(1) 雪荷载（活荷载）分析与取值：基本雪压S_0=0.55kN/m^2，（规范100年重现期0.45kN/m^2，参照维护结构风洞试验报告取值，提高安全度），见图7-5。

①雪1（均布）、活1积雪分布系数μ_r 1.0，见图7-5(a)；

②雪2（北风）、活2积雪分布系数μ_r1.25、0.75，见图7-5(b)；

③雪3（南风）、活3积雪分布系数μ_r0.75、1.25，见图7-5(c)；

④雪4（西风）、活4积雪分布系数μ_r0.75、1.25，见图7-5(d)；

⑤雪5（东风）、活5积雪分布系数μ_r1.25、0.75，见图7-5(e)。

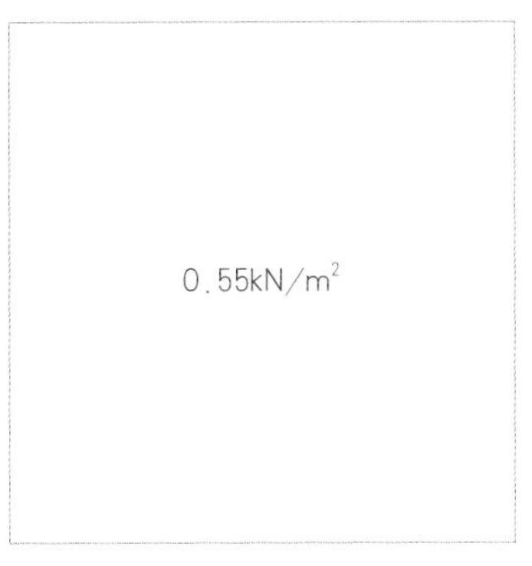

(a) 雪 1、活 1

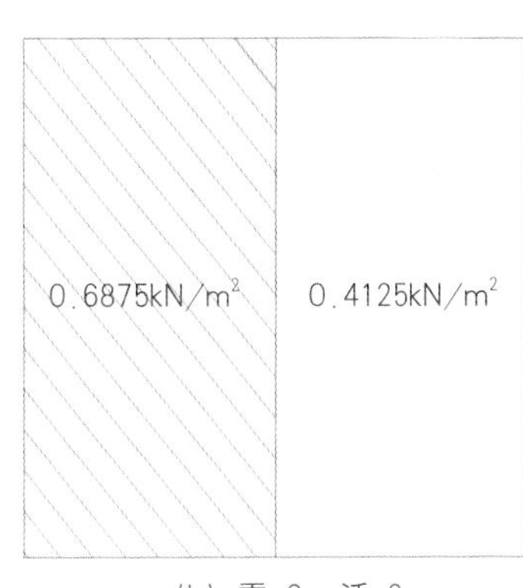

(b) 雪 2、活 2

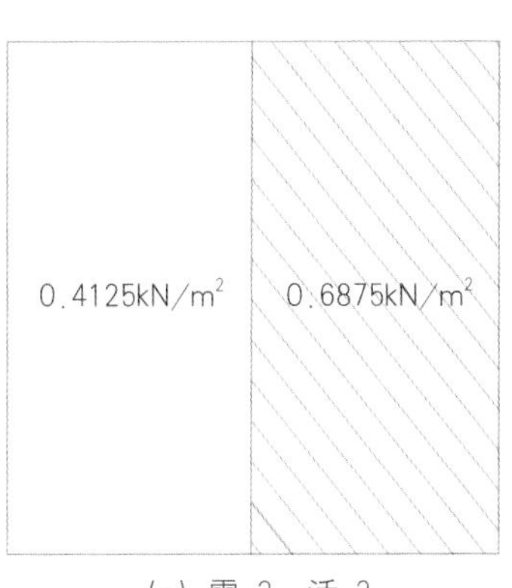

(c) 雪 3、活 3

(d) 雪 4、活 4

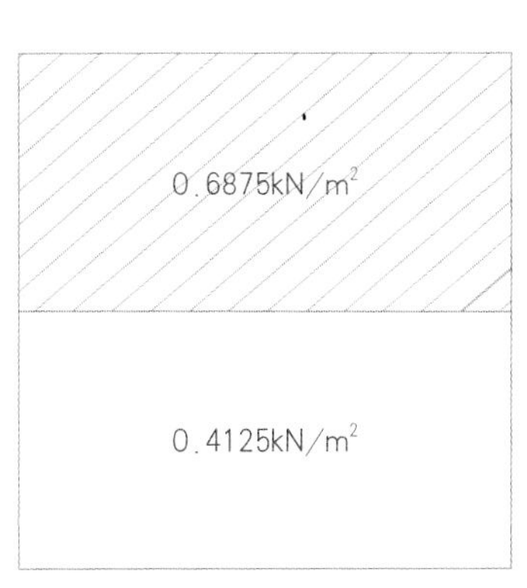

(e) 雪 5、活 5

7-5 雪荷载分析与取值

屋面雨水荷载分析，100年一遇，天沟积水深113mm，计1.4超载系数，屋面雨水荷载为0.29 kN/m^2＜0.55 kN/m^2(雪荷载)，屋面雨水荷载不另计，但需加强管理。

(2) 风荷载分析与取值：基本风压w_0=0.5kN/m^2（100年重现期），B类地面粗糙度，风压高度变化系数墙体统一取μ_{z20}=1.25，屋盖统一取μ_{z30}=1.42。体型系数μ_s其俯视图见图7-6(a)。

风振系数β_z取1.0（计及30m高建筑，T_{x1}=1.12s，T_{y1}=1.2s，水平风振影响小）。

①风1（南风），其荷载分布图7-6(b)；

②风2（北风），其荷载分布图7-6(c)；

③风3（东风），荷载分布见图7-6(d)；

④风4（西风），荷载分布见图7-6(e)。

各向风荷载另外考虑屋面向下的正风压工况，风压为0.2kN/m^2，反映竖向风振不利影响。

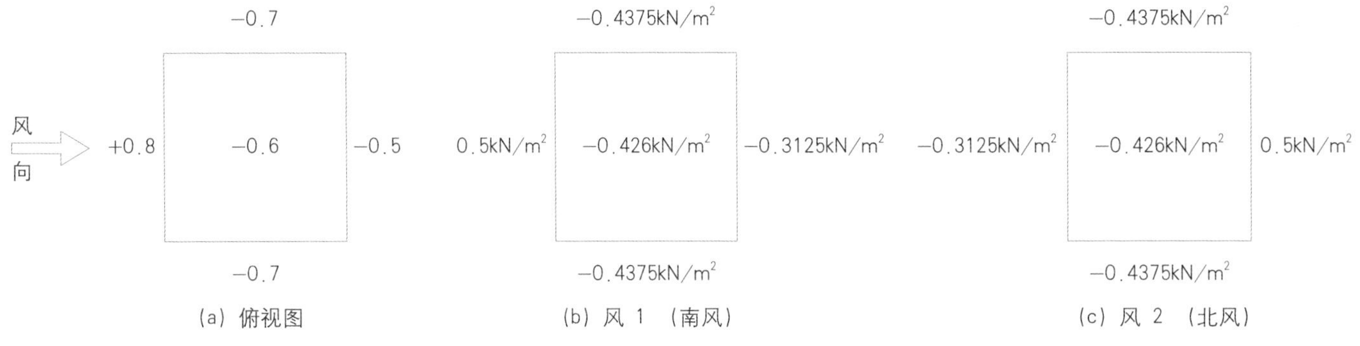

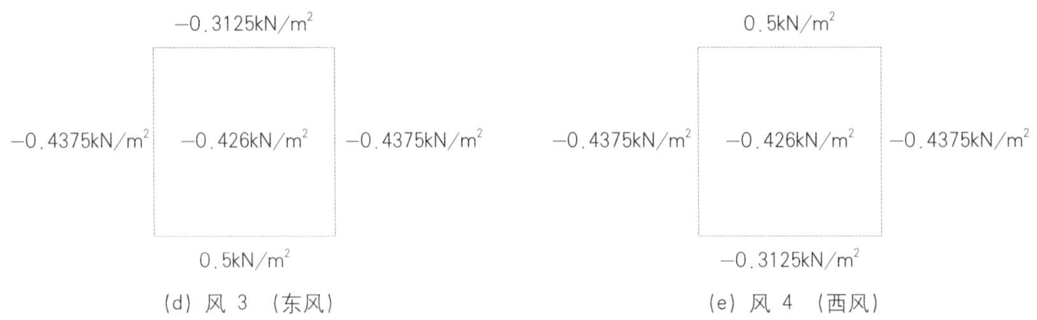

7-6 风荷载分析与取值

二、混凝土结构设计

本工程钢筋混凝土结构主要为整个结构的地下部分、永久观众看台、室内网球场及赛时、赛后附属用房，结构体系采用框架−剪力墙结构体系，其中剪力墙利用均匀布置的消防疏散楼梯间形成承载力、延性较好的筒体，框架梁采用宽扁梁，楼板采用无次梁的大开间平板，板厚180～200mm，便于施工和使用。

永久看台结合看台布置，采用单向密肋楼板，板厚120mm，密肋梁截面200mmX700mm。临时看台采用钢木组合结构，以便于赛后拆卸。部分大跨度楼面采用后张有粘结部分预应力大梁，楼板采用大开间平板，梁截面2000mmX3500mm，板厚200mm。±0.000以上弱联廊，采用滑动铰支承的防震缝将上部结构划分为4个独立子结构，见表7-4、表7-5。

本工程框架、剪力墙抗震等级均为一级。

本工程计算分析采用整体空间结构模型（含二层地下室），梁柱采用空间杆单元，楼板和墙采用壳单元。计算分析采用PKPM系列的SATWE、TAT，配合采用ETABS，分别采用多塔刚性楼板和弹性楼板假定进行对比校核计算，ETABS计算模型如图7-7所示。

各层梁柱墙混凝土强度等级　　表7-5

	地下一、二层	首层、二层	其他层
梁、板	C35	C35	C30
剪力墙、柱	C50，C40	C40	C35

结构构件主要截面　　表7-4

	地下一、二层	首层、二层	其他层
剪力墙厚度（mm）	500，400，200	500，400，200	400，200
梁截面（mm）	800X500，1200X500，1200X600，1200X800	800X500，1200X500，1200X800，2000x3500	800X500，800X1000，2000X3500
柱截面（mm）	600×600，800X800，φ700，φ800，φ1000，φ1200	600×600，800X800，φ700，φ800，φ1000，φ1200	φ700，φ800，φ1000，φ1200

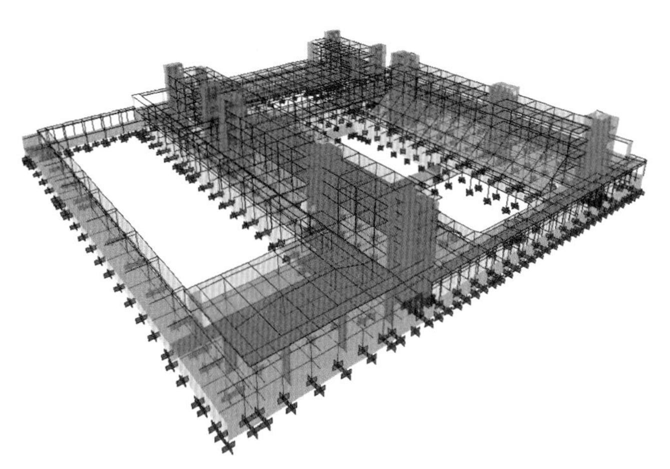

7-7 混凝土结构计算模型

三、基础设计

本工程埋深达11～12m，抗浮设计水位在±0.000m以下1.900m，结构地面以上仅四层，重力荷载较小，且分布不均匀。泳池底面置于地下二层-10m处，地下水浮力影响较大。抗浮设计和控制基础的差异沉降是本工程基础设计考虑的重点。为同时较好满足承载力、基础沉降及抗浮的要求，本工程采用桩基础。

根据地质报告，本场地单桩竖向承载力以摩擦力为主。对摩擦桩而言，桩径越小，经济性越好，综合考虑经济性和可实施性，经多方案比较，最后确定采用直径400mm钻孔灌注桩，桩身混凝土强度等级C35，持力层为卵石层(6层)，平均有效桩长约18m（表7-6)。

基础配桩按承压和抗拔二个工况双控，承压按赛后情况控制，抗拔按赛时(游泳池无水）情况控制，同时计及施工降水周期及上部钢结构后期施工影响。桩身配筋按承压桩、抗拔桩及承压兼抗拔桩3种工作状态分别设计（表7-7)，抗拔桩尚控制裂缝宽度。

半无限弹性地基、文克尔弹性地基计算分析表明，本工程各工况差异沉降均在控制范围内（表7-8)，最大差异沉降大部分发生在筒体、泳池连接区，其斜率＜0.001，采取设置局部沉降后浇带、配置整体变形协调附加钢筋等措施控制沉降差异。地下室底板采用无梁带柱帽(承台）筏板，按赛时、赛后及有浮力、无浮力等多种工况采用SAFE、PKPM的JCCAD程序，按桩基—弹性地基板有限元模型计算变形和内力，配筋由承载力和裂缝宽度共同控制，配筋方式按倒置的无梁楼盖，分柱上板带和跨中板带分别配筋。承台厚1600mm，底板厚500mm，混凝土强度等级C35，抗渗等级112MPa，板最小配筋率0.3%。

地下室外墙，部分采用混凝土扶壁式挡土墙，挡土墙承担土压力、地下水压力及消防车轮压等，还承担上部结构传来的重力荷载、水平荷载。地下室外墙厚500mm，混凝土强度等级C35，抗渗等级112MPa。

四、游泳池设计

考虑到奥运会高标准的要求，比赛池和跳水池均采用独立结构与主体结构间设滑动支座脱开，减少上部结构人员活动引起的振动和噪声对游泳比赛池的影响，同时可以减少主体结构由于温度变化和混凝土收缩对游泳池的影响。

五、跳台设计

主跳台结构采用混凝土结构，跳塔高度H=10.00m，跳板悬臂长度L=4.1m，跳台上部附属结构采用钢管结构以减轻自重、增加刚度。设计控制跳板竖向振动频率≥10Hz，跳台结

桩的力学参数　　表7-6

桩 型	单桩竖向承载力设计值（kN)	单桩抗拔承载力设计值（kN)	试桩极限承载力（kN)	主 筋	数 量（根数）
承压桩一	1200	200	2481（抗压）	6ϕ16	1641
承压桩二	1200	350	2481（抗压）	6ϕ20	517
承压抗拔桩	1200	600	1430（抗拔）	12ϕ20	2208

桩的工作状态计算　　表7-7

使用阶段	计算荷载	桩的工作状态
赛后	不计地下水浮力＋泳池满水＋静荷载×1.35＋活载×1.4	确定承压桩
赛时	满计地下水浮力＋静荷载×0.9（泳池无水）	确定抗拔桩
赛后	满计地下水浮力＋静荷载×0.9（泳池无水）	复核抗拔桩
赛后	不计地下水浮力＋重力荷载×1.25＋泳池满水＋地震作用×1.3或风荷载×1.4	复核承压桩（单桩竖向承载力设计值×1.2)

基础最大沉降 表7-8

计算方法	分层总和法手算	JCCAD		
	GB50007-2002	JGJ94-94	Mindin	实体深基法
最大沉降（mm）	29.01	23.01	33.30	26.34

构振动频率≥3.5Hz。采用SAP2000建模计算，结构阻尼比取0.05。其计算模型如图7-8。

六、混凝土结构的裂缝控制

本工程地下室外墙、底板等与水和土壤直接接触的构件，最大裂缝宽度限值为0.2mm。普通混凝土结构最大裂缝宽度限值为0.3mm(HRB335)、0.4mm(HRB400)，预应力混凝土结构最大裂缝宽度限值为0.2mm。

为减少游泳池水中氯气对钢筋的腐蚀，延长游泳池的使用年限，参照英国、澳大利亚有关规范，游泳池结构墙板与池水接触面的钢筋应力控制在130N/mm^{2}左右。约相当于最大裂缝宽度限值为0.15mm。

七、防震缝

±0.000以上内部混凝土结构设防震缝切割成4部分子结构（其间部分二层弱连廊，采用橡胶垫滑动铰支承，支座宽度满足罕遇地震下位移要求，侧向加防止滑落措施）。

±0.000以下比赛池、跳水池、热身池池壁与内部混凝土主体结构间设防震缝兼伸缩缝断开，减小振动噪声对比赛影响。

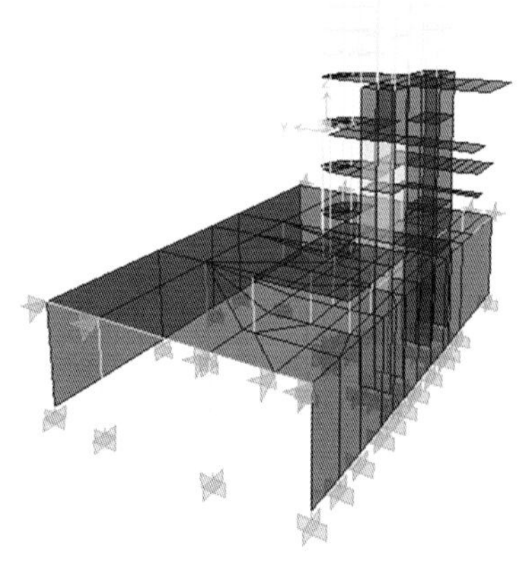

7-8 跳塔结构计算模型

第二节 钢结构设计

“水立方”结构几何形体的基本模型是基于气泡理论的多面体空间钢架，经过优化改良组合建立起来的，它具有重复性高、汇交杆件少、节点种类少，结构承载、抗震、延性好等显著特点，是一种全新的空间多面体结构。实际的几何形体是这样形成的：首先生成一个比“水立方”建筑大的改良的多面体阵列，再把这个阵列围绕(0, 0, 0)→(1, 1, 1)矢量轴旋转60°，在多面体阵列中切出176.5389m×176.5389m×29.3789m立方体的建筑外形，然后在立方体内挖去比赛厅、热身厅、嬉水厅等内部使用空间，这样便切出了屋盖和墙体的结构多面体单元在两个切割平面上切出的边线就分别构成了屋盖结构的上弦、下弦杆件和墙体结构内外表面弦杆，两个切割平面之间的多面体棱边便为结构的腹杆。

几何构成的优化包括多面体单元形状的优化、多面体阵列旋转角度选择及切割面选择，Weaire-Phelan 多面体中十二面体单元和十四面体单元体积相等，但是用到建筑结构中并不需要等体积，而是多面体体型应最为简化，优化选用的十四面体的两个六边形长边的四个顶点相连构成一个正方形，即两个六边形的长边的四个顶点在俯视图上重合，单元的规律性更强。若填充相同的体积，改良的Weaire—Phelan多面体棱边的总长(对应与结构杆件的总长)小于原始的Weaire—Phelan多面体棱边的总长。研究表明，阵列绕轴(1, 1, 1)旋转60°后，在x，y，z三个方向上相同切割位置切割出的表面图案是一致的，而且切出的弦杆种类少，最优切割面和可行切割面通过十二面体的顶点，旋转后的十二面体单元高度范围内共有5个最优切割面，每个最优切割面两侧各有一个可行切割面。

一、几何形体

研究了墙和屋盖钢结构的几何形体，试图取得以下效果：

(1) 墙和屋盖的气枕形状具有重复性而又能保持一个随机的无序的总体感觉。

(2) 钢结构腹杆（位于结构内外表面之间的杆件）具有重复性。

(3) 钢结构内部节点具有重复性。

（4）弦杆构件(构成“气枕”的边线)长度和几何方面具有重复性。

（5）避免节点位于弦杆内。

（一）基本单元的确定

“水立方”结构的基本单元是气泡理论中对三维空间进行有效填充的多面体。它是模仿肥皂泡的天然形式，将水在气泡状态下的微观分子结构放大到建筑结构的尺度，以达到建筑与结构的完美结合。

Kelvin气泡基本单元见图7-9；Weaire-Phelan气泡基本单元见图7-10。新型多面体空间钢架结构以由Weaire–Phelan 气泡衍生改良得到的多面体为基本单元，经过组合、阵列、旋转、切割等过程而形成。多面体的棱边即为结构的杆件，角点则为结构的节点。

（二）旋转

Wearie–Phelan泡沫构成的基本结构沿三个正交坐标轴X,Y和Z是有规律地重复的。如果简单采用这一基本结构那么生成的结构就不会是随机的，而是像机器一样排列整齐。将基本单元组合［图7-10(c)］沿x,y,z三轴方向阵列形成由类WP多面体填充的大立方块［图7-10(d)］。图7-11给出了未经旋转以及旋转后的立方块经过切割形成的表面图案。可以看出，未经旋转直接切割形成的表面［图7-11(a)］,多边形的种类较少,且排列十分整齐；而将多面体旋转后再切割所形成的表面［图7-11(b)］,多边形的种类明显增多，虽仍具有高度重复性，同时还表现出随机无序的视觉效果。如果把类WP多面体绕任意一个轴线旋转任意角度，生成的结构能满足随机无序的效果，但很少有重复。图7-12为绕(0,0,0)→(1,1,1)轴分别旋转30°，45°，60°后，经过同一顶点且平行于xy平面切割出的表面图案，不同旋转角度下切割形成的杆长比较见表7-9。可以看出，旋转60°时切割形成的杆长种类最少，重复性高，并且杆长变化最小。这进一步证明了旋转60°的优越

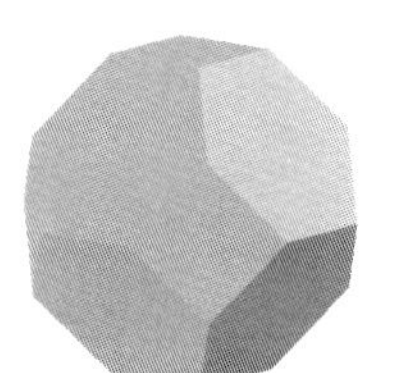

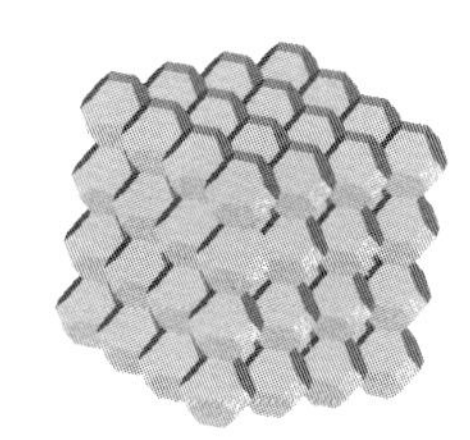

（a）十四面体单元　（b）基本单元组合　（c）阵列

7-9 Kelvin气泡基本单元

（a）未旋转的表面图案　（b）旋转后的表面图案

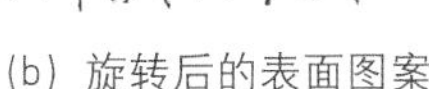

7-11 切割表面图案比较

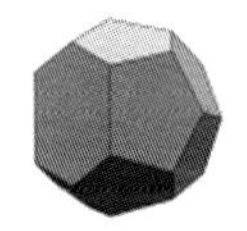

（a）十二面体单元　（b）十四面体单元

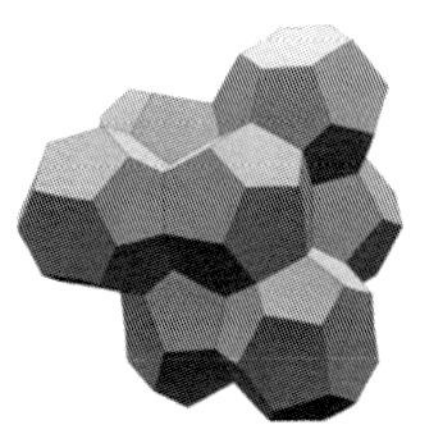

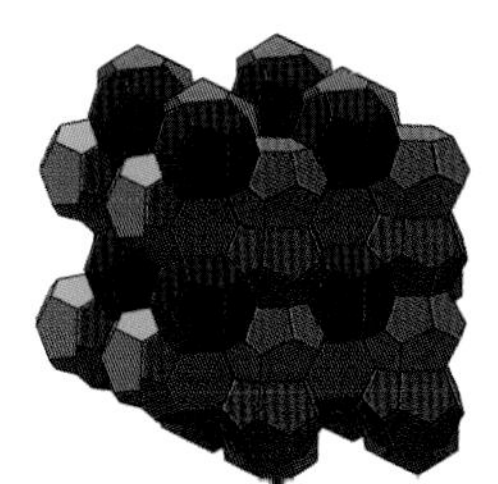

（c）基本单元组合　（d）阵列

7-10 Weaire-Phelan气泡基本单元

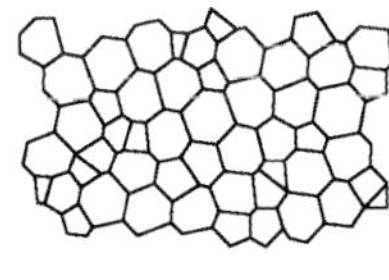

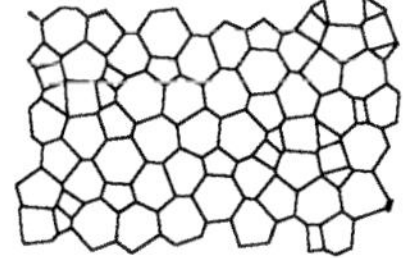

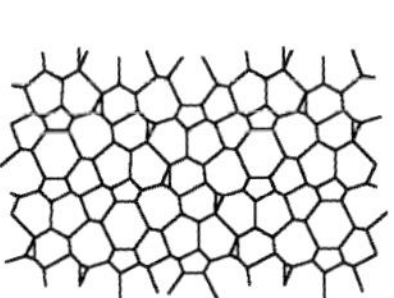

（a）旋转30°　（b）旋转45°　（c）旋转60°

7-12 不同旋转角度下的表面图案比较

不同旋转角度下的杆长比较　表7-9

旋转角度	杆长种数	最大杆长（m）	最小杆长（m）
30°	193	6.583	0.019
45°	343	6.636	0.016
60°	38	6.799	0.918

性，因此“水立方”结构最终选择绕(0,0,0)→(1,1,1)轴旋转60°。

（三）切割面

基本单元组合可以沿晶格立方体表面上3个相互垂直的中线方向进行阵列，从而形成由类WP 多面体填充的大立方块。与普通网架结构不同的是，这种由多面体形成的大立方块的外边界是凸凹不平的，若要形成平整的建筑表面必须用平面对它进行切割。十二面体、十四面体在切割平面上切出的边线就分别构成了屋盖结构的上、下弦杆或墙体结构的内、外表面弦杆，而切割面之间所保留的原有各单元体的棱边则构成了结构内部的腹杆，最终形成的多面体刚架如图7-13所示。图7-14为通过切割形成的屋面和墙面图案。

（四）单元尺寸

从5.25m到10.5m研究了一系列单元后可知，较小的单元尺寸对结构有效性有非常大的不利效果。例如，5.25m的基本单元与7m的基本单元比较发现：

（1）它有数量超过两倍的构件和节点；

（2）它有超过抗剪能力需要的过多腹杆，屋盖结构低效。其优点是气泡小，更有效，但导致了太多的视觉复杂性。

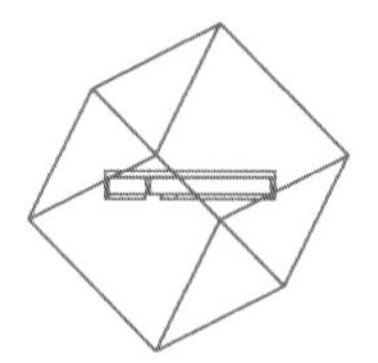

（a）大立方块的旋转

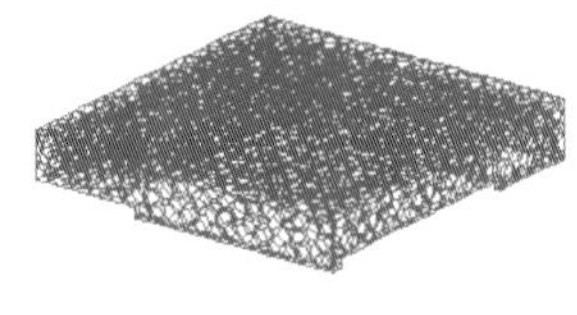

（b）切割形成的几何模型

7-13 通过旋转切割形成结构

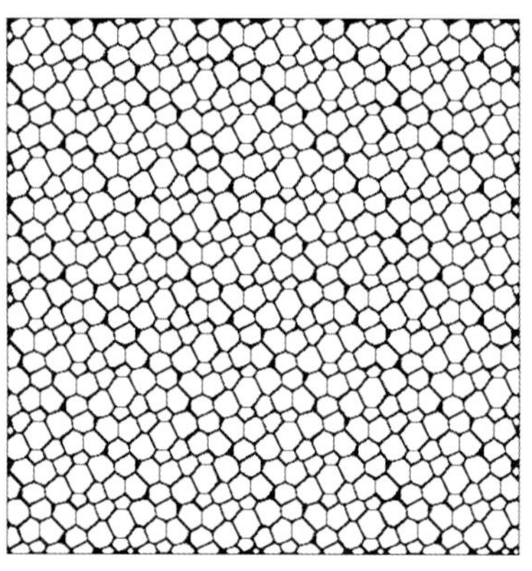

（a）屋面图案

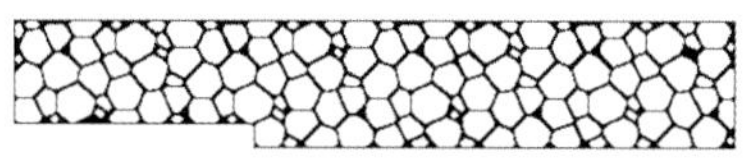

（b）墙面图案

7-14 切割形成的图案

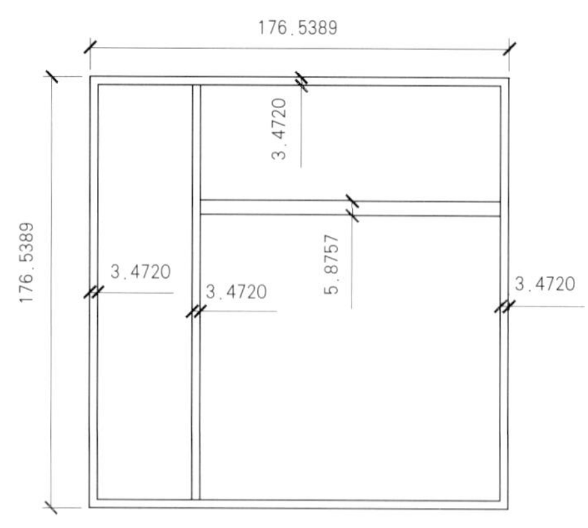

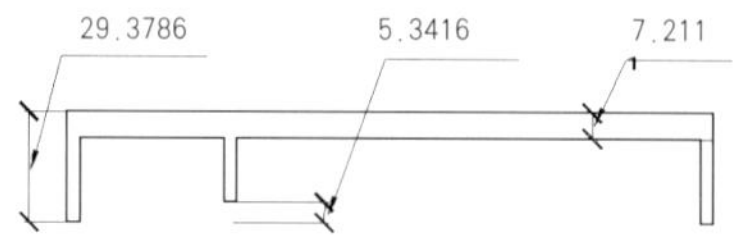

7-15 “水立方”的建筑尺寸（单位：m）

较大的基本单元有以下特点：

（1）气枕图案过于简单，特别是在立面上；

（2）如果要保留必需的视觉复杂性，需要有更厚的墙体。

最终采用了6.5～7.5m之间的基本单元，以提供结构有效性和视觉复杂性最好的平衡。

（五）适应建筑设计

基本单元大小的最终确定，取决于从期望的透视角度所决定的基本切割面定位。通过改变单元大小，选择切割面间距，由此可有利于作出墙位置关系的选择。最终取决于外墙外立面之间切割面总数的选择。比如说，如果建筑的尺寸是184mx184m，6.571m的基本单元将会有84个切割面，而7.459m的基本单元将会有74个切割面，在这两个基本单元大小之间可有9种选择。每种选择经研究都可以找到它们的最佳结果。

既然墙面和屋面都经过最优切割面或可行切割面，整体结构的实际尺寸（图7-15）也必然与相邻最优切割面间距和最大切割间距相关。以建筑总平面尺寸为例，“水立方”结构为正方形平面，每个方向的外墙外立面之间共包含74个最优切割面，外墙的外立面则分别为第1和第74最优切割面外侧的可行切割面，因此建筑总长度(宽度)为73个相邻最优切割面间距与2个最大切割间距之和：2.403706×73+0.534157×2=176.5389m。同样，可以确定“水立方”的建筑总高、屋盖厚度、墙体厚度、门洞高度等建筑尺寸如下：

建筑总高

2.403706×12+0.534157=29.3786m

屋盖厚度

2.403706×3=7.2111m

墙体厚度1

2.403706+0.534157×2=3.4720m

墙体厚度2

2.403706×2+0.534157×2=5.8757m

门洞高度

2.403706×2+0.534157=5.3416m

除了上下屋面、内外墙面均经过最优切割面或可行切割面，墙上的门洞位置也必须经过最优切割面或可行切割面。因此，采用多面体空间钢架结构的建筑物，在建筑师根据功能要求初步确定建筑尺寸的基础上，准确的建筑尺寸(包括平面尺寸、建筑高度、屋盖厚度、墙体厚度、门洞尺寸与位置等)应取决于结构的几何构成，这是多面体空间刚架结构区别于传统结构的一个重要特点。因此，与传统结构的设计截然不同，结构工程师在设计之初就应参与建筑尺寸的确定，这就要求在设计过程中建筑师与结构工程师更密切配合。

（六）最终几何形体

初步设计中基本单元的几何尺寸是7.211m。屋盖结构基本的切割面中心距2.404m，气枕可获得最大可能的重复性，并生成深7.211m的屋盖结构。对墙体，采用了距基本切割面0.534m的第二层切割面。这样形成一个厚度为3.472m的墙体，表现出较好的视觉复杂性，屋盖结构比较有规律，取得最优的结构方案，结构最终形成的几何形体如图7-16、图7-17所示。

7-16 钢结构墙面及屋面几何形体

7-17 钢结构整体最终几何形体

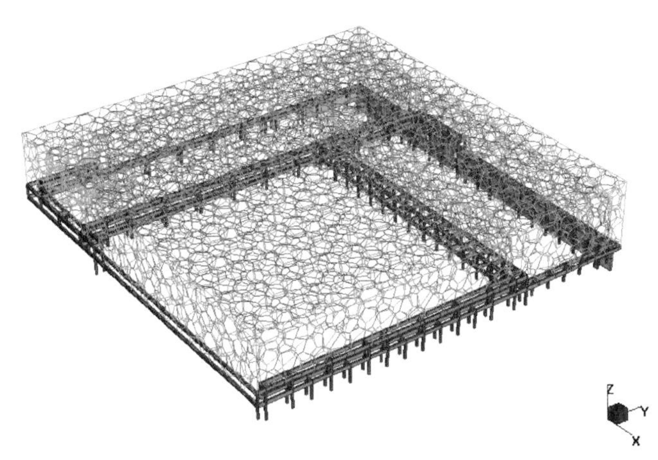

7-18 钢结构计算三维模型

二、结构分析

采用strand7有限元软件生成结构分析模型，构成屋盖和墙单元几何形体。该模型包括结构所有的腹杆和边缘构件。混凝土地下室结构进入了整体模型，以确保屋盖和墙的边界被正确模拟，同时有助于混凝土支承结构设计。图7-18显示了墙、屋盖钢结构及混凝土地下室结构的整体模型。图7-19～图7-21为钢结构的前三阶振形以及其振动频率。

钢结构的截面设计和优选是按照《钢结构设计规范》（GB50017-2003）自编程序结合SAP2000分析软件反复迭代实现的。屋盖和墙体的表面弦杆采用矩形钢管，截面高度均为300mm，宽度180～550mm，腹杆采用圆钢管，直径219～610mm，钢管壁厚4～40mm，材料为Q345和Q420（壁厚18mm及以上的杆件）。

应力优化设计过程中，墙体和屋盖杆件的应力水平分别采用了不同的控制标准，墙体杆件的应力水平控制在钢材设计强度的0.75，屋盖杆件的应力水平则控制在钢材设计强度

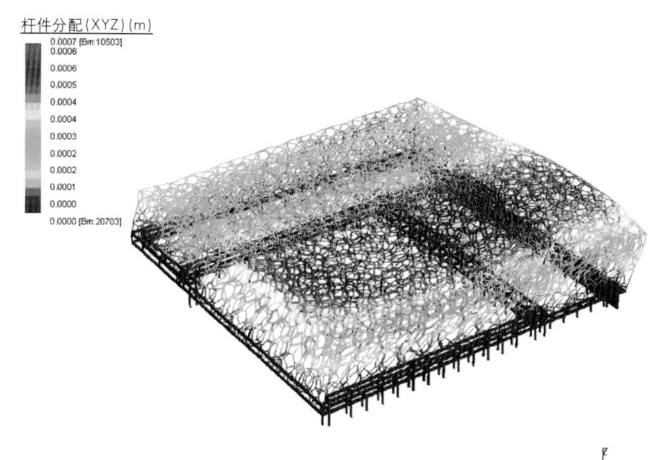

7-19 第一阶自振频率——第一侧向振型 y-dir = 1.01Hz

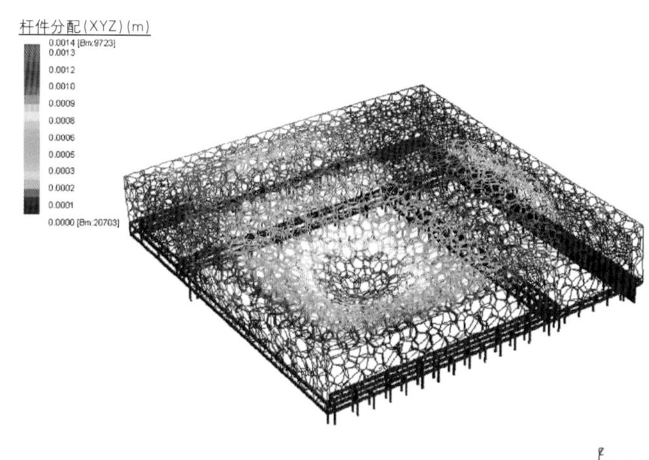

7-20 第二阶自振频率——第一竖向振型 z-dir = 1.12Hz

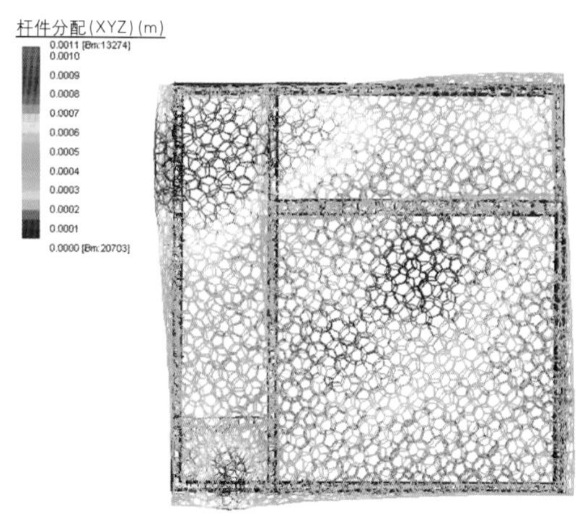

7-21 第三阶自振频率——扭转振型 n = 1.6Hz

的0.9。如此处理相对增大了墙体的刚度，抗震设计中容易实现“强墙弱盖”。同时还提高了屋盖的支承刚度，有利于控制屋盖的跨中挠度。

几何构成优化得到的杆件长度分布如图7-22所示，大部分杆长在1～7m的范围，2～4m的杆件最多，超过半数，结构杆长分布较为合理。

不同应力水平优化得到的截面分布如图7-23所示，大部分的方钢管和圆钢管均为较为适中的截面，截面尺寸和钢管壁厚比较常规。

图7-24为杆件优化中控制工况的分布。其中：

30～33号工况分别为恒载加各种非均布雪荷载与负温差的组合，共4个工况；

43号工况为永久荷载（分项系数1.35）控制的、活载和正温差参与的组合；

44～47号工况分别为永久荷载分项系数1.2、活载、各向风荷载与正温差参与的组合，共4个工况；

68号工况为施工阶段结构合拢后，尚无空调环境，结构整体升温的工况；

70～77号工况为大面积平屋面考虑竖向风振影响，施加0.2kN/m^{2}向下的正风压，同时考虑雪荷载的组合，共8个工况。

绝大部分杆件由以上18种工况控制，即温度工况和屋面正风压工况为结构的控制工况。工况组合中，48～67号工况为各种地震（小震）参与的组合，由它们控制的杆件很少。

经过反复迭代计算，得到杆件控制工况应力比的分布如图7-25所示。由于新型多面体空间钢架的杆件受力不同于网架结构的二力杆，弯曲应力较大，所以圆钢管的最小截面（起步杆）选用了219mm大直径、厚度4mm薄壁钢管，矩形钢管的起步杆也为180mm×300mm×6mm/10mm的大截面薄壁钢管，较低应力比的杆件为起步杆。优化得到的应力比分布非常合理，墙体杆件和屋面杆件采用了不同的应力比控制标准，应力比0.2～0.6之间的杆件占54.75%、0.6～0.8之间的杆件占36.56%、0.8～0.9之间的杆件占5.46%。

三、总装分析和设计方法

国家游泳中心的上部大跨空间结构与下部混凝土结构是一个密不可分的整体，上部结构对下部结构既有效应又有刚度贡献，下部结构对上部结构既有支承又有效应放大。以往的计算方法将上部钢结构和下部混凝土结构分离开来分别计算，通常将下部混凝土结构对上部钢结构的支承刚度夸大为无穷大，与实际结构工作状态明显不符。

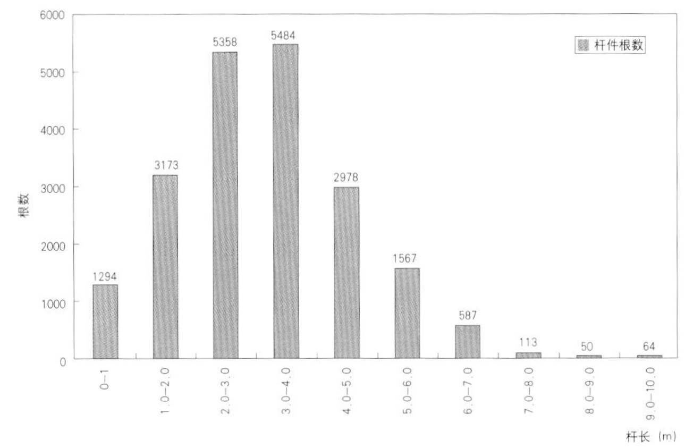

7-22 杆件长度分布

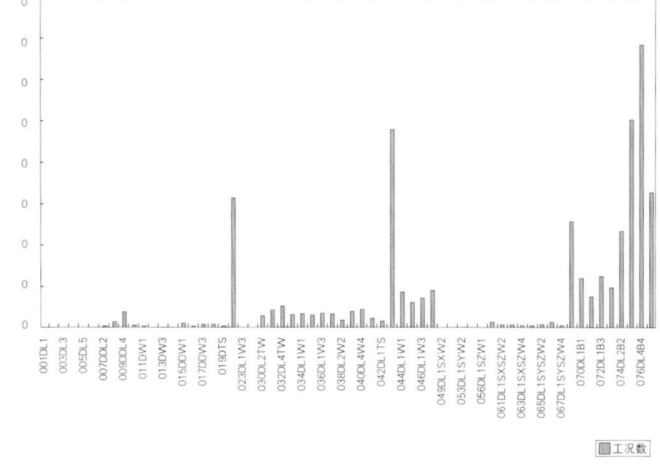

7-24 控制工况分布

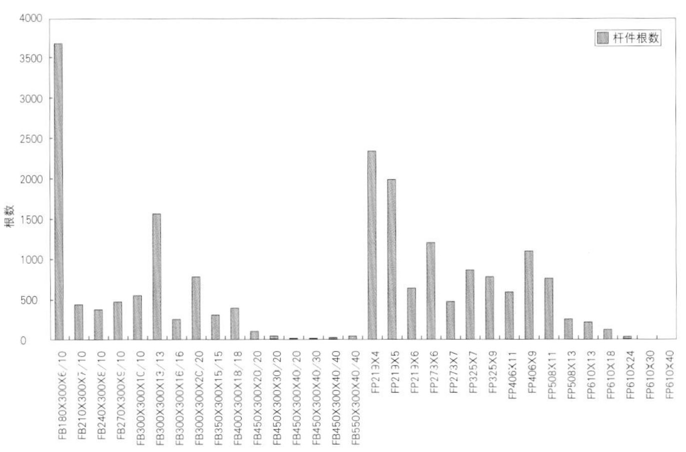

7-23 杆件截面分布

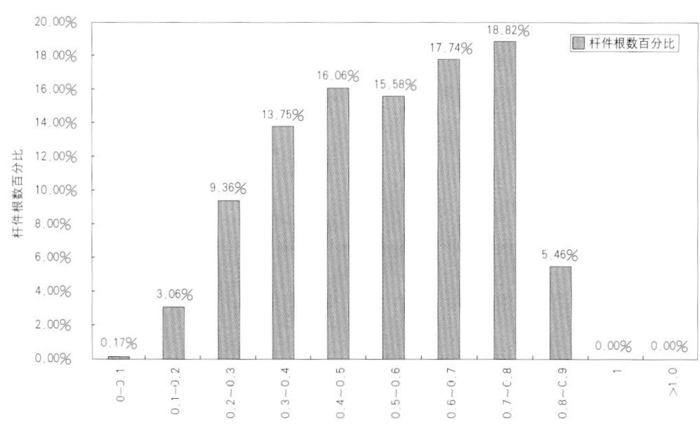

7-25 杆件设计控制应力分布

分别对国家游泳中心的上部钢结构模型、下部混凝土结构模型、整体结构总装模型以及考虑混凝土结构徐变、裂缝后刚度退化50%的结构总装模型进行分析（图7 26）。计算结果表明，水平地震下整体结构总装模型的位移及加速度响应普遍比单体钢结构模型有所增大，杆件正应力的增大则更为显著（最大达75%）；单体混凝土结构模型由于丢掉了上部钢结构的刚度而使其在水平地震下的位移、内力严重失真；单体钢结构模型计算得到的温度应力与结构实际工作状态严重不符。因此，采用总装分析可以正确揭示整体结构在重力、风荷载、地震、温度作用下的变形受力性能，确保结构安全可靠、经济合理。

四、大型复杂结构延性设计及抗震抗倒塌技术

新型多面体钢架的受力介于汇交力系的网架结构和刚性连接的直腹杆空腹桁架之间，杆件同时受弯、剪、拉（压），杆端弯曲应力与轴向应力相比为主要应力，绝大部分杆件的

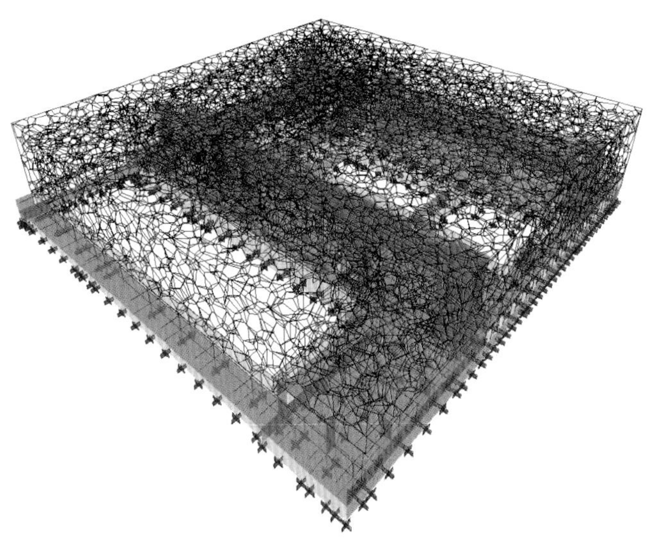

7-26 总装结构计算模型

杆端弯曲应力占总应力的80%以上。相比汇交力系的二力杆结构，多面体钢架具有更好的延性。

（1）新型多面体刚架结构延性设计。多面体钢架的构件受力十分复杂，给结构优化带来很大的难度，本项目采取了一系列创新方法进行结构延性设计及优化。提出并应用了“强墙弱盖”不同应力水平优化的概念，墙体杆件和屋盖杆件采用不同应力水平控制；截面类型设计优化，放弃加劲肋截面而改用紧凑型截面，充分发挥截面塑性，提高结构延性；几何构成“杂交”优化，将屋盖下弦贯通内墙，形成局部汇交力系，使整体结构受力均匀化；“铰接”计算处理优化，将少数弯曲应力较大的杆件两端处理为铰接，加强周围相关杆件后再刚接迭代计算，较好满足承载力要求；强节点弱杆件优化，确保杆端焊缝破坏晚于杆件屈服。

（2）静力弹塑性（Pushover）分析验证。采用Pushover方法对国家游泳中心多面体钢架进行两个水平方向的静力弹塑性分析验证以评估该结构的抗震性能，对结构在多遇地震作用下的弹性计算假定进行校核，同时大致确定结构在罕遇地震下的破坏过程，找到薄弱环节，设计中针对性地进行加强，保证整体结构实现基于性能的结构设计。

（3）竖向极限荷载堆雪（Shutdown）分析验证。雪荷载是一个非常活跃的变动荷载，万一气枕出现故障，屋盖可能会大量积雪。本项目采用施加递增的雪荷载对多面体钢架进行非线性极限承载力分析验证，在自重+恒载初始荷载作用的基础上不断增大雪荷载，直至结构破坏得到其极限承载力。分析表明，直到12倍规范雪荷载时屋盖才出现少量塑性铰，17倍设计雪载作用下整体钢结构不会倒塌，多面体空间钢架结构具有很好的持续承载能力。

（4）动力弹塑性时程分析验证。结构在罕遇地震下的工作状态会从弹性过渡到弹塑性，响应性能会发生改变。本项目通过动力弹塑性分析结构在三向罕遇地震下的弹塑性变形、检验结构的抗震能力。发现本结构的抗震体系中墙体为相对薄弱的部位，少数构件的塑性铰已经发育得比较充分，但它们的部位比较分散，结构有能力调整内力持续承载。设计对这部分构件予以适当加强，进一步增强了结构的抗震能力。

第三节　气枕结构

实际应用中通常采用两层或者多层ETFE膜，将边缘夹住充气形成气枕。内压使ETFE薄膜产生张力，生成初始形状并提供气枕的刚度。根据充气枕的形状和大小，内部气压一般在200～750Pa之间。充气枕承受的外荷载通过张力膜面传递，若内压降低或实际荷载超过了内压，则荷载将由悬链膜面直接承受。充气枕的边缘夹持构件须分别考虑内压和外载工况。

ETFE产品以卷材的形式供应，经过找形剪裁热熔焊接形成所需形状。理论上讲，ETFE充气枕可以加工成任何大小和形状，比较常见的是长方形，其他的形状如三角形、六边形、八边形也是很容易实现的。

与ETFE充气枕相配套的充气系统能保持气枕内部压力的恒定。最基本的充气系统包括可以进行湿度控制的鼓风机，它里面的过滤器可以防止湿气和灰尘进入气枕内。比较先进的充气系统可以和传感器相连，以使得气枕内压可以根据外部荷载的变化而进行调整。它的韧性较高且不易被撕裂，延展性超过400%，当整个系统发生挠度变形时，它可以保持一定的柔性。材料的其他特性还包括可以抵抗紫外线、天气变化、化学物质侵袭及自洁性等。常温下应力小于20MPa时，ETFE膜材应力—应变关系为线弹性，屈服点在25MPa 左右，然后进入弹塑性强化阶段，直至拉断，极限受拉强度纵向为50MPa、横向为45MPa。ETFE的熔点是275℃，当材料接近其熔化温度时就会软化，气枕内压作用使得ETFE超过其延展界限，在表面形成孔洞，将热空气排出。因为ETFE 材料很薄很轻，所以分离的碎片往往是被热空气向上带走而不会落到地面上。当有明火时，ETFE将会燃烧，但很快就会熄灭。ETFE的这种“自通风”的特性可有效地防止热空气的聚集，防止过热的空气导致可燃物的自燃。

一、ETFE膜材料特性

ETFE膜材不但具有良好的化学兼容性、电性稳定性能、自洁性能、防火性能，而且具有良好的抗拉性能、抗冲击性能及耐摩擦性能，见表7-10。

（一）化学兼容性

ETFE是所有塑料制品中最具惰性的，它对绝大多数化学试剂有抗溶解性，但其中不包括熔化的碱性金属；对于液体、气体、湿气和有机物产生的蒸气来说，其具有低渗透性。

（二）电性稳定性能

ETFE具有超级稳定性，可保持大面积膜的膜材性能，具备很高的非传导性强度，每千分之一寸超过6500v，ETFE不导电，不可湿，不碳化，具有非常低的电量因数和非传导性常数，仅当温度和频率大幅度变化时才有微小的变化。

ETFE膜材料主要特性 表7-10

特性	结果	单位	测试方法
厚度	100	μm	DIN 53 353
公差	±5	μm	DIN 53 353
纵向受拉强度	50	N/mm^2	DIN 53 455
横向受拉强度	40	N/mm^2	DIN 53 455
纵向延伸率	400	%	DIN 53 455
横向延伸率	450	%	DIN 53 455
延伸率10%时的纵向受拉强度	25	N/mm^2	DIN 53 455
延伸率10%时的纵向受拉强度	20	N/mm^2	DIN 53 455
纵向受拉模量	1000	N/mm^2	DIN 53 457
横向受拉模量	1000	N/mm^2	DIN 53 457
纵向撕裂强度	500	N/mm^2	DIN 53 363
横向撕裂强度	500	N/mm^2	DIN 53 363
纵向收缩值	2.5	%	150℃/10min
横向收缩值	0	%	150℃/10min
密度	1750	kg/m^3	DIN 53 479
熔点	275±10	℃	DSC 16° K/min
绝缘强度	140	kV/mm	DIN 53 481

（三）自洁性能

ETFE材料特有抗粘着表面，使ETFE膜具有高抗污、易清洗的特点，通常靠雨水冲刷即可清除主要污垢。

（四）防火性能

ETFF属难燃材料，受高温熔化但不会滴落。“水立方”ETFE膜材按GB50222—1995、ASTME1354—2003、GB/T8625—1988、GB/T8626—1988、GB/T8627—1999等规范检测，根据规范GB50222—1995和GB8624—1997判定ETFE膜材的燃烧性能为B1级。试验结果表明：ETFE膜材受热后，产生一定程度的变形，一般可基本恢复；当外加火焰剧烈时，产生不可恢复变形，直接受火部位被烧损，被点燃部位的膜材熔化流淌但不滴落；未出现火焰在ETFE膜材表面传播或蔓延的现象，其自身并不传播火焰。

（五）抗拉性能

（1）ETFE的屈服应力：见图7-27。

在低度的疲劳情况下，ETFE承受两个不同的屈服点，第一个约是$18N/mm^2$，第二个约是$25N/mm^2$，并且作用在膜上的荷载使用越快，屈服点越高。

（2）ETFE屈服后的恢复：见图7-28。

ETFE具有“长期记忆”功能，即长期弹性性能。一旦将荷载从试件上释放，试件将还原其初始长度的10%~20%以内。

“水立方”所用ETFE材料在北京塑料制品质量监督检验站进行了检测，检测结果证明ETFE材料具有良好的抗拉性能。

（六）抗冲击性能

ETFE材料具有较高的抗冲击性能。本工程通过抗冰柱模拟测试检验了ETFE材料抗冲击抗撕裂的能力。

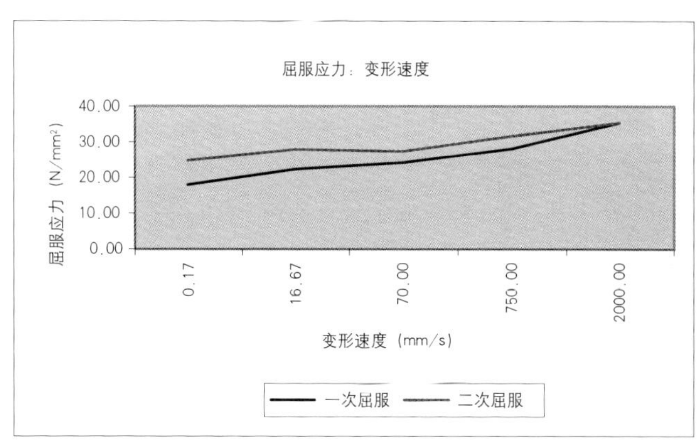

7-27 ETFE屈服应力

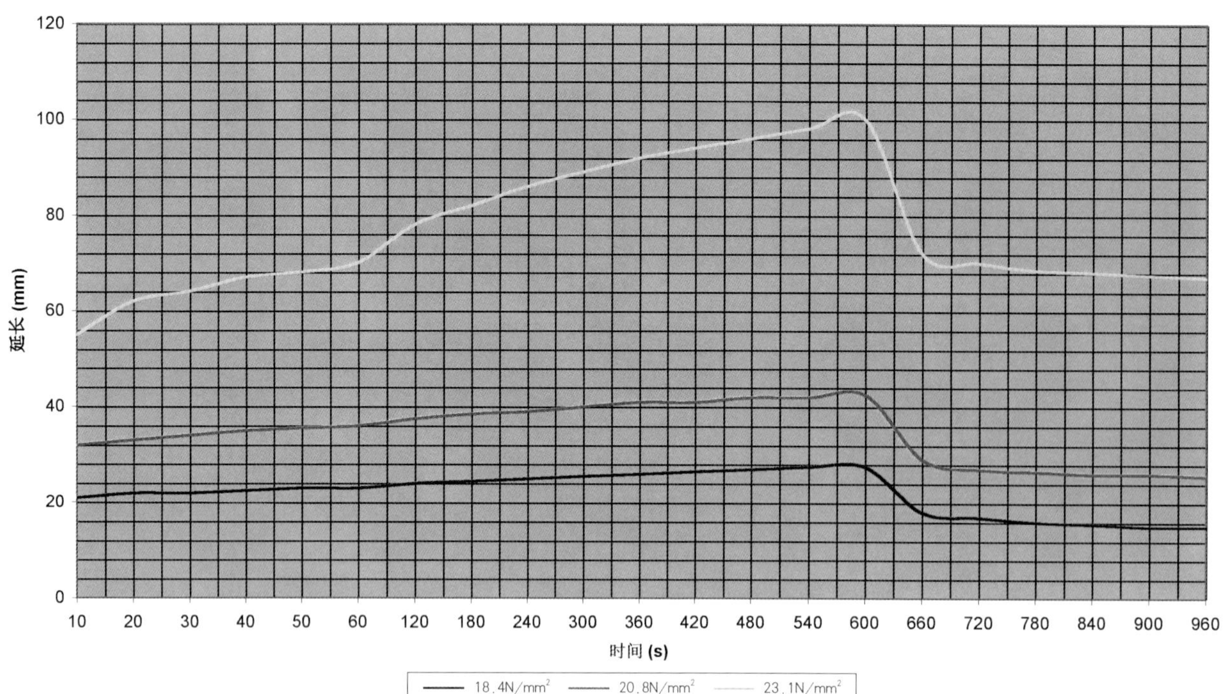

7-28 ETFE 屈服后的恢复

实验中，制作截面面积为30mm×50mm，长度为0.65m，一头略尖的木棒模拟冰柱，在距ETFE气枕表面5m高的位置自由落下，使木棒尖部落在气枕中央表面。

冰柱破坏实验的结果为：经反复测试，"冰柱"落下与气枕接触时，气枕无变化，未发生任何破坏现象。

（七）耐摩擦性能

ETFE材料具有较好的耐摩擦性能，工程已通过抗风沙模拟测试进行了验证。

实验中，将暗黄色普通河沙铺在气枕表面，用硬毛刷反复擦拭沙子和气枕表面，擦拭范围在气枕中心0.5m²，持续时间15min。

抗风沙实验的结果为：未发现气枕破损情况，近距离观察，膜表面能看出有些擦痕，但在远处看无明显痕迹。

二、充气枕风洞试验及冰雪荷载

（一）风洞试验

国家游泳中心屋盖和墙体的维护结构采用统一的新型膜材ETFE充气枕结构。覆盖在177m×177m×31m大型立方体上的ETFE充气枕的风荷载取值尚无任何规范可以直接引用，屋面的积雪荷载以及冰凌滑落的可能性等都需要进行具体的研究，委托加拿大RWDI公司进行了风洞试验（图7-29）。

ETFE充气枕风荷载按北京地区100年一遇取值，综合考虑了体型系数、高度系数以及阵风系数的影响。整个覆盖结构的负压范围-1～-3kPa，正压范围+0.50～+2.00kPa，屋面和墙面的风压分布不均匀，边角处风压大。

7-29 风洞试验模型1:300（RWDI拍摄）

（二）雪压分布

图7-30为屋面气枕雪荷载的取值，均布值为0.55kPa，需考虑半跨情况，若气枕漏气瘪陷，则三角形雪压峰值1.1kPa。

（三）ETFE 充气枕计算分析

对于ETFE充气枕由TENSYS进行了风荷载作用下初步计算分析。分别计算了三个不同位置ETFE充气枕在风荷载作用下的位移和应力，分析模型A在屋面中部，风荷载最小。模型B在屋面

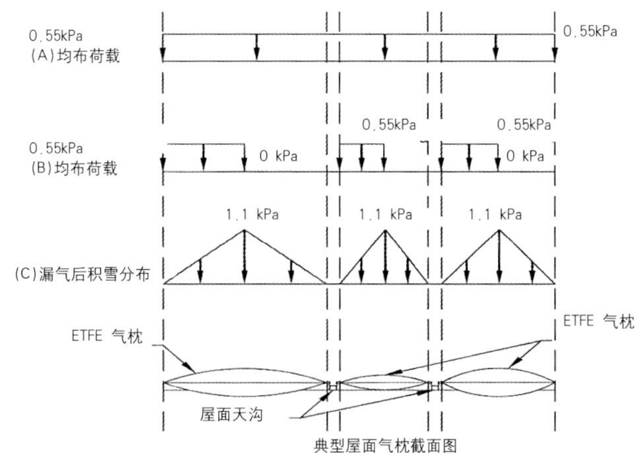

7-30 屋面雪压 (RWDI)

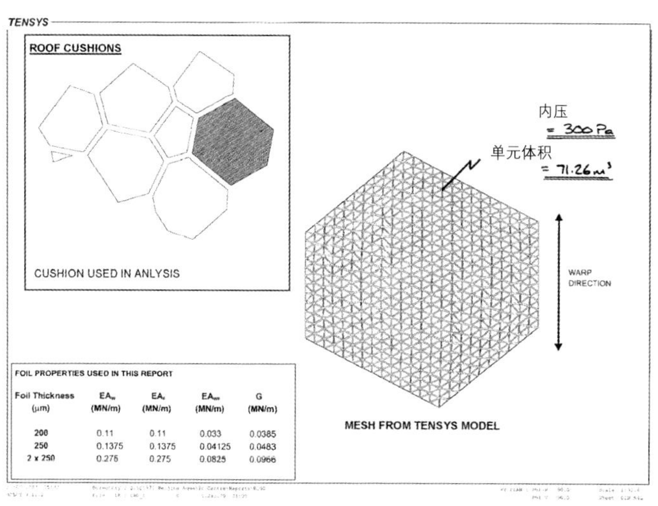

Foil Thickness (μm)	EA_w (MN/m)	EA_f (MN/m)	EA_{wf} (MN/m)	G (MN/m)
200	0.11	0.11	0.033	0.0385
250	0.1375	0.1375	0.04125	0.0483
2 x 250	0.275	0.275	0.0825	0.0966

7-31 单元划分 (ARUP)

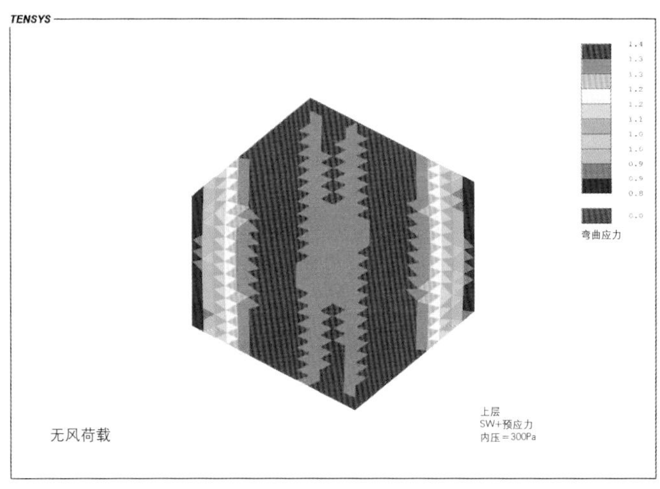

7-32 无外荷载时膜应力 (ARUP)

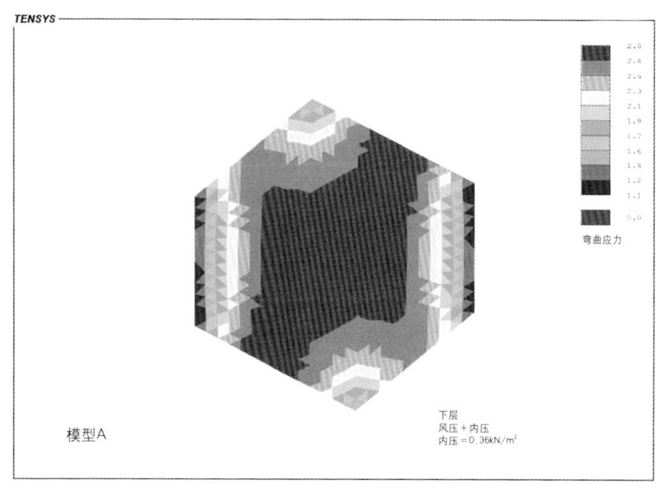

7-33 模型A下层膜的应力 (ARUP)

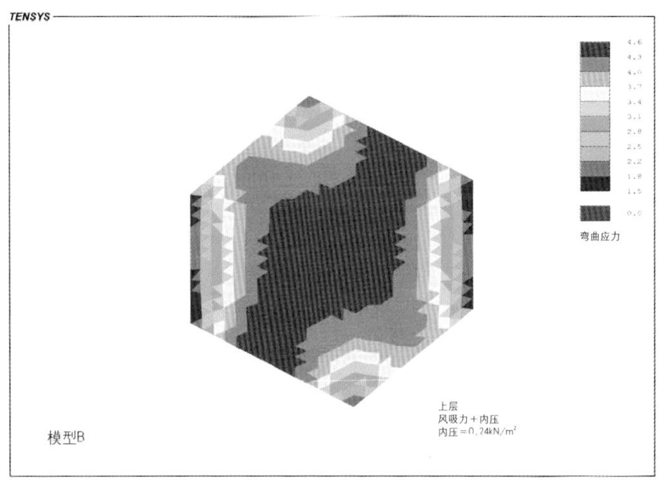

7-34 模型B上层膜的应力 (ARUP)

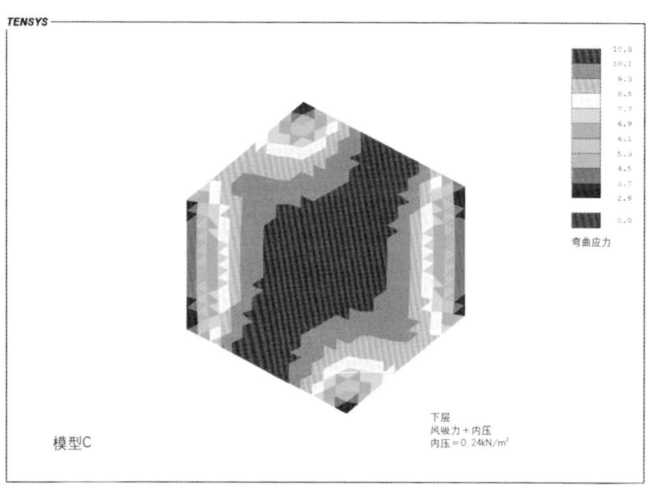

7-35 模型C上层膜的应力 (ARUP)

边缘中部，风荷载较大。模型C在建筑角部，风荷载最大。其计算模型见图7-31，主要计算结果见图7-32～图7-35。

（四）增强型ETFE膜结构

风洞试验数据表明，部分ETFE气枕所受风荷载较大，屋面局部区域负风压最大值达到3.0KPa。同时根据建筑要求，屋面均布雪荷载为0.55KPa。ETFE气枕是依靠膜材本身的强度和气枕的充气内压来承受外部荷载的，而膜材的厚度取决于原材料的生产工艺，是有一定限制的，且气枕内压受膜厚度限制也不能过高。对于超大规格的ETFE气枕，常规的气枕无法满足强度要求，必须采取加强措施。

以往国外通常采取的加强措施是使用加强钢索。钢索的布置方式如图7-36所示。

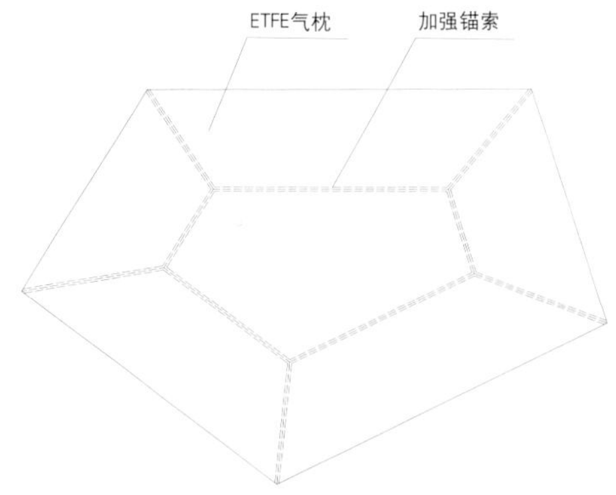

7-36 通常的气枕加强处理技术

加强钢索附着在气枕表面，将气枕分割成几部分，并分别分担其荷载。但这可能会导致气枕表面不是很圆滑的弧面，因此严重影响外视效果。采用此做法会破坏〝水立方〞整体建筑艺术效果。

为增加ETFE充气膜的抗风压性能，经反复讨论研究，确定采用在风压超大区域的超大ETFE气枕外侧增加一层厚度为250μm的透明附加膜，作为该处气枕的加强措施，如图7-37所示。

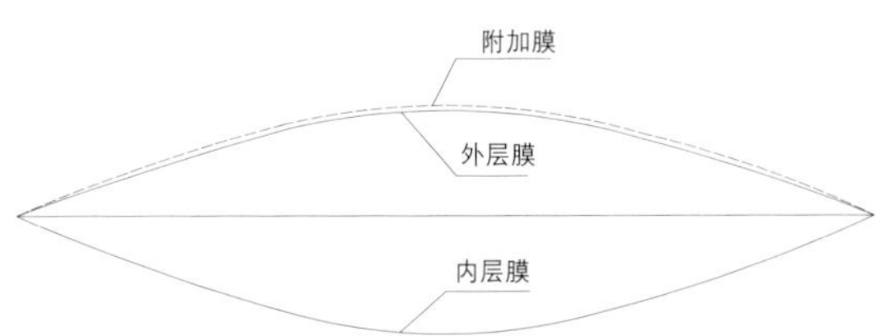

7-37 气枕采用附加膜的加强新技术

根据强度计算分析，采用附加膜的加强方案，增强了ETFE气枕的强度，完全可以满足抗风压性能要求，同时确保整体建筑效果。

附加膜在构造上采用与气枕相同的做法。将附加膜经裁剪焊接制成与需要加强的气枕相同的形状，并沿其边缘设置边绳。附加膜的边绳与ETFE气枕的边绳一并安装在特制的铝合金夹具中，并锁紧固定，如图7-38所示。气枕充气后，其外层膜与附加膜紧贴在一起，共同作用，抵御外部荷载。

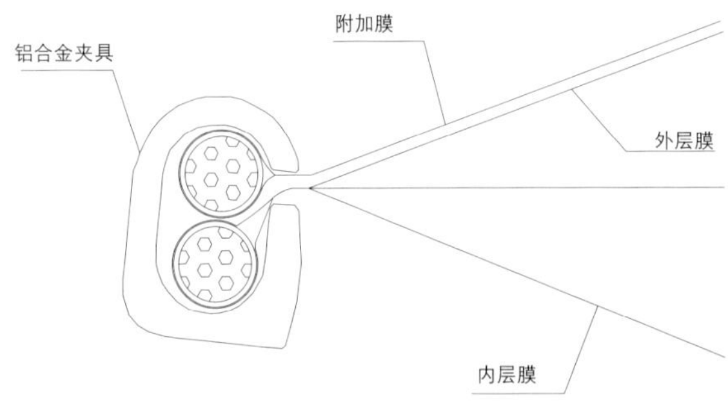

7-38 气枕附加膜边缘夹具中的固定方式

采用附加膜技术，提高ETFE气枕的抗风压能力，这一技术的有效性，不仅通过了强度计算校核确认，而且也已在国家建筑工程质量监督检验中心进行的ETFE气枕性能检测中得到了验证。

本项目中ETFE气枕采用附加膜形式提高气枕整体强度，这一技术在膜结构领域首次应用开创了ETFE膜结构技术的先河。

第四节　试验分析与研究

基于气泡理论的新型多面体空间钢架结构在国家游泳中心“水立方”结构中首次得以应用，这种新型空间结构体系，在几何构成的基本原理、抗灾害（抗震、抗风、抗火）设计理论、新型材料的性能与应用技术、新型节点与施工技术等诸多方面都提出了新的课题。其中各类刚性连接节点和复杂受力的钢结构构件的分析设计方法为结构设计中亟须解决的问题，但现行国内外结构设计规范尚未对这些内容给出可直接应用的设计方法。结合工程具体情况，进行了多项专题科研，取得了对结构设计具有指导性的结果。

一、风、雪洞试验研究

由加拿大RWDI公司进行了本工程风、雪洞试验研究，采用1/300模型进行不同风向角的风环境、风载体型系数及雪荷堆积系数测试，作为本工程钢结构、结构设计重要依据。

二、ETFE充气枕试验研究

由德国、英国有关专业厂商和中国建筑科学研究院、清华大学等单位，进行足尺拟幕墙抗风沙试验、水密性试验、破坏性试验、三性试验、视觉测试、雨噪声测试等（图7-39、图7-40），并编制适合本工程的专门技术标准，控制设计施工质量。

三、钢结构节点试验研究

“水立方”钢结构采用新型空间钢框架结构，刚性节点为钢结构的关键点，受力不同于网架、网壳节点，拟针对不同节点形式开展理论分析、试验研究，并编制了有关专门节点的技术标准。

（一）弯矩、轴力及其共同作用下焊接空心球节点的受力性能与设计方法

焊接球节点是目前我国空间网格结构中应用最为广泛的节点形式之一，但目前国内外有关焊接空心球节点的研究均仅针对圆钢管焊接球节点、轴向受力的情况。多面体空间钢架的几何构成决定了绝大部分节点应保证刚性连接，其杆件以受弯为主，大部分杆件杆端弯矩产生的应力达总应力的80%以上。

（1）圆钢管焊接球节点的受力性能与设计方法（图7-41）。圆钢管汇交的焊接空心球节点在轴力作用下承载力

7-39 气枕抗风沙测试试验

7-40 气枕视觉测试试验模型

(a)
球节点试验前

(b)
球节点破坏—远景

(c)
球节点破坏—近景

(d)
试验结果

(e)
有限元分析结果

7-41 焊接空心球节点承载力研究

的理论和试验研究已进行了多年，我国网架及网壳规程给出了针对轴向受拉及受压的承载力计算公式，该试验研究对弯矩作用、轴力和弯矩共同作用下圆钢管焊接球节点的受力性能与设计方法的研究填补了国内外空白。该研究对近200组分别承受轴力、纯弯、轴力和弯矩共同作用的节点进行有限元分析，推导了基于冲切面剪应力破坏模型的节点承载力简化理论解，得出轴力—弯矩相关关系与节点几何参数无关的重要结论；对5组典型节点进行破坏试验研究，直观了解节点的受力性能和破坏机理；最后综合简化理论解、有限元分析和试验研究的结果，建立轴力和弯矩共同作用下圆钢管焊接球节点的承载力实用计算方法。

（2）方钢管焊接球节点的受力性能与设计方法。采用弹塑性非线性方法对200余组分别承受轴力、单向纯弯、双向等弯矩纯弯、轴力与单向纯弯、轴力与双向等弯矩纯弯的节点进行详尽的有限元分析；基于冲切面剪应力破坏模型，推导了轴力、轴力与单向弯矩、轴力与双向等弯矩作用下的节点承载力简化理论解；对6组典型节点进行破坏试验研究；综合以上结果，建立轴力、弯矩、轴力与单向弯矩、轴力与双向等弯矩作用下方钢管焊接球节点承载力的实用计算方法；建立了轴力与双向任意弯矩共同作用下节点承载力的简化计算方法；建立了方钢管半球半鼓焊接球节点的计算方法。

（3）矩形钢管焊接球节点的受力性能与设计方法。采用弹塑性非线性方法对100余组分别承受轴力、单向纯弯、轴力与单向纯弯的节点进行详尽的有限元分析；基于冲切面剪应力破坏模型，推导了轴力、轴力与单向弯矩作用下的简化理论解；对6组典型节点进行破坏试验研究；综合以上结果，建立轴力、单向弯矩、轴力与单向弯矩共同作用下矩形钢管焊接球节点承载力的实用计算方法；建立了轴力与双向弯矩共同作用下节点承载力的简化计算方法。

以上三方面的试验研究内容为国家游泳中心结构设计中的关键技术，已直接应用于工程设计。由于这些成果填补了国内外空白，因此该课题还将为我国相关规范、规程的修订提供重要资料，同时也可为国外同行的研究提供参考。

（二）钢管受弯连接节点的新型贴板加强技术及其设计方法

1．贴板加强技术的设计与试验

空间钢架结构的杆件与节点之间采用全熔透的对接焊缝连接，为确保结构具有良好的抗震延性性能，实现“强节点弱构件”的设计思想，有必要对焊缝连接节点进行适当加强，确保连接焊缝脆性破坏滞后于杆端屈服。本项目首次将贴板加强的概念引入空间结构设计，提出了一种新的钢管受弯连接贴板加强方式（图7-42），并通过低周反复试验验证其有效性。

（1）一种新的钢管受弯连接贴板加强方式。本项目在美国FEMA—355D建议的梁柱节点贴板加强连接的基础上，提出了适用于钢管受弯连接的改进型贴板加强方式。主要改进包括：将贴板与节点的连接由熔透焊缝改为角焊缝，并以原钢管熔透焊缝应力为控制标准确定贴板厚度。这样可大大减小焊接对钢管母材的影响，且贴板角焊缝的开裂可达到保护钢管端部熔透焊缝的效果，与FEMA—355D的“过度加强”相比，这里采用了“适度加强”的理念。

（2）贴板加强节点的设计计算方法。针对新的贴板加强方式，提出了以被加强钢管熔透焊缝应力为控制标准确定贴板厚度的方法。根据该方法确定的贴板厚度均小于被加强钢管的厚度，不必达到 FEMA—355D建议的1.2～1.3倍钢管（翼缘）厚度的要求。同时贴板的长度在满足构造的情况下可尽量小。这样不仅节省钢材，也减少了焊接工作量。此外，由于允许贴板角焊缝开裂，焊缝高度根据贴板厚度匹配选择，不必按强度要求设计。因此由该方法设计的贴板加强节点不仅可有效保证节点的延性，还具有明显的经济性。

（3）贴板加强节点的低周反复加载试验。分别对未加强

（a）圆钢管加强试验

（b）方钢管加强试验

（c）实际工程应用

7-42 钢管受弯连接的新型贴板加强方式

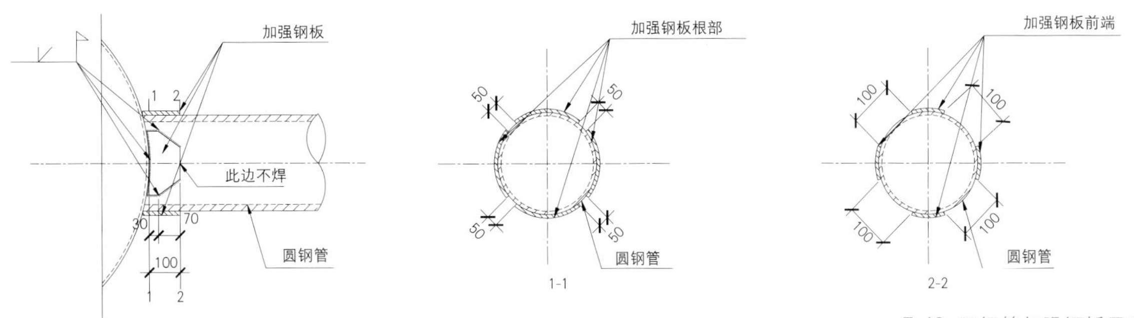

7-43 圆钢管加强钢板示意

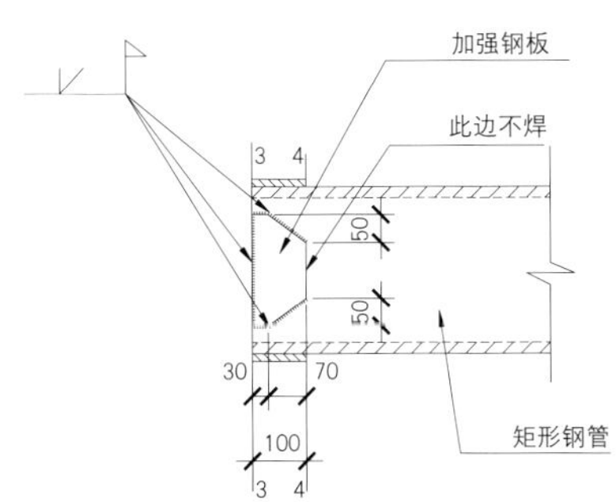

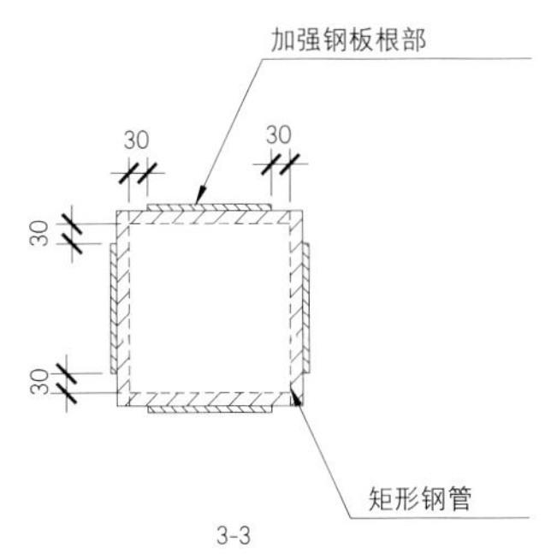

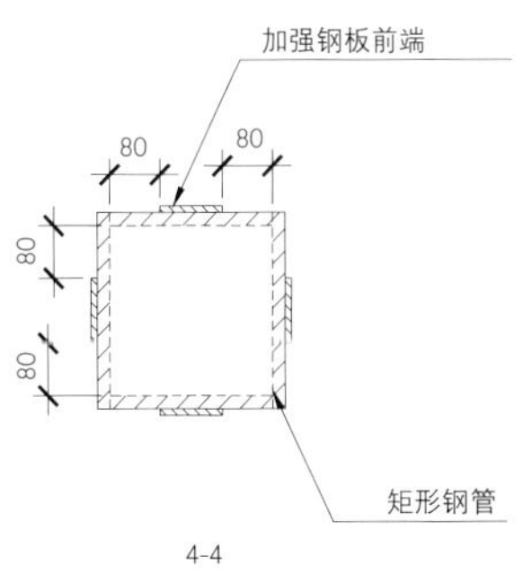

7-44 矩形钢管加强钢板示意

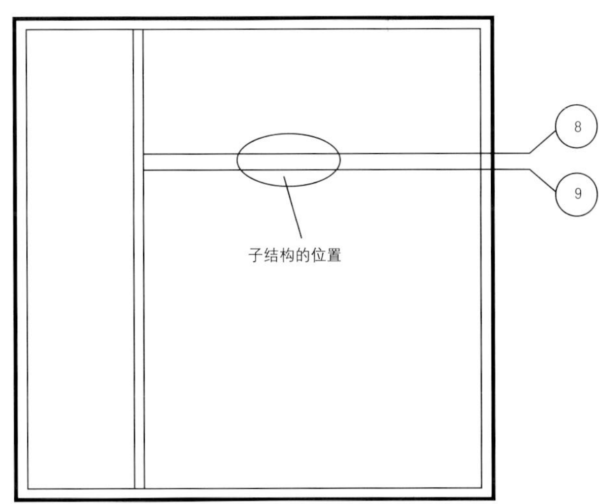

7-45 子结构在实际结构中的平面位置

型、贴板加强型、厚管加强型三类方钢管受弯连接节点的9个试件、由强屈比较小（小于1.2）的钢材加工而成的4个贴板加强方钢管节点以及改进贴板加强的5个方钢管、圆钢管节点进行了低周反复加载试验。试验表明，新的贴板加强方式可有效改善受弯节点的滞回特性和延性，同时可使塑性发展区外移，避免试件根部的焊缝脆性破坏，从而确保多面体空间钢架具有良好的抗震延性性能。

2．贴板加强技术的应用

依据2005年5月9日“国家游泳中心钢管杆端连接加强试验研究”审查会专家意见以及试验研究，采用改进型贴板方式进行杆端加强，加强钢板形状见图7-43、图7-44。

四、子结构模型加载试验

（一）子结构模型

子结构模型的原型结构为“水立方”内墙中受力最大的一部分，其平面位置如图7-45所示。“水立方”内墙的8轴墙

杆件截面和节点尺寸（清华大学） 表7-11

类型	杆件截面、节点尺寸（mm）	类型数
方钢管	60×100×4/4，70×100×4/4，80×100×4/4，100×100×4.5/4.5，100×100×4/4，100×100×5/5，100×100×7/7，117×100×5/5，133×100×6/6，150×100×10/7，150×100×13/10，150×100×13/13，150×100×13/7，150×100×7/7，183×100×13/13	15
圆钢管	76×4，83×5，95×5，114×4，114×5，152×6，152×8，194×6	8
节点	150×4，167×5，183×5，200×6，233×7，267×7，267×17	7

注：方钢管截面为宽×高×翼缘厚/腹板厚，圆钢管截面为直径×壁厚

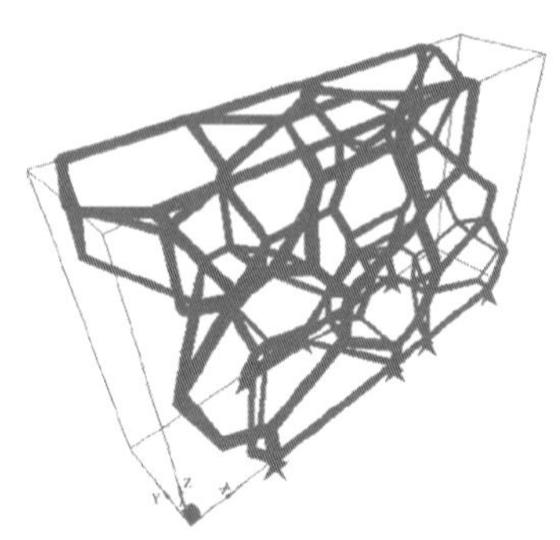

7-46 子结构模型轴测图

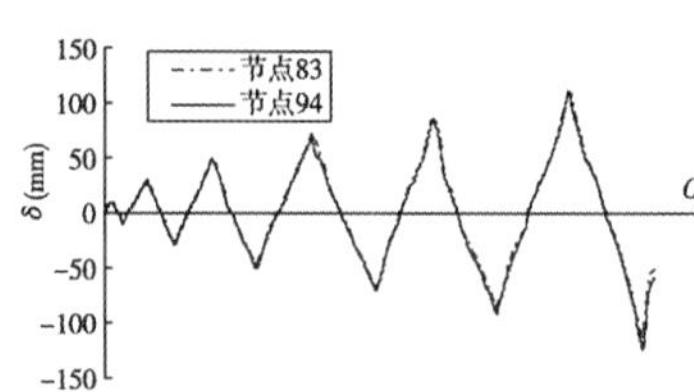

7-48 水平位移加载过程

7-47 子结构模型现场照片

面与跨度较小的屋盖连接，9轴墙面与跨度较大的屋盖连接，2个墙面杆件布置及数量不同，9轴墙面的刚度比8轴大。

子结构模型的几何缩尺比例为1/3，轮廓尺寸为8.841m×1.959m×5.609m（长×宽×高），共97个节点，185根杆件，图7-46为子结构模型轴测图。墙面棱线上的节点采用相贯焊接节点，其余节点采用切去球冠的半球节点，墙内的节点采用球节点，球（半球）节点共7种。杆件有方钢管和圆钢管2种，方钢管用于墙面弦杆，圆钢管用于墙内腹杆，杆件截面类型共23种。杆件截面和节点尺寸列于表7-11。部分杆件端部采用贴板加强，贴板的两侧边及与节点相邻的一边采用角焊缝与杆件和节点连接，远离节点的外边与杆件不焊接，仅在施工时采用点焊固定。杆端焊接贴板的目的是将塑性铰移出杆端，避免杆件与节点连接焊缝发生脆性开裂破坏。钢材采用Q345级钢。子结构模型加工完成后，对焊缝进行了超声探伤，符合二级质量要求，子结构现场照片如图7-47所示。

（二）子结构模型往复水平加载试验

1．加载过程

以加铁块后子结构模型的位置为初始位置施加水平位移，实测的2个千斤顶施加的水平位移δ的过程如图7-48所示，C表示循环数。共往复6个循环，第6个循环时最大位移正向约110mm、反向约120mm。从图7-48中可以看出，实现了预设的2个千斤顶等位移加载。

2．破坏形态

子结构模型的破坏形态可归纳为：杆件局部屈曲和杆件母

材拉断,破坏的杆件主要位于8轴墙面上。除个别杆件外,局部屈曲和母材拉断都发生在贴板以外的部位(图7-49)。贴板起到了转移塑性铰和破坏位置的作用,避免了杆件与节点连接焊缝的破坏。滞回曲线饱满,呈典型的梭形特征,表明结构具有良好的滞回耗能能力。

3．子结构模型往复加载试验验证了新型多面体空间钢架的抗震延性

通过对"水立方"子结构模型在重力荷载和往复水平力作用下的试验,可以得出如下主要结论:

(1) 子结构模型杆件的屈服和破坏始于墙面杆件,随水平力和水平位移的增大,屈服杆件的数量增多、屈服程度增大,结构的屈服和破坏是一个逐步发展的过程,由于结构有很高的冗余度,地震时部分杆件屈服或破坏不会引起结构倒塌。

(2) 子结构模型的杆件屈服、屈曲或断裂发生在加强板以外的位置,没有发生杆件与(半)球节点之间焊缝断裂的情况,加强板起到了将破坏移出连接部位、保护焊缝不破坏的作用。

(3) 子结构模型具有较强的承载能力。施加的水平力达到顶部重量的2倍以上,承载力尚未开始下降。

(4) 子结构模型具有较大的变形能力。顶点水平位移角达到1/43,水平位移仍能增大。

(5) 子结构模型具有良好的滞回耗能能力。其水平力-位移滞回曲线形状饱满,具有典型的梭形特征。

(6) (半)球节点和杆端加强板对子结构模型的弹性刚度和承载力有较大的贡献。

由于子结构模型与子结构的原型近似满足相似关系,因此以上结论适用于"水立方"结构的内墙。

(a) 杆件局部屈曲

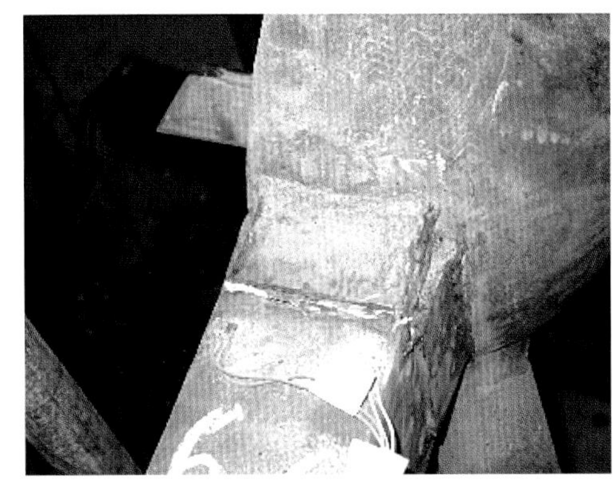

(b) 杆件拉断

7-49 杆件破坏后照片

第八章 暖通空调系统

第一节 系统概况

一、系统设计依据

暖通空调设计是在建筑使用功能已确定的基础上进行的，游泳馆的设计按使用功能不同分为比赛性、训练性、娱乐性等，“水立方”承接的是第29届奥林匹克运动会的水上比赛项目，17000名观众同时观看的此类等级游泳赛事，规格之高、规模之大在中国尚属首次。因此确保参加奥运会赛事的运动员能够充分发挥自身水平，赛场环境是主要因素之一。影响赛事期间赛场环境的因素除了建筑声、光，暖通空调专业要保证的是温度、湿度、气流速度、空气清洁度、噪声等，系统设计要考虑的综合因素是多方面的。

在奥林匹克运动会组织委员会的指导下，按照国际游泳联合会的规定，满足运动员对比赛和训练的要求，为观众和工作人员提供舒适的观看和工作环境，并应符合现行GBJ19—1987《采暖通风与空气调节设计规范》的规定、确定的比赛大厅室内参数见表8-1。

在“水立方”的暖通空调系统中，由于建筑的尺度和使用的特殊性，在调查分析了各有关规范后，在执行方面，尤其是防火设计执行规范的部分坚持了就高不就低的原则，遵照中国现行有关设计规范、规定、规程、通则、以及北京市颁布的建筑设计规范、规定、澳大利亚标准、FINA国际标准等进行暖通空调系统的设计。

二、设计原则

暖通空调系统设计中遵循奥林匹克运动会组织委员会确定的原则，为实现“绿色奥运、科技奥运、人文奥运”三大理念，暖通空调设计采用了被动太阳能加热、结构冷桥分析、大空间CFD模拟、膜夹层空腔通风及自然通风等措施。在空腔通风、自然通风、自然采光、冷凝热回收、显热回收、护城河防冻浅层地表水热能利用、室内空气净化、真空脱气等技术运用实施过程中处处体现对运动员、观众的人文关怀，为运动员和广大观众提供舒适、安全、便捷的比赛和观赛环境。在设计赛时系统时要同时考虑赛后的设计及拆除设备的利用，使得在设计过程中不但要考虑为赛后功能区的设备预留，还要兼顾考虑管线的路由。在处理这个问题时根据当时的赛后方案将暖通空调系统进行了临时区域和永久区域的划分，充分考虑了赛后暖通空调负荷的变化、系统的拆改和再利用，管井内管道位置的预留、临时材料和永久材料的区分也使得勤俭办奥运的理念得以体现。

三、设计内容

“水立方”工程中暖通空调专业内容包括冷冻站、热力站、采暖（包括地板采暖、散热器采暖、空调采暖）、空调、通风、防结露、防排烟、人防、赛时临时区域等的系统设计。

国际泳联要求的室内设计参数 表8-1

房间名称	夏季		冬季		最小新风量 [m³/(h·p)]	气流速度（m/s）
	温度（℃）	相对湿度（%）	温度（℃）	相对湿度（%）		
游泳馆池区	水温+2	70	水温+2	70		≤0.2
游泳馆观众区	26～27	70	22～24	60	20	≤0.5

第二节　围护结构的专业特性

“水立方”设计中的墙体和屋顶为新型多面体钢架钢结构，钢结构钢架内外覆盖ETFE膜充气气枕，总面积达10^5m^2。

“水立方”除了地面、入口等处之外，其余外表都采用了膜结构。外“墙”立面单个气枕采用三层ETFE的膜结构，内“墙”立面单个气枕采用双层ETFE的膜结构，内外气枕有相距3m的空腔，屋顶内、外侧单个气枕均采用了四层ETFE膜结构，内外气枕有相距7m的空腔，空腔内交错着密布的钢结构杆件。“水立方”外围护结构的构成剖面，如图8-1所示。

外层气枕表面还点缀着无数银色的反射斑点，被称为镀点，根据不同的位置采用不同大小和密度的镀点，可以直接影响到气枕的遮阳系数和太阳光的透射比、反射比数值。

这种双层膜的围护结构保温性能良好，其传热系数远远小于普通玻璃幕墙。屋顶单个气枕采用四层ETFE膜结构，双层气枕的综合传热系数K值为0.68W/(m^2·K)，其保温性能比普通保温外墙还要高；立面单个气枕则采用三层ETFE的膜结构，双层气枕的综合传热系数也仅为0.88W/(m^2·K)。其结构示意见图8-2、图8-3。

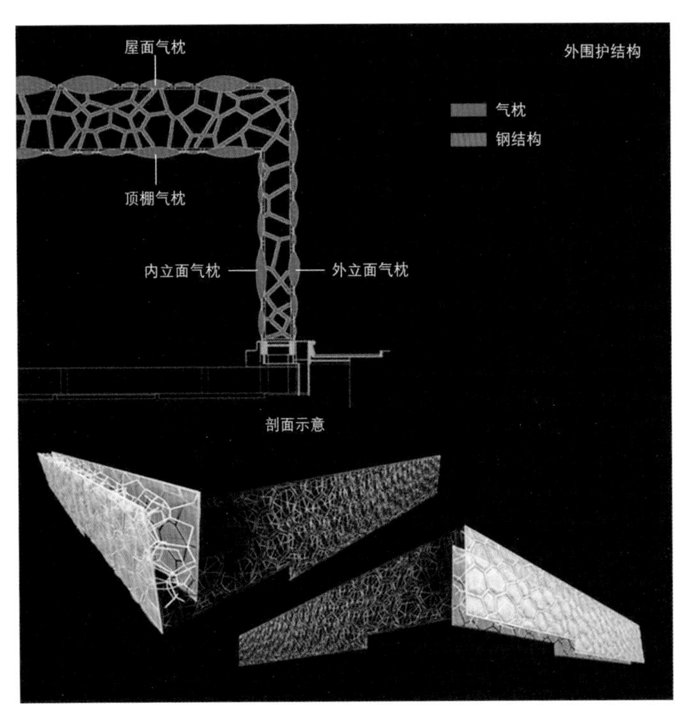

8-1　“水立方”外围护结构剖面示意

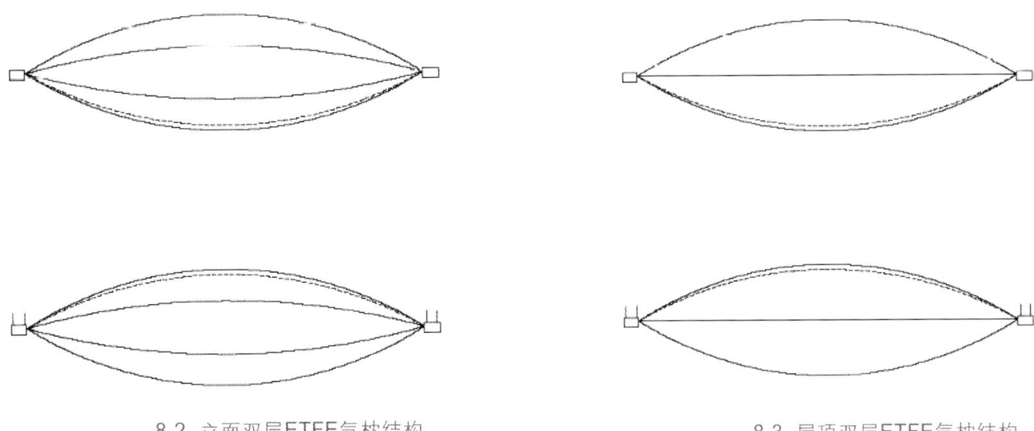
8-2　立面双层ETFE气枕结构

8-3　屋顶双层ETFE气枕结构

太阳辐射可以通过半透明的ETFE气枕进入室内，被室内表面吸收以后通过对流和辐射的方式释放，进而提高室内的温度。在冬季，这部分太阳辐射部分补偿了室内热负荷，同时夜间水池和地面释放出白天蓄热，削减了白天和夜间的负荷差，使供暖系统处于相对稳定的运行状态，提高了供暖系统的运行效率，既延长了系统的使用寿命，又减少了采暖能耗。冬季典型日照示意见图8-4。

以对嬉水大厅的具体分析为例，虽然透过ETFE气枕的太阳辐射增加了夏季的冷负荷，但是由于嬉水大厅全年供冷时间较短，因此由阳光透过透明材料增加的太阳辐射量导致的夏季冷负荷的增加累计量要小于冬季热负荷的减少累计量。从对全年的负荷影响来说，与参照建筑相比，采用ETFE材料降低了室内暖通空调负荷。全年累计增加冷负荷约322.95 MW·h，但同时可以累计降低热负荷约610.76 MW·h。将累计冷、热负荷统计为耗电量，假设采用的是水冷机组＋燃煤锅炉系统，则累计冷负荷转化为制冷机耗电量为58.95MW·h，累计热负荷的当量耗电量为287.93MW·h。因此全年嬉水大厅通过水池和地面的蓄热可以节约耗电当量约228.98MW·h。与参照建筑相比，节省能耗17% 具体见表8-2。

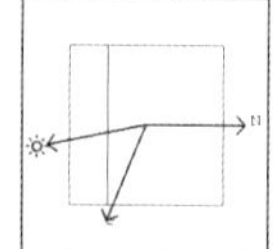

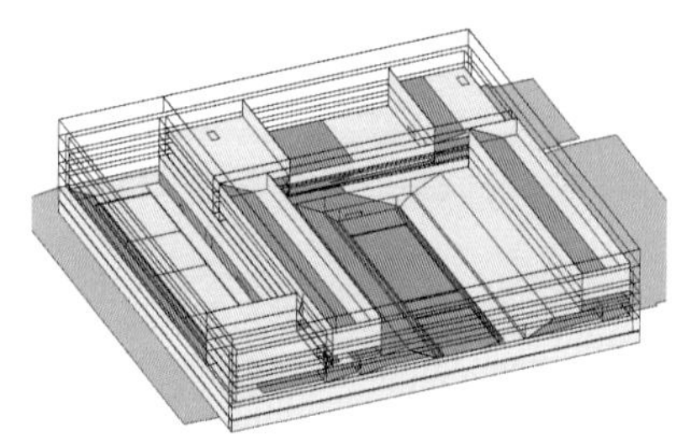

8-4 冬季典型日照示意

透明ETFE材料对嬉水大厅冷、热负荷的影响　　表8-2

	累计冷负荷(MW·h)	累计热负荷(MW·h)
不透明墙体	220.84	2760.44
半透明ETFE墙体	543.79	2149.68
负荷差	−322.95	610.76
节约耗电量(MW·h)	−58.95	287.93

第三节　专业设计特点

由于特殊的建筑外围护结构以及建筑功能和美观的要求，在暖通空调设计过程中要解决膜的热工性能、防结露、大空间气流组织、进排风口部、冷却塔设置、材料防腐、节能降耗的实施等七大问题，落实相应的解决方案。

一、 膜的热工性能及防结露

（一）结露原因

游泳馆内屋顶结露不仅仅对室内活动人员产生不良感觉，更重要的是对长期处于潮湿腐蚀环境中的屋顶结构产生腐蚀，影响安全及使用寿命。“水立方”从设计的一开始就注意到游泳馆的特殊性，从多个角度考虑防结露的策略并针对结露的原因进行了专门的分析。由于泳池内池水蒸发使泳池大厅始终处于高温高湿的环境下，室内常年设计温度在28～30℃之间，相对湿度规范要求小于等于75%，两者都高于普通舒适性空调设计参数。普通舒适性空调的室内空气含湿量在11g/kg左右，而游泳馆室内则处在16g/kg以上。当室外的温度下降，围护结构的内表面低于露点温度就容易结露。

（二）防结露措施

在理论上，控制相对湿度、提高内表面温度是解决结露的最根本的方法，游泳馆内水蒸气的蒸发无时无刻不在进行着，即使保证室内温度，不进行除湿，在一定条件下仍会结露。而在过渡季和冬季，对室内进行除湿就要开启空调，加热室外干燥空气。即使空调系统设计完善，如果在运营时不能实施开启，也将导致游泳馆内的结露。为了适应国内运营管理实情，设计者应考虑在不开空调的情况下防结露的措施。

1. 围护结构分析

“水立方”建筑的围护结构采用双层ETFE气枕的结构，气枕的金属连接件最易发生结露，对其进行断热处理，辅助传热模拟软件，计算分析各种类型连接点的温度分布情况，并基于计算结果进行保温层的设计，从而确保彻底阻断结构冷桥的存在，将连接构件的结露风险降至最低。连接构件二维传热分析见图8-5。

2．气流组织设计

结合国内外成功经验，合理设计空调系统，合理设计游泳池和嬉水池的大空间气流组织，合理布置送风、回风和排风口，尽量避免出现送/回风死区，保证上部空间气流的换气次数。水立方在比赛大厅屋顶的临时看台吊顶上部布置了四个专门的防结露系统，系统机组放在大厅四角的核心筒上，将室内循环风加热后吹向屋顶（图8-6、图8-7），打乱聚集在大厅最上部水蒸气及局部冷空气，防止屋顶内表面结露。在冬季或过渡季夜晚，空调系统关闭，当紧贴内层屋顶的温湿度传感器测得的内表面温度高于计算出的当时室内露点温度1℃时，风机开启防止结露发生。对于围护结构立面的防结露，也采取了相应措施，空调系统的送风口布置在立面附近，冬季送热风提高内表面温度防止结露。

3．管理因素

游泳馆的防结露还需要运行人员的正确操作和控制系统的合理运行以及多个环节的密切配合才能取得理想的效果。同时也应考虑夜间将池水覆盖，以减少池水夜间的蒸发量，从源头上降低结露的可能。

二、大空间气流组织设计

“水立方”工程主要功能区为大空间，比赛大厅层高较高，在赛时容纳人数多达17000人，而比赛区域和座椅区域要求的温、湿度参数不一样，空调的设计难度高。嬉水大厅不仅体积大层高高，池水水体和水面面积也最大，它的ETFE外围护结构面积也是最大的，其空调设计有很高的难度，空调负荷的计算、节能以及气流组织也成为业内关注的焦点。

（一）空调负荷

在负荷计算中“水立方”大空间利用了“分层、分区空调”的理念，在详细计算泳池大厅及嬉水大厅空调设计负荷的前提下，为保证设计的正确性，特别是确保空调送、回风方式的合理性，保证泳池大厅和观众区的温度场和风速场符合国际泳联和奥林匹克运动会组织委员会的要求，设计应用了计算流体力学（CFD）的工具，进行计算机模拟研究和分析。

（二）气流组织

根据现有设计的空调送风量、空调气流组织分布形式，

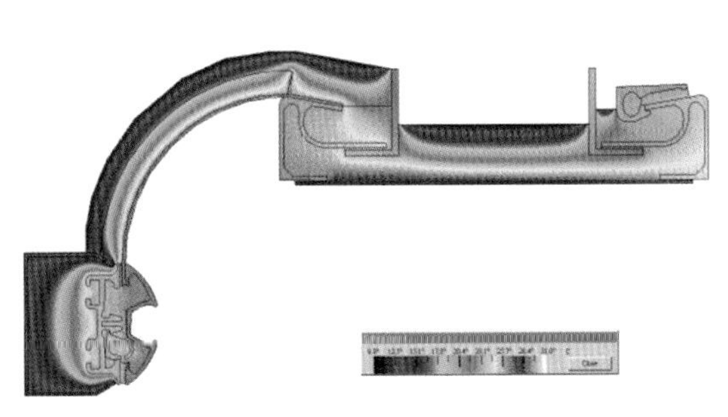

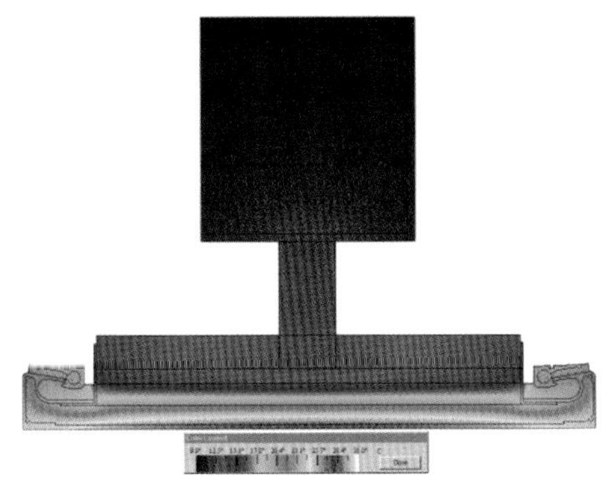

8-5 连接构件二维传热分析（VFY）

8-6 屋顶防结露喷口

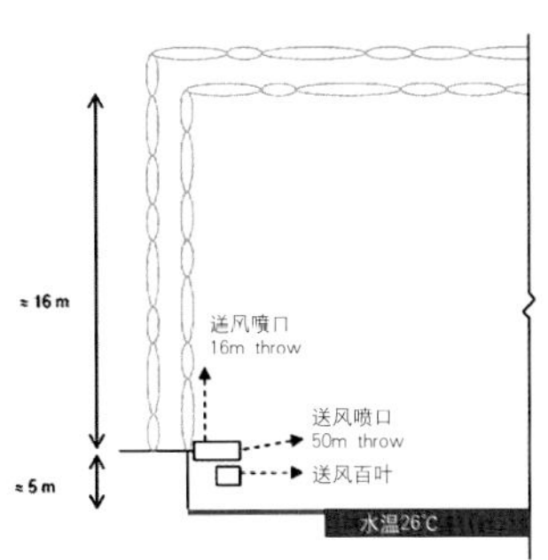

8-7 比赛大厅东侧空调送风防结露示意

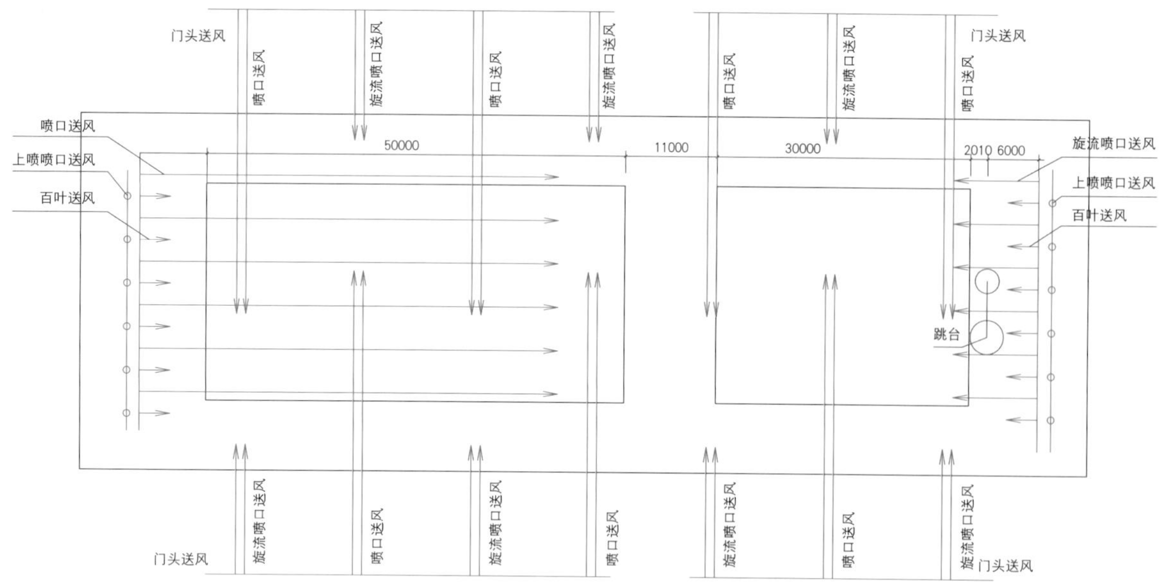

8-8 比赛大厅池区送风示意图

模拟嬉水大厅设计工况下的室内温度场、湿度场和速度场。通过以上研究，指导、优化和验证了暖通空调设计，确保各项室内环境参数符合比赛要求，为室内人员提供一个舒适的空间，同时也最大程度地实现了节能目的。

1．比赛大厅池区

比赛大厅是由四台显热回收型空调机组负担，根据不同季节调节新回风比。在需要快速空调及夜间防结露运行时，打开回风阀同时关闭新风阀，节约能耗及运行费用。

池区送风是从东西两端泡泡墙下由喷口及条缝百叶风口、固定座椅区观众入口门头的旋流风口和喷口送出，回风的25%由池岸，75%由南北池岸的回风柱回风，屋顶设置排风机进行排风。图8-8为比赛池厅气流组织分布示意图，图8-9为比赛池厅CFD模型及温度场模拟。图8-10、图8-11、图8-12、图8-13为比赛大厅风口实景。

2．比赛大厅观众区

观众座椅送风为观众提供舒适的微环境，固定座椅观众区送风由座椅下保温静压箱经座椅后侧的旋流风口送风，回

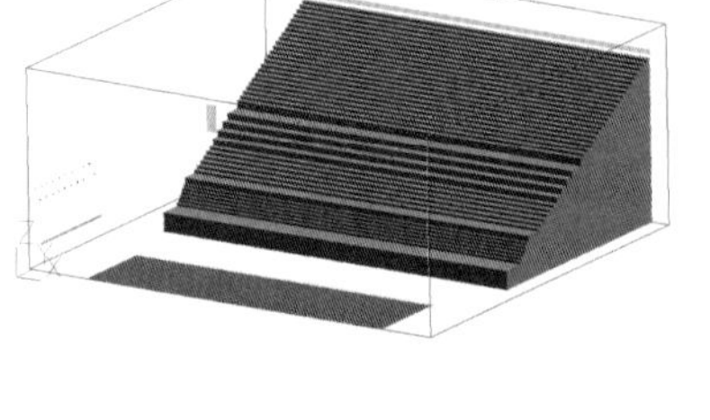

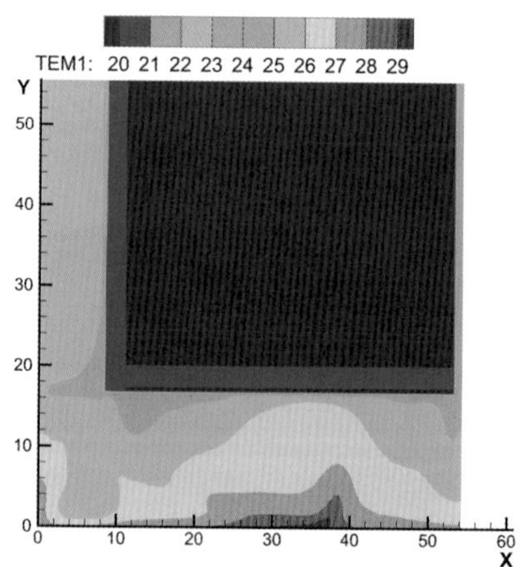

8-9 比赛大厅CFD模型及温度场模拟

8-10 比赛大厅

8-11 游泳池送风喷口、百叶

8-12 跳水池送风喷口、百叶

8-13 门头送风旋流喷口

风由位于座椅东西两端楼梯竖井的百叶回风。临时座椅观众区下部区域采用全新风系统由送风管道经座椅下侧的旋流风口送风，上部区域采用处理过的全新风与座椅下吊装的回风机的部分回风混合后经座椅下侧的旋流风口送风，屋顶排风机排风。图8-14为座椅送风气流组织模拟。观众区送回风及排风口实景见图8-15～图8-17。

3．热身池大厅

热身池大厅用于运动员比赛前的热身训练，环境要求和比赛大厅相同，空调采用条缝送风口在大厅西侧送风（图8-18），回风位于大厅东侧的南、北端（图8-19），在大厅东侧区域设置了风机盘管。图8-20为训练池、热身池回风口。

4．嬉水大厅

赛后建造的嬉水大厅为大众休闲娱乐场所，赛时作为展区，为兼顾赛时赛后功能，空调送风管道沿泡泡墙下布置，喷口送风，回风百叶设置在大厅内的两个核心筒立柱的半高空位置，屋顶排风。图8-21是嬉水大厅气流组织模拟。

5．泡泡吧

泡泡吧是“水立方”中很奇特的一个功能场所（图8-22），四周被不规则的三维连接的泡泡所包围，冬夏季太阳辐射强度均高出一般建筑，在空调系统的设计里，采用了房间内核心筒上部的喷口送风、地板回风的方式，同时在房间周边辅以立式明装风机盘管。

6．网球场

赛后网球场在赛时的功能是志愿者活动区、反恐执勤人员的工作场所，气流组织为场地两端高处喷口送风两端吊顶下回风。其气流组织CFD模拟的温度场及流速场见图8-23。

三、进排风口部处理及机房噪声问题

“水立方”是一个封闭的方盒子，从任何角度来讲为了满足总体美观要求以及本专业的通风需求，进排风口部的设置成了一大难题。由于比赛层位于地下一层，而其他各层的功能面积需求紧张，空调机房只能集中设置在建筑物地下二层的周边，进排风口间距需要保证，而机房无法靠近功能区域布置，使所有送回风管道需集中输配到8个赛时使用的核心筒，供到各层的功能区，管线集中交错，给机房的设计和施工均带来意想不到的难度，在和建设单位的共同努力下，较好地解决了管线综合中的困难，既保证了标高要求又达到了整齐美观的效果。地下二层管道布置见图8-24。

（一）地下二层机房进排风口

在“水立方”护城河和立面围护结构的交接处地面上开启了通长的进风和排风格栅，新风通过这些开口由土建竖井

8-14 座椅送风气流组织模拟

8-15 固定座椅送风口

8-16 临时座椅送风口

8-17 屋顶排风排烟管道风口

8-18 热身池大厅全景

8-19 热身池大厅回风百叶1

8-20 热身池大厅回风百叶2

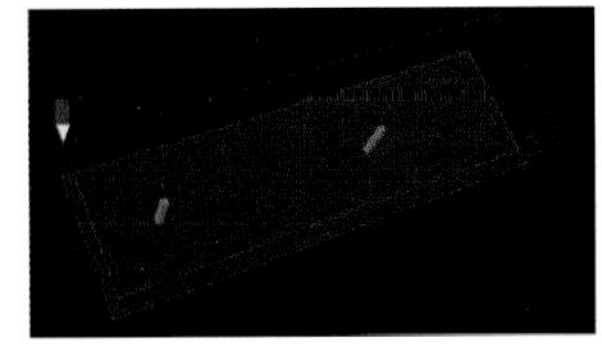

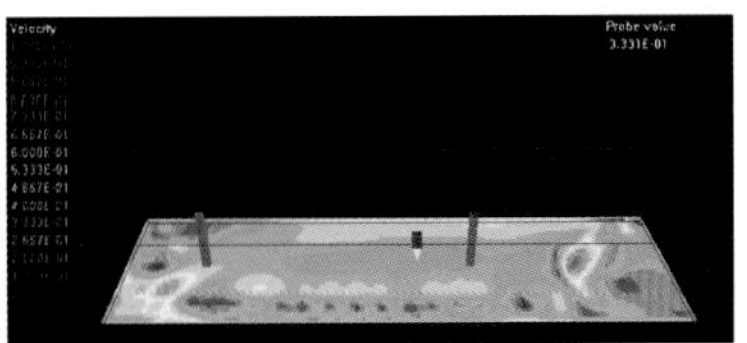

8-21 嬉水大厅CFD模型及流速场模拟

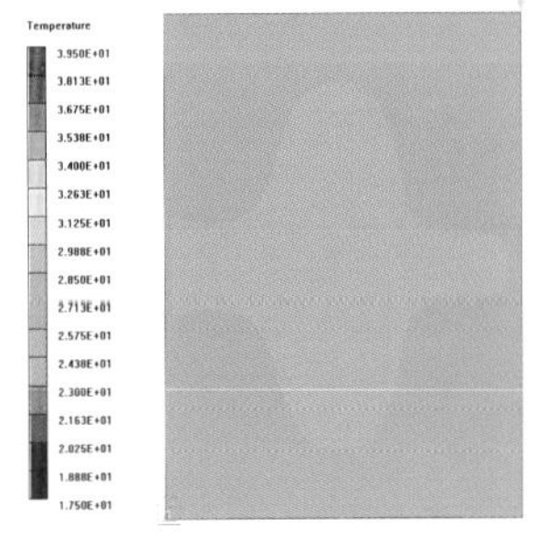

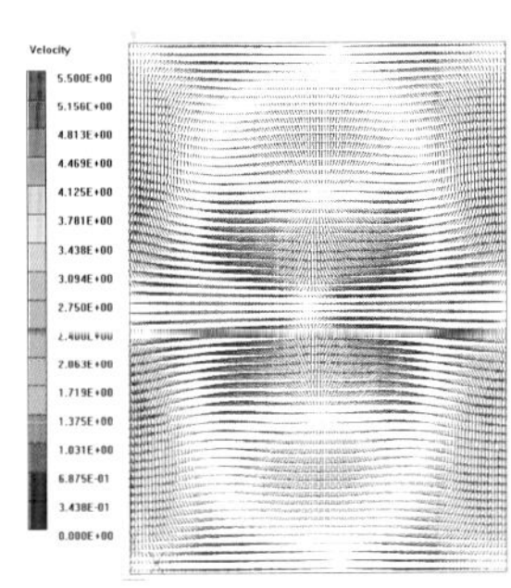

8-23 网球场温度场及流速场模拟

8-22 泡泡吧内景

8-24 地下二层管道布置

8-25 地面进排风格栅

8-26 屋顶排风口

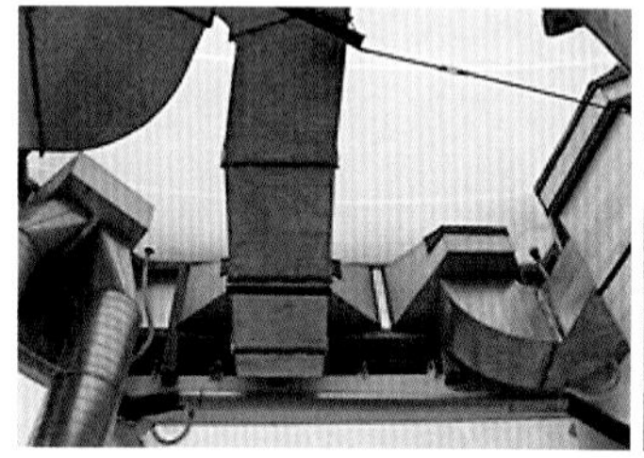

8-27 屋顶排风口内部管道

8-28 冷却塔进风百叶

引入到地下二层的机房，排风也从不同的开口排出，为满足卫生要求，在保证新风入口和排风出口的间距的同时，建筑也采取了土建新排风竖井隔墙的防漏风措施。护城河边的地面格栅见图8-25。

（二）屋顶排风排烟口

“水立方”的地下二层的排风都从如上所述的地面格栅排出，而上部空间的排风排烟的出路如果拉到地下排出显然是不合理的，由于结构专业要求屋顶空腔内不允许有动荷载，使排风设备集中设置在赛时使用的8个核心筒上部夹层机房内，地下一层以上的排风排烟出口从屋顶机房集中解决，造成有限面积中的大量的管线交错及运行噪声问题。设计在投标设备确认后的深化设计中将有限的空间充分利用，在消声量核算过程中想尽一切办法在保证安全运行的情况下满足了噪声要求。考虑排烟温度、不同季节主导风向等综合因素对建筑整体效果的影响，采取了核心筒顶部局部泡泡高出屋面在侧部开启排风排烟口的方式解决了内部排风排烟问题。

屋顶排风口见图8-26，屋顶排风口内部管道见图8-27。

四、冷却塔的设置

“水立方”的屋顶无法放置冷却塔设备，为了满足室外设备高度与景观的协调要求，最后实施的中标后的冷却塔方案为设置在南广场的半地下，塔顶高出地面2m，使设备选型及运行成为一大难题。经过计算机流体力学模拟分析，配合景观设计的立面围护遮挡的要求，及时调整冷却塔的型号台数和周边环境参数，已满足奥运比赛时的运行要求。冷却塔的安装进风百叶见图8-28；冷却塔温度场分布见图8-29。

五、材料的防腐

泳池环境呈弱酸/弱碱性，除正常空气的成分外，还会有少量O_3、化合氯等，泳池空气温度在22～35℃之间变化，相对湿度在40%～90%之间变化，高温高湿高氯的空气对风管及空调机组有强烈的腐蚀作用，大大减少了其使用寿命。为此在风管的材质选择及涂层的设置、空调机组的箱体及各功能段必须有相应的防腐蚀措施。

泳池风系统的风管采用高耐候聚酯涂料（HOP）彩钢板以达到防腐要求，对其基板、涂层结构及加工处理方式都有相应的要求；针对空调机组在泳池环境中的严重腐蚀现象，从空调机组的箱体、过滤段支撑架、盘管段及电机位置等方面采取了一系列的防腐措施，从而解决了腐蚀的问题。泳池大厅保温前的防腐送风道见图8-30。

六、节能降耗的进一步体现

为遵循奥林匹克运动会组织委员会的设计原则，在空调设计中采用了以下措施满足节能要求。

（一）冷凝热回收

“水立方”共设置了四台冷水机组，其中一台采用小型冷凝热回收型冷水机组将冷凝热用于生活热水的预热及嬉水池池水加热，同时空调冷却水得到冷却。

（二）显热回收

为比赛大厅、热身池大厅、嬉水大厅、俱乐部池厅等常年高温高湿区域服务的空调机组采用了低温热管式显热回

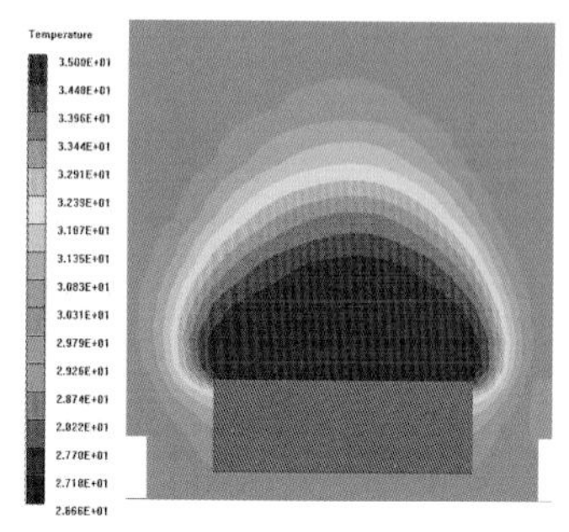

8-29 冷却塔温度场分布

8-30 泳池大厅防腐送风道（保温前）

收空调机组，回收排放的余热，预热新风，热回收机组见图8-31。

（三）内区制冷

"水立方"比赛层的地下一层大部分区域为内区，在赛后网球场的南北小楼也存在着冬季消除冷负荷的需求，在冬季利用室外新风为内区提供免费冷源。为保证室内舒适性，将室外新风加热加湿到设定的温度后送入室内，既保证了室内对新风的需求，又起到了冷却内区的作用，避免了冷机在冬季时开启运行增加能耗和运行费用。内区风机盘管冬季供热起到不同区域根据不同需求的调节作用。

（四）自然通风

在全年相当长的一段时间内，室内采用自然通风不仅可以满足室内环境对新风的需求，而且可以补偿部分或全部室内热湿负荷，创造与室外互动的自然生态环境。嬉水大厅和比赛大厅两个高大的空间及训练池厅为自然通风的采用创造了条件。根据计算机模拟的结果得出，嬉水大厅在过渡季节和夏季的大部分时间都可以采用自然通风来满足对室内热湿环境的要求。在具备自然通风条件的区域，在地下一层训练池区通过窗井内的开启外窗实现自然进风，比赛大厅和嬉水大厅的自然进风在获得建筑专业和甲方支持的情况下，解决了在双层泡泡墙下开启通风百叶的难题，这样的百叶不但要解决夏季自然进风的问题更重要的是要解决冬季冷风侵入的问题，在与幕墙中标方的多次协调后采取了气动保温门的做法，满足了冬夏季的使用要求。图8-32为自然通风示意，图8-33为西、南立面自然进风外百叶，图8-34为东立面自然进风内百叶。

采用自然通风的运行模式，相对于不采用自然通风，嬉水大厅全年可以降低空调冷负荷累计约369.94MW·h，减少空调系统耗电量约94.97MW·h（扣除了屋顶排风机的耗电量）；比赛大厅在过渡季节和整个夏季基本上都可以采用自然通风就可以满足室内热湿环境的需要而不需要空调制冷（赛后模式且观众席无人的状况下），在采用自然通风的状态下比赛大厅全年可以降低空调冷负荷累计约282.21MW·h，减少空调系统耗电量约79.90MW·h（扣除了屋顶排风机的耗电量）。

8-31 热回收机组

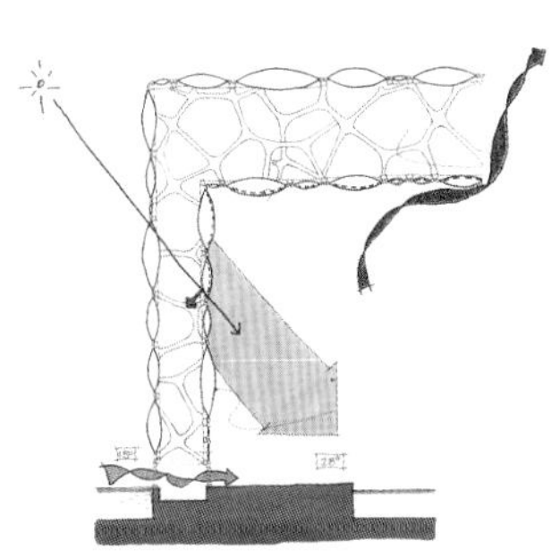

8-32 自然通风示意

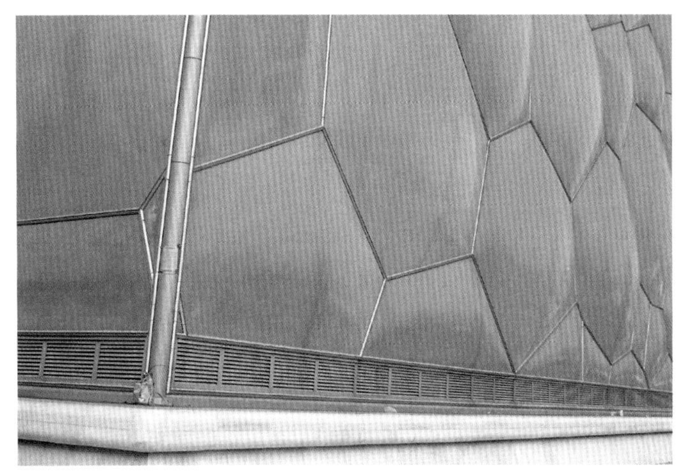

8-33 西、南立面自然进风外百叶

8-34 东立面自然进风内百叶

8-35 屋顶空腔通风进风口

（五）空腔通风

在夏季或者是太阳辐射较强的过渡季节，由于膜结构有着较好的太阳光透过特性，在两个膜层间很容易形成温室效应，导致空腔内温度极高，利用空腔通风可以减少夏季高峰时段的得热量，明显地降低整个建筑的夏季冷负荷。在屋顶空腔温度为40℃时开启空腔排风机，排风量为原设计排风量的2/3的通风模式作为空腔通风的运行模式，此时空调系统全年用电量低于全通风模式下空调系统的用电量。屋顶空腔通风进风口见图8-35，2007年8月测得屋顶空腔原始温度61.2℃，测温实况见图8-36。

冬季将空腔封闭以保持热量，同时光线可以照射进来。空腔通风利用屋顶排烟风机，进风口位于泡泡墙下，每个进风口装铅丝网及电动密闭风阀。空腔通风系统示意见图8-37。

在空腔通风风机开启模式下，最大可以降低建筑冷负荷13.4%，约1089kW，同时减少建筑物整个夏季的累计耗冷量约1491MW·h。两种不同模式的建筑冷热负荷对比见表8-3。

8-36 测屋顶空腔温度

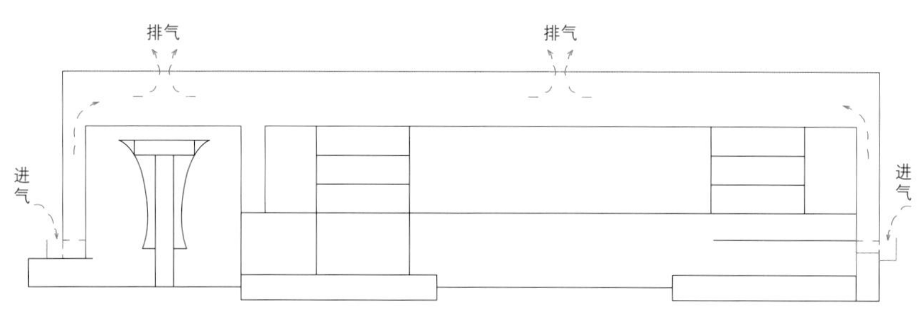

8-37 空腔通风系统示意

两种模式下建筑冷热负荷对比　　表8-3

	最大冷负荷（kW）	累计冷负荷（MW·h）	最大热负荷（kW）	累计热负荷（MW·h）
通风模式	7022.21	5919.73	7321.95	7647.66
不通风模式	8111.51	7411.57	7321.95	7647.66
负荷差	1089.3	1491.84	0	0

第四节　系统介绍

“水立方”的主要空调设备均位于地下二层机房，空调风及水由分布于不同位置的核心筒竖井输送到各功能区，机房及管道井的分布见图8-38。

一、冷热源和水系统

（一）冷源

国家游泳中心冷冻站位于地下二层中部，共设置3台单机制冷量800RT的离心式冷水机组及1台400RT热回收型冷水机组，供整个建筑物冷冻水，冷冻机房局部见图8-39，水泵机组见图8-40。3组700t/h共6台冷却塔位于建筑物外南广场西南半地下。

在冷机的选型及机组的匹配过程中，经过对赛时赛后两种运行工况的预想分析确定了选型方案。采用了大温差冷冻水供水方式，冷冻水供回水温度5.6℃/13.6℃，用于冷却塔排放的冷却水供回水温度37℃/32℃，用于热回收的冷凝热供回水温度为40℃/32℃，热回收型冷水机组的冷凝热用于生活热水的预热及嬉水池池水加热，冷却水先经热回收管路，当回水温度高于32℃时，再由另设的冷却水泵送至冷却塔将多余热量散出。

在过渡季，可根据需求开启一台冷水机组为内区制冷，冷凝热则回收利用。

冬季是同时通过冬夏阀门切换将市政热网换热后的二次热水引入冷冻站分集水器，为整个建筑物供热。冬季可通过将室外新风预热后直接送入内区的运行方式消除内区余热。冷冻站流程见图8-41。

（二）冷水系统

冷冻站为定流量冷水系统，空调末端冷水系统为一次泵变流量系统，冷冻水由一一对应的水泵汇入分水器，分别送达7个集中的空调机房及风机盘管干线。

为过渡季内区输送的冷冻水管路单独设置，阀门切换，可在外区供暖的同时为内区提供冷冻水。

（三）热源

国家游泳中心热源为市政热网供给，换热站位于地下二层西部。室外市政热网由建筑物西侧进入室内热力站。二次水供暖分三个系统：散热器系统、空调风机盘管地板采暖防结露系统、水及池水加热（全年）空调再热（夏季）热水系统。

8-39 冷冻机房局部

8-40 冷冻机房水泵

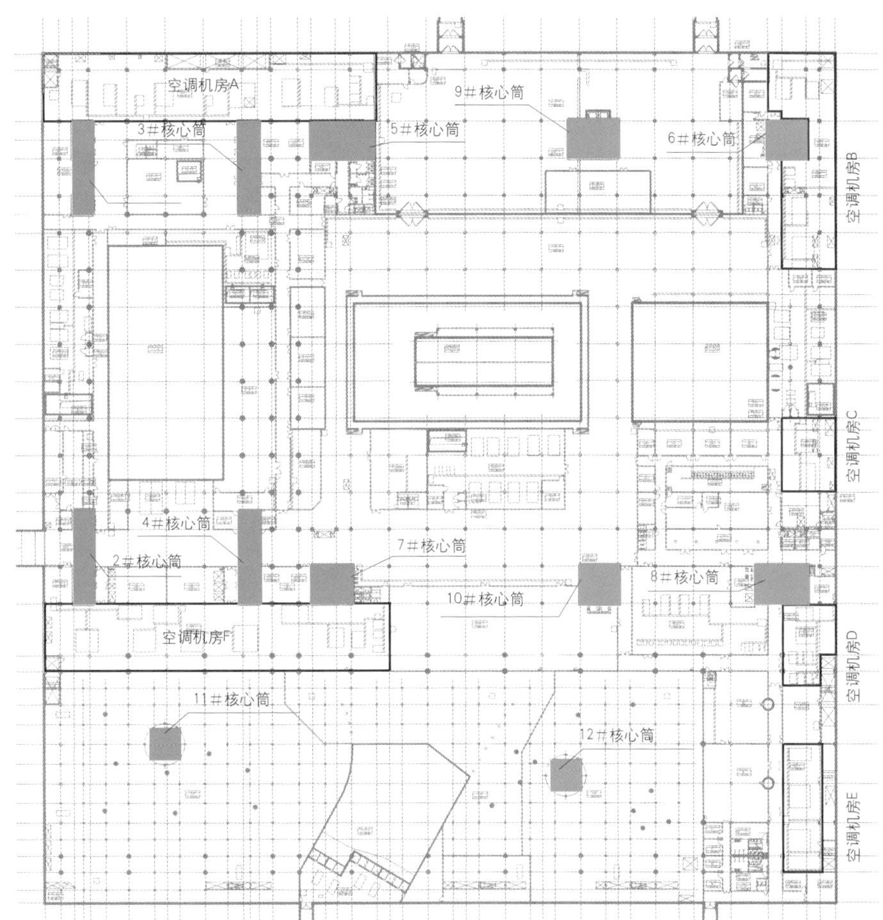

8-38 机房及管道井分布

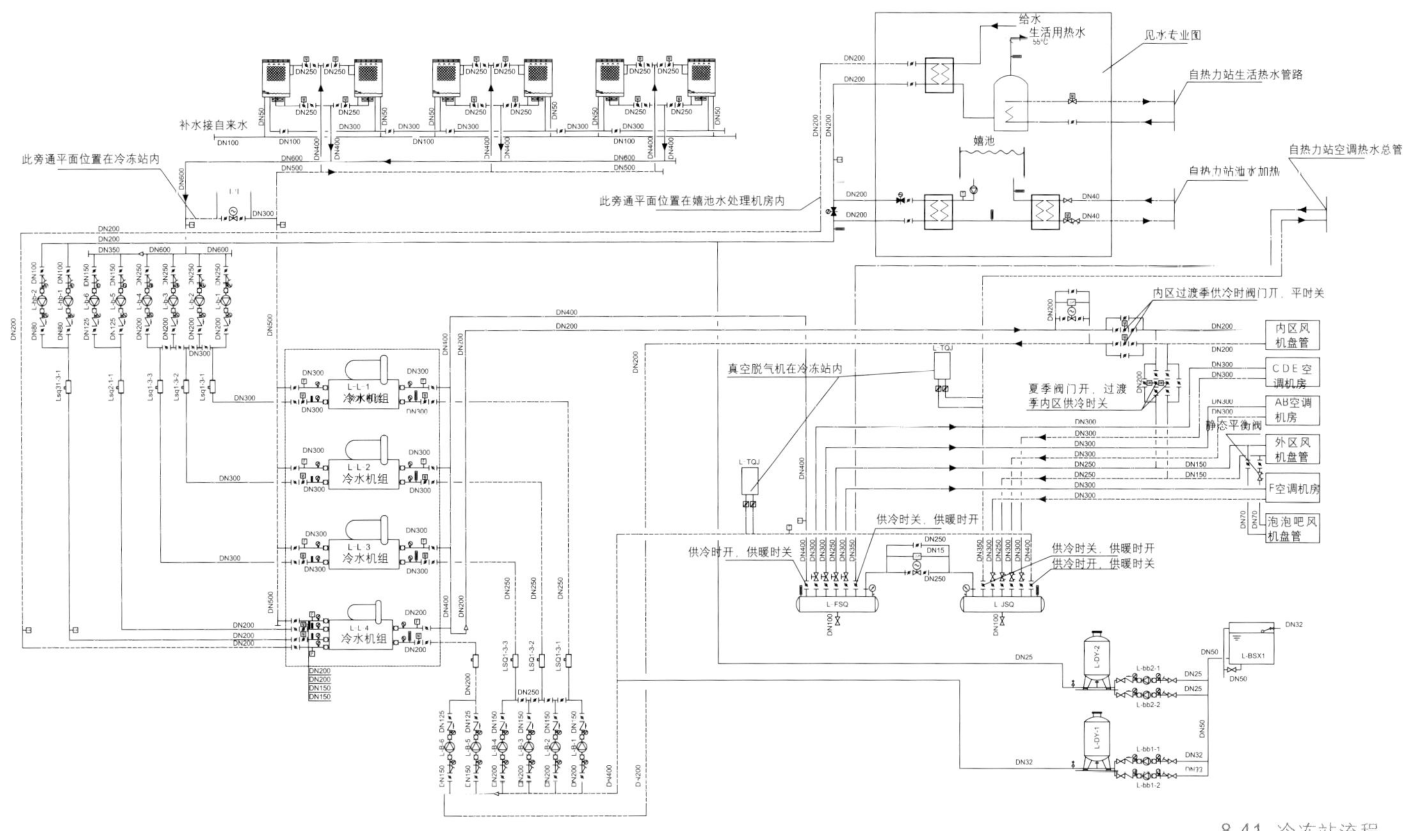

8-41 冷冻站流程

（四）热水系统

1．空调热水系统

由热力站供空调二次水干线至冷冻站分集水器，供给建筑物空调机组风机盘管空调热水。

2．散热器采暖热水

赛后比赛大厅、训练池厅、俱乐部泳池厅等区域设置散热器采暖，以降低运行费用。

由热力站分集水器至各区域散热器系统。

3．地板采暖热水

所有泳池池岸、热身池与比赛池通道、游泳人员的更衣间、卫生间等区域地板，均敷设了地板采暖，地板采暖分集水器供给各区域热水。

二、空调通风系统

（一）集中空调系统

在大空间如比赛大厅、热身池大厅和训练池大厅、赛后俱乐部游泳池会所、赛后网球场、泡泡吧等区域采用的是全空气系统；在赛时贵宾和新闻媒体公共走道及办公室，零售点和特定区、赛后俱乐部和俱乐部健身房、商业街及休息厅等区域采用的是风机盘管加新风系统。

整个比赛大厅分为运动员区和观众区，这两个区域对舒适度的要求不同，因此所采用的气流组织形式也不同。运动员区包括游泳池、跳水池及池边区域，对气流速度的要求很高，一般不大于0.2m/s。基于此在东西两端的泡泡墙下设置了喷口及条缝百叶送风口，并在南北两侧的观众入口处的门头设置了喷口及旋流喷口。门头送风的喷口与旋流喷口相隔设置，既满足了运动员区的送风量要求，又保证了风速的要求。另外，位于东西两侧的上送风喷口在夏季赛时，可以有效地消除记分牌处的热量，保证记分牌的正常工作；在冬季，可以加热两侧的立面墙体，尤其是东侧的泡泡墙，有效地防止结露。回风分两部分，一部分从池岸回到地下机房，另一部分从南北两侧的回风柱通过管道回到地下室机房。

观众区分为固定座椅区和临时座椅区，其中固定座椅的数量约占座椅总数的35%。固定座椅处是混凝土结构，其下部做成保温静压箱，为座椅处的风口提供送风量；固定座椅采用座椅送风的形式，风口安装在座椅的后侧，为带均流板的旋流风口，有效地防止了送风不均的问题。临时座椅处考虑赛后可回收利用，采用了钢结构，没有可以利用的送风静压箱，采用送风管道通过安装在座椅下部的旋流风口送出，满足人员舒适要求。

内区和外区的风机盘管系统全部采用两管制。外区的风机盘管系统夏季制冷，冬季供暖。内区风机盘管夏季由冷冻站集中供冷，过渡季由热回收冷水机组独立管路供冷，冬季利用新风机组将室外冷空气预热送入消除内区冷负荷； 同时冬季内区风机盘管可供给空调热水，根据不同需求调节内区室内温度。风机盘管的形式因不同的功能房间而不同，大部分为卧式暗装形式，在局部区域有立式明装和卧式明装的风机盘管，如北侧休息厅处，卧式明装风机盘管安装在临时卫生间的上部，侧送风给休息厅用，见图8-45。在商业街等处用了高静压的风机盘管，满足送风需求。图8-42、图8-43、图8-44为公共区域风口实景图。

8-42 比赛大厅至热身池过道风口

8-43 东南入口大厅风口

8-44 观众入口大厅内区风口

8-45 临时区域明装风机盘管

（二）分体空调

在数据网络机房、固定通信设备机房、有线电视机房、消防指挥控制中心等24h空调运营的区域，设置了恒温恒湿机或分体空调机。分体机室外机位于地下车库。系统的自动控制如下：

（1）冷源系统控制：空调水系统采用一次泵变流量系统，在分集水器间安装压差旁通装置保证系统工作压力及冷水机组定流量运行。

①冷水机组采用集控器，自控系统根据负荷侧供回水温度及流量控制冷水机组启停台数。

②热回收型冷水机组的控制为当生活热水回收热交换器的出水温度大于32℃时，通过嬉水池热回收管路上的电动调节阀动作使冷却水回水达32℃，当大于32℃时开冷却水泵至冷却塔散热。

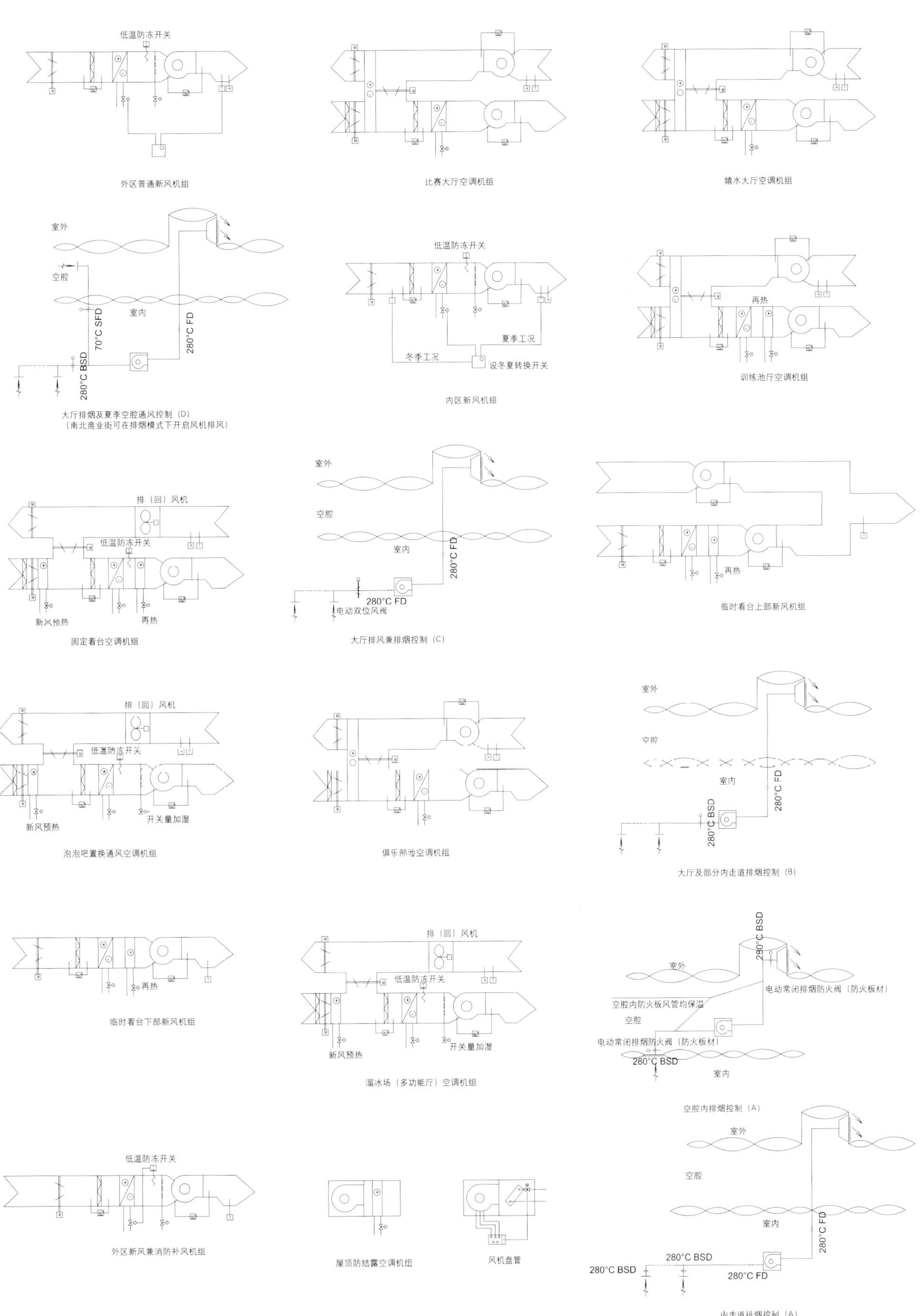

8-46 空调通风典型模式控制系统原理

8-47 淋浴间排风口

③备用水泵人工开启关闭阀门，冷却塔、冷冻机和泵的开启顺序将每周自动重新制定。

④冷冻水补水泵根据设定值低压启泵、高压停泵。冷凝水回收泵根据设定值低压启泵、高压停泵。

⑤冷却塔风机采用变频控制，使风量随主机负荷及环境温度变化自动调节，节约运行费。

（2）末端系统控制：空调通风自控系统并入楼宇自控系统，控制终端设在B2层中央监控室。自控系统控制制冷空调通风设备运行，调整空调水系统运行参数，显示记录和打印室内外空气状态参数，冷水机组进出水温，监控设备运行状态及事故报警等。

（3）空调机组控制：表冷器（冷热共享盘管）回水管上均安装电动双通调节阀，通过调节水量控制所需温度。

①比赛大厅空调机组的控制及运行要求：比赛大厅回风管设温度传感器、湿度传感器，新排风口设电动调节风阀，机组内设回风电动调节风阀、过滤器压差报警探头阻塞报警、电动双通调节阀，送、排（回）风机就地及远程启停、状态显示和事故报警。

a.夏季比赛时，空调机组以最小新风比运行，坐席有观众时送风，当观众不多时可按空调系统集中售票，减少空调机组的开启台数，夏季无比赛时，空调机组以全新风方式运行，当室内闷热时，开启空调机组间歇制，此时只控制室内温度，空调机组以最小新回风比运行。

b.过渡季比赛时，空调机组根据室外焓值调节新回风比，坐席送风方式与夏季相同，过渡季无比赛时，以全新风方式运行，当室内闷热时，开启空调机组间歇制冷，此时只控制室内含湿量。

c.冬季比赛时，空调机组根据室外含湿量以合适新回风比运行，坐席送风方式与夏季相同。冬季无比赛时，空调机组部分开启，此时只控制室内温度。当布置在屋顶内表面的最不利测点温度高于室内露点温度2°C时开启屋顶防结露空调机，高于3°C时停机；当最不利测点温度继续下降了1°C时，再开启B2空调机组以喷口上送方式全新风运行。

②嬉水大厅空调系统控制及运行要求：

a.夏季时空调机组以全新风运行，当室内闷热时，开启空调机组间歇制冷，此时只控制室内温度。空调机组以最小新风比运行。

b.过渡季时，空调机以全新风方式运行，当室内闷热时，开启空调机组间歇制冷，此时只控制室内含湿量。空调机组根据室外焓值调节新回风比。

c.冬季时，空调机组以合适新回风比运行，此时只控制室内温度。当布置在屋顶内表面的最不利测点温度高于室内露点温度2°C时开启屋顶防结露空调机，高于3°C时停机，当最不利测点温度继续下降了1°C时，再开启B2空调机组以喷口上送方式全新风运行。

③其他一次回风双风机空调机组控制：回风管设温度传感器、湿度传感器，用回风温度控制电动双通阀达到回风温度一致，设冬夏转换开关，新风阀开机时延迟30min开启，停机时自动关闭；过滤器压差报警，取本区域内代表性的点测送风温湿度，送、回风机就地及远程启停、状态显示和事故报警，如有再热盘管，用送风温度控制再热盘管上的电动双通调节阀，停机时自动关闭。

④其他一次回风排风机在外管路上的空调机组控制：回风管设温度传感器、湿度传感器，根据室外焓值调节新回风比，用回风温度控制电动双通阀达到回风温度一致，设冬夏转换开关，新风阀开机时延迟30min开启，停机时自动关闭；过滤器压差报警，取本区域内代表性的点测送风温湿度，送、回风机就地及远程启停、状态显示和事故报警，如有再热盘管，用送风温度控制再热盘管上的电动双通调节阀，停机时自动关闭。

⑤空调对应的排风控制：夏季利用大厅平时排风及排烟的风机进行空腔排风，风机位于核心筒顶，当空腔内测点温度高于33°C时，电动开启设在二层泡泡墙下的电动进风密闭风阀，开启对应组排风机，低于31°C时，停风机，关闭进风电动风阀。

（4）新风机组的控制：所有新风机组进风管设电动双位

风阀及手动调节阀、低温防冻开关、过滤器压差报警探头阻塞报警、电动双通阀调节，电动风阀在开机时自动开启，停机时自动关闭。送风机就地及远程启停、状态显示和事故报警。设定送风温度，调节回水管路上的电动双通阀。

（5）风机盘管的控制：风机盘管设三速开关，回水支管上设电动双通阀，与室内温控器组成独立控制单元，室内温控器有冬夏转换功能。过渡季及冬季根据设定的室外温度或焓值，决定是否开启热回收型冷水机组用于内区供冷。当低于设定值时，停冷水机组，内区采用室外冷空气供冷。

（三）通风系统

停车场、更衣间、洗手间和淋浴间、厨房、机房、化学药品储藏室、储藏室、臭氧发生间、弱电井间等采取机械送排风。图8-47为淋浴间排风口。

三、防排烟系统

"水立方"由于大空间及功能需求已超出现有防火规范所涵盖的内容，所以在征得消防部门同意的情况下采用消防工程性能化设计。

第五节　综合节能分析

国家游泳中心的节能特性主要体现在围护结构、空腔通风、自然通风和自然采光等几个方面，综合如表8-4。

国家游泳中心主体建筑由于采用了透明的ETFE膜结构，与国家GB50189-2005《公共建筑节能设计标准》中的参考建筑相比较，尽管夏季空调负荷略有提高，但在照明和采暖两方面的能耗远低于参考建筑，再加上自然通风及空腔通风等节能措施，使得"水立方"每年可以降低运行耗电量约1053.43MW·h，约占总的空调系统耗电量的9.29%。

建筑节能特性汇总　　表8-4

项目	节能类别	节能量（MW·h）	备注
围护结构	减少电耗	228.98	仅考虑到嬉水大厅
空腔通风	减少电耗	120.96	减少全年累计空调耗电1.2%
自然通风	减少电耗	76.49	减少嬉水大厅和比赛大厅制冷耗电87.6%
自然采光	减少电耗	627	仅考虑比赛大厅和嬉水大厅

第九章 电气系统设计

如果将现代建筑物比作人体，建筑、结构专业设计是建立人体所需的肌肉骨骼系统，那么给水排水、暖通空调、电气（包括照明）和弱电等机电专业设计则是建立人体正常新陈代谢的生理系统，使其呈现生命体征。而给水排水、暖通空调、弱电、照明系统以及电梯扶梯等设备正常运行均离不开电气系统，为避免建筑物遭受雷击损坏和保障用电安全，同时还必须建立防雷接地及安全系统。可见电气系统在现代建筑物中重要的作用。

第一节 供配电系统设计

一、设计原则

虽然奥运会历时不足一个月，但赛事期间的电力负荷需求量却很大，而赛后的需求量将急剧降低。如果单纯通过在场馆内部设置永久供配电系统来满足奥运会赛事的电力需求，就会在赛后造成系统设备的大量闲置与浪费，大大增加场馆的一次性投资和赛后的运营费用。为了既满足赛事期间的电力需求，同时又考虑赛后利用，降低一次性投资和赛后的运营费用，国家游泳中心供配电系统按照永久系统与临时系统相结合进行设计，在奥运会赛事期间两个系统共同工作，满足赛时电力需求；赛后则仅由永久系统满足场馆的长期运营要求。

二、设计依据

国家游泳中心电气设计主要依据为甲方设计任务书——《国家游泳中心奥运工程设计大纲》的设计要求，以及现行有关标准和规范等。国家游泳中心作为具有约17000座的特级体育场馆，其内部电力负荷按照供电可靠性及中断供电在政治、经济上所造成损失或影响的程度划分为三个级别，其中包括中断供电会直接或间接影响赛事和转播正常进行的一级负荷，如体育照明、成绩处理、计时计分、网络和通信系统等特别重要一级负荷，以及水处理设备、室内照明和办公用电等普通一级负荷；中断供电不影响赛事和转播正常进行但影响室内环境质量的二级负荷，如重要机房之外的暖通空调系统；中断供电不影响赛事正常进行及室内环境质量的三级负荷，如景观类负荷。

三、供电电源

根据规范要求，供电电源系统一般按照工程中最高负荷等级及各级负荷量的大小进行设计。同时考虑北京奥组委（BOCOG）、北京奥林匹克转播公司（BOB）、北京电力公司等部门的建议和要求，并借鉴悉尼、雅典等往届奥运会的电力系统设计经验，国家游泳中心的供电电源系统按照永久电源系统和临时电源系统相结合的方式进行设计。

（一）市电电源系统

国家游泳中心作为奥运会主要竞赛场馆之一，其最高负荷等级为特别重要一级负荷，场馆赛事期间总用电量不超过7300kVA（不包括广播电视转播用电负荷）。而通常1路10kV市电电源所供负荷可以达到10000kVA，所以国家游泳中心场馆正常市电供电电源采用从2个110kV变电站分别引来1路10kV市电电源，任何1路10kV电源故障，另外1路10kV电源均能承担全部负荷。同时也为特别重要的关键负荷设计了各种独立于市电的应急备用电源，这类电源包括永久柴油发电机组、临时柴油发电机组、EPS/UPS蓄电池类电源装置等。图9-1为110kV变电站实景。

9-1 110kV变电站实景

（二）发电机电源系统

考虑赛时国家游泳中心内部有大量的特别重要负荷，如果仅仅依靠在场馆内部设置永久柴油发电机为上述特别重要负荷供电，永久柴油发电机系统的规模就会过于庞大，会大大增加一次性投资和赛后运营维护费用。为此，在本工程设计中，将需要发电机组供电的特别重要负荷细分为三部分，每部分均单独设置相应的发电机为其提供应急备用电源。即在场馆内部设置1台800kW永久柴油发电机为赛时赛后均特别重要的负荷提供应急备用电源，如消防设备、应急照明、广场功能照明、安全防范系统、外立面和屋顶气枕充气泵等负荷。图9-2为永久柴油发电机房实景。

而与转播直接相关的50%体育照明则按照往届奥运会惯例由奥组委指定的临时租赁柴油发电机作为主供电源，市电作为备用电源。目的是不受市电电源故障的影响，保证场地内至少有一半照度满足奥运会比赛转播要求，而该柴油发电机组为保证供电可靠性往往采用双机或多机冗余模式工作。

另外设有1台临时租赁柴油发电机为与赛事正常进行直接相关的技术负荷提供应急备用电源。如场馆内新闻媒体发布技术用电、体育竞赛综合处理系统、数据网络系统、计时计分装置等特别重要的一级负荷等。

（三）蓄电池类电源系统

（1）作为不间断电源UPS：主要为重要弱电机房和各弱电竖井内重要设备提供连续优质的供电电源，保证重要弱电设备工作的连续性，保障赛事的正常进行。比如场馆扩声系统、综合安防系统、体育竞赛综合处理系统、数据网络系统、计时计分装置、计算机房、通信机房等重要弱电负荷。

（2）作为应急电源EPS：本工程中根据负载特性及其对供电电源的要求，设计了多组应急电源EPS，具体应用主要包括如下几类：

①采用快速切换EPS为另50%体育照明（由临时发电机供电之外的体育照明）提供应急电源，即在1路市电电源故障或2路市电电源短期故障期间，通过静态开关快速切换为体育照明供电，保证所供体育照明金卤灯具不熄灭。

②采用普通EPS为场地及观众席应急照明和广场应急照明提供应急电源，即在1路市电电源故障或2路市电电源短期故障和发电机投入运行前期间，为其提供应急供电。

③采用智能应急照明控制系统为场馆内大部分应急照明提供应急电源，即在1路市电电源故障或2路市电电源短期故障和发电机投入运行前期间，为其提供应急供电和系统的整体控制。

（四）场馆外转播综合区（Compound）临时电源系统

奥运会的大部分比赛为全球电视直播，由于停电而造成转播中断将会造成很大政治影响，并大大损害奥运会转播组织的商业利益，因此奥运场馆内电视转播相关负荷对电源的可靠性要求非常高，不允许中断供电。在近几届奥运会中场馆内电视转播相关负荷的技术负荷均不由场馆内的供电系统供电，而是由场馆外电视转播设置转播综合区专用的供电电源系统供电。

国家游泳中心的转播综合区位于场馆外西北侧，与国家

9-2 永久柴油发电机房实景

9-3 不间断电源UPS

9-4 应急电源EPS

体育馆共用。在转播综合区内设有专用的临时变压器、临时发电机以及相应的配电柜、配电箱等，共同组成一个相对独立的供配电系统，为转播综合区及场馆内评论员控制室、转播办公室及评论员席等转播负荷供电。

四、变配电室

变配电室作为电气系统的核心机房，市电电源和场馆内永久发电机的电能正是从这里通过供电电缆输送到各用电设备和下级配电设备处，是场馆电力保障的关键部位。按照负荷容量的大小和供电距离的远近，本着靠近负荷中心设置原则，国家游泳中心内部共设两个变配电室。其中主变配电室内设有两组变压器组，一组为2台2000kVA变压器，为就近水处理机房设备和各层照明、插座、通风、弱电机房设备等负荷供电；另一组为2台2500kVA变压器，主要为空调制冷负荷供电。副变配电室内设有一组变压器，为2台2000kVA变压器，为就近水处理机房设备和各层照明、插座、通风、弱电机房设备等负荷供电。图9-5为主变配电室实景。

9-5 主变配电室实景

第二节 照明系统设计

照明设计按照适用场所划分为室内照明设计和室外照明设计两大类。室内照明设计除按照普通民用建筑设有常规的普通照明和应急照明系统外，还设有专门为赛事和转播设计的体育照明系统。室外照明包括建筑物LED景观照明、广场功能照明、广场景观照明三个照明系统。

一、普通照明

普通照明设计首先需要按照标准规范要求确定照明设计标准，然后了解不同场所的空间及装修条件和特殊要求，以确定选用适合的光源、附件及灯具，同时根据使用要求确定照明控制方式并设计相应的配电系统。一般公共区域的照明由智能楼宇系统统一进行控制，并按照内部使用要求和天然采光状况采取分区、分组控制。经常有人的房间内部照明采用灯具开关就地控制。

照明光源采用光效高、显色性好、寿命长、色温适宜的优质光源，其中大部分室内空间采用双端T5直管形荧光灯和单端紧凑型节能灯，局部特殊空间采用小功率金属卤化物灯。荧光灯配用高品质、低能耗、低谐波的电子整流器，金卤灯配用高品质、节能型电感整流器。

灯具选用主要考虑安全并与光源配套，并根据适用环境条件、眩光限制、装修效果等要求选用适宜的优质高效灯具，在无特殊要求的场所为提高光通利用率尽量选用直接型灯具。

（一）设备机房

空调、风机、水泵等设备机房多数设于地下，且房间内部管道、设备多。有的机房顶部管道和设备之外的空闲空间小而且不规则，如水处理机房、空调机房，灯具就尽量选择吊杆式点光源型防潮防尘型节能灯具，以提高安装的适应性。而制冷机房内的管线和设备布置较规律，机房顶部空闲空间较规整呈带状分布，灯具则采用吊杆式线型防潮防尘型荧光灯具，既能提供充足的照度，也显得整洁有序。图9-6为空调机房照明实景。图9-7为制冷机房照明实景。

（二）设备层走道

地下二层为主要的设备层，走道上方的管线非常多，采

9-6 空调机房照明实景

9-7 制冷机房照明实景

9-8 设备层走道照明实景

9-9 东南入口大厅照明实景

用壁装灯具更利于避开上部管线，降低施工难度，提高安装的灵活性。图9-8为设备层走道照明实景。

（三）弱电机房

主要设置嵌入式格栅荧光灯，控制眩光，使房间内具有足够的照度。

（四）赛后为敞开式共享空间，赛时为办公用房的场所

由于此部分办公房间均为奥运赛时专用、赛后拆除，因此这些空间的照明尽量以赛后（永久）状态为基础，在同类型灯具数量上做适当增加或加大光源光通量，以满足赛时办公照度要求。

（五）东南入口大厅

顶部灯具呈不规则排布，体现“水主题”自然的随意性和无序性，在地面圆形汀步中心上方设置窄光束金卤灯具，灯具发出的光线集中投射在圆形汀步中心，形成明显光斑，与地面圆形汀步相呼应。图9-9为其照明实景。

（六）南商业街

南部商业街位于嬉水大厅北侧，是一条宽度约11m，高度将近23m，且顶部就是ETFE气枕。这里没有常规顶部安装灯具的条件，只能借助于商业街两侧的吊顶和墙面安装斜照型灯具，为商业街地面提供照明，且为了美观，吊顶和墙面灯具均为嵌入安装。图9 10为南商业街照明实景。

（七）临时座椅下方

此部分灯具均为点光源型节能筒灯，嵌入安装，呈不规则排布，与“水主题”自然的随意性和无序性相呼应。最初希望在吊顶内部安装一些荧光灯具，通过吊顶板孔洞透光下来，但由于现场实际条件限制，内部灯具安装空间有限，且内部管道遮挡多，光通利用率和效果欠佳。最终采用在吊顶板孔洞处安装筒灯，既可为下方地面提供照明，又有不错的

9-10 南商业街照明实景

9-11 临时看台下观众大厅照明

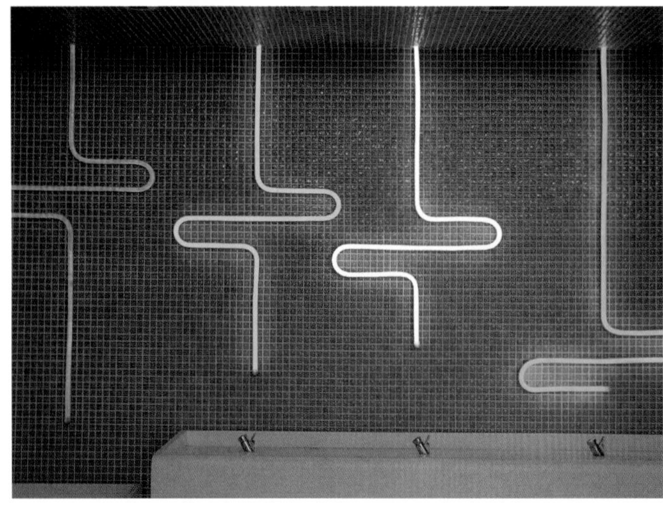
9-12 直饮水处照明实景

照明效果，兼顾了实用和美观。图9-11为临时看台下观众大厅照明。

（八）直饮水处

在地下一层和一层的7个直饮水处均设置了线型彩色LED灯带，在人们走近饮水处时点亮，离开时熄灭，将人的活动与建筑物内部表情联系起来，增强建筑物的人情味。图9-12为直饮水处照明实景。

二、应急照明

应急照明为正常照明因电源故障熄灭后仍需要正常工作的照明，包括备用照明、疏散照明和安全照明三部分。

（一）备用照明

备用照明是为确保场馆内一些重要场所在正常照明因电源故障熄灭后，仍能维持其正常工作或活动继续进行的照明系统。这些场所包括消防控制室、消防泵房、变配电室、自备柴油发电机房、配电及配线间、中央监控室、广播室、安保相关房间、计时计分机房、成绩处理分发、移动通信机房、固定通信机房、网络机房、扩声控制室、照明控制室、医疗站、兴奋剂检验室、评论员控制室、转播信息办公室、贵宾室及贵宾接待厅等重要场所。这里的备用照明灯具与线路与正常照明共用，只是供电电源更加可靠，包括了2路市电和1路永久柴油发电机电源以及蓄电池类电源装置，这样可以保障在正常照明电源故障停电时，仍有备用电源为照明设备供电，使重要场所仍保持正常照明的照度。

（二）疏散照明

疏散照明是为确保场馆内人员在正常照明因电源故障熄灭后，仍能够安全疏散到室外安全区域的照明系统。

场馆内楼梯间、防烟楼梯间前室、消防电梯间及前室、疏散走道、安全出口、人防、停车库等场所均设有疏散照明灯具和疏散指示标志。疏散照明灯具及其线路与正常照明共用，只是供电电源更加可靠；而疏散指示标志灯具与线路则是单独设置的，这两部分的电源均包括2路市电和1路永久柴油发电机电源以及蓄电池类电源装置，这样可以保障在正常照明电源故障停电时，仍有备用电源为疏散照明设备供电，使场馆内人员能够安全疏散到室外安全区域。

（三）安全照明

安全照明是为处于潜在危险之中人员在正常照明因电源故障熄灭后，确保其安全的照明系统。根据以往游泳馆运行经验，泳池区域即使几秒内的照明失效也会导致水池内或水池边缘人的生命发生危险。同时由于场馆内坐席数达到约

17000座，短时的照明失效可能会引起人员的踩踏和伤亡。因此，比赛大厅、嬉水大厅、热身池大厅等泳池区域和观众席及主要观众疏散通道处均设置了安全照明。安全照明灯具与线路是单独设置的，供电电源包括2路市电和1路永久柴油发电机电源以及蓄电池类电源装置，这样可以确保在正常照明电源故障停电时，仍有备用电源为安全照明设备供电，确保人员的生命安全。

（四）智能应急照明控制系统

智能应急照明控制系统是一套独立的、对场馆内绝大部分应急照明灯具进行统一控制和提供直流备用电源的照明控制系统。系统共由48个系统主站/控制分站子系统和1套中央图形监控站组成，系统主站/控制分站主要分布安装于每个区域的配电间内。

控制系统按照楼层、竖井位置将整个建筑分为多个区域，每个区域内设有一个智能应急照明子系统，子系统主要由系统主站/控制分站、灯具监测模块、外部总线模块等组成，系统主站/控制分站为子系统的集中供电和监视控制的核心。通过主站/分站联网总线将所有的系统主站/控制分站联结起来，同时连接到中央图形监控站上。中央图形监控站位于地下一层的消防控制室，对整个系统进行集中监控和管理。

每个区域内的应急照明回路集中从位于本区域的系统主站（或控制分站）接出，监测每个灯具的灯具监测模块，由系统主站/控制分站对本区域的应急照明回路与灯具进行集中供电和监控，以及实现基于每个应急照明灯具的智能监控。

外部总线模块用于监测外部交流电的状态、外部照明开关的状态以及接收一些外部信号（如来自火灾报警系统的强切信号），系统利用这些信号，通过软件编程的设定实现应急切换，或实现对兼作正常照明的应急照明灯具平时的开关控制功能。

系统主站/控制分站的供电采用交流主电AC220V 50Hz和直流备电DC220V两种模式，正常时使用2路市电提供的AC220V 50Hz对应急照明回路和灯具进行供电；当市电失电后，系统可自动切换到发电机供电或直流备电供电；在消防应急状况下，当火灾报警系统发出强切信号后，可强制接通连在应急照明回路上的所有类型的应急照明灯具。

三、体育照明

体育照明是一项涉及体育工艺、建筑与结构设计和电视转播摄像等多方面的综合工程，需要照明设计师对体育工艺和电视转播摄像有适当的了解，并与建筑、结构专业密切配合，综合考虑多方面因素，才能设计出一个满足比赛、观众及电视转播等多方需求的场地照明环境。

（一）照明标准

体育照明要求既满足比赛要求又达到高清电视转播对垂直照度、照度均匀度、照度梯度、眩光、显色性及色温等方面的要求。需要综合考虑BOB（VSB2.0）标准、国际泳联FINA、我国国家及行业标准要求进行设计。表9-1为游泳、跳水、水球、花样游泳场地的照明标准值要求，摘自JGJ153—2007《体育场馆照明设计及检测标准》。

游泳、跳水、水球、花样游泳场地的照明标准 表9-1

等级	使用功能	照度（lx）			照度均匀度						光源	
		E_h	E_{vmai}	E_{vaux}	U_h		U_{vmai}		U_{vaux}		R_a	T_{cp}（K）
					U1	U2	U1	U2	U1	U2		
I	训练和娱乐活动	200	—	—	—	0.3	—	—	—	—	≥65	—
II	业余比赛、专业训练	300	—	—	0.3	0.5	—	—	—	—	≥65	≥4000
III	专业比赛	500	—	—	0.4	0.6	—	—	—	—	≥65	≥4000
IV	TV转播国家、国际比赛	—	1000	750	0.5	0.7	0.4	0.6	0.3	0.5	≥80	≥4000
V	TV转播重大国际比赛	—	1400	1000	0.6	0.8	0.5	0.7	0.3	0.5	≥80	≥4000
VI	HDTV转播重大国际比赛	—	2000	1400	0.7	0.8	0.6	0.7	0.4	0.6	≥90	≥5500
—	TV应急	—	750	—	0.5	0.7	0.3	0.5			≥80	≥4000

注：①应避免人工光和天然光经水面反射对运动员、裁判员、摄像机和观众造成眩光。
②墙和顶棚的反射比分别不应低于0.4和0.6，池底的反射比不应低于0.7。
③应保证绕泳池周边2m区域、1m高度有足够的垂直照度。
④室外场地V等级Ra和Tcp的取值应与VI等级相同。

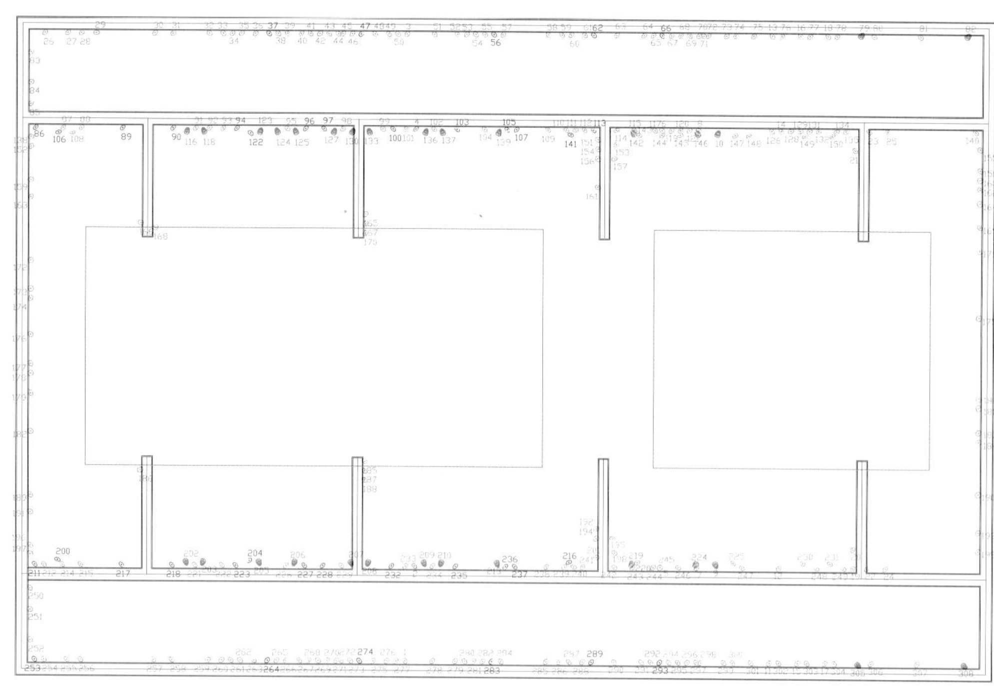

9-13 马道布置平面示意

（二）灯具布置

游泳馆内灯具一般不会布置在池面正上方，主要考虑检修维护的方便，同时也可避免对仰泳者的眩光和在水池内形成较亮的光斑。有电视转播的场馆内一般在池岸上方沿泳池长轴方向在两侧分别设置一条马道以供照明灯具的安装和线路敷设以及检修维护。而2008年北京奥运会电视转播采用高清晰度HDTV电视转播，对垂直照度、照度均匀度、照度梯度、眩光等照明各项指标均提出了非常严格的要求，按照以往经验设置一条马道难以满足高清晰度HDTV电视转播对垂直照度、照度均匀度、照度梯度、眩光等照明指标的要求。为此，在池岸南北两侧各设置了两条纵向马道，东西两侧各设一条横向马道，马道间相互连通，形成矩形灯具布置空间，达到了HDTV电视转播照明标准要求。图9-13为马道平面布置图，图9-14为马道剖面图。

（三）光源、附件及灯具选用

体育照明场地分为两部分，一部分为热身池大厅，一部分为比赛大厅。热身池大厅体育照明采用400W双端金属卤化物灯，安全照明采用500W卤钨灯。

比赛大厅体育照明采用1000W双端金属卤化物灯，观众席体育照明采用400W双端金属卤化物灯，场地和前部及中部观众席应急照明采用44套500W卤钨灯，此部分灯具均安装于马道侧面。后部观众席由于位置太高，若通过马道上灯具照明，眩光太大，所以在其上方吊顶安装嵌入式节能筒灯和

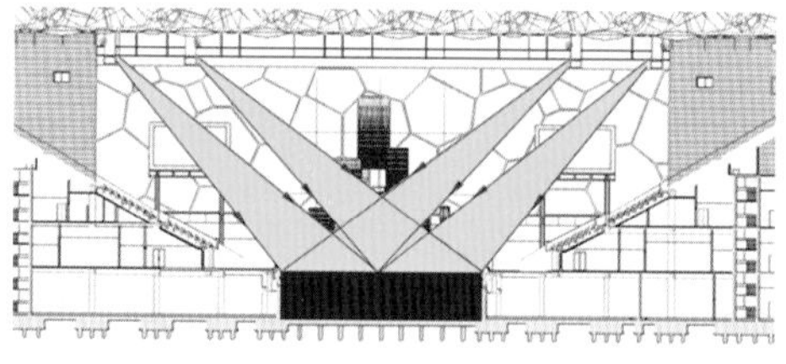

9-14 马道布置剖面示意

70W金属卤化物灯满足此区域的照明要求。图9-15为比赛大厅实景。

（四）照明配电

体育照明所用的金属卤化物灯是一种特殊用电设备，一旦失电后需要待灯具冷却后才能再次点亮，这个时间约为15～20min。供配电系统设计上亦充分考虑到这一特殊性，为体育照明单独设置2套相对独立的配电系统，尽量使故障风险分散，减少因一部分电源和线路故障造成对整个体育照明系统的影响。

体育照明供配电系统分为2部分，设两个配电点。其中，50%体育照明赛时由奥组委租赁的临时柴油发电机供电，其总配电柜位于二层5＃电气竖井附近；另50%体育照明由两路市电加快速切换HEPS供电，其总配电柜位于二层6＃电气竖井附近。每个配电点供电的灯具光通均匀分布全场，在其中任何一个配电点失电时，仍有50%照明灯具处于点燃状态，保证比

9-15 比赛大厅实景

赛场地仍有700 lx的照度且均匀度不降低，以满足继续比赛和电视转播的要求。

（五）照明控制

采用i-bus总线式智能照明控制系统，把所有灯具按照HDTV转播重大国际比赛、TV转播国家和国际比赛、专业比赛、业余比赛和专业训练、业余训练和娱乐活动以及维护和清扫等使用要求设定为若干开关模式，以满足不同阶段的运营需求。

四、广场功能性照明

考虑奥运会赛时人员较多，所以必须为广场设置纯景观照明之外的功能性照明，且按照规范要求，此部分照明属特别重要一级负荷，无法用室外景观照明代替。由于北部广场为40m×200m，南部广场为80m×200m，只能选择多套庭院灯或一两套高杆灯进行照明。若采用30m以上的高杆灯则既与奥林匹克中心区景观规划相矛盾，又会极大影响建筑物的照明效果。考虑建筑物高约30m，在征得建筑师同意后，决定选用不高于6m的庭院灯。由于南立面作为主要的景观面，为尽量减少灯具对南立面日间景观和夜间照明效果的影响，在距离南立面20m处采用3m庭院灯，再远处和北广场则采用6m庭院灯，并对所有灯具的上部溢出光作了严格控制。图9-16、图9-17为南广场日景和夜景，可以看出对灯具高度和上部溢出光的控制均有效降低了灯具对立面效果的影响。

此外为便于控光，此部分照明光源选用金属卤化物灯。照明供电电源由2路市电和1路永久柴油发电机电源及蓄电池类电源装置组成，并采用双回路供电和ATS自动切换装置，保障照明供电的可靠性。

9-16 南广场日景

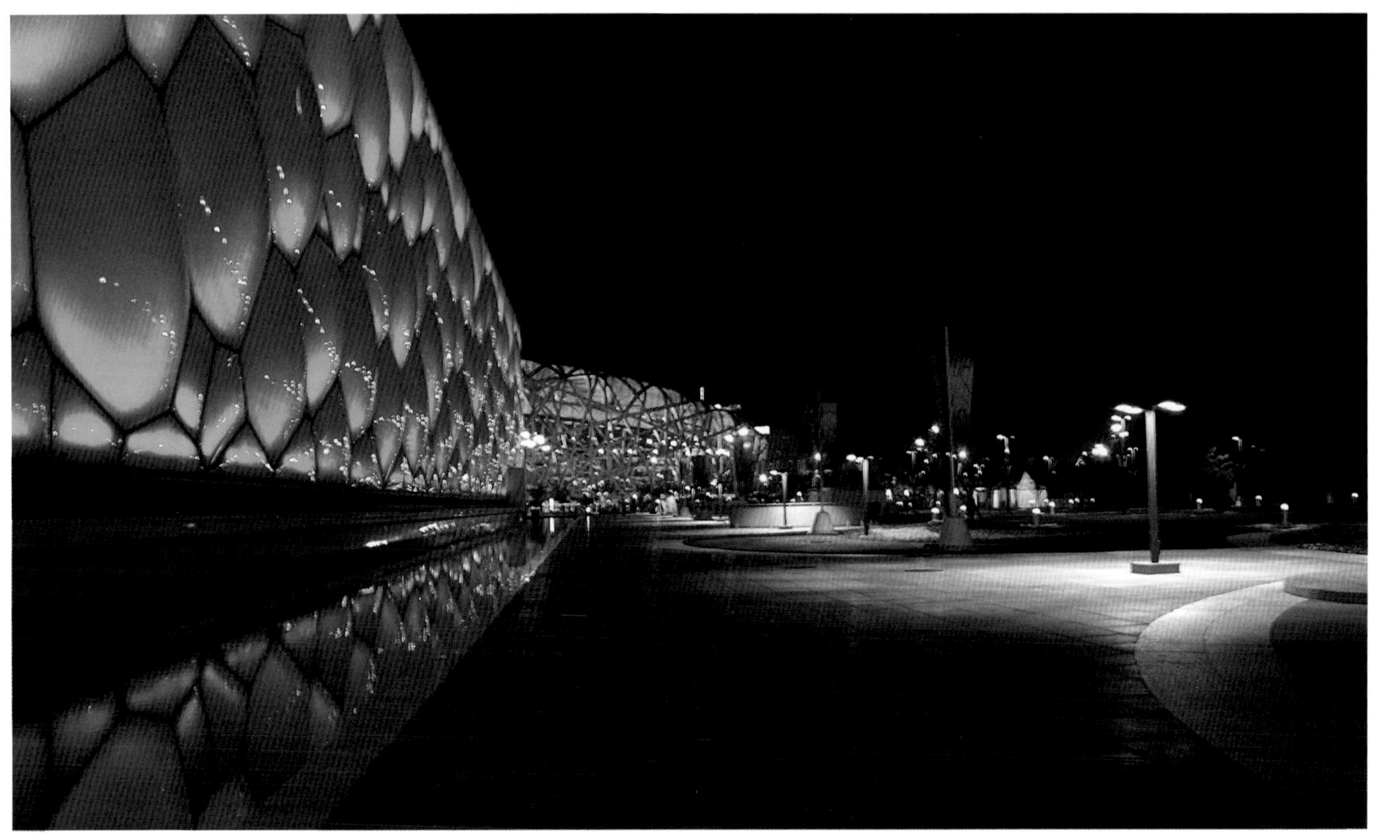

9-17 南广场夜景

第三节　防雷、接地与安全设计

一、防雷

按照规范规定，建筑物根据其重要性、使用性质、发生雷电事故的可能性和后果，按照防雷要求分为三类，本工程属于二类防雷建筑，按照二类防雷要求设防。防雷装置包括接闪器、引下线和接地装置。主要采用防直击雷、防雷电波侵入、防雷电电磁脉冲措施减少雷电灾害。

（一）防直击雷措施

虽然屋面气枕凸起处高于顶部钢结构网，不在顶部钢结构网保护范围之内，但考虑气枕遭直击雷只能融化不产生其他伤害，且一旦增设屋面避雷针或避雷带会大大破坏建筑物整体效果，所以利用顶部钢结构网架作为雷电的接闪器。利用钢结构柱体作为引下线，利用桩、承台及基础梁、板内钢筋作为接地体，三者之间做可靠电气连接。屋面上所有突出的金属物均与就近的钢结构体可靠连接。图9-18为钢结构三维模型，由图中可以看出建筑物顶部和四周众多的钢结构杆件构成了一个法拉第笼，可以起到有效的防雷击作用。

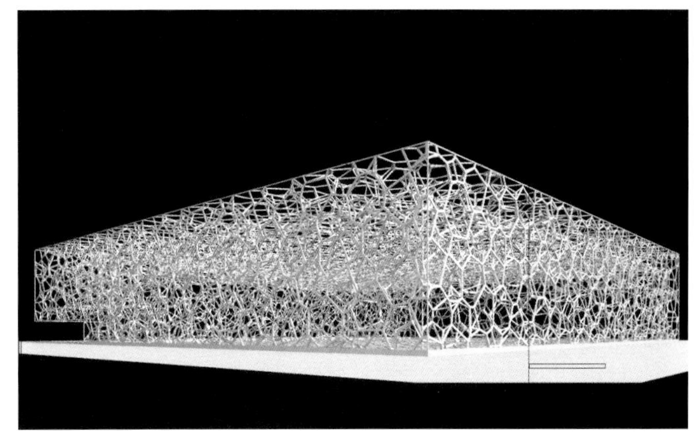

9-18　钢结构三维模型

（二）防雷电侵入波措施

（1）将所有进出缆线埋地敷设，缆线金属护套和金属保护管以及其他进出建筑物的各种金属管道均与防雷接地装置可靠连接；

（2）主、副变配电室内的高低压侧均设置避雷器。

（三）防雷电电磁脉冲措施

（1）区域级配电箱（柜）以及有电子设备的终端配电箱（柜）内设置浪涌保护装置；

（2）线缆敷设采用金属桥架或金属线槽或金属管。

二、接地

采用联合接地，防雷接地、安全接地和功能接地共用一套接地装置，联合接地装置利用桩、承台及基础梁、板内钢筋，接地电阻不大于0.5Ω。

配电系统采用TN—S接地方式。所有电气装置及装置外可导电部分均通过PE线可靠接地。

三、安全

电能在给人类提供极大便利的同时，也带来了许多用电安全问题。电气安全设计中采用直接接触电击防护和间接接触电击防护措施相结合的方式保障用电安全。

直接接触电击系指人体与正常工作中的裸露带电部分直接接触而遭受的电击，一般通过对裸露带电体包以绝缘、设置防护栏等方式进行防护，并装设剩余电流动作保护器作为后备保护。

因绝缘损坏，引起相线与PE线、外露导电部分、装置外导电部分以及大地间发生短路，致使原来不带电压的电气装置外露导电部分或装置外导电部分将呈现故障电压，此时人体与之接触而招致的电击称为间接接触电击。间接接触电击防护主要采用下述三种方式。

（1）个别场所采用II类设备，即通过加强绝缘避免因绝缘损坏而发生的接地故障。例如广场功能性照明灯具和体育照明投光灯具。

（2）特殊场所采用III类设备，其额定电压为50V及以下的特低电压，此电压与人体接触不致造成伤害。例如在电缆夹层、管廊中采用不高于36V低压照明灯具，在水下采用12V低压照明灯具等。

（3）绝大部分正常环境中均采用I类用电设备，通过将其外露导电部分与PE线作可靠电气连接，降低接触电压，同时在电源线路段装设保护电器，使其在规定时间内切断故障回路避免电击。其中降低接触电压的基本措施就是接地和总等电位联结，当进行总等电位联结后，接地故障保护不能满足切断故障电路时间要求时，尚在局部范围内做辅助等电位联结或局部等电位联结，这在较狭窄的操作空间和泳池、浴室、室内外水池等涉水区域内尤为重要，也是必须重点注意防电击的主要特殊场所。

第十章　智能化系统设计

第一节　概述及新技术应用

一、概述

体育赛事的表演性、观赏性日益增强，观众期待更加精彩和强烈的休闲娱乐体验。智能化显示屏以及优美的赛事转播系统等赛事智能化系统对体验式体育观演而言已不可或缺。

在国家游泳中心的建设中，智能化系统的解决方案是从宏观的视角出发，通过将游泳中心的总体建设目标分解为安全、建筑技术、信息和赛事管理等主要环节进行统筹考虑，以满足游泳馆的多功能用途，适应各类人员的共性以及个性化需求，建立多极、多层次的协调统一的管理、服务平台。采用智能集成技术解决了子系统之间的界面的澄清和互联，解决了多级多层次智能化子系统之间的有机整合，整体集成的智能化系统的实施体现出"绿色奥运，科技奥运、人文奥运"的理念。

智能化系统分为智能化、信息化和赛时专用三部分。智能化部分包括楼宇自控系统、安全防范系统、火灾自动报警和联动控制系统、公共广播系统、扩声系统。信息化部分包括数据及通信网络系统、有线电视系统和综合布线系统。赛时专用部分包括计时记分及成绩处理系统、电视转播系统、大屏幕显示系统、数字会议及同声传译系统和电动升旗系统。

二、新技术应用

（一）建筑集成管理系统

建筑集成管理系统对国家游泳中心内的楼宇自控系统、综合安全防范系统、火灾自动报警与消防联动控制系统实现设备状态、控制指令、历史数据等有效信息进行采集、汇总，并支持计算机动态图形显示；根据决策预案实现各子系统的联动；对突发事件进行自动分级告警、分析原因并提供故障处理建议。

根据管理模式的需要，确定集成范围；信息流向按照被集成对象的使用特性分两步汇集在一起，第一步以子系统中央管理站为核心汇集在一起，完成子系统功能要求，第二步以子系统中央管理站为信息起点，以中央集成中央管理站为核心，将信息汇集在一起，信息数据在中央管理站进行纪录、汇总、分析、加工和使用，支持中央系统功能。

（二）智能引导系统

1. LCD智能化引导系统

在奥运会举办期间，LCD智能化引导系统通过安装在不同区域的各个显示屏，显示有关国家游泳中心整体空间布局和功能分区位置分布的视频动画，并且分别播放各区域至各主

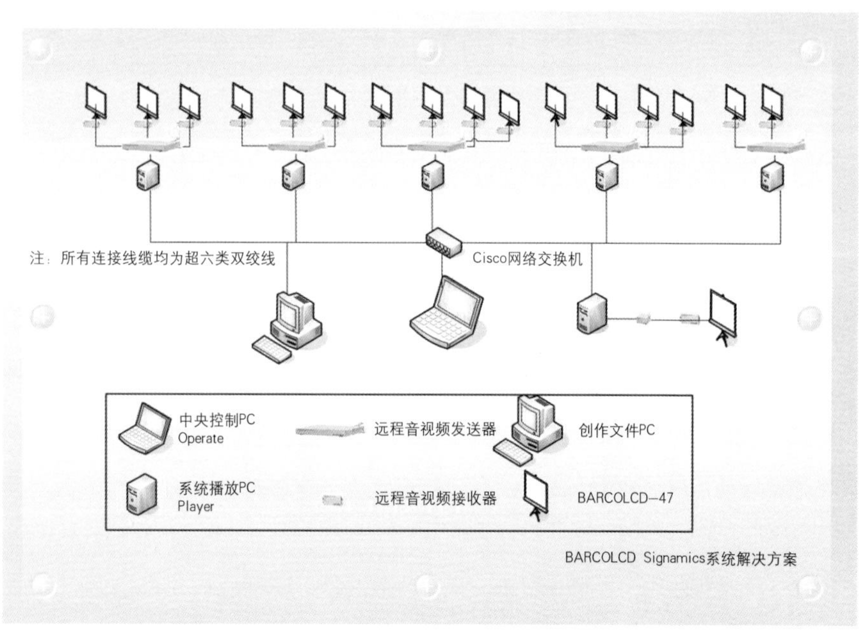

10-1 智能引导系统示意

要通道、出入口和功能区的路线指示动画，同时配合播放不同语言的语音提示，为赛事期间观众提供更加快捷、方便的引导服务。

根据国家游泳中心的布局情况，在首层、二层、地下一、二层共设置17块LCD，显示有关国家游泳中心整体空间分布的视频动画、路线指示动画，并可以即时插播有关经授权的奥运会指定赞助商宣传广告。

2．触摸屏智能引导系统

触摸屏智能引导系统采用B/S结构。对于服务器端，提供管理员权限以便管理，管理员可随意在远程登录服务器，发布各种信息；应用Director、Authorware等各种技术，这一部分主要采用平面及二维动画的方式，辅助以音频、视频等方式。

触摸屏智能引导系统采用集中化数据管理，所有数据均存储于数据库内，查询时通过数据库访问、操作数据，所有数据操作都发生在中央数据库，从而保证了数据的安全、可靠性。触摸屏智能引导系统拓扑图见图10-2。

该系统提供以下功能：显示游泳中心楼层平面图，概括介绍奥运场馆的建设以及相关主要情况，以图片和文字的形式实时发布最新的赛事信息，以文字的形式显示体育场馆的注意事项等。

（三）泳池智能救生监控系统

游泳池智能救生监控系统在游泳池特定位置安装防水摄像机，采集相关图像和数据等信息，通过计算机图形处理、模式识别、人工智能、自动控制、无线报警等技术，为游泳馆提供智能化救生报警和溺水事故录像，为比赛和训练提供图像和数字信息。体现了“关爱生命，救助他人”的人文思想和设计理念。

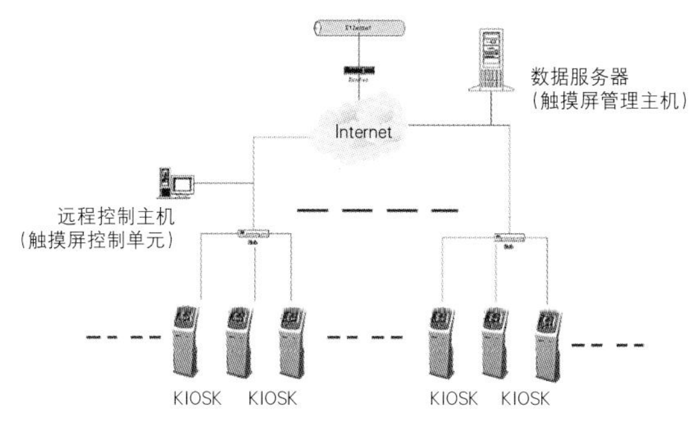

10-2 触摸屏智能引导系统拓扑图

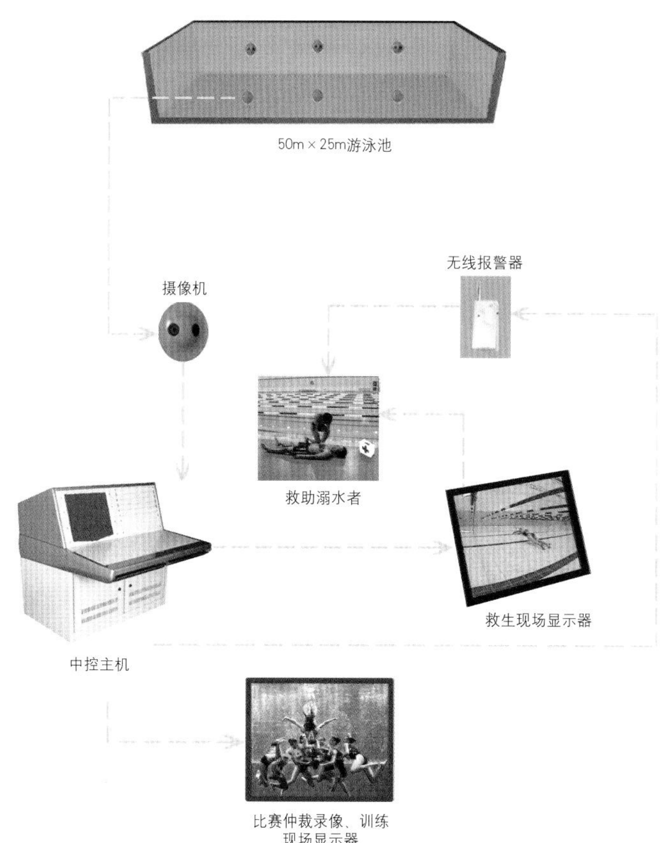

10-3 泳池智能救生监控系统示意

智能救生监控系统由中控主机、视频采集卡、防水摄像机、现场触摸监视屏、无线发射和报警装置、溺水事故录像和储存系统、一套智能救生软件及辅助比赛训练软件、传呼震动装置、线缆、预埋件以及现场救生员终端等组成。泳池智能救生监控系统示意见图10-3。

智能救生监控系统按其功能可划分为四个子系统：智能救生系统；溺水事故报警储存系统；辅助比赛仲裁录像系统；辅助训练系统。

（四）外立面LED大屏幕显示系统

LED点阵显示系统是一个集计算机网络技术、多媒体视频控制技术和超大规模集成电路综合应用技术于一体的大型的电子信息显示系统，具有多媒体、多途径、可实时传送的高速通信数据接口和视频接口。

在赛前，通过使用LED外立面大屏幕显示系统把以水为背景的图像或运动员游泳比赛的实时图像反映在游泳中心南侧主入口的外立面上，而赋予整个建筑以生命力。以这样的视觉效果表达建筑使用功能将会给观众带来更深的印象。

“水立方”南立面点阵屏的屏体总面积为2015.54m^2，横向点间距为80mm，纵向点间距为60mm，单元灯条标准长度540mm，每单元灯条像素点为9个，每个像素点是由LED灯8R4G3B构成。纵向采用36块标准单元灯条，横向采用1296列，总共用46656块标准单元灯条，安装于铝合金基座上，构成19.44m×103.68m的全彩LED大屏。

它支持视频及图文播放方式，高保真转播闭路电视、卫星电视节目，具有现场实况直播、精彩回放功能，具有视频画面上叠加文字信息、动画、静态图片等实时编辑和播放功能，并能与场区内的其他音响区域兼容播放。外立面LED点阵显示系统控制结构见图10-4。

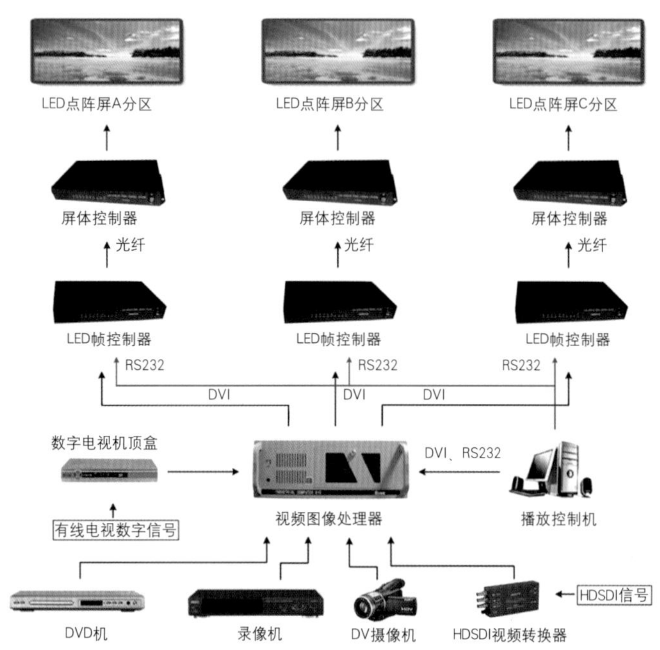

10-4 外立面LED点阵显示系统控制结构

共分为三块16：9的屏体部分，每块技术参数如下：

(1) 屏体总解析度 419904点；

(2) 16：9画面19.44m×34.56m=671.85m^2；

(3) 16：9画面解析度 14×10^4；

(4) 总峰值功耗 620kW；

(5) 总平均功耗 210kW；

(6) 白平衡亮度 2500cd/m^2；

第二节　楼宇自动化控制系统

一、系统概述

楼宇自控系统（BAS）是智能楼宇的一个重要的组成部分。它包括对暖通空调系统、给水排水系统、变配电系统、照明系统、电梯系统等设备的监测与控制。通过BAS对游泳中心内机电设备的自动化监控和有效的管理，可以使游泳中心内的温湿度控制达到最舒适的程度，同时以最低的能源和电力消耗来维持系统和设备的正常工作，以求取得最低的大楼运作成本和最高的经济效益。取得节约能源和人力资源的良好效益。

国家游泳中心作为2008年奥运会三大标志性建筑之一，楼宇自控系统作为重要的控制和管理平台，着重考虑并满足以下特点：

(1) 能充分地起到既舒适又节能、既提高管理效率又降低工作强度的作用。

(2) 楼宇自控系统采用开放式的系统结构，系统支持以太网 TCP/IP、BACNET和RS485等多种通信方式，提高了系统的灵活性，便于机电设备及第三方系统的接入。

(3) 系统具备适当的冗余度和可扩充性，满足赛时的控制要求同时兼顾赛后系统规模的增长。

二、系统组成

楼宇自控系统采用集散式网络结构模式，由管理层网络与监控层网络组成，实现对设备运行状态的监视和控制。基本组成包括中央管理站、操作站、各种DDC控制器及各类传感器、执行机构等，并通过各种网络接口与第三方设备独立的监控子系统集成，构成分布式网络，能够完成多种控制及管理功能。楼宇自控系统结构见图10-5。

三、监控内容

国家游泳中心的楼宇自控监控内容包括：空调通风系统（空调机组、新风机组、送排风机），给水排水系统，冷热源系统，照明系统，电梯系统，充气泵系统，电伴热系统，变配电系统，游泳池水处理，柴油发电机等系统。

在以上系统中冷热源中的冷水机组、变配电系统、游泳

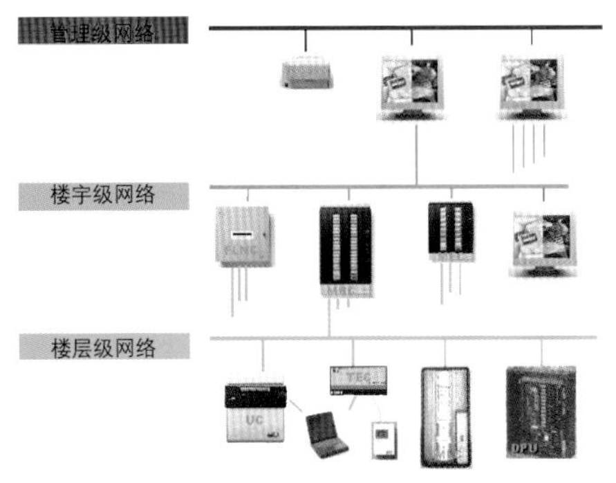

10-5 楼宇自控系统结构

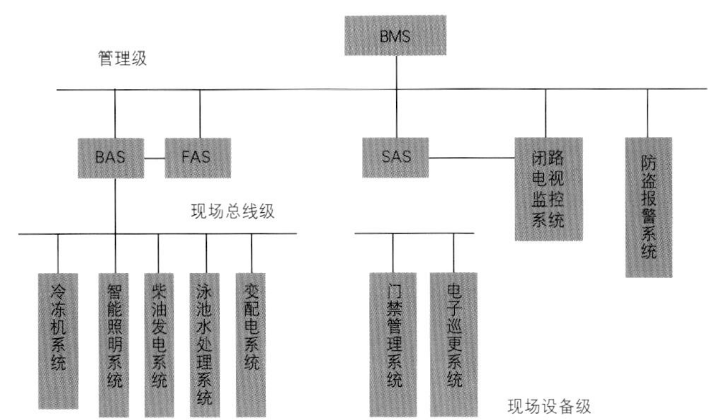

10-7 楼宇自控系统集成原理

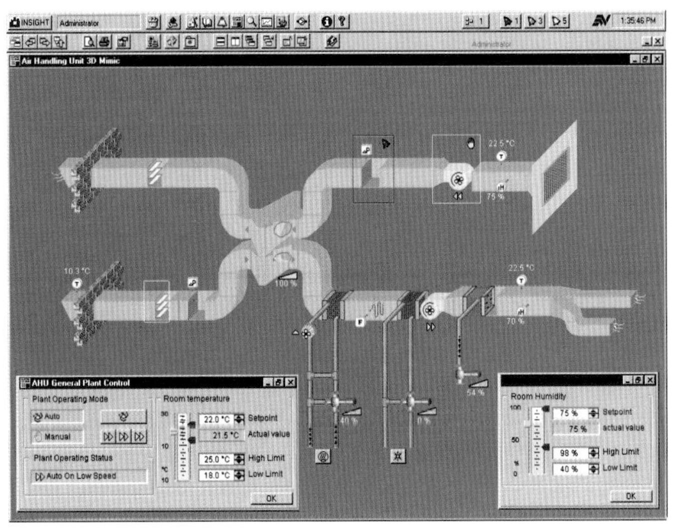
10-6 楼宇自控系统控制界面

10-8 空调机房DDC实景

池水处理系统、智能照明系统、柴油发电机、智能应急照明控制采用通信网关的形式进行监控，其他系统采用集散式控制方式，通过现场控制器（DDC）结合末端设备（各种传感器及执行机构）的方式进行监控。

楼宇自控系统总监控点数约2930点（物理点），系统配置的控制器总容量约4298点，系统冗余度达33%。

现场主要控制器均采用32位微处理器，内存最大可达到72M。

楼宇自控系统控制界面见图10-6。

四、系统集成

楼宇自控系统通过OPC通信网关对冷水机组、变配电系统、柴油发电机、体育智能照明、游泳池水处理系统中的各类运行参数进行监测。

通过标准网关，BMS系统就可实现与冷机系统、配电系统、照明系统等的通信和数据转换。当实现的数据通信和转换后，就需要进一步地实现数据的存储、共享和互操作。

楼宇自控系统集成原理见图10-7，空调机房DDC实景见图10-8。

第三节 火灾自动报警与联动控制系统

一、系统概述

国家游泳中心为一类建筑，火灾自动报警系统的保护对象为一级，火灾探测器按一级保护对象进行设置，采用控制中心报警系统。

火灾自动报警与联动控制系统（FAS）的设置确保了国家游泳中心的安全，火灾报警控制器可对探测器传送来的信号加以采集评估，给出预警、火警信息，还能采集手报、消火栓、水系统、暖通系统和燃气系统的报警信号。对火警信息可以进行人工的确认和复位。因此可以在消防控制中心内对整座游泳中心进行集中的火警监视。

二、系统组成

国家游泳中心的火灾自动报警设备选用分布式智能火灾自动报警系统，产品具有火灾自动报警、设备故障报警、消防联动控制、事件信息存储、紧急电源供应、逻辑编程、中文菜单操作等功能。

消防控制室设置于游泳中心地下一层东北侧，使用面积46m²，内设火灾自动报警控制器、中央操作站、消防联动控制屏、消防广播主机、消防通信主机、24V直流电源、UPS电源、水炮控制联动台、主动吸气空气采样显示面板、监视墙等设备。

在消防监控室设置电视监控系统的监控分站，观察变电站、冷冻站、水处理机房、停车场、看台区等重点部位的图像。消防控制室设有直拨119的专用电话。

为满足赛事要求，由消防控制室预留至临时消防站和现场消防通信指挥室的火灾自动报警系统管线。奥运会举办期间，在现场消防通信指挥室设置操作分站。

火灾自动报警系统的产品支持标准的数据交换协议，具有很好的开放性能。将火灾报警信号和设备运行信号通过以太网TCP/IP网络接口提供给建筑设备集成管理系统。

国家游泳中心火灾自动报警系统结构示意见图10-9。

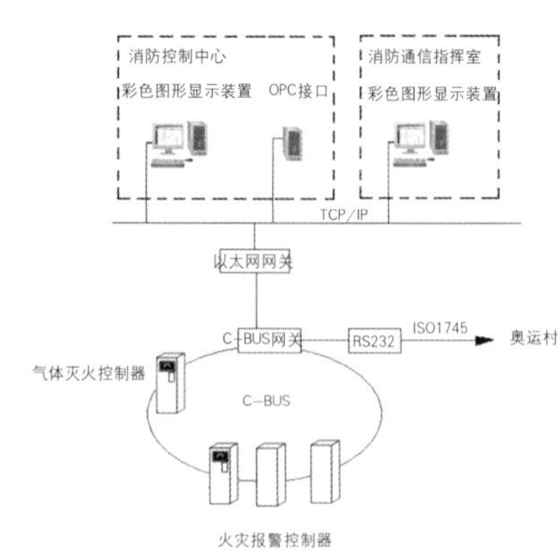

10-9 国家游泳中心火灾自动报警系统结构示意

三、火灾探测措施

（1）除了厕所、更衣室等不易发生火灾的场所以外，其余场所根据规范要求均设置感烟、感温探测器、燃气报警器及手动报警器。

（2）在比赛大厅、热身池区域、嬉水大厅、首层商业街和室内网球场等区域设置主动红外光束感烟探测器进行可靠保护。

（3）在数据网络中心、通信设备机房、变配电室等重要场所设置高灵敏度的主动吸气式空气采样烟雾探测器，在比赛大厅的马道上灯光桥架内设置缆式感温探测器，对以上重要区域进行可靠保护。主动吸气式空气采样探测器示意见图10-10。

（4）在各消防电梯前室设置火灾复示盘，当发生火灾时，复示盘能可靠地显示相关区域火灾部位，并进行声光报警。

（5）电梯机房、电梯轿厢、防排烟机房、 消防水泵房、变配电室、发电机房、监控中心、气体灭火机房等功能房间设置消防固定对讲电话，每个防火分区的出口附近设有带电话插孔的手动报警按钮。

（6）水炮系统是解决大空间建筑消防的主要灭火形式，

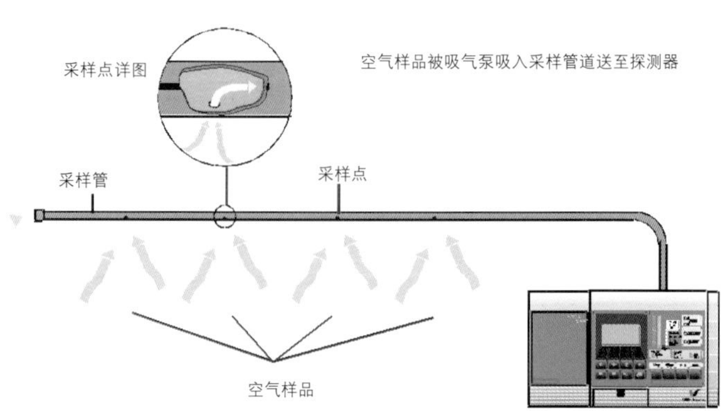

10-10 主动吸气式空气采样探测器示意

比赛大厅大空间区域采用双波段火焰探测器及图像复核方式进行可靠保护，火灾探测系统应达到100%覆盖率，保证无盲区、无死角。配合消防水炮系统进行自动探测及灭火，消防水炮系统由一组水炮泵加压供给，平时系统压力由屋顶水箱及系统增压稳压设备维持，水炮主泵定期自动巡检，发生火灾时，控制主机接收到火灾报警系统的火警信号后，向解码器发出控制指令，驱动消防炮扫描着火点，火灾经确认后自动启动水炮泵、开启电动阀喷水灭火。系统也可由值班人员手动控制。手动控制盘上设水炮泵启动按钮，消防控制中心也可远程手动启动主泵。

实时图像监控子系统是由双波段摄像机、视频调制器、视频切换器、监视器、录像机和图像信息处理器等组成。在比赛大厅南北侧前排马道分别设置4只双波段探测器，在南北侧坐席上方分别设置4只双波段探测器，共计16只双波段图像火焰探测器。双波段图像火焰探测器探测示意见图10-11。

四、消防联动控制系统

国家游泳中心中各种设备数量大、种类多，各个设备之间的联动关系错综复杂，控制器可通过“时序”、“或”、“与”、“非”的逻辑来预先设定各种复杂的联动关系。控制器通过编程可实现每个防火分区的每个报警点都有自己的特定的联动关系，能确保同一时间发生一处火灾和发生多处火灾时，可以进行最有效的联动救灾措施。

联动控制主要内容如下：

(1) 消火栓给水系统；

(2) 自动喷洒灭火系统；

(3) 水炮灭火系统；

(4) 正压送风控制系统；

(5) 排烟控制系统；

(6) 补风控制系统；

(7) 电梯监视系统；

(8) 气体灭火系统控制；

(9) 应急照明控制；

(10) 非消防电源控制；

(11) 防火卷帘控制系统；

(12) 火灾事故广播系统；

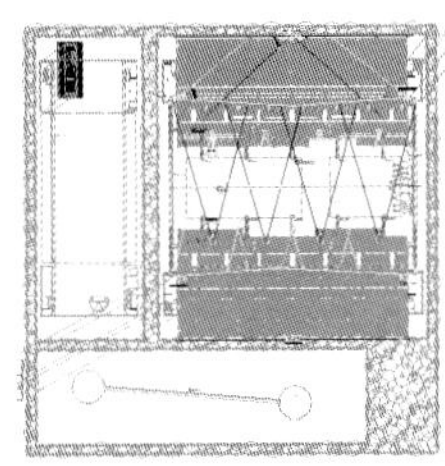

10-11 双波段图像火焰探测器探测示意

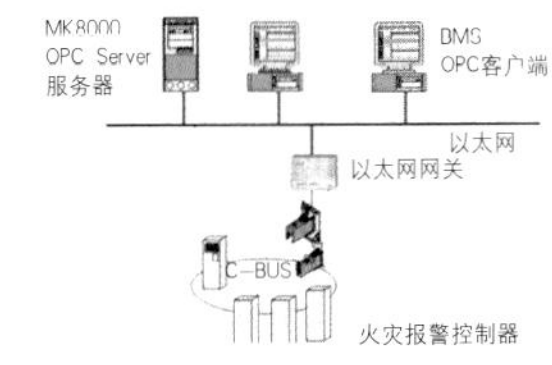

10-12 火灾报警以太网网络连接典型结构

(13) 消防通信系统；

(14) 门禁系统控制；

(15) 消防水池、水箱监视。

五、和其他系统的接口

（一）与建筑设备集成管理系统的接口

FAS系统提供标准的MK8000（OPC服务器）用于BMS系统进行集成，采用标准OPC通信协议。FAS系统通过MK8000可以传送的信息包括：系统正常、系统不正常、火警、预警、测试状态、联动设备启动、线路断开、故障、手/自动状态、屏蔽等信息。火灾报警以太网网络连接典型结构见图10-12。

（二）与奥运村的接口

FAS系统通过标准网关RS232接口与奥运村通信，其接口类型为全双工模式，采用ISO1745的标准协议。

（三）空气采样系统

空气采样探测器独立完成对其保护区内的火灾的探测，FAS系统在空气采样探测器附近的模块箱内设置输入模块。火警时把空气采样系统的报警、故障信息传给FAS系统。

（四）大空间火灾安全监控系统

大空间火灾安全监控系统单独成系统，能独立完成火灾的探测和联动消防水炮进行灭火。在大空间火灾安全监控系统的中央控制设备旁设置输入模块，用于把火警信息发给FAS的火灾报警主机。在手动联动盘上设置启动按钮，可以在火警时启动水炮泵。

第四节　公共广播系统

一、系统概述

公共广播系统功能包括通常广播和火灾事故广播。其中通常广播含有业务性广播和服务性广播两个功能，业务性广播主要用于公共区域或特定区域的广播和背景音乐、服务指南，以及可能需要播放的内容等。服务性广播主要包括通知、找人等寻呼用途。公共广播须具有紧急广播功能，它是火灾和其他灾难的报警、指挥和疏散的必要设备措施。

二、系统组成

采用定压输出系统，主要由音源部分、数字音频矩阵、功放、呼叫站、监视及辅助设备、扬声器及其电缆等组成。

（一）数字音频矩阵

AEX的ix100数字音频矩阵系统具有最大32路音频输入，128路音频输出的能力，是一款功能强大的音频管理系统，在游泳中心中使用20路输入包括：2路普通音源输入、10支遥控话筒、4路DS202数字媒体播放机音频输入，可满足6路背景音乐同时输出。

（二）功率放大器

选用PA系列功放，分别为PA406型60W×4功放（4独立通道），PB148（480W），PA224（2×240W），PA412（4×120W）。

（三）音源及远程遥控麦克风

配置10个ix151远程遥控话筒，分别位于消防控制室、热身池广播室、技术官员入口、观众西侧主入口、运动员入口、贵宾入口、媒体入口、观众北侧主入口、检录处和观众南侧主入口处，提供方便的分区选择。系统配置了6路不同的背景音乐输入（2台数字多媒体播放机，1台DVD机、1台调谐器），经编程设置后分别送到指定广播区。

（四）线路检测

线路检测仪采用交流阻抗测试技术，实现在线监测。

（五）扬声器选型及配置

扬声器的选配及设置主要是根据各区域所要求达到的最大声压级、声场的均匀度、传输频率特性、建筑空间的大小等来决定。体育场馆人员众多背景噪声较高，每只吸顶扬声器的最大输出功率为4W，每只壁挂扬声器的输出功率为6W，每只号角扬声器的输出功率为15W。根据功能分区及防火规范要求将游泳中心划分为34个广播分区。

三、系统联动

系统可以与消防系统进行联动，接收消防系统送过来的34路干触点信号，并根据触发点的位置，对该区域进行n，n+1，n−1的紧急疏散广播。消防广播控制室与比赛大厅扩声室、热身池大厅扩声室和嬉水大厅扩声室之间设置中继联络线，以便实现系统联播和火灾事故广播。

第五节　综合布线系统

一、概述

综合布线系统为建筑物各类信息传输提供一个模块化、标准化的通道，它既能使语音、数据、图像设备和交换设备与其他信息管理系统彼此连接，也能使这些设备与外部通信网连接。

游泳中心综合布线系统的建设目标是：建立一个集标准化、模块化、兼容性、先进性于一身，在物理上覆盖游泳中心所有区域的综合布线网络，使游泳中心所有业务部门的网络、计算机及其他设备都能够方便地连接到本网络，并保持国家游泳中心在相当长的一段时期内的网络增长的需求。

二、系统综述

（一）总述

采用综合布线系统作为游泳中心内语音、数据及图像通信等系统的传输媒质。综合布线系统（包括语音和数据）选用标准RJ45信息模块，便于语音信息点和数据信息点的互换。模块选用带有防尘、防潮盖板的信息模块。所有数据、语音通信的水平线缆选用6类4对非屏蔽线缆，为以后可视电话良好的多媒体传输打好基础，增加系统的灵活性。室内数据主干光缆采用6/12芯单模零水平光缆。楼层配线架的水平线缆管理区全部采用24口模块式配线架。语音通信主干采用三类25/50/100对数电缆。综合布线系统采用分层星型拓扑结构，主配线架为星型结构的中心节点。综合考虑水平布线的长度、保证信道性能及综合布线系统规范——每子配线间管理一般不超过200个信息点及水平线缆长度不超过90m。

（二）系统划分

国家游泳中心的综合布线系统由永久数据语音点（永久部分）和临时数据语音点（临时部分）组成，永久数据语音点指在赛后仍然长期使用的数据语音点；临时数据语音点指仅在赛时使用，在赛后拆除的数据语音点。

地下一层的赛时相关区域设计三个临时配线间。C3、C4区各设立一个；C5/C6区共用一个。临时区内信息点就近接入各区内的临时配线间。临时区域外的信息点按常规接入邻近弱电竖井。赛时座席区中的媒体评论席及文字记者席根据综合布线需要分为左右两区，每张评论桌考虑1数据2语音点；每张文字记者席考虑1数据1语音点。信息点分左右两区分别汇入地下一层C3、C4左右两个临时配线间内。媒体工作区共设计数据信息点300点、语音点300点。水平布线由邻近的临时配线间直接敷设。L3层安保指挥室旁C2配线间预留信息点90点，其中数据25点、语音25点、公安专电20点、公安专网20点。

（三）系统组成

综合布线系统采用星型拓扑结构。该结构具有容错性，兼承配置灵活、维护管理方便、故障隔离和检测容易等优点。

综合布线系统包括六个子系统：工作区子系统；水平子系统；管理间子系统；垂直主干传输子系统；设备间子系统；建筑群子系统。结构化综合布线示意见图10-13。

1．工作区子系统

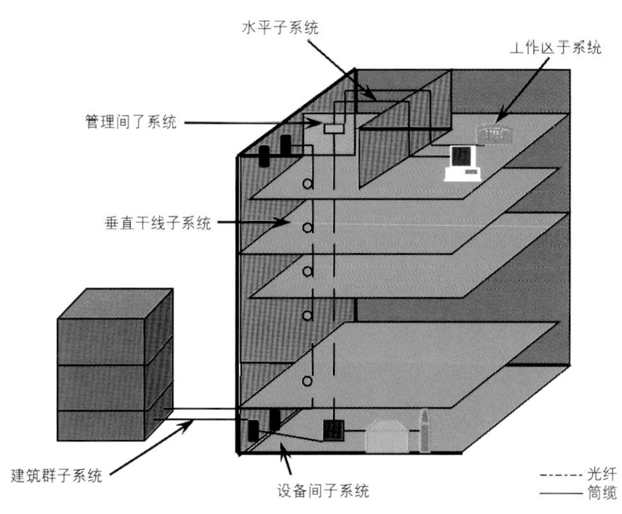

10-13 结构化综合布线示意

数据语音信息插座采用六类非屏蔽信息插座。每个信息点可应用于电话，也可应用于数据、图像等系统终端连接，支持对千兆网的传输。信息点布放按照一般办公室按每十平方米一对信息点考虑，适当增加冗余，会议室、新闻发布厅等重要房间增加光纤到桌面信息点。媒体工作区及安保指挥室均预留有AP接入信息口，实现有线/无线网络相结合，互为备份，互为补充。

2．水平子系统

水平子系统布线选用六类非屏蔽双绞线，由各子配线间IDF星型连接至各房间信息点。局部区域采用汇接点以适应房间功能变化及内部布置变更，汇接点到信息面板的距离不超过17m，水平线缆总长不超过90m。光纤到桌面信息点采用4芯多模光纤，光纤到桌面信息点采用低衰耗、高性能LC光纤头。每个信息点能够灵活应用，可随时转换电话、微机或数据终端。铜缆（4对UTP）或光纤根据工作区的每一个通信设备的需要选用。

3．管理间子系统

分配线间是为主干线缆和通信设备、水平电缆提供交叉连接的场所。水平线缆采用快接式24口六类配线架管理。数据垂直主干采用机柜式光纤配线架管理。光纤配线架端口及对应的适配器、耦合器按所有光纤芯数1：1配置。语音主干采用机柜式语音配线架管理，光纤到桌面采用机柜式光纤配线架管理，其端口总数量按光纤芯数1：1计。

4．垂直主干传输子系统

垂直主干传输子系统由大对数铜缆、多芯光纤或两者结合而组成。主干光纤全部由数据主配线架引出，直接引至各分配线间内。室内数据主干光纤采用单模光纤。语音主干按语音点1：1.2倍配置三类室内大对数电缆。奥运会举办期间，在地下一层（竞赛平层）增设三个临时配线间，以满足新闻媒体工作区、评论员席和文字记者席等对综合布线的要求。由主配线间连接分配线间采用物理双路由方式。

5．设备间子系统

设备间子系统覆盖声音和数据作为网络基点的主配线间。数据主配线间（MDF）位于地下一层计算机房。各层语音主干集中连接至语音主配线间，主干单模光纤连接至数据主配线间。电话系统总配线架采用卡接式配线架，并安装于19英寸机柜内，六类卡接式配线架端接所有的三类语音主干电缆。

在数据主配线间内采用高密度型光纤配线架端接各分配线间（IDF）的主干光纤。

计算机网络设备安装于19英寸机柜中，所有配线间机柜要求预留网络设备安装位置。

设备间子系统采用19英寸42U机柜安装，水平UTP电缆配线架、光纤配线架采用19英寸规格产品，相关网络设备也安装于19英寸机柜中。

采用110–RJ45型一对跳线跳接管理语音系统及低速数据系统，根据需要可将水平干线分别跳接到不同的垂直干线系统上，使系统具有很高的灵活性。

6．建筑群子系统

建筑群子系统连接各建筑物之间的传输介质和各种相关支持设备。通信系统引入外线采用物理双路由，方向为景观路和景观西路，分别进入两侧进线室。为满足奥运会赛时对各种外线要求（除通信外，还包括有线电视、公安专电、专网和安全防范等），两侧分别预留18根*DN*100外线通道。

第六节　有线电视系统

一、系统概述

有线电视系统是国家游泳中心智能化系统中的一个重要组成部分，系统不仅提供内容丰富，视角广泛的国内、外电视节目、赛事转播节目，满足国家游泳中心奥运比赛各国运动员、官员、记者及观众的收视需求，同时系统在功能上应具备双向传输的功能，满足交互式电视和综合数据业务传输的需要。

在举办奥运会期间及未来各种大型演出、比赛时，有线电视系统为观众和工作办公人员提供质量优良的电视节目，系统应能接收北京当地有线电视台的电视节目信号，应能接收到国家游泳中心内比赛视频回馈信号和奥运会有线电视专网信号。

本系统终端按照赛时和赛后不同的需求划分为永久部分和临时部分，永久部分为在奥运会赛后仍然长期使用的设备；临时部分将在赛后拆除。本项目赛时系统主要包括坐席区的文字记者席和评论员席的电视终端。

二、系统方案及配置

（一）系统基本要求

系统频带宽度：5～862MHz

传输信号要求：下行频段，有线电视公网（歌华有线）、奥运会有线电视专网100套节目源，本地转播信号回馈5套节目源。

上行频段，5～55MHz为网管系统及上行数字信号。

正向模拟电视信号传输技术指标：电平62～74dBuv（54～860MHz），频道间电平差<6dB。

影响系统的指标主要有载噪比（C/N），复合二阶差拍（CSO），复合三阶差拍（CTB）等。这些指标根据本系统的实际情况，网络结构、分配网络设备的选用进行合理分配。系统应满足如下技术指标：C/N≥45dB，CSO≥55dB，CTB≥55dB。保证系统出口，即用户端口的指标满足国标要求，并且留有1dB余量。

（二）系统网络架构

系统前端信号源共有三种：(1)有线电视台提供的调制过的射频信号，经由有线电视台通过光纤传送至国家游泳中心地下二层有线电视机房内。(2)本地转播信号回馈，该信号采集于视频范围内的摄像机信号，因此需要进行邻频调制后才能与其他信号进行混合，并在本系统上进行传输。(3)奥运会议中心电视专网信号，该信号（初步100套）在IBC内进行调制和混合，并通过光纤传送至本建筑内。

系统采用双向860MHz光纤电缆混合系统，系统采用分配－分配方式的网络架构。用户终端采用双口插座。系统在地下二层设有有线电视机房，该机房引出弱电水平主干桥架，并在地下二层连通全部弱电竖井。在有线电视机房设二个光端机，分别负责有线电视公网和奥运赛事专网的电视信号传输，这两个有线电视信号分别在有线电视台和奥运会媒体中心对信号进行处理和调制，并经室外单模光纤传送至本建筑有线电视机房。有线电视机房接收的电视光信号通过光端机（光站）转换成电信号，并连接16路无源混合器。

三路不同的信号源经过16路混合器混合后，信号经过主放大器放大后，由SYWLY75–12铝管电缆主干传送到各个竖井的分配放大器（双向放大器）上。分配放大器产生主干分支沿竖井垂直布放，并在相应层的竖井内连接4分支器或2分支器，各层的分支器作为管理该弱电竖井区域内的电视前端的传输通道，将连接该区域内全部的末端分配器。

每2～8个终端附近安装一个分配器箱，分配器箱均为无源，并安装在吊顶内或附近的墙面上，须保证美观。分配器选用4分配器和8分配器二种，并作为末端分配器，连接各个终端插座。终端插座安装在距地300mm的墙面上。并保证安装平整和美观。

（三）系统终端点位布置

本系统终端点位基本分布在各层的办公室、值班室、演播室、转播室等处。赛时系统部分主要分布在媒体记者席处。

赛时坐席区中的文字记者席有线电视信号覆盖属于临时

10-14 有线电视机房机柜实景

10-15 国家游泳中心比赛大厅大屏幕实景

设施。每张评论桌考虑一电视终端；每张文字记者桌考虑一电视终端。坐席区有线电视管线集中汇入地下一层信号控制室左边的临时配线间内。共设计电视终端90点。共有赛后终端信息点（永久部分）356个，临时部分316个，共计672个。有线电视机房机柜实景见图10-14。

第七节 体育赛事应用系统

一、大屏幕显示系统

（一）系统概述

大屏幕显示系统是一个集各种比赛的设计、计分显示、图文、标语、视频、音响等多媒体播放的信息管理中心，采用计算机网络系统作为电子显示系统的硬、软件平台，以便充分利用网络平台达到信息管理共享、控制方式简捷、便于系统扩充和维护。

奥运会赛事全彩色显示屏用于显示赛时动画、视频图像、文字，双基色显示屏用于显示计时计分结果。

（二）系统设置

国家游泳中心大屏幕显示系统共设置三块双基色显示屏和两块全彩色显示屏。其中一块双基色显示屏和一块全彩色显示屏并列放置于比赛大厅西立面的16m长的混凝土跳台上，满足大型比赛和文艺演出及赛后应用（即永久部分）。其余两块小型双基色显示屏和一块全彩色显示屏为赛时临时增加（即临时部分），其中一块全彩色显示屏设置于比赛大厅东立面跳台南侧首层连廊上，其余两块小型双基色显示屏分别设置于比赛大厅南北两侧观众席上的前排马道上，作为主记分牌的补充。国家游泳中心比赛大厅大屏幕实景见图10-15。

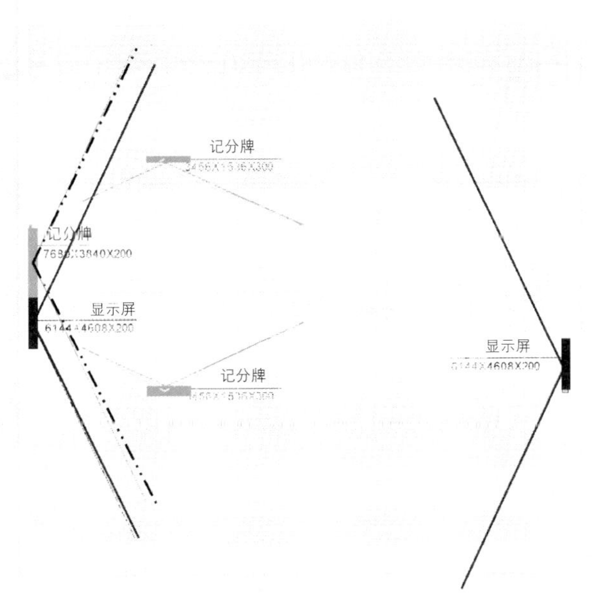

10-16 国家游泳中心比赛大厅显示屏布置示意

国家游泳中心比赛大厅显示屏布置示意见图10-16。

记分牌的设计和集成必须严格参照现行FINA标准有关功能、尺寸、信息布局等方面的要求。每行32个字符，共12行；每个字符（行）至少200mm高；可完全通过编程来实现滚动，闪烁及其他动画效果。

赛时全彩色显示屏由国际奥组委赞助商松下公司提供，

记分牌由斯沃琪公司提供，具体显示屏尺寸如下：

主双基色显示屏尺寸：7680mm(W)×3840mm(H)×200mm(D)；

小型辅助双基色显示屏尺寸：3456mm(W)×1536mm(H)×200mm(D)；

每块全彩色显示屏尺寸：6144mm(W)×4608mm(H)×200mm(D)。

（三）系统组成及性能参数

双基色显示屏系统由屏幕控制主机、信息处理和控制单元、通信模块、数据分配和扫描单元、显示屏幕等组成。

全彩色显示屏系统由屏幕控制主机、视频处理和控制单元、通信模块、数据分配和扫描单元、显示屏幕等组成。

大屏幕控制室与地下一层的游泳计时记分机房合用。

全彩色显示屏性能参数：半值角：水平≥110°，垂直≥50°；物理像素：点间距16mm；换帧频率：不小于60f/s；刷新频率>240Hz；亮度≥5,000 cd/m^2；灰度级别：红、绿、蓝各1024级；对比度>800：1；防护等级：IP65。

双基色显示屏性能参数：像素间距：16mm；像素视角：水平≥120° 垂直≥50°；亮度≥4000cd/m^2；灰度等级：逐点各基色各256级灰度；对比度>150：1；换帧频率：不小于60 f/s；刷新频率>120Hz；屏幕正面防水强度：IP65。

（四）系统软件及接口

1．游泳成绩处理系统结构

游泳成绩处理软件接收中心数据的裁判运动员注册信息，完成对比赛现场比赛成绩的采集、处理，进行奖牌、破纪录等情况的统计，同时将成绩传送综合成绩处理系统、LED显示屏和现场电视转播系统。游泳成绩处理系统系统架构见图10-17。

2．和电视转播系统的连接

（1）比赛运动员、裁判注册数据、预赛、半决赛、决赛、重赛数据包括确认成绩以数据接口的形式提供给电视转播系统。

（2）现场实时成绩经专用设备进行协议转换后实时提供给电视转播系统，以满足电视转播画面的需要。

（3）提供给电视转播系统的现场实时成绩以RS485信号或TCP/IP数据包的格式，以适应电视转播系统的需要。

二、计时记分及成绩处理系统

（一）系统概述

计时记分系统是成绩处理系统的前沿采集系统，除自身形成完整的数据评判体系外，还可将其采集的数据通过技术接口传送给现场大屏幕显示系统、广播电视系统和成绩处理系统。该系统根据竞赛规则，对比赛全过程产生的成绩及各种环境因素进行监视、测量、量化处理、显示公布，同时向相关部门提供所需的竞赛信息。

现场成绩处理系统则是紧随计时记分系统之后对相关比赛成绩做进一步的处理和多种信息服务。现场成绩管理系统建在游泳馆的赛事机房内，它的基本功能和职责是对本赛场单项成绩（来自计时记分系统）进行自动接收或人工录入（裁判长确认签字后）、处理、储存，打印成绩单供现场查询发布。并将现场成绩信息系统信息（文本文件）传送综合成绩处理系统。

（二）系统设置

终点摄像机位设置在距游泳池终点池边陆地侧1.75m的每两条泳道之间的中点，共设置8台终点摄像机，接入计时记分和现场成绩处理系统。预留游泳和花样游泳计时记分及现场成绩处理机房、跳水现场成绩处理机房、广播电视综合区、体育竞赛综合信息管理系统（即场馆技术运营中心和技术支持服务中心）、显示控制机房、游泳池起跳器、比赛场地的管路通道。

国家游泳中心终点摄像机位置示意见图10-18，国家游泳中心终点摄像机实景见图10-19。

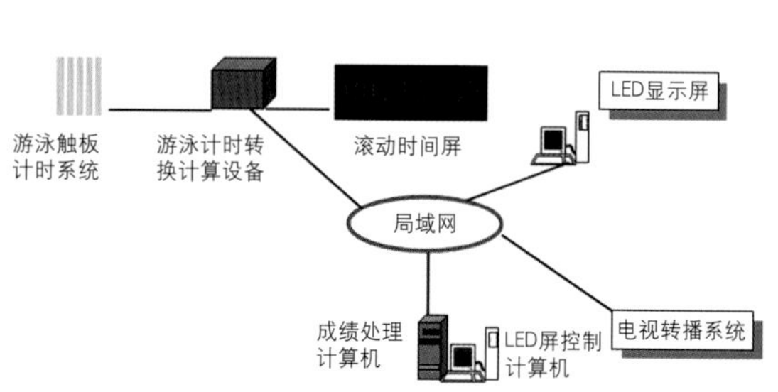

10-17 游泳成绩处理系统系统架构

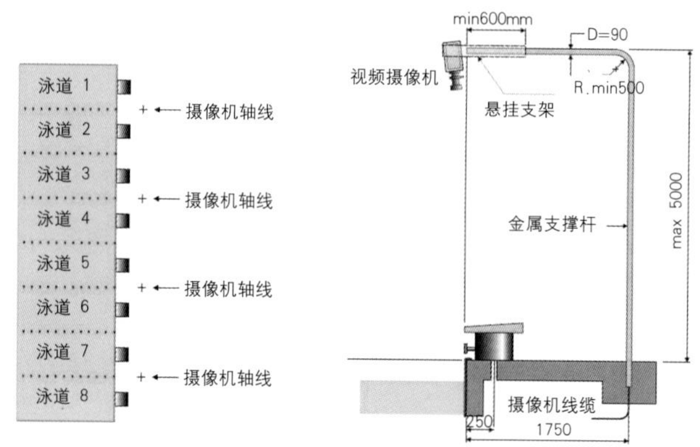

10-18 国家游泳中心终点摄像机位置示意

10-19 国家游泳中心终点摄像机实景

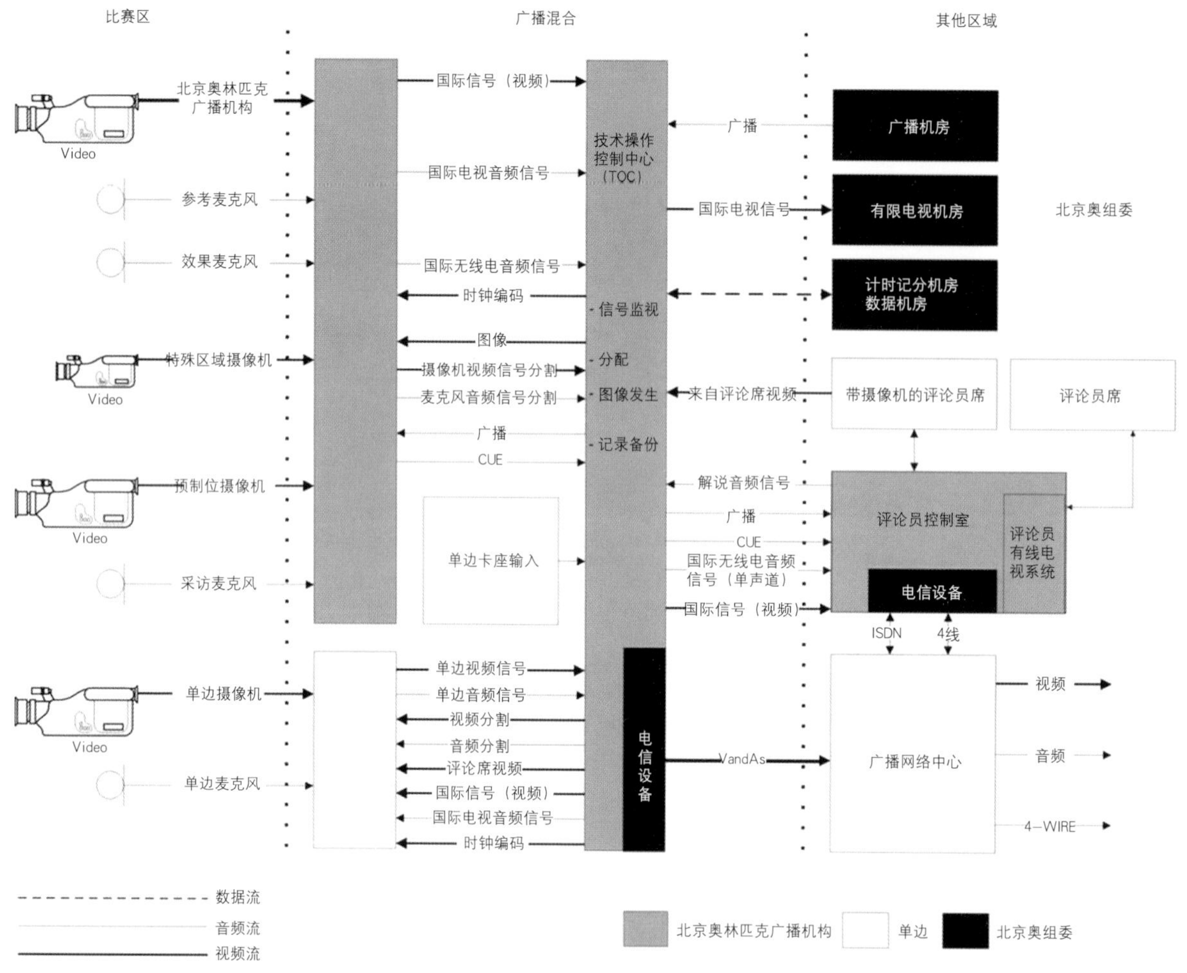

10-20 国家游泳中心电视转播流程

三、电视转播系统

奥运会举办期间，国家游泳中心设立广播电视综合区，位于场馆西侧，面积大约6000m^2，国家游泳中心和国家体育馆共用。其电视转播流程见图10-20。

为了保证赛时电视转播的需要，考虑如下管路预留：所有摄像机、麦克风到广播电视综合区通道；评论员控制室到广播电视综合区的线缆通道；电信机房到广播电视综合区的线缆通道；计时记分机房、现场成绩处理机房、大屏幕控制室到广播电视综合区的通道；CATV机房、网络机房、PA机房到广播电视综合区的通道；带摄像机的评论员席到广播电视综合区的通道；评论员席到评论员控制室的线缆通道；评论员控制室到电信机房的线缆通道；电信机房与数据网络机房的通道。电信机房、网络机房等主要设备机房考虑多方向进线的需要。

现场拾音要求：在水下、出发点、发奖处、乐队、观众席等处布置话筒，设置必要的音频接口和线缆预埋；场馆边界到广播电视综合区需要建立综合线缆通道，考虑与人、车流的冲突，考虑人员维护，信号通道与强电通道保持一定间隔。

四、数字会议及同声传译系统

数字会议系统包含智能数字会议系统（含同声传译），满足奥运会期间的会议需求。在地下一层的新闻发布厅设置智能数字会议系统（含同声传译）：国家游泳中心的智能数字会议系统设计分为五个部分：数字会议发言系统；同声传译系统；会议扩声系统；现场跟踪摄像系统；大屏幕投影系统。

数字会议发言系统分为中央控制设备、发言设备和监控显示设备；同声传译系统，翻译和语种分配设备由译员机和语言分配设备组成。根据需求，考虑新闻会议厅可以提供五个翻译声道以及发言原语种声道；在新闻会议发布厅设置一套专业会议扩音系统,它满足一般会议的语言扩音要求。专业扩音中心设备包括数字调音台，数字式声音处理器，功放设备；自动跟踪摄像系统可为会议提供高质量的现场视频图像信号资源，并能通过发言系统激活，在无人操作的情况下准确、快速地对发言人进行特写。其采集到的信号可输出给大屏幕投影系统及远程视像会议系统。

大屏幕投影系统，新闻会议厅在主席台正中间后方布置一个120英寸电动波珠幕，投影屏配备悬挂投影屏的电动设备，在不用时可以将其卷起收至棚顶，需要时再放下到合适位置，采用DLP投影机进行投影，采用正投方式。

五、电动升旗系统

（一）系统概述

国家游泳中心采用HT—L—01电动升旗系统（图10-21），该系统集成了现代计算机、网络和控制等技术，通过调节升旗的速度，实现升旗时间与歌曲（国歌、会歌等）播放时间同步的功能。系统主要应用于大型比赛的颁奖、以及其他场合的升旗仪式上（图10-22）。

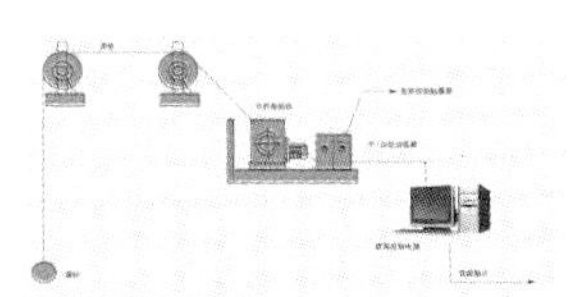

10-21 “水立方”国旗自动升降系统结构示意

（二）系统组成

升旗系统主要分为本地机电部分和远程控制主机两大部分。本地机电部分包括电气部件、机械部件、控制柜、本地控制器等部分。远程控制主机包括远程控制用工控机和相关的控制软件。两部分通过485网络连接。

（三）系统配置

游泳中心除配置了一套国旗自动升降系统外，同时为保证场馆在比赛期间悬挂参赛国国旗和赛事会标升降的方便，配置了自动会标杆升降系统，可用于悬挂参赛国家的国旗、会旗、标语口号等。考虑其应用场合以及经济性等方面的原因，该系统没有设计调速功能，通过控制柜上的控制按钮，分别以匀速升降会标杆，系统可以控制10个会标杆的自动升降。

10-22 “水立方”测试赛国旗升降仪式

第十一章 给水排水与消防系统设计

第一节 给水排水系统概述

以游泳运动为主题的奥运重点场馆——“水立方”，备受社会各界的关注，既要保证赛事安全可靠，又要引领技术的发展。除了在一般常见的系统外，“水立方”还采用了先进的给水排水系统，从功能上划分，主要有生活给水系统、生活热水系统、直饮水系统、中水系统及建筑灭火器配置系统等。所有这些系统，无论是在材料、设备、自动化程度等选用方面，还是在施工技术等方面，要求达到的标准都相当高。

一、生活给水系统

“水立方”的淋浴用水、厨房用水等给水系统用水均以市政自来水为水源，从景观路及景观西路的市政自来水管道上分别引入一根*DN*200供水管，向本工程的生活给水管网供水。通过在用地范围内敷设连接成环状的室外给水管道，供给室外消火栓用水、地下水泵房内生活水箱及消防吸水池的补水、低区生活用水。

当市政管网能提供的最小供水压力保证不了较高楼层卫生洁具的用水要求时，需要采取二次加压的措施。因此“水立方”的生活给水系统按两个供水分区设置：二层及二层以下为低区，由市政管网直接供给生活用水；三层及三层以上为高区，由地下二层水泵房内生活水箱通过变频泵组加压供给生活用水。

另外，本工程还设有一套冲洗屋面用给水系统，在四层水泵间内设屋面冲洗变频泵一台，配小气压罐，从屋顶水箱吸水加压供给。

生活给水系统主要设施：

(1) 容积为90m^{3}的不锈钢生活水箱（分两格）1座，设于地下二层设备机房；

(2) 高区生活给水变频泵组1套（配小气压罐），由三大一小共4台水泵组成（其中一台大泵为备用泵），给水泵组出水管上设有紫外线消毒器以保证二次供水的卫生安全，泵组设于地下二层设备机房（图11-1）；

(3) 容积为22m^{3}的混凝土高位生活、消防合用水箱（生活用水为4m^3，消防用水为18m^3）1座，设于屋顶；

(4) 屋面冲洗变频泵1台，配小气压罐，设于四层水泵间内，从高位生活、消防合用水箱吸水，供屋面冲洗系统使用；

(5) 远传水表，根据不同的区域、功能划分情况设置，用水量数据显示在楼控中心。

卫生间及卫生洁具的设置（图11-2、图11-3）。

二、生活热水系统

本系统主要为“水立方”内的淋浴、盥洗、厨房等提供生活热水，采用双管供水方式，在每个热水用水点，可由使用者自行调节获得所需水温的热水。

11-1 给水泵房生活给水泵组

11-3 卫生洁具的布置

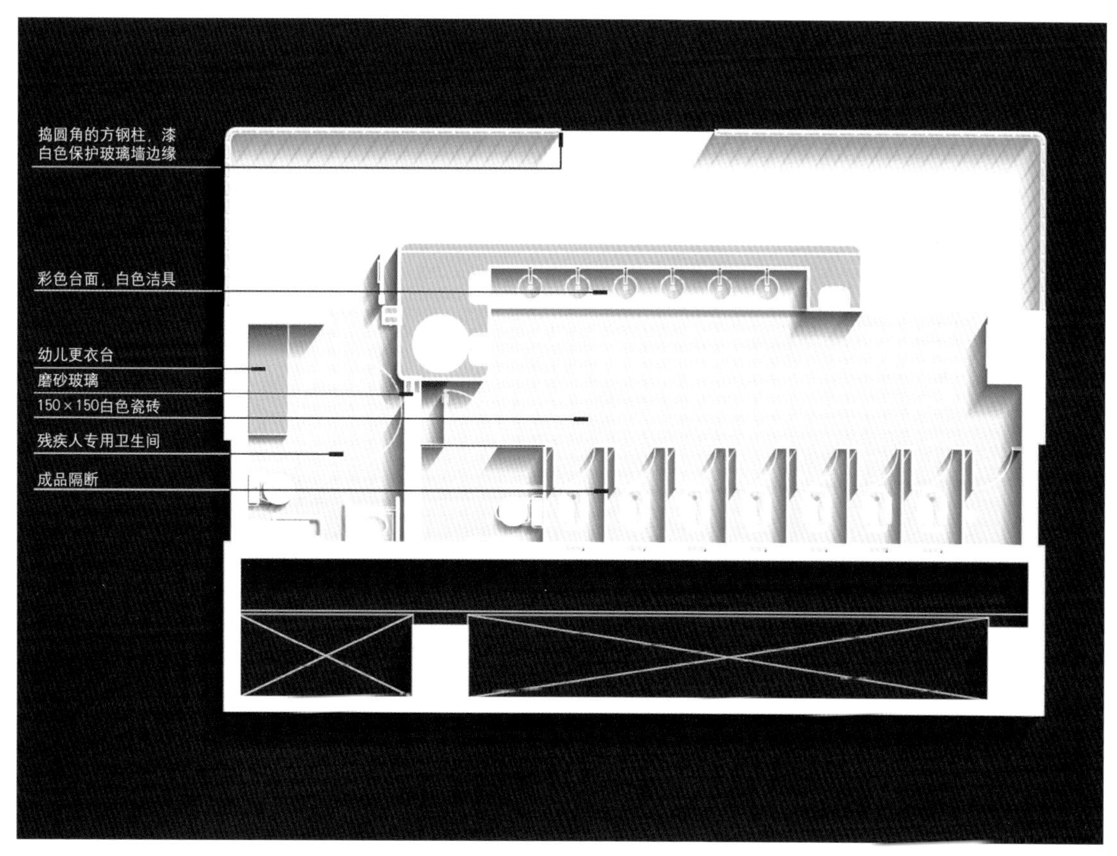

11-2 卫生间建筑平面示意

热源为市政热网的热媒（高温热水），冬季热媒温度125～65℃，夏季热媒温度70～40℃。热网检修期考虑电备用加热措施。在夏季充分利用空调冷凝回收热作为预加热，此部分热媒供回水温度40～32℃。

生活热水系统的分区与生活给水系统相同。热交换站设于地下二层（图11-4），夏季利用空调回收热先把冷水预热后，再进入热交换器进行水－水交换，由热媒进口的温控阀自动控制热交换器出水温度，供应55℃的热水。视运营及管理的需要，可灵活地选用定时供应热水，或者全天供应热水的运行方式。

为保证管网中的热水温度，方便使用，同时减少每次热水使用前冷水的泄放量，生活热水系统设置热水回水管道，

11-4 热水交换站房设备布置

采用机械循环的方式，循环加热热水管网中的热水，循环水泵的启停由回水温度自动控制。根据不同的区域、功能划分情况，生活热水系统在相应的热水供、回水管道上分别设置远传式供、回水表，将热水用水量数据显示在楼控中心。

生活热水系统管道采用的是食品级不锈钢管材，焊接连接。

三、中水给水系统

作为重要的节水措施，“水立方”的冲厕、场地冲洗、绿化等均采用中水作为水源，在位于本场馆地下二层的中水站内设有中水处理系统设备及中水供水系统设备，收集洗浴废水、冷凝排水等优质排水，经处理后回用。

中水处理系统采用膜生物处理工艺，在正常情况下，设备的处理能力能满足“水立方”日常运行中对中水的日常需求。由于用水设施的特点不同，中水供水系统在设置上，与生活给水系统、热水系统也不相同。“水立方”的所有中水用水，均由设于中水站内的一套中水变频泵组（配小气压罐）供给，该泵组包括两大两小共4台水泵（其中一台大泵为备用泵），采用恒压变流量供水技术，由压力传感器控制水泵投入台数及转速。另外，当中水清水池水位下降到低水位时，供水泵组强制停泵并报警。

中水供水系统根据不同的区域、功能划分情况设置远传式水表，将用水量数据显示在楼控中心。为避免地下层的卫生设施在使用中水时水压过大，在中水支管的相应部位均设有减压阀减压。

中水管采用ABS管，承插粘接，与其他种类的管材、金属阀门设备装置的连接，应采用专用嵌螺纹的或带法兰的过渡连接件。

四、直饮水系统

体育场馆运营过程中，赛时与赛后的不同时段，饮用水的需求变化非常大，存在着非常明显的高峰、低谷用水情况。观众、运动员、工作人员的饮水可能会集中在比赛间歇的十几分钟内，这就要求直饮水净化设备要有较高的瞬时产水能力。同时，在场馆关闭期间，因对直饮水的需求明显减少，在系统选用中还需考虑设备维护、卫生防疫、运行成本等方面的因素。目前的一些直饮水供应系统问题很多：或是净水出水量少，不能满足需求；或是净水储存罐的二次污染；或是桶装净水的质量疑问及二次污染；或是饮水机的清洁维护；或是净水设备中的滤芯的维护及更换；或是产出净水的同时浪费大量的水资源；或是净化过程中又产生二次化学污染等。

为确保直饮水供应系统的安全性、可靠性、适用性，“水立方”采用了分散式终端直饮水供应系统。按每个直饮水嘴流量0.08L/s，在各饮水处根据建筑物功能分区、流线、运营分析等因素确定直饮水嘴的设置数量，以避免出现拥挤排队的现象。

“水立方”室内的每个饮水处（图11-5）各安装有一套净水超滤系统，共计7套，该装置不需人工清洗，是利用自带的全自动电脑控制器实现清洗。其主要优点在于：不需配备净水储水箱，不存在发生二次污染的隐患；不需在整个建筑内安装专用管网，避免了管网的二次污染；无人用水时，系统不运行，不作无用功，不存在因长时间无人用水需排放管网中的水所造成的浪费问题；无单独设置机房的要求，节省了建筑面积及相关的土建施工费用等.

五、生活排水系统

“水立方”生活排水系统尽可能地采用污、废分流的方式，收集了大部分优质排水作为中水系统的处理原水，其余排水经相应处理后排至室外污水管网，很大程度上减少了污水的外排量。

在管路的敷设方面，地面以上楼层排水主要以自流方式排放；首层个别距离较远、难于自流排放的排水，就近同地下室排水合并收集后，经提升泵排放，提升泵启停由水位自动控制，具备事故报警功能。

为降低噪声，保证排水管的排水能力，排水系统视情况增加了部分通气管道，排水横管长度较长者，采用环形通气管。为保证后续管线或处理设施的良好运行，厨房污水经两级隔油后排放（在厨房每个厨具处设小型隔油处理器，室外也设隔油池处理）、粪便污水经室外化粪池处理后再排至市政污水管道。其余排水均直接由室外污水管排至市政污水管。

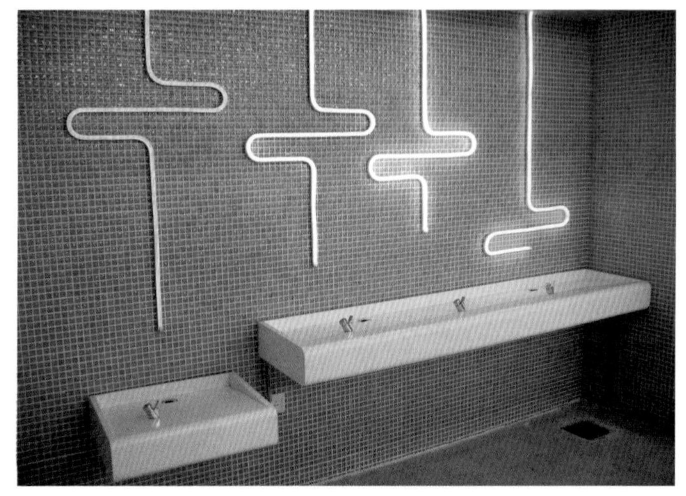

11-5 直饮水饮水台

排水系统的管材：重力流污水管、废水管、通气管采用柔性接口排水铸铁管，法兰连接或不锈钢卡箍连接；压力排水管采用热浸镀锌钢管，丝扣或沟槽式管件连接。

在确保卫生防疫安全的前提下，考虑到建筑美观的要求，所采用地漏及存水弯的水封高度均不小于50mm，地漏材质为铜制地漏，箅子均为镀铬制品。地面清扫口采用铜制品，清扫口表面与地面平。

六、雨水系统

“水立方”的屋面雨水采用压力流雨水排放系统，设计重现期取10年，加上溢流系统的排放能力，可达到排放50年重现期雨水的要求。室外采用有组织排水的方式，雨水设计重现期为5年。雨篷上的雨水以自流排水的方式排至室外护城河。

在“水立方”的雨水设计系统中，还采取了雨洪利用措施，收集屋面的雨水经处理达标后回用于空调冷却塔补水及室外水景补水等方面，不仅降低了大雨期间雨水排放对市政与水管网的压力，又回用了部分优质雨水，达到了节约用水的目的。

雨水系统根据应用部位的不同，采用的是不锈钢管或HDPE管，这样做的目的是有效降低工程造价，以符合节俭办奥运的政策。

七、游泳池水循环处理系统

“水立方”内设有多种形式的游泳池，有比赛池、热身池、跳水池、嬉水池等，其中与比赛有关的泳池均采用的是逆流式全流量臭氧消毒循环方式。

泳池加热使用的热源与生活热水系统相同。泳池初次充水时，由自来水管经防止倒流污染的倒流防止器接入配水管，为泳池充水。泳池泄空时，由泳池泄空口排至均衡水池，利用循环水泵排至室外。

各游泳池的水质监控、水温监控、均衡水池液位监控、报警、设备运行状态、故障报警、臭氧泄漏报警等均由各自的机房控制间及集中水处理监控中心两级监控（集中水处理监控中心设置在游泳比赛池水处理机房内），并将以上采集的监测信号集中反馈到楼控总控中心。水处理机房地面积水深度达50mm时在楼控中心报警，并自动或通过远程手动关闭游泳池总配水管道上的电动阀。

“水立方”游泳池水循环处理系统采用的主要管材有ABS管、CPVC管。

八、水景水循环处理系统

为保证水景水的水质，在“水立方”的地下层设有相应的水景水处理机房，水景水经毛发捕集器去除大颗粒物质后，由循环水泵加压，投加絮凝剂并进行反应后，进入石英砂过滤器；过滤出水进入消毒单元；根据水中的pH值和余氯检测值用精密计量泵自动投加酸碱液和次氯酸钠溶液，保证池中水的pH值和余氯值在要求范围之内。池水按实际需要投加除藻剂，保证池水和池体不滋生藻类。并且定时排污，及时补充新鲜水。护城河水处理机房见图11-6。

11-6 护城河水处理机房

九、消防给水系统

“水立方”内除不宜用水保护的部位及空间高度过高的部位以外，均设置消火栓及自动喷水灭火系统保护；泳池比赛大厅设消防水炮系统保护；高低压配电室，柴油发电机房，网络数据机房采用七氟丙烷气体灭火系统保护。

按照国家有关规范，根据消防给水系统的设置情况，“水立方“在火灾时需要考虑的消防用水量分别为：室外消火栓用水量30L/s，火灾延续时间2h；室内消火栓用水量30L/s，火灾延续时间2h；自动喷水灭火系统用水量30L/s，火灾延续时间1h；消防水炮系统用水量40L/s，火灾延续时间1h。

其中室外消防用水及地下水泵房内消防吸水池的补水水源为市政自来水，由从景观路及景观西路分别引入的一根*DN*200给水管供水。

考虑到“水立方”内游泳池数量较多、储水量较大的特点，从节俭办奥运的宗旨出发，利用三个游泳池作为消防水池，比赛池与热身池互为备用，保证一个泳池放空检修时，另一个泳池满足消防水量要求，并且多功能池作为进一步的水源保证。为更大可能地增大安全性，消防泵房设消防水泵吸水池，吸水池容量120m^3。同时设置可紧急补充市政自来水的管道，进一步保证水源的可靠性。室内消防泵组布置

11-7 消防水泵组

见图11-7。

在四层水箱间设有效储水容积为18m³的高位消防水箱一座及室内消火栓系统、自动喷水灭火系统、消防水炮系统增压稳压设备各一套，以确保火灾初期对消防用水的需求。

（一）室外消火栓给水系统

“水立方”的室外，围绕建筑周边设有室外消火栓给水系统，由市政自来水管网提供的2路供水管供水，管网敷设呈环状，结合消防水泵接合器的位置布置室外消火栓，间距不大于120m。

（二）室内消火栓给水系统

本系统的消防加压供水泵组设于地下二层的消防泵房内，室内消火栓给水主泵共2台，按一用一备设置。平时由屋顶水箱及专用增压稳压设备保证本系统在消防初期的用水要求，消防主泵定期自动低速巡检；发生火灾时，系统超低压压力开关可自动启动消火栓泵，消火栓处所设消防按钮及消防控制中心也可远程手动启动主泵。

室内消火栓的布置可保证室内任何部位都能有两支同楼层消防水枪的充实水柱同时到达，其给水系统的干管在室内敷设时相连呈环形。室内消火栓栓箱采用带灭火器柜式组合式消火栓箱，每个箱体内的基本配置为，上部消火栓箱内配SN65消火栓栓口1个、25m长*DN*65麻质衬胶水带1条、*Φ*19mm水枪1支、消防软管卷盘1套及水泵启动按钮1个。下部灭火器柜内配手提式干粉灭火器2个。

在室外的适宜位置，设有供室内消火栓给水系统专用的*DN*100地下式消防水泵接合器3套。

室内消火栓给水管道采用内外壁热浸镀锌钢管，口径≤*DN*100mm的采用丝扣接，口径>*DN*100mm的采用沟槽式管件连接。

（三）自动喷水灭火给水系统

按照国家规范及有关要求，国家游泳中心室内配置有闭式自动喷水灭火系统，对于因不采暖需要考虑防冻措施的地下汽车库区域采用预作用系统，其余部位采用湿式系统。其中地下汽车库按危险等级中（II）配置，喷水强度为8L/(min·m²)，作用面积为160m²；其余部位按危险等级中（I）配置，喷水强度为6L/(min·m²)，作用面积为160m²。

由设于地下二层消防泵房内的自动喷水系统给水泵组为本系统提供加压供水，平时由屋顶水箱及专用增压稳压设备保证本系统在消防初期的用水要求，自动喷水系统给水主泵共2台，按一用一备设置，定期自动巡检。发生火灾时，系统超低压压力开关及报警阀处压力开关均能自动启动自动喷水系统给水主泵，消防控制中心也可远程手动启动主泵。

预作用系统采用带气压检测电启动单连锁预作用系统，阀组的开启由火灾报警系统探测器控制。当探测器启动后，向火灾报警控制盘输入信号，而后控制盘输出电磁阀开启信号，输出系统末端快速排气阀前的电磁阀开启信号，系统排气；预作用阀膜片腔泄压，系统进水，压力开关启动自喷主泵，系统处于准工作状态，当喷头启动膜片破裂后，系统出水灭水。

湿式报警阀组集中设置在水泵房（图11-8），预作用阀因管网喷水时间限制而分散布置。每个防火分区或楼层设信号阀及水流指示器。

地下二层车库采用直立型喷头，其余区域（除泡泡吧以外）采用直立型或吊顶型普通喷头，厨房喷头动作温度93℃，其余均为68℃。地下一层赛后汽车库区域因赛时为机房或办公用房，建筑设吊顶，所以设置直立型喷头上喷，下设吊顶

11-8 湿式报警阀组的布置

型喷头配合赛时吊顶。最上层看台背部在泡泡吧顶下设边墙型扩展覆盖喷头，喷头水平保护距离不小于6m。所有为赛时服务的喷头及管道在赛后拆除。

根据消防性能化设计原则，游泳池比赛大厅不设消防喷头保护，地上二层泡泡吧采用红外扫描自动寻的消防灭火系统。

在室外的适宜位置，设有供室内自动喷水灭火系统专用的*DN*100地下式消防水泵接合器3套。

自动喷水灭火系统管道采用内外壁热浸镀锌钢管，口径≤*DN*100mm的采用丝扣连接，口径>*DN*100mm的采用沟槽式管件连接。

（四）固定消防水炮给水系统

根据有关方面的要求，为了更大程度地确保消防安全，在“水立方”的比赛大厅上方设置了固定式自动消防水炮灭火系统，消防水炮安装于屋顶跑马廊，设置点可保证两支水炮的有效射流同时到达比赛大厅的任何部位。本系统由设于地下二层消防水泵房内的消防水炮泵组加压供水，消防水炮泵共设2台，按一用一备配置。平时由屋顶水箱及系统增压稳压设备维持本系统水压，水炮主泵定期巡检，发生火灾时，控制主机接收到火灾报警系统的火警信号后，向解码器发出控制指令，驱动消防炮扫描着火点，火灾经确认后自动启动水炮泵、开启电动阀喷水灭火。系统也可由值班人员手动控制。手动控制盘上设水炮泵启动按钮，消防控制中心也可远程手动启动主泵。

在室外适当位置设有固定消防水炮系统专用的地下式消防水泵接合器3套，以便于消防车加压供水。

固定消防水炮系统采用内外壁热浸镀锌无缝钢管，法兰连接。

十、气体灭火系统及建筑灭火器的配置

地下二层柴油发电机房、高低压配电室，地下一层网络数据机房采用七氟丙烷气体灭火系统保护，按管网系统设置。柴油发电机房、高低压配电室设计灭火浓度8.6%，喷射时间不大于10s；网络数据机房设计灭火浓度7.5%，喷射时间不大于7s。

根据国家有关规范，在“水立方”室内根据不同的火灾危险等级、火灾类型，配置了不同型号、规格的建筑灭火器。每个灭火器设置点的灭火器数量都不少于2个，所保护的最大距离都不超过20m。其中地下车库按B类火灾设置，其他区域按A类火灾设置。

第二节　游泳池水处理系统

一、水处理系统基本概念

依据节水、环保及符合相应国家政策、规定方面的要求，新建游泳池一般均要求采用循环净化给水系统。

（一）水处理系统的循环方式

（1）顺流式循环方式——游泳池的全部循环水量，经设在池子端壁或侧壁水面以下的给水口送入池内，再由设在池底的回水口取回，进行处理后再送回池内继续使用的水流组织方式。

（2）逆流式循环方式——游泳池的全部循环水量，经设在池底的给水口或给水槽送入池内，再经设在池壁外侧的溢流回水槽取回，进行处理后再送回池内继续使用的水流组织方式。

（3）混合流式循环方式——游泳池全部循环水60%～70%的水量，经设在池壁外侧的溢流回水槽取回；另外30%～40%的水量，经设在池底的回水口取回。将这两部分循环水量合并进行处理后，经池底送回池内继续使用的水流组织方式。

（二）循环净化工艺常用的过滤形式

目前国内国际常用的过滤工艺主要有两种，即石英砂过滤系统与硅藻土过滤系统。这两种过滤工艺在应用于游泳池方面时的主要差别在于过滤设备的不同，其他部分基本相似。

1．石英砂过滤机理

石英砂过滤系统是以石英砂为过滤介质，在过滤砂缸里放置一定厚度的石英砂，一般在0.8～1.0m之间，按从上到下的顺序、这些石英砂的粒径由小到大依次排列，正常过滤时，水是从砂的上层进入，由下层出来。当水从上流经滤层时，水中部分的固体悬浮物质进入上层滤料形成的微小空眼受到吸附和机械阻留作用被滤料的表面层所截留，同时，这些被截留的悬浮物之间又发生重叠和架桥作用，就好像在滤层表面形成一层薄膜，继续过滤着水中的悬浮物质，这就是所谓滤料表面层的薄膜过滤。这种过滤作用不仅滤层表面有，而当水进入中间滤层时也有这种截留作用，为区别于表面层的过滤，这种作用称之为渗透过滤作用。 此外，由于砂粒彼此之间紧密地排列，水中的悬浮物颗粒流经砂层中那些弯弯曲曲的孔道时，就会有更长的时间、更多的机会与滤料表面相互碰撞和接触，于是，水中的悬浮物在砂层的颗粒表面与絮凝体相互粘合而发生接触混凝过程。 石英砂过滤系统就是通过薄膜过滤、渗透过滤及接触过滤过程，使水得到进一步净化。

在游泳池的运行过程中，由游泳人员带入池水中的油脂、尿液、泥灰、细菌和病毒，以及由空气落入游泳池中的尘埃，会使游泳池的水质变坏，因此必须通过净化处理，才能保证卫生安全的需要。水中的这些杂质很小，石英砂过滤系统的精度一般为10～30μm，因此很难直接将这些物质有效去除。因此，采用石英砂过滤系统的游泳池都配有混凝剂投加系统。

水中的杂质微粒大多都带有负电荷，由于同性相斥，它们很难粘合起来成为较大的颗粒，向水中投入大量带有正电荷的混凝剂使得这些微粒之间相互聚结的过程称为凝聚；向水中投入具有线性结构的混凝物，使得颗粒逐步变大，变成大颗粒的絮凝体（俗称矾花）的过程称为絮凝。凝聚与絮凝合称为混凝。通过在水中加入混凝药剂的方法，可使水中的微小颗粒絮凝成大的颗粒，然后再通过石英砂过滤系统的处理，就可达到去除有害物质、净化游泳池池水的目的。

2．硅藻土过滤机理

同样，硅藻土过滤系统是以硅藻土为过滤介质，通过附着在滤元上的硅藻土滤料膜的过滤作用来达到净化池水的目的，其过滤机理与石英砂过滤相似，但由于硅藻土颗粒非常细小，因此过滤精度很高，不用像石英砂过滤系统那样需要对水进行混凝处理，且过滤的效果要好于石英砂过滤系统。

石英砂与硅藻土过滤系统的应用特点见表11-1。

二、国家游泳中心赛时游泳池的水处理系统

（一）基本情况

“水立方”赛时游泳池采用了目前国内应用较为成熟的石英砂过滤系统。赛时游泳池包括比赛池、热身池及跳水池，均设于地下一层，都采用的是逆流循环方式的全流量半程式臭氧消毒净化工艺。所有游泳池的水质均要求能达到奥组委规定的水质标准。

奥运会比赛期间，游泳池循环工艺流程为：游泳池水溢过池顶流进溢流回水槽，通过槽底回水管重力流入均衡水箱，循环水泵从均衡水箱中吸水（自灌式）加压，在水泵吸水管上投加絮凝剂并充分混合，经毛发收集器去除毛发及大颗粒物质后，进入石英砂过滤器，以去除悬浮物、色度等；过

石英砂与硅藻土过滤系统的应用特点　　表11-1

	石英砂过滤系统	硅藻土过滤系统
机房面积	较大	较小
反冲洗用水量	大	只有石英砂过滤系统的10%左右
过滤介质	获取来源较多	属不可再生资源，不恰当的排放可能会对排水系统有不利影响
运行操作及管理	池底清污及石英砂的更换工作较繁重	硅藻土的投加及设备清洗操作要求较高
国内应用情况	国内应用较多	国内应用相对较少
国外应用情况	有成熟应用，属传统工艺	有成熟应用，属较先进的工艺
过滤精度	一般10～30μm	较高，可达1～5μm
混凝投药系统	需要	不需要
消毒药剂投加量	一般	较少
投资及运营费用	一般	较少

滤出水进行臭氧消毒，经反应罐使臭氧和池水充分混合，进入活性炭吸附罐，吸附残余的未经反应的臭氧，同时把臭氧氧化所凝结和氧化的污染物滤积在活性炭层中；滤后水进入换热单元，采用分流加热形式，经过板式换热器的水与未被加热的水充分混合，池水在线采水管处设置温度监测点，用于调节热媒流量，从而达到控制水温的目的；经过加热的滤后水pH值调整剂和长效消毒剂；在线设置水质测控台，根据池水中的pH值和余氯检测值自动控制精密计量泵投加酸碱液和次氯酸钠溶液的量，保证泳池中水的pH值和余氯值在要求的范围内。

在本净化工艺中臭氧消毒环节起着非常重要的作用，采用臭氧消毒可以大幅降低氯的用量，有利于保证游泳池水酸碱度的稳定，减少泳池内刺鼻的氯气味及氯对眼睛、皮肤、发质等的伤害，大大提高水的清澈度,使水呈现出美丽的蓝色。游泳池加热所用的热源为市政热网提供的高温热水，池水初次充水时，由自来水管经倒流防止器接入配水管，为泳池充水。泳池泄空时，由泳池泄空口排至均衡水池，利用循环水泵排至室外。

（二）单体设置

根据各池使用特点的不同，池水的循环周期、循环水量、池水温度等有一定的差别。

1．比赛池

比赛池水深3m、长边50m、短边25m，有效池水容积约3750m^3，为标准泳池。赛时水温要求控制在26±1℃，赛后水温为28℃左右。

根据比赛池水深及可能的游泳负荷情况，采用4h的池水循环周期，循环流量约985m^3/h。

比赛池设布水口200个，沿赛道中线布置，长向间距2.5m，短向间距2.5m。

比赛池水处理系统主要管道采用的为PVC-C管材，比赛池池底布水管的施工见图11-9。

比赛池水处理机房设备见图11-10。

2．热身池

热身池水深2m、长边50m、短边25m，有效池水容积约2500m^3，也为标准泳池。赛时水温要求控制在27±1℃，赛后水温为28℃左右。热身池运行情况与比赛池较接近，也采用4h的池水循环周期，循环流量约655m^3/h。设布水口160个，沿赛道中线布置，长向间距3.0m，短向间距2.5m。水处理系统主要管道采用的为ABS管材，热身池池底布水管的施工见图11-11。热身池水处理机房设备见图11-12。

3．跳水池

跳水池水深4.5～5.5m、长边30m、短边25m，有效池水容积约3750m^3。赛时水温要求控制在26±1℃，赛后水温为28℃左右。由于水深较深，且游泳负荷相对很小，跳水池采用8h的池水循环周期，循环流量约480m^3/h。跳水池共设布水口110个，根据不同的池底标高，分2部分布置，每部分设布

11-9 比赛池池底布水管道的施工

11-10 比赛池水处理机房

11-11 热身池池底布水管道的施工

11-12 热身池水处理机房

11-13 跳水池池底布水、布气管道的施工

11-14 跳水池水处理机房

水口55个，较浅池底布水口间距2.0～2.5m，较深池底布水口间距2.0～3.0m。跳水池水处理系统主要管道采用的为ABS管材，跳水池池底管道的施工见图11-13。跳水池水处理机房设备见图11-14。

（1）放松池：放松池水深0.8m、直径3m，有效池水容积约5.7m³。赛时水温要求为40℃，赛后视运行要求确定。放松池的作用主要是在赛时保证运动员的暖身需求，由于水深较浅、水量较少，相对需要较短的池水循环周期才能保证池水的水质，因此池水循环周期采用0.25h，循环流量约25m³/h。在放松池的附近还设有供运动员暖身用的淋浴花洒，热水系统采用双管供水方式，运动员可根据个人的需要调节适宜的水温。

（2）跳水池制波与安全保护气浪系统：跳水池制波：为使跳水运动员从跳台或跳板向下跳时，能准确识别池子的水面，保证空中动作准确、完美的完成，不致因池子水面产生的眩光而错误辨别水面位置，使空中动作不能完成或过早完成，或被水面击伤、摔伤，需要在跳水池的水面利用人工方法制造出一定高度的水波浪。跳水比赛要求运动员入水所溅起的水花愈小愈好，这是影响得分的因素之一。因此，要求人工制造的水浪不得出现翻滚，更不能出现波浪式大浪，而应是均匀的波纹式小水浪。为确保赛时制波系统的可靠运行，“水立方”的跳水池同时设置了起泡制波与喷水制波两套系统（图11-15）。

安全保护气浪：是在不同高度的跳板（台）正前方的池底设置一个喷射空气的装置，使其能通过迅速释放空气，在池水面制造出一个使水体变软、具有一定弹性的泡沫气水混合“气浪”效果，形成一个气泡的“干草堆”，以确保运动员的安全。其作用：既是保证跳水运动员因动作失误落入水中不致受伤的安全措施；也是当跳水运动员练习新的跳水动作或技巧时不出现安全事故和克服初学跳水人员的恐惧心理的保护措施。

安全保护气浪一旦开启，要求能立即形成“气浪”才能达到安全保护作用，所以，“气浪”应该在运动员自由落下入水之前的这一瞬间通过池水振动而产生。

该装置由教练员无线遥控开启或关闭。

11-15 跳水池制波系统设备

第十二章　性能化消防设计

目前的建筑物通常按现行的相关建筑防火设计规范进行设计，也可采用以性能化为基础的消防工程学体系，即在基本的消防原理和科学的消防工程设计的基础上制定有关的建筑物消防解决方案。

采用以性能化消防设计所制定的解决方案能更好地满足特定建筑物的消防要求，同时节约投资，提高建筑物使用的灵活性，还能达到较高的消防水平。性能化消防工程设计法还可以在发生火灾时进行安全评估，能够最大限度地减少火灾发生率，而这一点是常规建筑规范设计法所无法比拟的。

目前，国际上的建筑消防设计正逐渐从常规的建筑规范设计转向以性能化为基础的设计。以性能化为基础的设计方法曾用于悉尼奥林匹克运动场馆、许多高水准的大型国际项目以及采用性能化设计标准的国家的相应项目中。

基于"水立方"超大的规模，空间结构的新颖性和使用功能的复杂性与特殊性，消防设计的某些方面未被为一般民用建筑制定的现行规范所涵盖。简单遵循现行防火规范并不能完全满足"水立方"的特殊要求，所达到的安全度也很难与建筑特有的火灾危险性相适应，同时很可能造成经济上不必要的浪费。因此，"水立方"采用性能化消防为其"量身订做"一套整体消防策略。目标是为游泳中心建立起一套可行且可接受的安全标准，而非简单套用也许并不完全适宜此项目的一般性规范。该防火策略与我国现行规范的出入之处包括防火分区尺寸、屋顶防火处理、建筑材料、疏散设计、喷淋系统覆盖范围以及具体的防烟控制措施等各方面，但是通过安全评估，性能化的防火策略从整体上保障"水立方"的安全达到可接受水平。

第一节　消防设计目标

一、内部空间概况

国家游泳中心的结构体系由上部的空间网架钢结构和下部的钢筋混凝土结构组成。造型独特的钢结构网架将屋顶与墙体整合为一体。结构体系的内外两个表面均以ETFE透明膜作为外围护材料，给建筑内部的水上比赛及娱乐空间提供最理想的自然光环境。

赛时，在钢结构空间网架和ETFE"表皮"的"庇护"下，是一系列大型空间和其辅助用房。比赛大厅内有供游泳、跳水、水球、花样游泳比赛的标准游泳池和跳水池，它与嬉水大厅均为通高的单层大空间，二者之间以东西向商业街相隔。热身池和多功能池大厅与其上部的休闲冰场大厅位于场馆的西侧，与主比赛大厅隔一道"泡泡墙"。休闲冰场南北两侧各有一栋小楼，容纳一些场馆管理、辅助用房及赛后俱乐部泳池设施。停车库及设备用房主要分布于地下二层（图12-1）。

二、设计目标

（1）为使用者提供安全保障；

（2）为消防人员提供消防条件，保障其生命安全；

（3）尽量减少财产损失，避免停业损失；

（4）尽量减少对赛事的干扰。

第二节　消防安全策略

"水立方"的防火策略涵盖了无保护的钢结构、超大的防火分区、基于疏散计算的防排烟系统，以及观众疏散通路的详细核算，从而在保证消防安全的前提下，节省了建筑空间（疏散宽度），也节约了钢结构防火涂料的大量投资。

一、火灾安全分析

火灾安全分析首先要考虑到时间：引燃时间、探测时间、疏散时间以及达到无法控制的状况的时间。因此，不能从一般防火规范中所规定的距离和区域的角度检查消防水平，而是应该将组织人们撤离火灾现场所花的时间与火灾超出人体耐受极限所需的时间相比较，然后从这个角度对消防水平进行评估。

建筑物使用时应将重大火灾载荷限制在某些区域。良好的设计范例是降低火灾风险同时为疏散人群提供更多的时间，而不是任其在某一区肆意蔓延和为疏散人群设计大量疏散道路。从这样一个大型场馆疏散人群是困难的，原因如下：

（1）人们可能很难立即离去，他们要用大量的时间寻找家人和财物；

（2）管理方不想停止比赛（特别是在奥运会期间）；

（3）通过对使用者传送信息使其疏散是困难的；

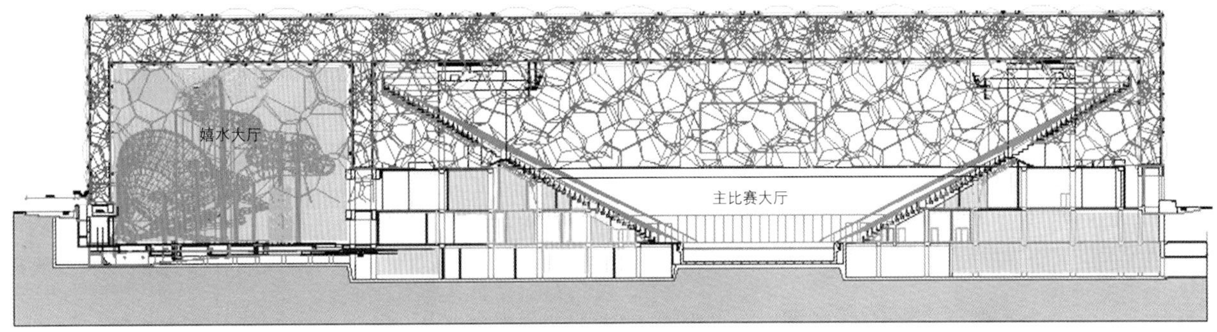

赛时模式

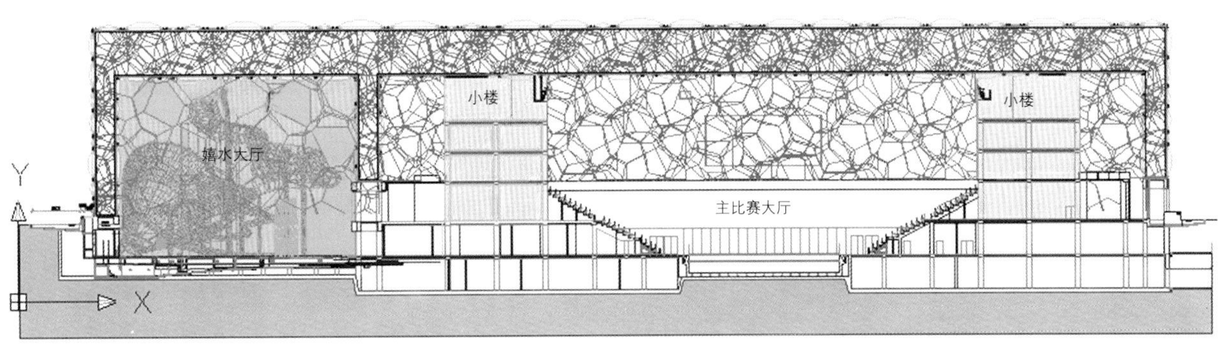

赛后模式

12-1 剖面空间示意

（4）在大规模的疏散行动中可能会出现受伤情况，但通过分阶段的有控制的疏散可降低这一风险；

（5）人们经常会对专门的消防安全通道感到不熟悉和迷惑，而会试着使用常用的开敞交通疏散路线。

国家游泳中心赛时最重要的区域为比赛大厅，赛时这里将会聚集约17000名观众、媒体、运动员、裁判等人员，这里的火灾安全分析是最典型的（图12-2～图12-7）。

二、消防安全系统

"水立方"的设计理念是通过以下措施提供一个消防安全系统以尽可能减少潜在的火灾带来的危险：

（1）控制火势的喷淋灭火装置；

（2）高危地区的分隔；

（3）特别设计的烟气控制可以尽可能地减少烟气扩散，保证疏散通道的安全。

这样疏散通道将在出现特殊危险的情况下为场馆提供安全疏散场所。与建筑规范相比安全通道的宽度将会减少，疏散距离将会加长，但是详细的分析显示"水立方"仍保持安全。

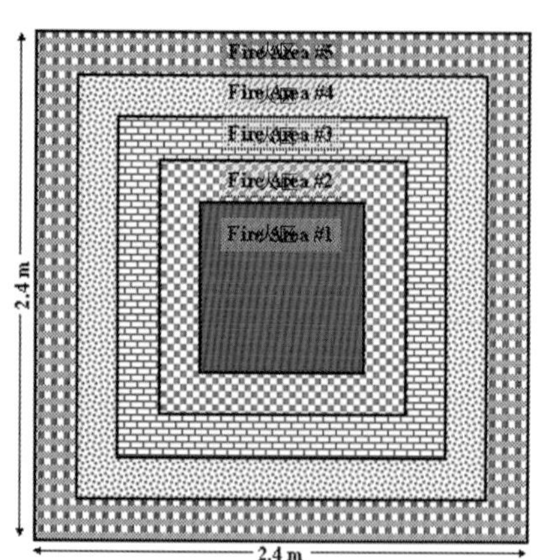

12-2 比赛大厅赛后模拟火势蔓延区域增加图

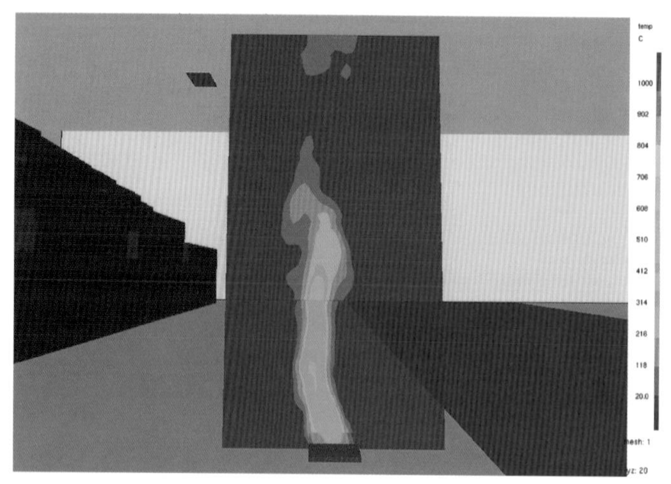

12-3 比赛大厅烟柱温度对比

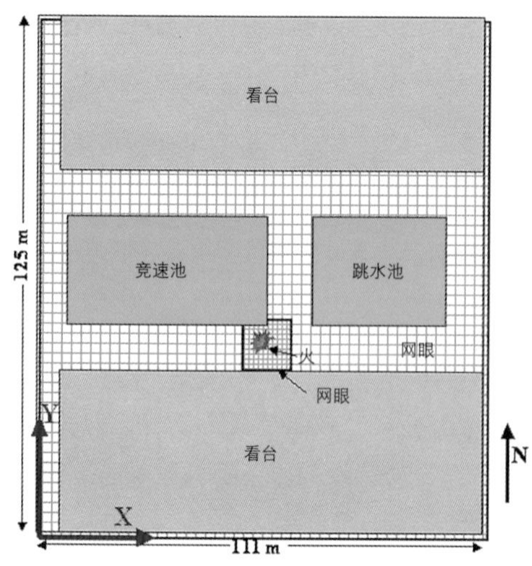

12-4 比赛大厅赛时起火模拟平面图

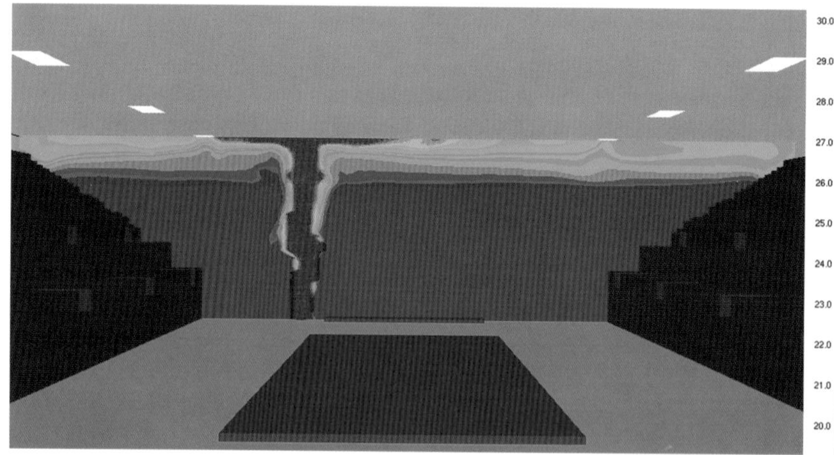

12-5 比赛大厅赛时模拟温度切面示意

三、特殊情况分析

1．钢结构防火

较小的火灾同时允许不对钢结构进行保护，分析证明墙体或屋盖的钢结构不要求消防保护。暴露在422℃临界温度以上，钢结构能够承受部分构件损失的情况，同时在火灾中继续承担设计荷载。这就意味着除了损失一些局部构件，结构不会在火灾中失效（图12-8、图12-9）。

2．立面材料的燃烧性能

立面和一些内墙将在钢结构外安装ETFE气枕结构。

ETFE约在275℃时会融化，随着接近其融化温度，材料会变软、形成孔洞并造成材料破坏。这样会为火灾提供通风。这种新型阻燃建材在德国DIN4102测试中被认定为B1级，在UL94测试中被认定为V-0级。由于ETFE材料很薄很轻，更多分散的碎片会被热烟柱带走，而不是掉落在地面。在直接火焰下，ETFE将很快燃尽并自熄。ETFE的这种性能使材料和建筑在发生火灾时是相对安全的。

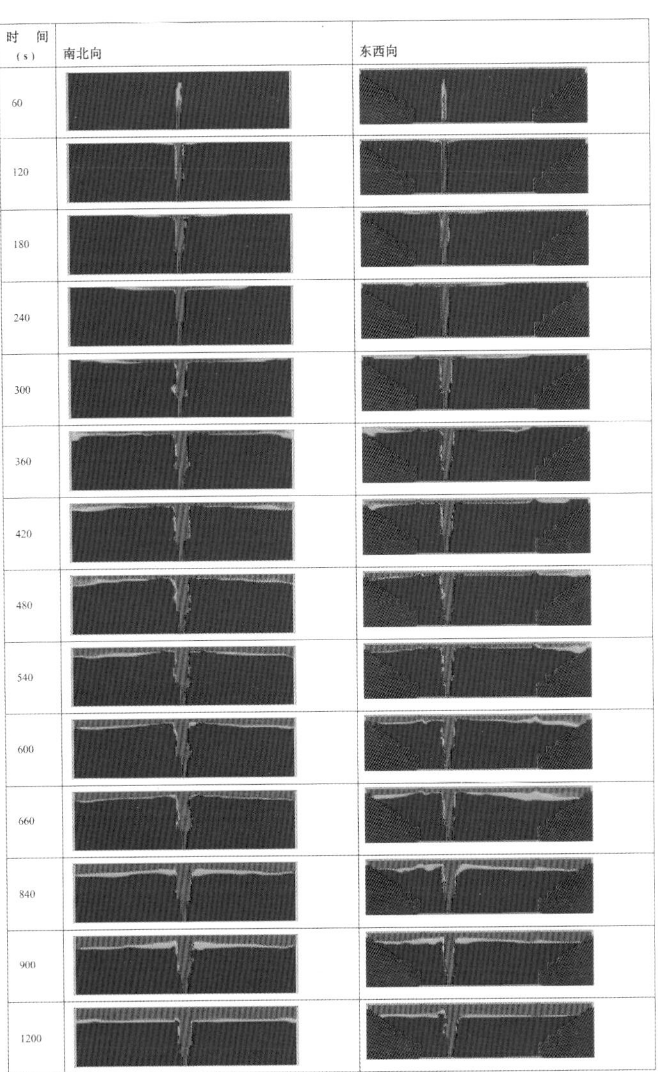

时　间（s）	南北向	东西向
60		
120		
180		
240		
300		
360		
420		
480		
540		
600		
660		
840		
900		
1200		

12-6 比赛大厅赛时起火能见度分析

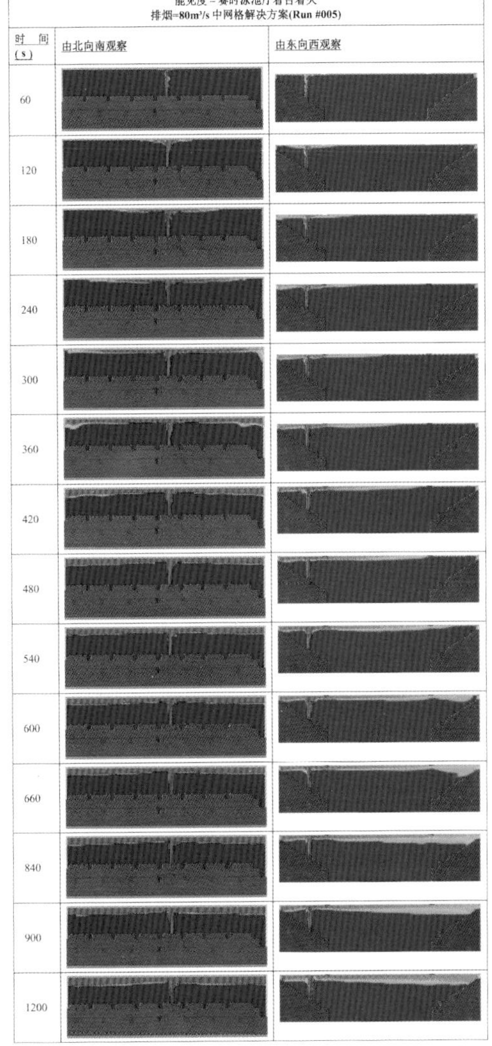

能见度 – 赛时泳池厅看台着火
排烟=80m³/s 中网格解决方案(Run #005)

时　间（s）	由北向南观察	由东向西观察
60		
120		
180		
240		
300		
360		
420		
480		
540		
600		
660		
840		
900		
1200		

12-7 赛时看台起火能见度分析

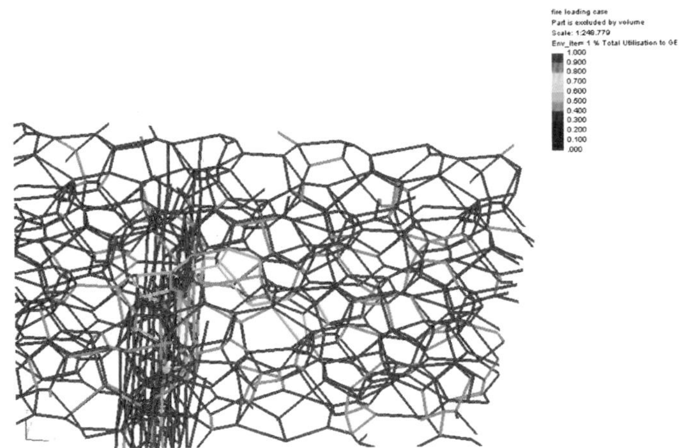

12-8 部分构件被去除后的赛时座椅上方屋盖杆件的应力值

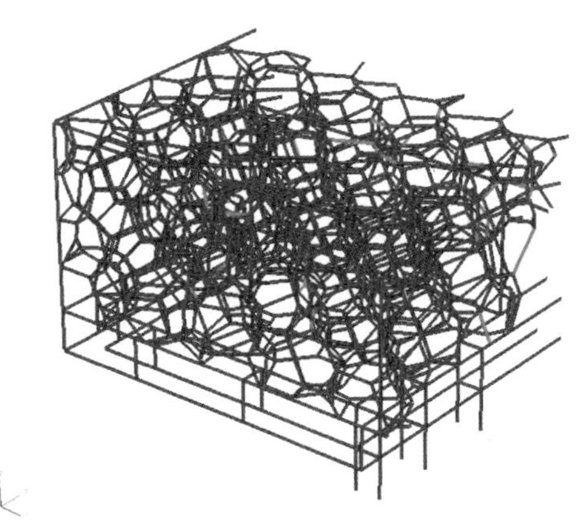

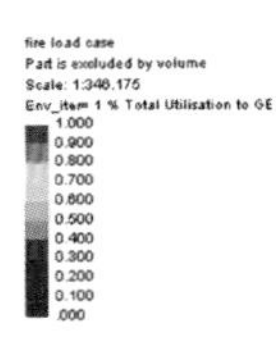

12-9 部分构件被去除后的泡泡吧杆件的应力值

第三节 设计体系

一、与现行设计规范的接轨

国家游泳中心赛时建筑空间格局由屋面与墙体一体的钢结构和ETFE外围护结构、其内部涵盖的几个大型空间及冰场和热身池南北侧的2栋小楼组成。小楼最多可有4层，建筑高度小于24m，大空间为单层，总高度超过24m。

(1) 原则上国家游泳中心常规区域的设计主要遵循GBJ16《建筑设计防火规范》和JGJ31—2003《体育建筑设计规范》的约定。局部进行特殊分析和保护处理。某些部分的设计提高标准，参照GB50045—95《高层民用建筑设计防火规范》。其大空间按室外而非中庭考虑；小楼按独立多层考虑，但消防设施要比一般常规做法规格些。

(2) 建筑分类：特级体育建筑；耐火等级：一级；

(3) 建筑构件耐火等级：建筑物构件的燃烧性能和耐火极限遵循《建筑设计防火规范》的约定；比赛相关用房遵循《体育建筑设计规范》的约定。钢结构屋顶均不作防火涂料。对竖向承重钢结构在进行结构应力与火灾危险的双向核查的基础上，进行特殊分析。

(4) 安全疏散：观众厅部分符合每个安全出口疏散400～700人的要求（现最大疏散容量为688人）。与观众席安全疏散相关的其他方面，如看台走道宽度，看台栏杆设置等，遵循我国规范约定的常规做法。人员出观众厅后即到达疏散走道。此处火灾荷载基本为零（无可燃物）。由疏散走道到达商业街后，其撤离路线按规范中的疏散走道约定，两侧墙体材料耐火1h以上，若采用玻璃需选用1.2h甲级防火玻璃。

二、消防性能化

设计过程中在以下方面突破了现行防火规范的约定。

1. 防火分区的规模

游泳中心内包括一系列的大型空间，如地下室设备机房、比赛大厅、热身池大厅、嬉水大厅、休闲冰场大厅及商业街等，空间本身的规模和功能要求决定了设计无法满足现行规范的要求。

2. 安全疏散

在国家游泳中心的设计中，对安全疏散时间的定义是：从人员开始撤离观众席到最后一个观众离开观众席安全出口，其总时间应小于8min。并以此为目标进行性能化消防设计。对人员出观众厅后的撤离路线两侧内有火灾危险的空间进行防火分隔。人员出观众厅后的撤离路线宽度根据性能化分析进行计算。大型空间（低风险）内的安全疏散距离，以保障人员在火灾发展到超过人体承受极限以前能安全逃离火灾现场为前提，选择最大双向疏散距离。

3. 钢结构的防火保护

此工程的钢结构空间网架体系整体性强。作为游泳馆建筑，空间内有大量水体和硬质非燃界面，火灾危险性相对较小。经过性能化分析，钢结构屋顶及竖向承重钢结构在进行结构应力与火灾危险的双向核查后不需做防火涂料。

三、防火规范与消防性能化结合

在性能化消防与现行规范的共同作用下，国家游泳中心遵循了以下设计准则：

1. 建筑防火分区

赛时：分区见图12-10～图12-15。

(1) 地下二层：停车库单独作为一个防火分区，有喷淋保护，面积超过我国标准，进行性能化分析。其他设备机房考虑到设备用房面积大，设备管线走线复杂、尺度大，联合几个机房作为一个防火分区，以减少机房间管道频繁穿越防火墙问题。重要机房进行喷淋保护。

(2) 地下一层：赛后汽车库部分作为一个独立防火分区；其余区域作为一个大型防火分区进行性能化消防分析和设计。局部区域做特殊防火分隔处理，如比赛大厅中介于轴线N与M，T与U之间的玻璃墙采用3h防火铯钾玻璃与其他部分进行3h防火分隔；嬉水大厅是一个大型通高的空间，考虑到实际使用的要求，未进行防火分区的划分，应用性能化消防进行分析和设计。

(3) 首层：作为一个大空间进行性能化消防分析和设计。比赛大厅、热身池大厅、冰场及嬉水大厅在这一层均与其他区域有防烟分隔，对局部区域特别处理，进行防火分隔。如观众厅出入口设置甲级平开防火门。

(4) 二层：没有防火分区。

2. 给水排水

(1) 自动喷淋系统的设置以净空高度低于8m，有火灾危险，并适宜用水保护的区域为原则。

(2) 消火栓的布置间距不超过30m。观众席的消火栓设置在安全出口处的侧墙上。

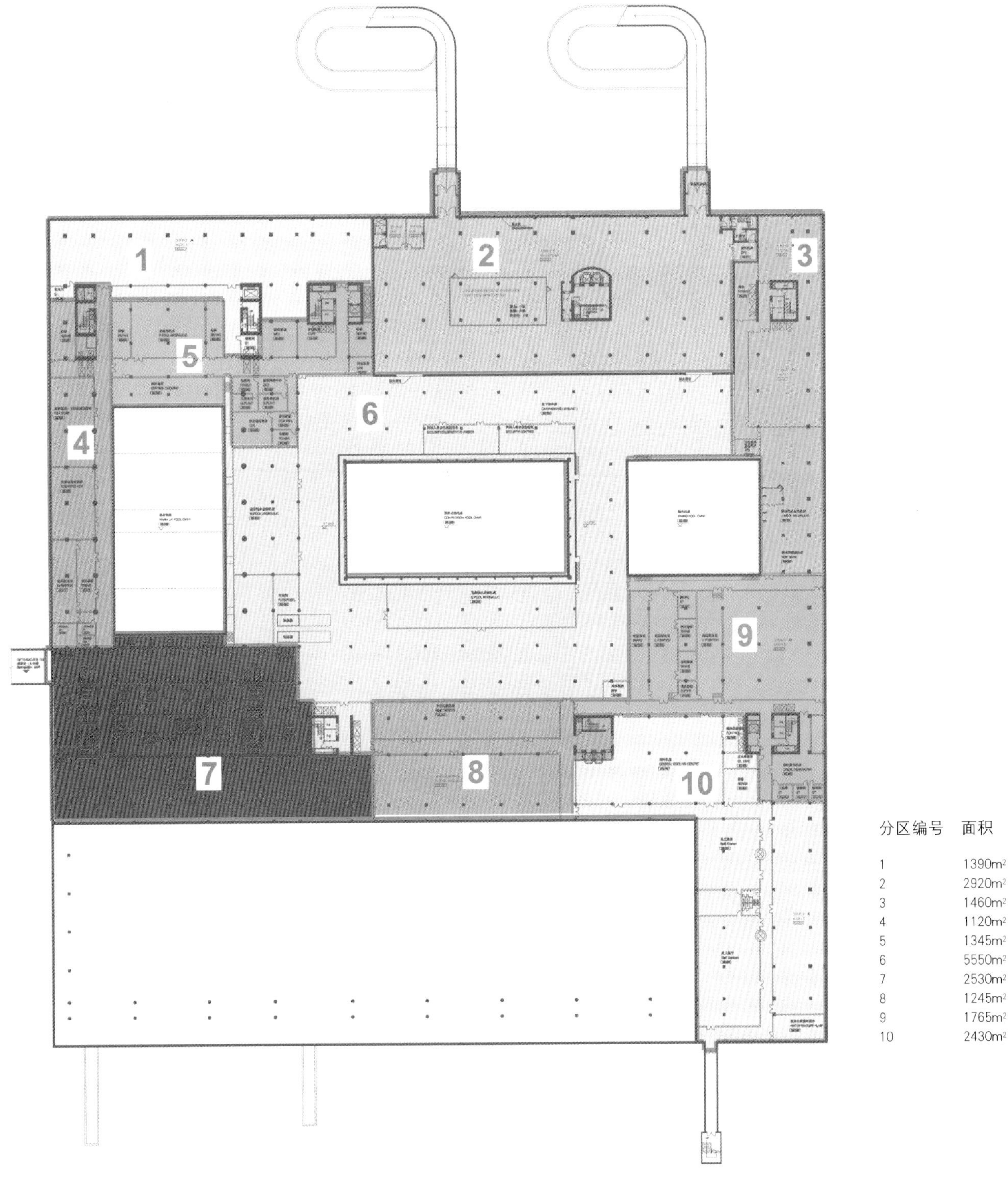

分区编号	面积
1	1390m^2
2	2920m^2
3	1460m^2
4	1120m^2
5	1345m^2
6	5550m^2
7	2530m^2
8	1245m^2
9	1765m^2
10	2430m^2

12-10 赛时地下二层防火分区

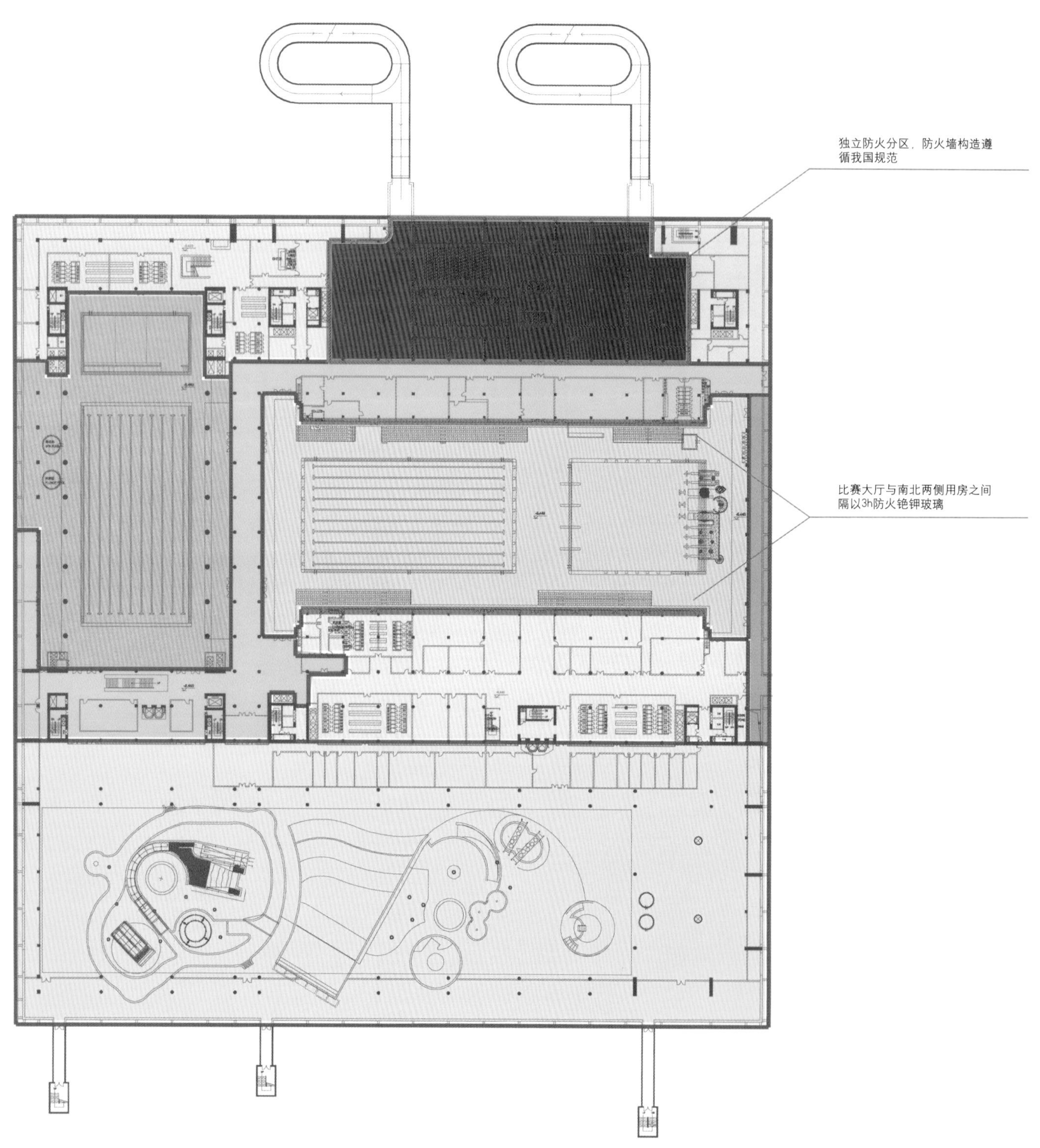

12-11 赛时地下一层防火分区

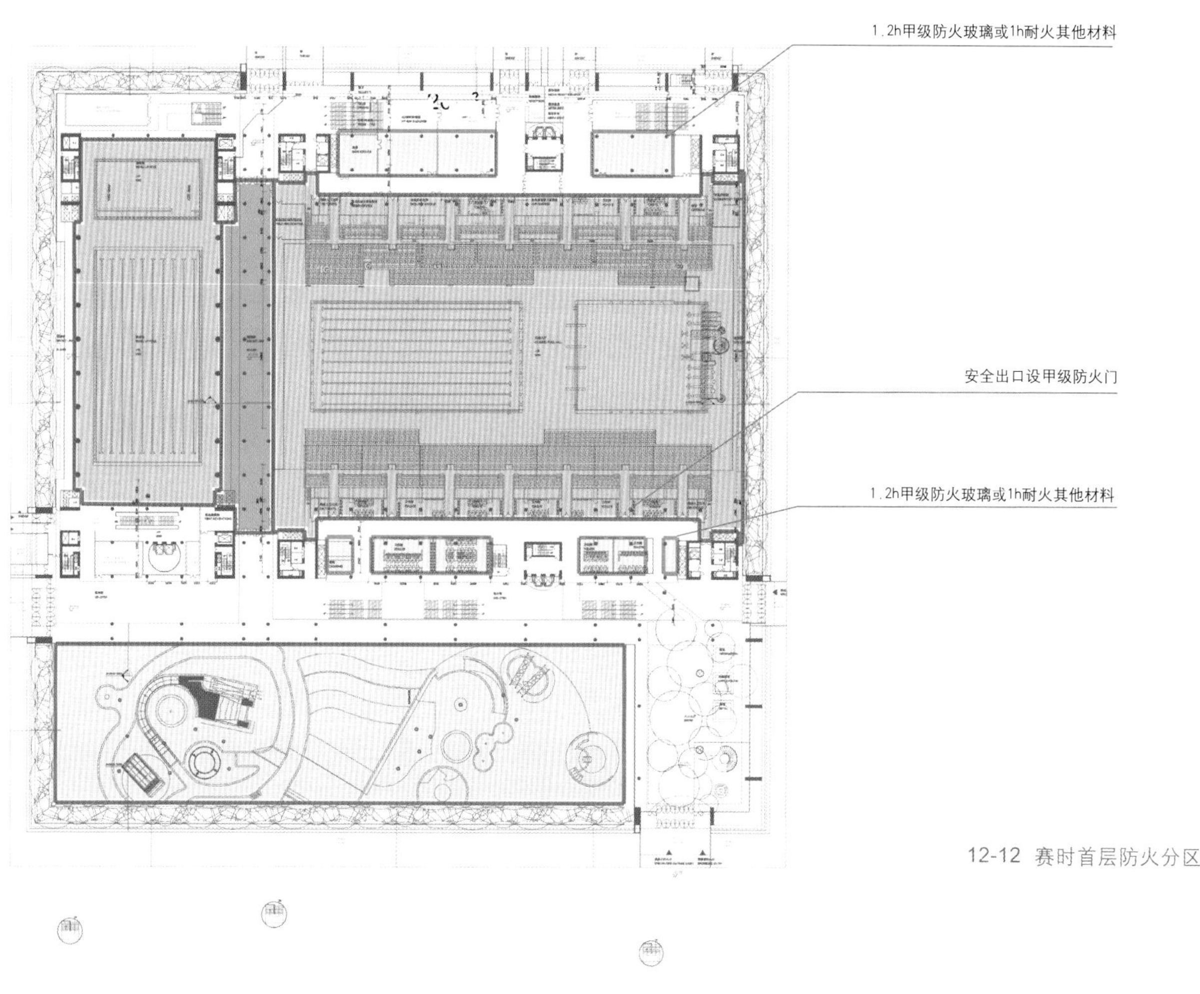

12-12 赛时首层防火分区

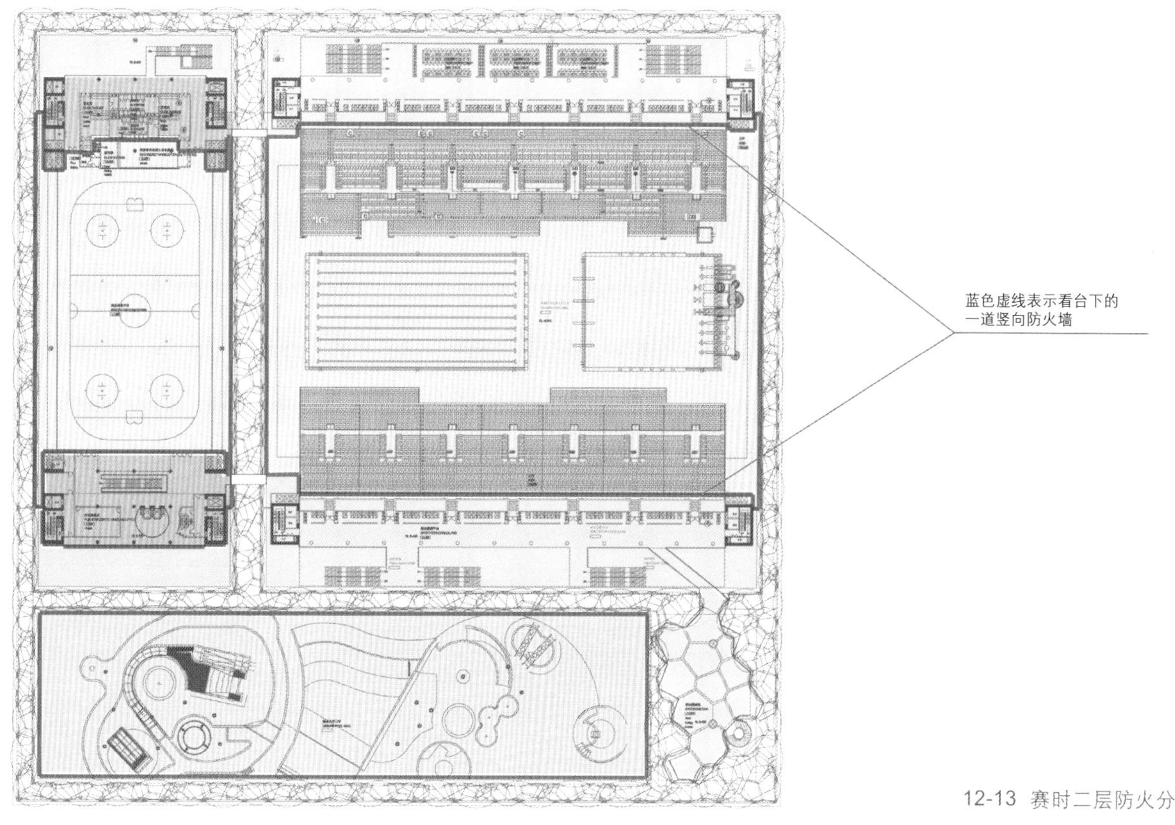

12-13 赛时二层防火分区

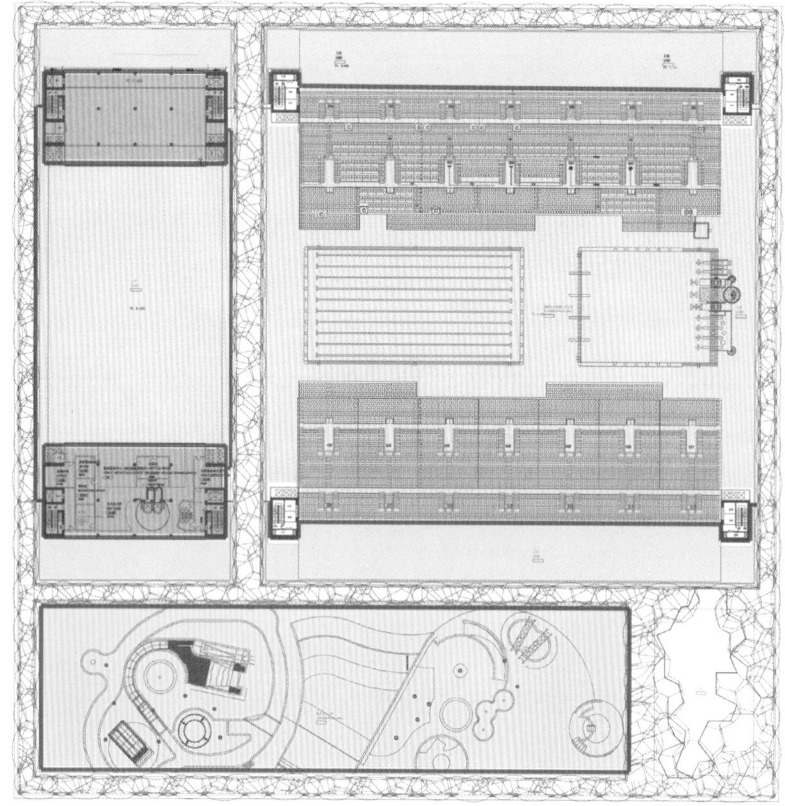

12-14 赛时三层防火分区

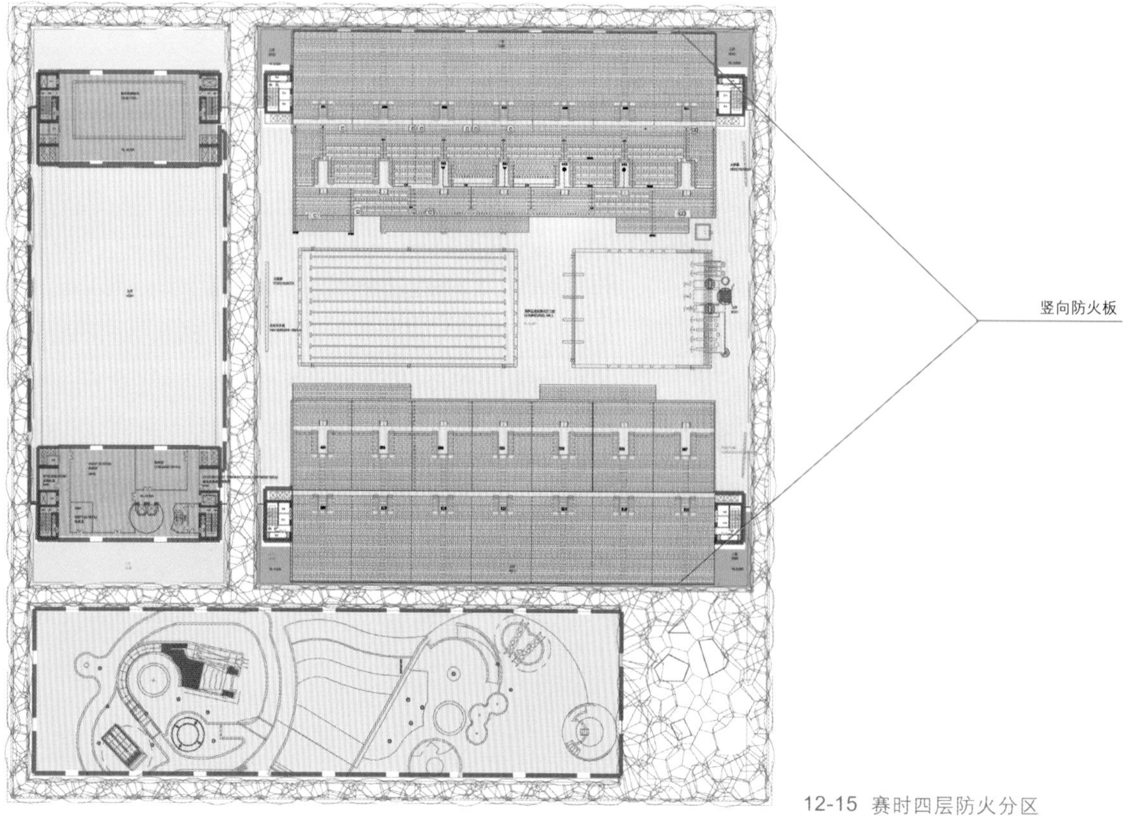

12-15 赛时四层防火分区

（3）永久柴油发电机房按北京地方标准设气体灭火。赛时临时柴油发电机房设于室外。永久网络机房和数据机房设气体灭火。赛时媒体临时转播及网络机房等不做气体灭火，利用原有车库的自动喷淋系统保护。

（4）赛后小楼面对看台的一侧，所有玻璃窗均达到1.2h耐火极限，房间内设普通喷头，看台一侧设边墙型喷头。

（5）二层泡泡吧设有大空间智能化喷淋装置。该区域没有顶棚，所以选用大空间智能型喷淋设计。

3．防排烟

烟气被控制在不同的防火防烟分区内。绝大多数的防烟分区提供了排烟措施。

（1）赛后防烟疏散楼梯间设正压送风系统；消防电梯间前室设正压送风系统；其中消防楼梯间合用前室和防烟楼梯间的加压送风系统分开设置。

（2）地下一、二层内走道、大于50m²的房间及重要房间排烟量按《高层民用建筑设计防火规范》核算。

（3）在性能化设计中，与常规防排烟设计规范相比有增减的部分进行说明。

（4）厨房事故排风排烟按城市燃气安全技术规程设计。

（5）赛后四栋小楼内走道和房间不做机械排烟，通过可击碎玻璃自然排烟至商业街空腔，由空腔内相应的排烟系统排烟。

（6）一旦区域内的火灾报警系统启动，则烟火控制系统自动进入操作系统。

①关闭正常AHU（空气处理机）模式

②启动防烟系统

③若探测到两个区域有烟火，则对这两个区域同时进行排烟。

4．电气

（1）市网3路供电（来自2个区域降压站，3路电源），地下二层设柴油发电机，2个独立储油间。

（2）应急照明、供电方法、照度标准按照我国规范设计。

（3）部分疏散标志采用蓄光材料。在奥运会期间使用蓄光自发光型出口标志代替照明标志。这样可以在所有赛时临时设施完工后最后安装出口信号，而不必布线。这些信号可用于有正常照明的任何区域。该信号有灯光感应，一旦灯光熄灭立刻发亮。一旦光源消失，光强变弱，因此它们仅用于已提供正常建筑照明的地方。

（4）火灾探测按常规设计，针对重要空间和大空间特殊设计，具体做法如下：

①下列部位选用光电感烟探测器（或激光感烟探测器）：办公室、会议室、控制室、电气竖井、电梯机房、防排烟机房、空调机房、疏散走道及防烟楼梯间前室等。

②下列部位选用感温探测器：地下室停车库（选用线性管式感温探测器提高报警灵敏度）、厨房（使用天然气则加设可燃气体探测器）。

③在数据网络中心、通信设备机房、安保监控室、设备监控室、配电室等重要场所设置高灵敏度的空气采样烟雾探测器，采用顶棚采样、回风口采样、地板下采样的组合采样方式，对以上重要区域进行可靠保护。

④防火卷帘门两侧、发电机房等设置气体灭火的区域设置感烟探测器及感温探测器。

⑤对于比赛大厅这样大空间采用双波段图像火灾自动探测及光截面图像感烟探测进行可靠保护。

⑥在电缆集中的电缆桥架内设置缆式感温探测器。

（5）报警系统：报警系统遍布建筑，并带有自动语言提示。同时可进行手动控制，以便给防火区内使用者提供指示。通过整个报警系统从消防控制室为使用者发出自动声音提示和人工远程控制。按防火防烟区（内部不分区）分区。按照消防部门和管理部门的要求安装消防控制柜。

5．紧急和一般疏散规定

（1）奥运会赛时：比赛大厅看台共约容纳17000人。在奥运会期间，建筑物内还有工作人员、运动员、官员等近4000人，由于其中很多人都会使用看台上的座椅，所以不会增加看台总人数。将另有近1400人在地下一层临时办公室区域。

（2）一般出口位置和尺寸：10个消防楼梯（最小宽度1.2m），6个用于多功能大厅（休闲冰场大厅），热身池等，4个用于比赛大厅交通。

地下二层的每个防火分区都至少有一个消防楼梯通往外面或通往地面层，此外还有一个安全出口穿过防火墙通往另一个防火分区。

赛后模式下地面层的安全出入口至少23组净宽1.8m的双扇门及4组净宽1.3m的双扇门，北侧10组大双扇门、4组小双扇门，南侧13组。赛时模式下另有6组净宽1.8m的双扇门通往北侧，另有6组净宽1.8m的双扇门通往南侧以满足额外的人流要求。

(3) 地下一层合计出口宽度：为了在地下一层提供适合的合计出口宽度，在若干公共场馆坐落之处，赛后建筑假设情况如下：

比赛池厅要求4m的合计出口宽度。这由泳池厅北侧的3.5m的消防楼梯和2.5m的坐席间走道来提供。

热身池和多功能池共需约6.5m的出口宽度。这由此区域北侧的2m的开敞楼梯和两个消防楼梯，再加上南侧的2.5m楼梯（假设为开敞楼梯加上一个消防楼梯）提供。

嬉水大厅需最少10m的合计出口宽度。这由至嬉水大厅北侧还未使用的其余3个消防楼梯，观景电梯旁的两个楼梯，及南侧3个各2m的楼梯来提供。

(4) 疏散距离：建筑内任何地方袋形走廊的疏散距离不得超过27.5m（我国规范：22m，对设有自动喷淋装置的区域中疏散距离可增加25%，即27.5m）。

在设有自喷系统的情况下，总疏散距离设计应允许人群在情况发展至超过人体耐受极限之前不受烟熏地从场馆疏散。在没有进行特别分析的地方（如机房区和停车场），疏散距离符合我国规范（即至出口50m）。

大型低火灾风险空间（如泳池厅，商业街）的最大双向疏散距离不得超过100m（仅比赛大厅观众席除外）。地下一层泳池南北两侧的用房在朝向泳池及大型通行走廊的一侧与泳池进行防火分隔，因此并不是大型空间的一部分。这些区域的疏散距离符合我国规范对有喷淋保护建筑的要求。

开敞楼梯在相互连接不超过2层之处将作为疏散路径的一部分。其余楼梯为消防密闭楼梯或喷淋区域中的防烟楼梯。

地下二层的疏散距离，是在包括了相邻防火分区之间的水平出口的情况下，符合我国规范。

(5) 比赛大厅观众疏散规定——奥运会模式：奥运会情况下的临时看台评估比赛前情况更为繁重，计算模型如下：

永久看台的所有观众向首层疏散，只有临时看台的观众向二层疏散。

除东北角为北部大众临时看台提供的临时开敞楼梯和场馆出口外，北侧永久看台及其通行区域只用于特殊观众。

临时看台下二层的通行区域将供一般观众使用，因此所有特殊观众将沿观众席纵走道从座位区下到首层的相关区域。

在一般疏散（进出场）情况下，假定北侧临时看台西部看台区的一般观众均通过天桥到达场馆南面的商业街，再由南部出入口进出。

所有南部看台的观众都为一般观众且所有首层二层的南侧大厅和通行区域均用于一般观众通行。

观众大型疏散走道区域供观众通行，这一区域不会有家具等障碍物。

(6) 赛时管理：赛时，采用规范的安保和管理，以尽量减少不必要的和蓄意的火灾，在所有出口处设置协助人员，直至赛事结束及在紧急情况下的疏散。训练工作人员，使工作人员能够在消防队到达之前控制小型火灾。

赛时人员疏散示意见图12-16～图12-18。

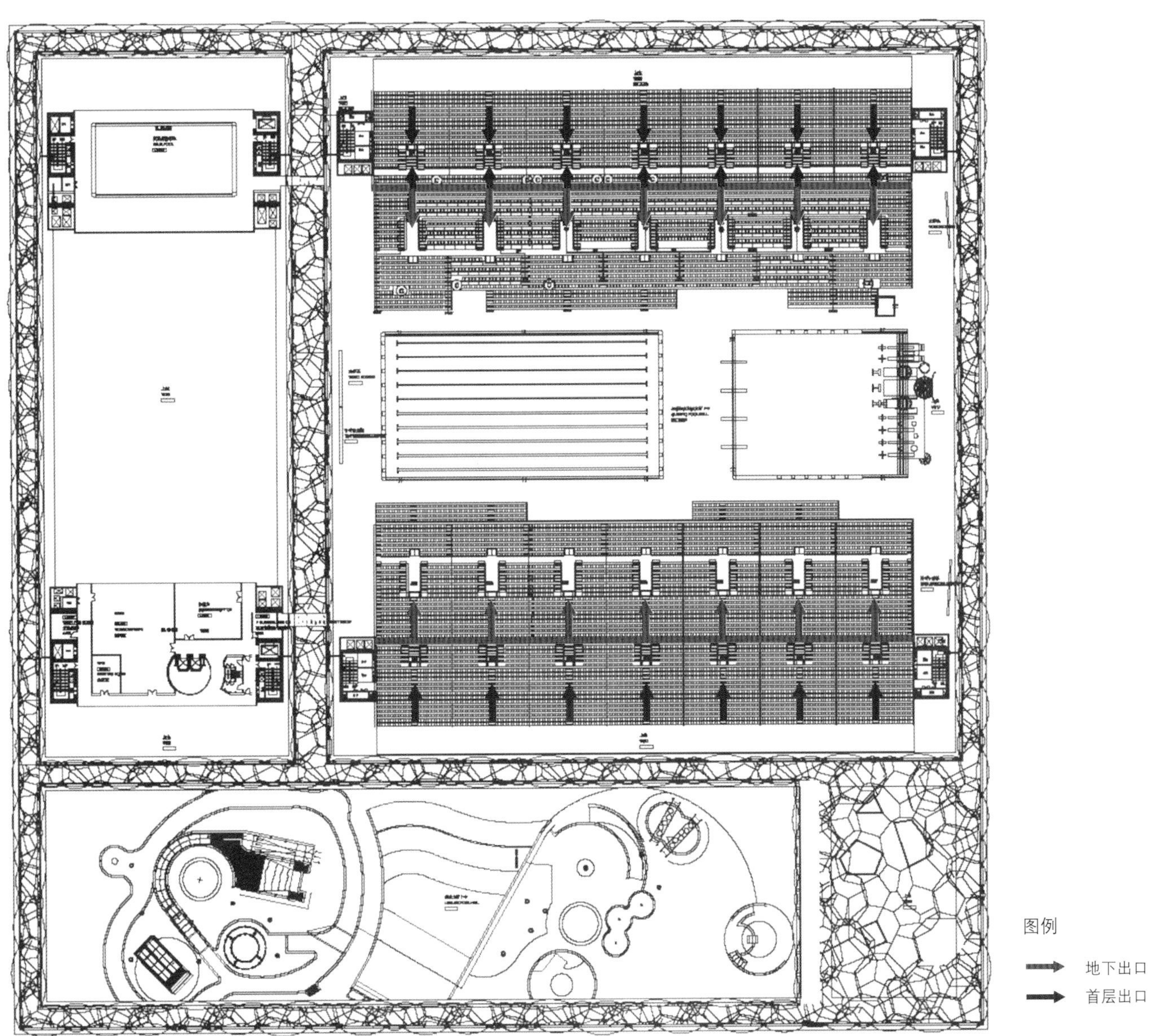

12-16 赛时看台疏散示意

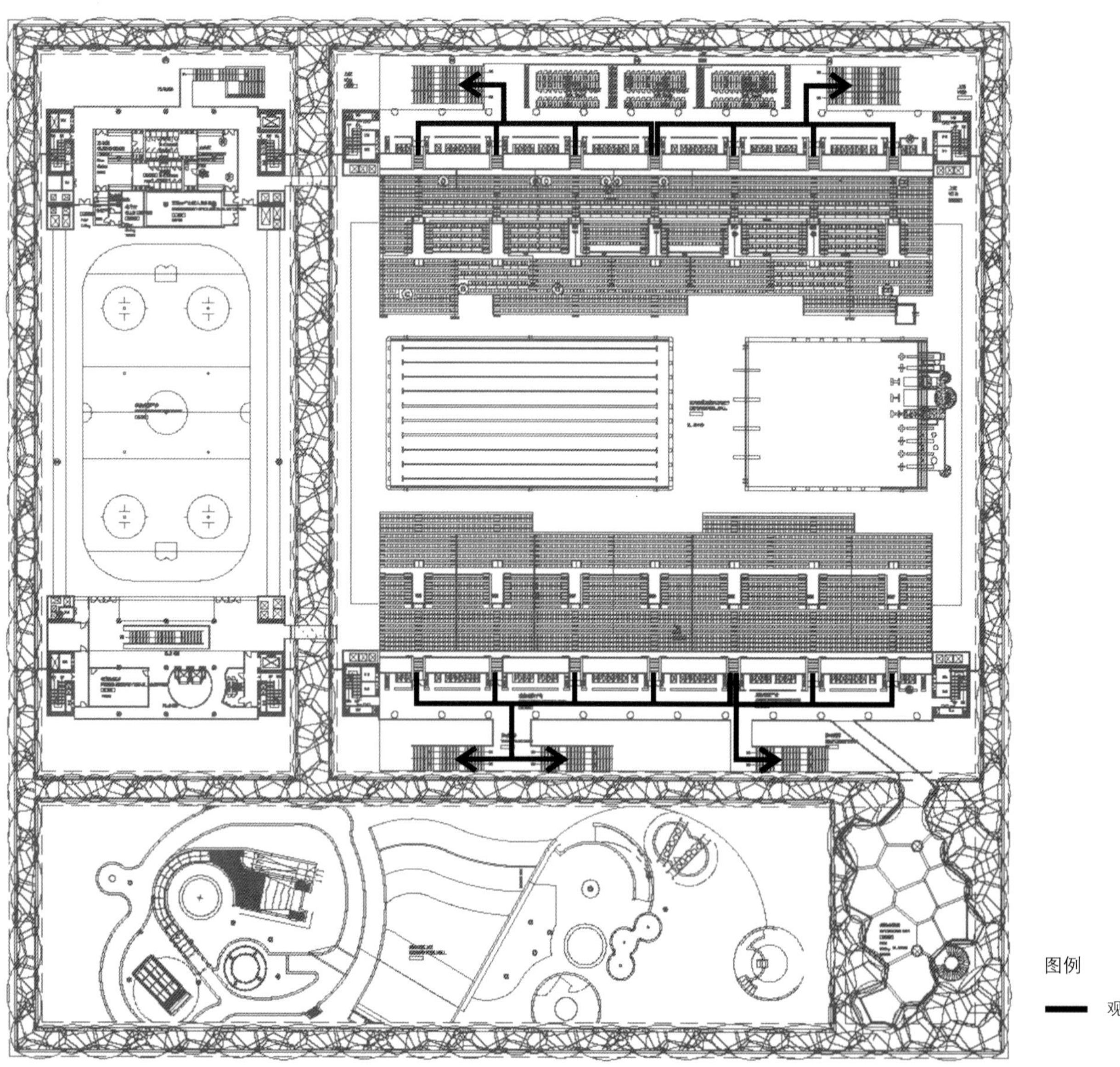

图例

观众疏散路线

12-17 赛时首层看台疏散示意

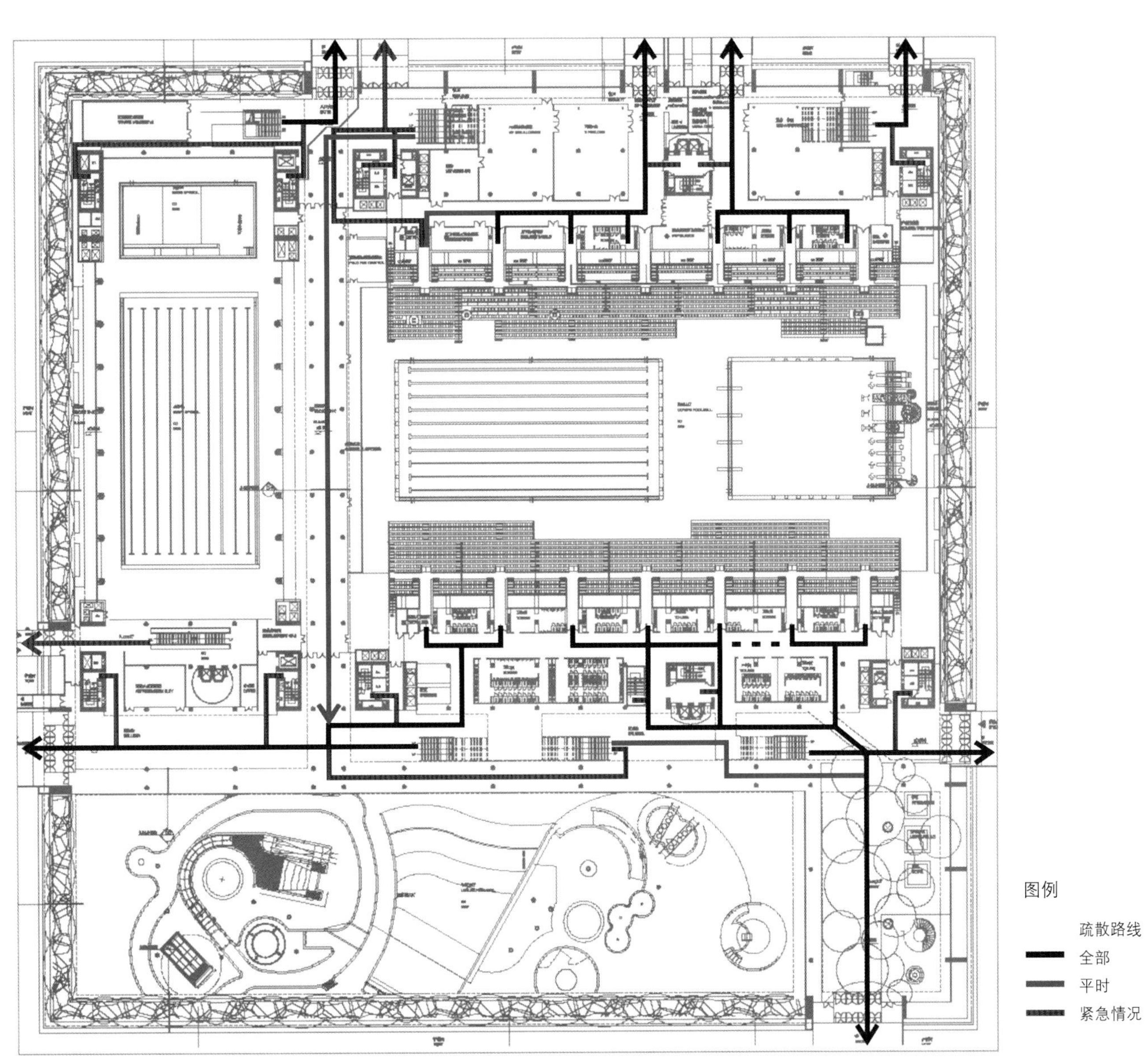

12-18 赛时首层疏散示意

第十三章 声环境设计

第一节 建声系统

一、概述

国家游泳中心的室内声学设计既要实现室内声学效果，又尽可能实现室内装饰设计效果。根据比赛大厅赛时与赛后的不同情况提出吸声材料的布置方案，并对吸声材料布置方案采用两种不同方式进行计算(传统算法与计算机模拟算法)，最终综合得出合理建声系统方案。

二、传统计算公式

1．基础条件

游泳中心整体采用了ETFE膜气枕作为外围护结构和内部空间的分隔墙，ETFE气枕的声学性能对游泳中心的声学设计有重要影响，因此在确定室内设计方案之前，对ETFE膜气枕的声学性能做了声学模型测试。由于条件所限，根据ETFE气枕围护结构的基本模型的构造，采用了一个21.6m^2的正六边形气枕进行测试，得到了ETFE膜气枕的吸声系数、隔声指标和隔雨噪声指标。

(1) 双层ETFE气枕吸声系数见表13-1。

(2) 双层ETFE气枕空气声加权声压级差：$D_{nT,w}$=18dB。

(3) 双层ETFE气枕雨噪声隔声：模拟雨量为2mm/min时，室内的噪声级为99dB (A)，室内声功率级为79dB。

注：模型的面积为21.6m^2，而国家游泳中心实际使用的气枕面积不等，小到几个平方米，大到几十个平方米，声学测试结果由于面积的不同，会有所不同。这是声学体系中的一个重要的不确定因素。

2．主要建声设计技术指标

(1) 设计最佳混响时间：由于膜结构的特殊性，本场馆的中频混响时间控制在2.5s以内是可以满足使用要求的，要求频率特性基本平直，低频允许有一定的提升，同时根据多次专家会议讨论结果，具体设计满场混响时间频率特性见表13-2。

对于赛后情况，尽管加建小楼后比赛大厅的体积有一定减少，但是座位数的减少量更大，导致每座容积增大很多，混响时间控制更加困难，具体控制措施应在设计的基础上结合赛后实际情况予以调整。

(2) 室内背景噪声指标：通风、空调等设备正常运转条件下比赛大厅先后提出三个噪声指标：NR35、NR40、NR50。因ETFE膜结构的特殊性，室内背景噪声指标根据具体需要确定。

(3) 隔声指标：根据测试，ETFE气枕的空气声加权声压级差为$D_{nT,w}$=18dB，最早建筑设计方提出最小隔声量为R_W=35dB。

(4) 设计目标：根据国际大赛的要求，实现理想的室内声环境的混响时间，避免声学缺陷的产生，为电声设计提供良好基础。在实现功能需要的前提下，最大限度地体现美学设计理念。

3．比赛大厅混响时间控制

(1) 赛时：比赛大厅赛时总容积为28×10^4m^3，室内总表面积大约40306m^2，室内表面为大面积的ETFE膜气枕，经模型试验得知该气枕只对低频声有所吸收，而对中高频声几乎为全反射材料，其声学特性与玻璃相似。因此，在对比赛大厅进行吸声处理时，采取了以下几个方面的措施：

①利用尽可能多的表面进行吸声处理。

a.顶棚——临时观众席以上部分[从H轴到L轴和从V轴到Y

双层ETFE气枕吸声系数 表13-1

频率 (Hz)	125	250	500	1k	2k	4k	平均
吸声系数	0.27	0.19	0.19	0.10	0.05	0.02	0.14

满场混响时间频率特性 表13-2

频率 (Hz)		125	250	500	1k	2k	4k
赛时	混响时间	3.0	2.75	2.5	2.5	2.25	2.0
	混响比	1.20	1.10	1.00	1.00	0.90	0.80

轴部分顶棚，共5133m^2，为比赛大厅内最为完整与面积最大的可处理吸声面。

b.顶棚——ETFE气枕夹具，为了得到更多的吸声面积，将气枕夹具加宽到800mm，共设置了1772m^2的吸声面，分散布置于ETFE气枕间。

c.顶棚马道——将马道下部的风管用吸声材料三面包住，可产生2393m^2的吸声面积。

d.比赛大厅四个角上的垂直交通核的外墙面——共有吸声面积1867m^2。

e.临时观众席后墙——共有吸声面积523.6m^2。

f.东、西立面——在地下一层与首层，比赛大厅的东侧与西侧的观众席看台通道的顶棚与侧面，共计面积753m^2。

g.将A立面的ETFE膜气枕上挂吸声材料，可提供吸声面积1734m^2。

h.固定座椅侧立面设置为吸声面，共360m^2。

②采用吸声频带宽，吸声系数大的吸声材料，各吸声表面材料分布如下。

穿孔铝合金板，布置的面有：a,b,c共9298 m^2。

穿孔铝合金蜂窝板，布置的面有：d,e,f,h共3503.6m^2。

艾音科微孔吸声材料，布置的面有：g计1734m^2。

以上面积计算可得500Hz的吸声量为：$9298\times0.8+3503.6\times0.9+1734\times0.9=12152m^2$。

ETFE气枕对500Hz的吸声量为：$7880\times0.19=1497m^2$。

在满场的时候，观众席可提供500Hz吸声量为：$14890\times0.8\times0.28=3335m^2$。

则在此基础上，计算可得总的吸声量为：$12152+1497+3335=16984m^2$。此时的混响时间计算值见表13-3。

虽然计算结果已达到设计值，但设计方案仍然存在以下几个不确定因素：

a.ETFE气枕在比赛大厅中的面积占总表面积的1/5，实验室模型测试得到了21.6m^2的气枕的声学参数，估计不同面积气枕的声学参数会有差异。

b.从实验室两次模型测试结果可以看出，不同性质的膜，不同构造的膜，吸声性能差异较大。

c.混响时间计算公式存在一定的理论局限性，如此大空间的体育馆混响时间计算值与实际值之间会存在较大偏差，特别是顶棚仍存在大面积的直接暴露的ETFE气枕，与平行的大面积硬质地面形成颤动回声，计算机模拟的结果也证实了这一点。

因此，在以上吸声处理基础上，要求建筑设计方应预留以下措施，以保证在比赛大厅吸声面积不够的情况下，能提供相应措施：

a.在S轴至P轴之间的ETFE夹具下预留吊挂孔，以便在现有吸声面积不够或者存在明显颤动回声的情况下，悬挂微穿孔膜成为可能。

b.在A立面和B立面地下一层、首层玻璃隔断内预留吸声帘幕导轨，以便在需要吊挂吸声帘幕的时候可以实现。

c.在马道上预留结构荷载，以便在现有吸声面积不够的情况下，在马道上悬挂吸声体成为可能。

（2）赛后：由于比赛大厅赛后将临时坐席拆除，建办公楼，体积有所减少，总容积减少到$22.4\times10^4m^3$，观众坐席数减少到5000座左右，每座容积增大到40m^3以上，混响时间控制更为困难，现在按3.0s进行控制，提出初步方案，具体措施根据赛后实际情况进行调整。赛后室内总表面积大约31346m^2。

混响时间计算值　　表13-3

频率（Hz）	125	250	500	1k	2k	4k
混响时间（s）	2.67	2.46	2.02	2.18	1.95	1.71
设计值（s）	3.0	2.75	2.50	2.50	2.25	2.0
差值（s）	−0.33	−0.29	−0.48	−0.32	−0.30	−0.29

对比赛大厅赛后进行吸声处理时，采取了与赛时相同的措施，根据赛后比赛大厅的情况，在如下部位布置了吸声材料：

a.顶棚——ETFE气枕夹具，共设置了1772m²的吸声面，分散布置于ETFE气枕间。

b.顶棚马道——可提供2393m²的吸声面积。

c.比赛大厅四个角上的垂直交通核的外墙面——共有吸声面积717m²。

d.固定观众席背墙——可提供3080m²的吸声面积。

e.东、西立面——在首层与一层，比赛大厅的东侧与西侧的观众席看台通道的顶棚与侧面，共计面积753m²。

f.在A立面的ETFE膜气枕上挂吸声材料，可提供吸声面积1734m²。

g.固定座椅侧立面设置为吸声面，共360m²。

吸声材料布置如下：

穿孔铝合金板，布置的面有：a，b共4165m²。

穿孔铝合金蜂窝板，布置的面有：c，d，e，f共4910m²。

艾音科微孔吸声材料，布置的面有：f共1734m²。

以上面积计算可得500Hz的吸声量为：4165×0.8＋4910×0.9＋1734×0.9＝9312m²；ETFE气枕对500Hz的吸声量为7880×0.19＝1497m²；在满场的时候，观众席可提供500Hz吸声量为：5000×0.8×0.28＝1120m²；则在此基础上，计算可得总的吸声量为：9312+1497+1120＝11929m²。此时的混响时间计算值见表13-4。

4.声学材料构造

（1）ETFE气枕：比赛大厅ETFE气枕为双层气枕，每层气枕由四层ETFE膜组成，具体构造为（从上到下）：

①上层气枕第一层ETFE，厚度0.25mm；

②上层气枕第二层ETFE，厚度0.1mm；

③上层气枕第三层ETFE，厚度0.1mm ；

④上层气枕第四层ETFE，厚度0.2mm；

⑤下层气枕第一层ETFE，厚度0.15mm；

⑥下层气枕第二层ETFE，厚度0.1mm；

⑦下层气枕第三层ETFE，厚度0.1mm；

⑧下层气枕第四层ETFE，厚度0.1mm。

注：为了保证ETFE气枕的吸声系数，施工现场的ETFE膜及气枕构造应与实验室模型测试保持一致。

（2）穿孔铝合金板（从内到外）：

①围护结构；

②200mm空气层；

③50mm厚离心玻璃棉，加PVC膜防潮；

④2.5mm厚穿孔铝合金板，穿孔率19.6%。

（3）穿孔铝合金蜂窝板（从内到外）：

①围护结构；

②200mm空气层；

③100mm厚离心玻璃棉，加PVC膜防潮；

④1.5mm厚穿孔铝合金板，穿孔率16%；

⑤12mm厚铝蜂窝；

⑥1.5mm厚穿孔铝合金板，穿孔率16%。

（4）艾音科微孔吸声材料：

一种海绵状微孔材料，密度约为8kg/m³，使用厚度为100mm。

注：国家游泳中心大面积使用穿孔铝合金板和穿孔铝合金蜂窝板，作为控制混响时间的主要材料，其构造要经过实验测定后确定，确保其吸声系数应比计算值大。

三、计算机模拟（ODEON）设计

1．模拟软件

国家游泳中心的计算机声场模拟采用声场模拟软件ODEON6.5，该软件主要基于几何声学和统计声学的方法，核心程序采用虚声源法和声线跟踪法相结合的算法，声线跟踪法又包括圆锥束法和三角锥束法两种，用户可以根据需要选择采用哪种方法。软件的计算参数有声线根数、反射次数、截止时间、动态范围等。作为场馆的建筑声学的计算机模拟计算（图13-1），主要模拟参数是混响时间、早期衰减和反射声序列，前两者为了确定比赛大厅的混响时间是否合适，后者为了考察比赛大厅内是否有回声等声学缺陷。

软件的输出主要有三种方式，一是在文本窗口中输出上述各种声学参量，二是用图形的方式输出坐席接收面的各种声学参量分布图及指定接收点的反射声序列图，三是将输入

赛后混响时间计算值

表13-4

频率（Hz）	125	250	500	1k	2k	4k
混响时间（s）	2.91	2.95	2.58	2.86	2.51	2.12
设计值（s）	3.6	3.3	3.0	3.0	2.7	2.4
差值（s）	−0.69	−0.35	−0.42	−0.14	−0.19	−0.28

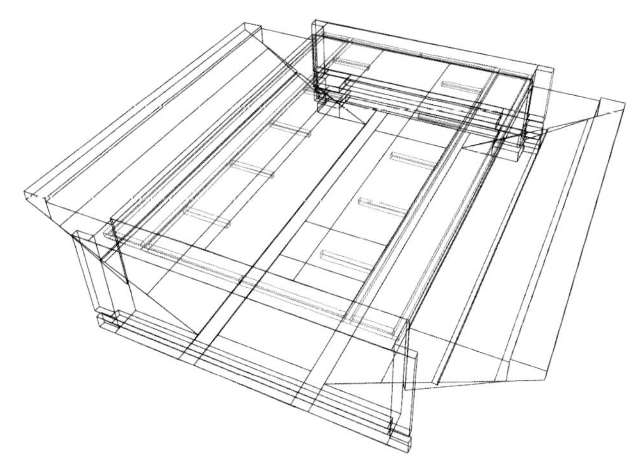

13-1 游泳中心比赛大厅ODEON模型

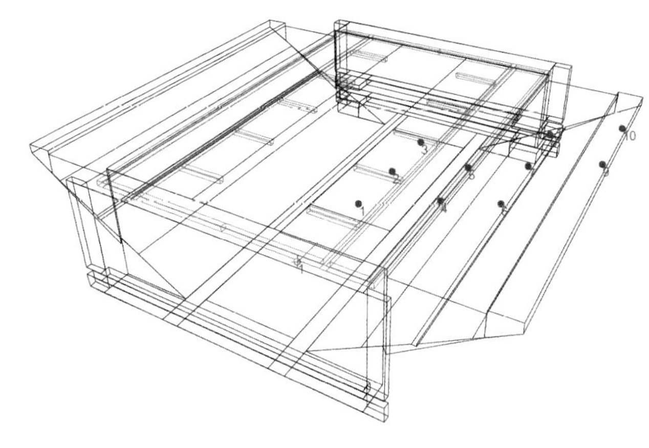

13-2 声源与测点布置

的干的声音信号卷积成房间中的双耳实际音效输出。

2．声源特性及分布

自然声模拟中，声源为无指向性点声源，位于比赛场地中央，距地面2m高和25m高。声源各频率的声功率级均为90dB，背景噪声50dB（A）。测点共有10个。声源与测点布置见图13-2。扬声器与测点布置见图13-3。

扬声器布置与测点布置说明：扬声器采用分散式布置，南、北两侧的观众席分别由前后两排扬声器覆盖，前排（置于距比赛大厅中心线12m的马道上）扬声器为EV的Xi—1153A/64F，后排（置于ETFE顶棚与穿孔铝合金板顶棚交接处）扬声器为EV的Xi—1123A/106F，中间的扬声器也为EV的Xi—1153A/64F，用于覆盖游泳比赛池区域。

两款音箱的参数分别为

	Xi—1153A/64F	Xi—1123A/106F
频响	40Hz～20kHz	55Hz～20kHz
灵敏度	91dB/107dB/113dB	98dB/109dB/112dB
最大声压级	134dB	135dB
覆盖（水平×垂直）	60°×40°	100°×60°
体积	914mm×548mm×759mm	801mm×458mm×473mm
净重	88.8kg	52.2kg

测点布置于比赛大厅的北观众席西侧，由于比赛大厅基本对称，将测点密布于一侧既不影响声场计算的普遍性，又可以提高计算速度。

传统公式计算结果与ODEON计算结果的比较见表13-5。

从以上三组数据可以看出，传统计算结果与赛宾公式法计算结果相对接近，Global法与声线追踪虚声源法的结果相对接近，但前两种方法与后两种方法计算结果相差很大，而后两种计算方法特别是声线追踪虚声源法反映了场馆的真实情况。

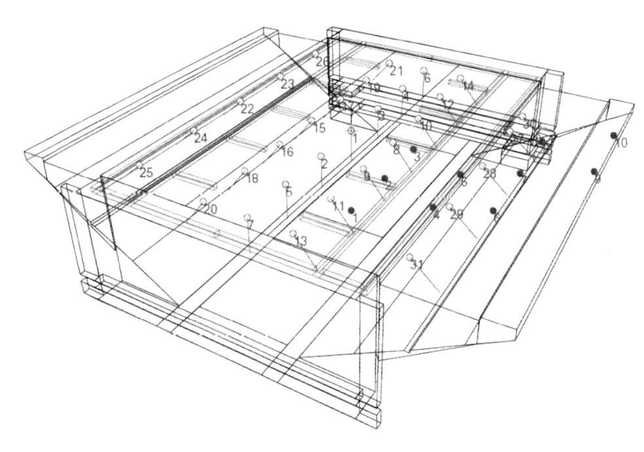

13-3 扬声器与测点布置

分析其原因，得出以下几点（可以从计算机模拟的结果图中看出）：

（1）大面积ETFE气枕顶棚与硬质地面（包括水面和瓷砖）为平行面，产生颤动回声。

（2）地下一层、首层和二层的A、B立面上硬质隔断（玻璃）产生强烈的反射声。

相应措施：

（1）在S轴至P轴之间的ETFE夹具下预留吊挂孔，以便在现有吸声面积不够或者存在明显颤动回声的情况下，悬挂微穿孔膜成为可能。

（2）在A立面和B立面的玻璃隔断外加一层穿孔材料，以减少该表面产生的反射声。

混响时间（s）　　表13-5

频率（H_z）	125	250	500	1000	2000	4000
传统计算值	2.67	2.46	2.02	2.18	1.95	1.71
赛宾公式法	2.69	2.56	1.97	2.00	1.78	1.59
Global法	3.78	3.37	2.09	2.56	2.32	1.94
声线追踪虚声源法	3.82	3.43	2.21	2.68	2.47	2.08
设计值	3.00	2.75	2.50	2.50	2.25	2.00

四、具体措施

(1) 经声学设计方与建筑室内设计方多次协调，因美学和结构的要求，确定比赛大厅满场混响时间为2.8s（超出设计值0.3s），由电声设计方选用高Q值的扬声器达到语言清晰度及有关声学标准。

(2) 由于8层ETFE膜组成的气枕首次大规模使用，国内外声学实验数据及实践测试数据不足，声学设计方案存在不确定因素，有效的解决办法是加大中期测试范围，并根据实际情况及时调整声学设计方案。

(3) 进行吸声处理的部位为：

①顶棚——临时观众席以上部分（从H轴到L轴和从V轴到Y轴部分顶棚）；

②顶棚——ETFE气枕夹具；

③顶棚马道；

④比赛大厅四个角上的垂直交通核的外墙面；

⑤临时观众席后墙；

⑥东、西立面——在地下一层与首层，比赛大厅的东侧与西侧的观众席看台通道的顶棚与侧面；

⑦A立面的ETFE膜上挂吸声材料；

⑧固定座椅侧立面。

(4) 吸声预留措施：

①在S轴至P轴之间的ETFE夹具下预留吊挂孔，在现有吸声面积不够或者存在明显颤动回声的情况下，悬挂微穿孔膜成为可能；

②在A立面和B立面地下一层、首层玻璃隔断内预留吸声帘幕导轨，以便在需要吊挂吸声帘幕的时候可以实现；

③在马道上预留结构荷载，以便在现有吸声面积不够的情况下，在马道上悬挂吸声体成为可能；

④比赛大厅所用的玻璃棉要求为离心法制造的离心玻璃棉，玻璃棉的密度要求大于32kg/m^3，经实验室测试，艾音科微孔吸声材料与离心玻璃棉材料吸声特性相似，可将其作为备用材料。

(5) 保证措施：

①吸声材料进场前均需经过声学检测；

②施工过程中确保声学专家的现场跟踪监察；

③施工过程中确保三次以上的中期测试 。

第二节　扩声系统

一、系统概述

国家游泳中心是2008年北京奥运会的主游泳馆，承担奥运会游泳、跳水、花样游泳等赛事。国家游泳中心作为全国一流水平的游泳场馆，在使用功能上应该满足举办国际赛事的要求。

扩声系统是各设备系统中一个重要的配套体统，包括比赛大厅及热身池大厅的扩声系统。其中比赛大厅的扩声系统主要为体育比赛时提供语言及音乐扩声，大型的演出活动时也可使用本系统作为临时性演出扩声系统的补充；热身池扩声系统主要作为呼叫、广播及背景音乐的重放。

二、系统组成及性能指标

1．比赛大厅

(1) 设计指标：比赛大厅内扩声特性指标达到《体育馆扩声系统特性指标》中的一级标准，其中：

最大声压级：105dB；

传输频率特性：125～4000Hz：±4dB；

声场不均匀度：1000Hz、4000Hz≤8dB；

传声增益：125～4000Hz≥−10dB；

系统噪声：扩声系统不产生可觉察的噪声干扰；

语言快速传输指数STI≥0.52。

(2）扬声器及传声器布置：

①扩声扬声器：观众席扩声扬声器采用分散式布置，南、北各4组，每组2只共16只JBL—PD5212/64全频扬声器箱明装在比赛大厅顶棚下的前区马道边，覆盖主要观众席区；同时，在南、北后区的马道顶端各明装4组共8只JBL—PD5212/64小型扬声器作为观众席的补充扬声器。另外系统应在南、北观众席顶棚前区马道下方预留次低音扬声器箱吊装点，供花样游泳等音乐重放时使用。

比赛场地扩声扬声器JBL—PD5212/64共4只，分别明装于北侧前区马道边，覆盖整个比赛场地。这种单边的布置方式，减小了其对主席台区的延时声干扰。

游泳池设置水下EV UW30扬声器共12只，每边6只固定安装在池壁上，均匀覆盖整个水面以下区域；跳水池不设固定安装水下扬声器，若需要，可使用配备的流动水下扬声器。

除固定安装扬声器之外，另配有4只全频扬声器箱，可根据需要采用流动方式接入场地四周和主席台上预留的扬声器信号输出插座，作为主席台返送或其他使用。

②信号点设置和信号交换：比赛大厅场地四周设置了5个综合插座箱；主席台附近设置了4个综合插座箱；热身池大厅设置了2个综合插座箱。另外，在其他相关技术用房也都设置了插座箱和插座盒，以满足不同的使用需求。所有的信号线缆通过扩声系统专用线管、线槽送至扩声控制室。在扩声控制室和功放控制室之间也留有足够的模拟和数字备用通路以备不时之需。

系统采用了信号交换塞孔排，信号的交换灵活方便，并配置了2台音频分配放大器，满足外来录音和特殊场所对音频信号的需求。

话筒采集点的分布：

①在主席台贵宾区设置4个点；

②在消防控制室及各个设备用房设置话筒接入点；

③在各个技术用房设置话筒接入点；

④在新闻中心及新闻发布厅设置话筒接入点；

⑤在场地设置4个话筒接入点；

⑥在转播信息办公室设置话筒接入点；

⑦在各检录处设置话筒接入点；

⑧在各评论员控制室设置话筒接入点；

⑨在马道上设置6个话筒接入点；

⑩在2层跳水台设置话筒接入点；

⑪在颁奖区设置话筒接入点；

⑫在陆地热身区及混合区设置话筒接入点；

⑬背景噪声话筒分布：在南北看台座位最高处安排8只噪声话筒，采集观众区噪声后传递信号至控制室，系统检测后自动调整观众区声压级，以便观众得到最佳效果。

比赛池、跳水池观众席主扬声器组－3dB三维覆盖图见图13-4，比赛池、跳水池场地扩声扬声器组－3dB三维覆盖图见图13-5。

(3）设备性能及系统特性：

①扩声调音台：主扩声调音台为数字调音台，配备了4路数字信号（AES/EBU)、32路模拟话筒/线路信号和6个立体声输入；输出包括了12路数字信号（AES/EBU）输出、8路模拟辅助输出及2个立体声输出。此外系统还配置了1台8路的应急模拟调音台，以确保主扩声调音台不能正常工作时场内的扩声系统仍可以正常使用。

②数字处理系统：本扩声系统采用数字系统，音频信号经模/数转换、处理、分配和传输，再数/模转换至功率放大器输出，系统只有一次模/数转换和数/模转换，中间信号均为数字信号。使用了先进的数字音频处理器，支持模拟和数字（AES/EBU）音频信号的输入；集混合分频、增益、均衡、压限、延时等功能于一体；支持多种预设状态的存储和读取，可通过计算机进行远程遥控设置，具有强大的音频信号处理能力。

③功放控制：为减小功放至扬声器之间电缆的传输距离，在比赛大厅东南侧4层设置了功放控制室。使用支持远程遥控及监测的功放，通过计算机可对功放和扬声器的工作状态进行实时监控。

④数字监控网络：由于扩声控制室和功放控制室相隔较远，因此本系统通过光纤交换将两个控制室连接组成数字监控网络。所有数字处理器和功放都接入网络中，使用者在任一网络节点可以对网络中的任一设备进行设置和状态监控。

⑤信号源设备：配置了12只传声器和4套手持式无线传声器；并配有激光唱机、盒式录音机、MD录音机和DAT录音机，用于节目重放或录制。

⑥系统的开放性和通用性：本扩声系统为一个具有开放性和通用性的方案，各设备供应商可根据本系统方案的基本功能进行设备配置。

⑦与其他系统的联络：扩声系统与总控室、视频系统、转播系统及公共广播/应急广播系统等都有信号联络，用以满足各系统对扩声系统的信号需求和紧急情况下场内的扩声需要。

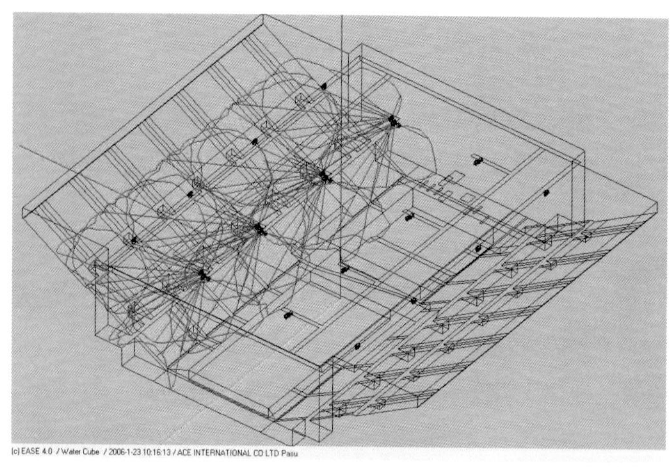

(a)

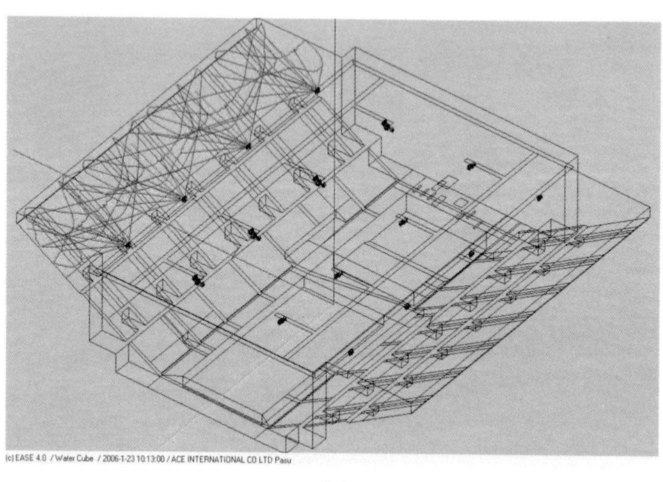

(b)

13-4 比赛池、跳水池观众席主扬声器组-3dB三维覆盖图

2．热身池大厅

热身池大厅设有吊顶扬声器12只，均匀分布在大厅顶棚内；水下扬声器12只，固定安装在池壁上。

系统采用8路模拟调音台，配备数字处理器以及激光唱机、盒式录音机、MD录音机和DAT录音机等用于节目重放或录制。系统设备和操作员所在的广播室与比赛大厅扩声控制室及紧急广播系统都有信号连接，能够及时有效地对各信号进行控制。比赛大厅马道扬声器吊挂实景见图13-6。

三、声场模拟

采用国际标准声场模拟软件EASE4.0，针对国家游泳中心比赛大厅的观众席和场地进行声场模拟，结果满足设计要求，安装后经过实际测试，均达到设计指标。声场模拟部分结果如下。

EASE4.0设计软件2000Hz观众席直达声压模拟见图13-7，EASE4.0设计软件2000Hz观众席混响声压模拟见图13-8，EASE4.0设计软件2000Hz 场地直达声压模拟见图13-9，比赛扩声控制室实景见图13-10，比赛大厅前区观众席扬声器吊挂实景见图13-11。

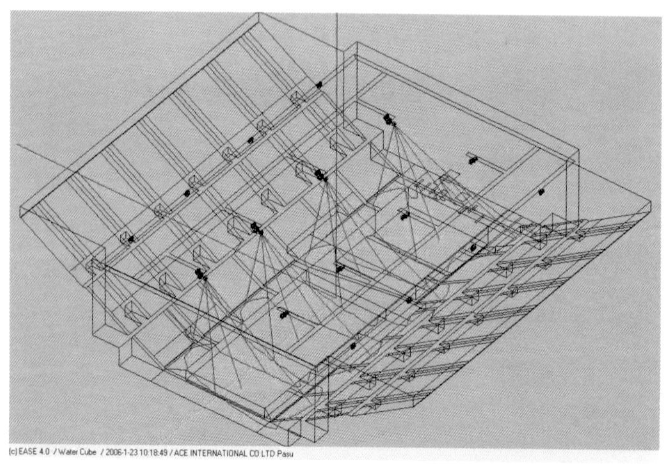

13-5 比赛池、跳水池场地扩声扬声器组-3dB三维覆盖图

13-6 比赛大厅马道扬声器吊挂实景

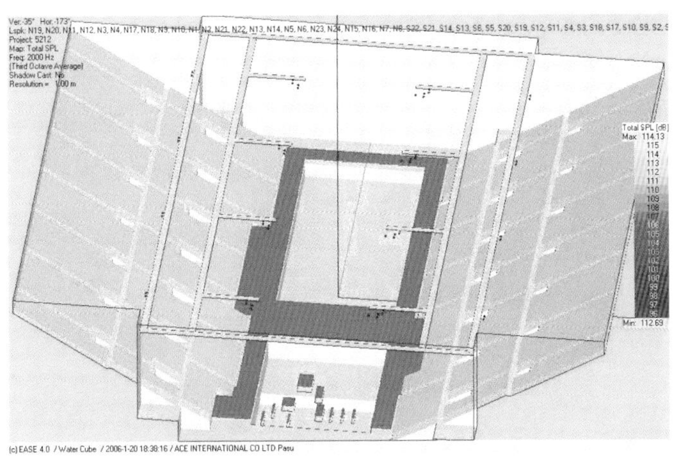

13-7 EASE4.0 设计软件2000Hz观众席直达声压110.99～107.17dB

13-10 比赛扩声控制室实景

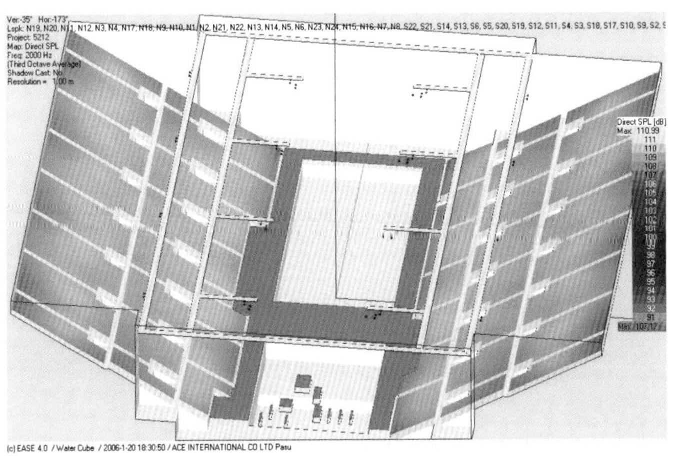

13-8 EASE4.0 设计软件2000Hz观众席混响声压114.13～112.69dB

13-11 比赛大厅前区观众席扬声器吊挂实景

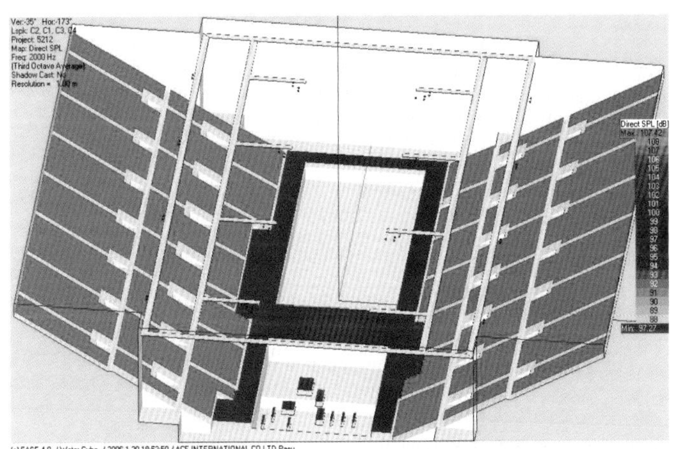

13-9 EASE4.0 设计软件2000Hz 场地直达声压107.42～97.27dB

第十四章 施工关键技术

第一节 钢结构的安装与定位

一、工程特点

国家游泳中心钢结构为新型多面体空间钢架结构，整个结构为立方体，平面尺寸177.338m×177.338m，屋顶标高+30.587m。外墙结构的围合厚度为3472mm，内墙为3472mm和5876mm两种，屋顶结构为7211mm。墙体和屋面结构共有9843个球形节点、20670根杆件，材质等级最高为Q420C。整个结构由两道内墙分割成三个区域，跨度分别为40m、50m、137m。墙体与屋盖内外表面杆件为矩形钢管，节点采用焊接半球节点；内部腹杆为圆钢管，节点采用焊接球节点；边框角线节点形成以边框为母杆的相贯连接节点。其纵横交错的杆件形成了复杂的三维空间结构及复杂的受力良好的空间钢架结构体系（图14-1、图14-2）。

二、 钢结构安装

（一）墙体安装

1．墙体分区

考虑到主体钢结构形式复杂，安装工期相对较紧，同时也便于组织管理将墙体结构分为五个施工区（图14-3）：W1、W2、W3、W4、W5，多点同时安装解决安装进度问题。

2．安装顺序

安装顺序为：墙体W1－1→W1－2→W2→W5→W3→W4，外部墙体以四个角为起点，向两侧安装，会合在内墙与外墙“T”形交叉处；内部墙体以两内墙“T”形交叉处为起

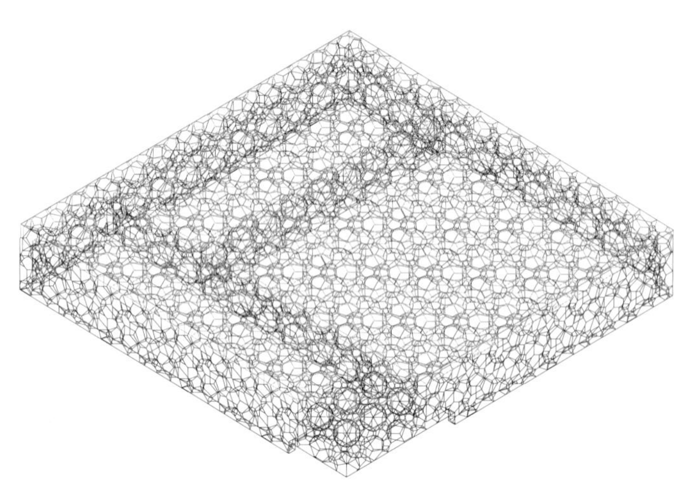

14-1 主体结构透视

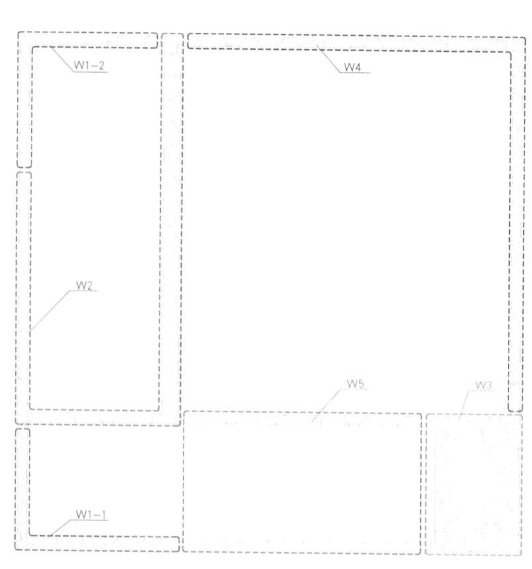

14-3 墙体安装分区

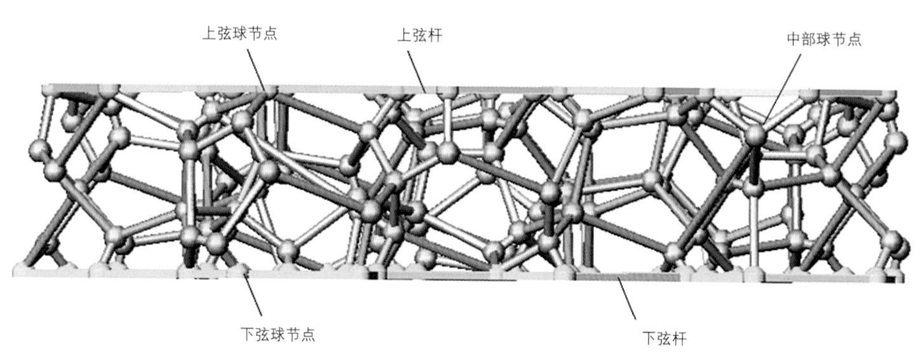

14-2 屋面结构局部构造

点，由内向外扩散安装。

3．墙体安装方法

（1）墙体外、内表面安装方法：安装过程中墙体内、外表面及中间层采用分层安装的方法，高度方向安装顺序为第一层单元体→第二层单元体→第三层单元体；第一层单元体必须在封边底梁安装焊接完成后才能进行安装，安装可以分段、流水向高程与纵向发展，呈阶梯形渐进，在安装定位焊接后可以进行上层结构安装，在脚手架加固稳定后安装到顶标高。

单根方管+球散装时，先用塔吊将构件吊至各个构件临时堆放平台上，然后人工采用手动葫芦进行安装，以便保证就位精准和提高塔吊工作效率。墙体内、外表面安装见图14-4、图14-5。

（2）墙体中间层安装方法：墙体中间层将一根圆管和一个节点球在拼装平台上拼成一体进行吊装，墙体中间层安装以墙体内、外表面为基础，塔吊吊至堆料平台，人工采用手动葫芦进行安装。

外墙中间层只有一个球节点，分别与外、内侧墙体相连，安装时采用两个葫芦分别吊装一根圆管与球和一根圆管，在空中拼接，球节点调至准确位置后将两根构件之间和与外、内侧墙体球节点连接处定位焊接，墙体中间层安装见图14-6。

（二）屋盖安装

1．屋盖分区

A～G/1—23轴为R1区、G～Aa/1～8轴为R2区、G～Aa/8～23轴为R3区。屋盖安装分区见图14-7。

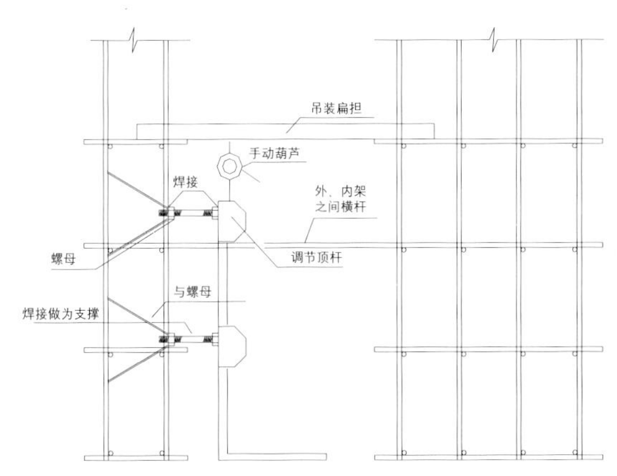

14-4 墙体外表面安装

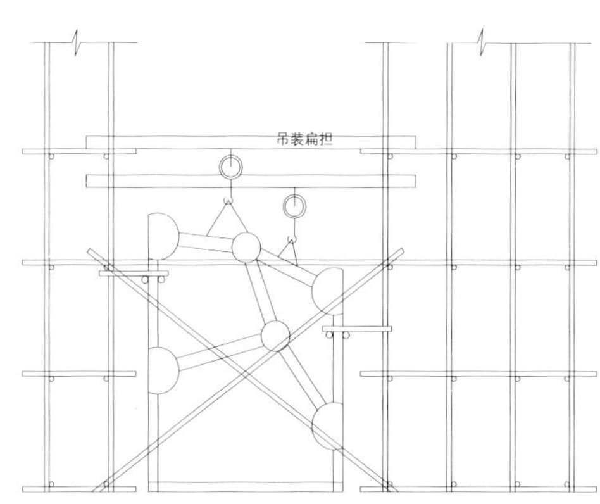

14-6 外墙中间层安装示意

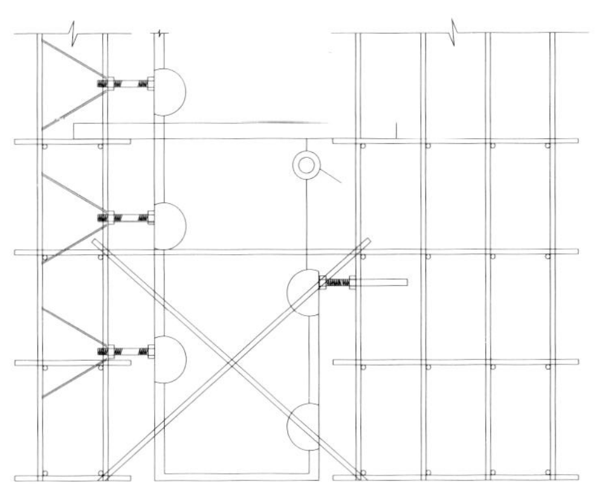
14-5 墙体内表面安装

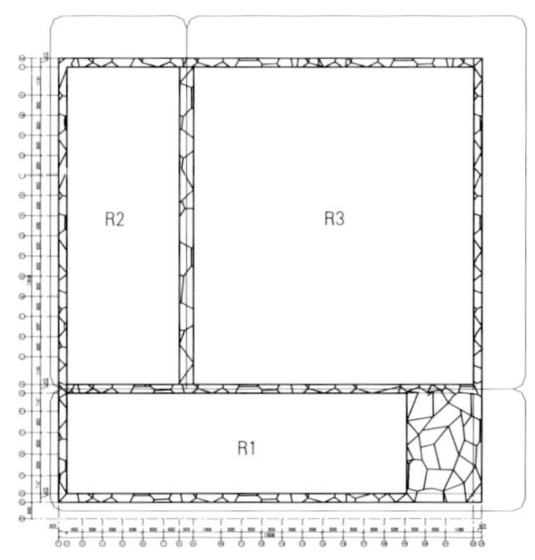

14-7 屋盖安装分区

2．屋盖安装方法

屋盖安装方法采用：屋盖下弦平面→空间第一层节点、杆件→屋盖上弦平面→空间第二层节点、杆件的逆安装方法，保证结构的整体几何尺寸，并能保证空间节点的快速定位。

（1）屋盖下表面安装：屋盖下表面由方钢管和半球组成，位于23m 标高处，考虑到本工程屋盖最大跨度达137m，不起拱会产生较大的下挠变形值，为此，经过论证决定在安装中跨中预起拱125mm。

根据屋盖钢架安装顺序，在屋盖安装部位下方搭设满堂红脚手架安装平台。屋盖钢架安装以下表面为基准面，每个球节点下方设置支撑平台并采用螺旋式千斤顶进行支撑。

根据屋盖节点受力，将屋盖下表面节点支撑平台分为：小于4t、4～9t和大于9t三种情况，支撑平台搭设方法见图14-8、图14-9、图14-10。

屋盖下表面安装时将安装处两侧脚手架升起，其之间横放一根吊装扁担进行吊装，两根杆件就位后进行定位焊，屋盖下表面安装示意见图14-11。

（2）屋盖中间第一层杆件、球安装：以屋盖下表面为基础，将中间第一层一球一杆拼装成一体后与另一根杆件采用两个手动葫芦同时进行安装，就位后与屋盖下表面已装球节点及两杆件之间进行定位焊，屋盖中间层第一层杆件、球安装示意见图14-12。

（3）屋盖上表面安装：屋盖上表面采用手动葫芦进行安装，就位后立即将其下方脚手架升起对球节点进行支撑，屋盖上表面安装示意见图14-13。

（4）屋盖中间第二层杆件、球安装：屋盖中间第二层安装，先将支撑屋盖上表面的支撑架调整，让出第二层杆件安装位置，然后采用三个手动葫芦将中间第二层（一球一杆）及第三层两根杆件同时进行安装，三根杆件定位一个球，就位后对中间第二层节点进行支撑，屋盖中间第二层杆件、球安装示意见图14-14。

（三）安装效果

针对国家游泳中心钢结构工程结构形式复杂，杆件空间定位困难等多种制约工程进展的因素，综合各界专家的经验

14-8 节点支撑平台(小于4t)

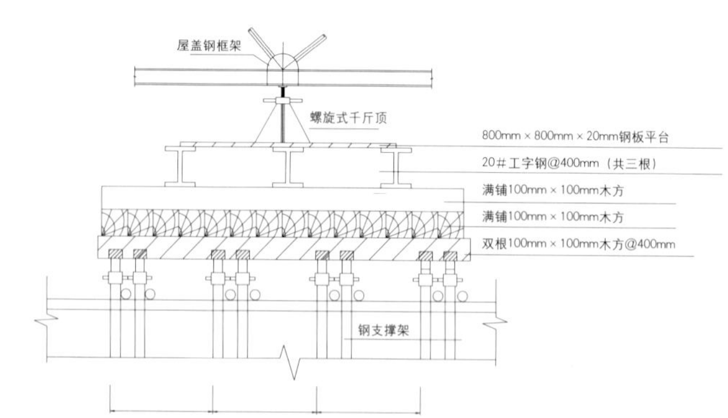

14-10 节点支撑平台(大于9t)

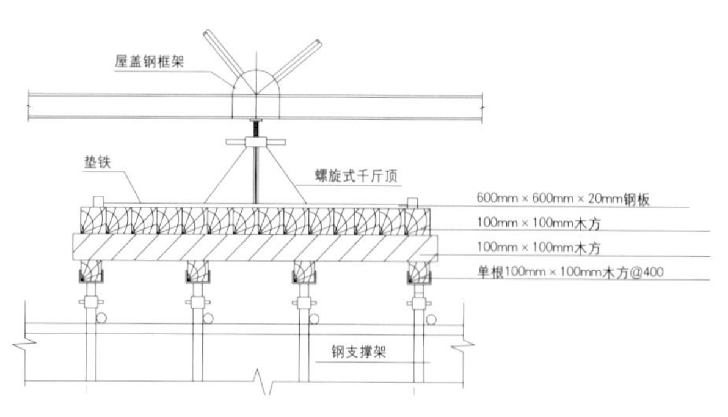

14-9 节点支撑平台(4~9t)

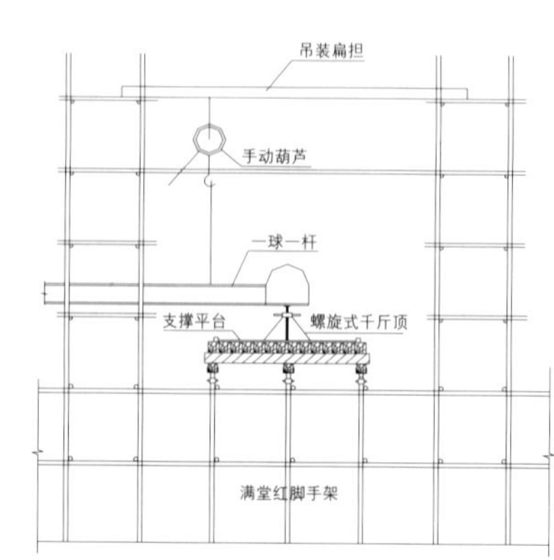

14-11 屋盖下表面安装示意

及通过现场安装过程中的实际摸索，确定了"单杆+球"的安装方法，将极不规则的空间节点定位分解为二维平面坐标+高程，应用空间几何原理对定位节点坐标进行简捷、便利的复核，有效地解决了安装定位难度大等问题，大大缩短了节点定位时间。经比较现场安装功效比传统工艺显著提高，确保了主体钢结构工程的安装质量及进度要求。其安装效果见图14-15、图14-16。

三、钢结构空间定位

国家游泳中心工程屋面及其支撑墙体结构为新型多面体空间钢架结构，整个结构为立方体，是一个节点位置极不规则而复杂的空间结构体系，钢结构空间变化多，组合形式极不规则，如何保证不规则钢结构各杆件和球节点准确就位，尤其是在几十米的高空进行不规则钢结构三维空间的精确定位测量是一个挑战，也是一个新的技术课题。传统的二维图形是标示不出每个节点的实际位置的，只有通过三维坐标才能做到。

钢结构三维空间测量的方法有很多，在国内，解决这一问题的方法有三种：一是三维工业自动测量系统，即测量机器人，但费用昂贵；二是GPS-RTK，其精度20～30mm，与施工要求的5mm有很大差距；三是两台经纬仪进行交会，这种方法在缺乏稳固的现场作业面和通视条件恶劣的施工现场难以达到。在国家游泳中心工程钢结构施工中，鉴于该工程钢结构造型交错复杂，杆件量大，现场通视条件差，经过多次探索试验论证后采用将杆件节点三维空间坐标分解为二维平面坐标和高程，采用高精度的Leica 全站仪和水准仪进行三维空间定位测量，并在节点球上标出杆件连接位置，保证杆件中心线穿过节点球中心，快速高效地完成了国家游泳中心的钢结构三维空间定位测量工作。首先通过计算机建立整个结构体系的实体模型，并在整个安装平台上放出结构的横纵轴线网。在地面进行球+杆拼装时通过调整焊接的间隙对杆件的长度进行调整，保证杆件两端焊接衬垫内套环端头的距离与计算机实体模型中测量的杆件与两个球体相贯面的距离一致。在计算机上测量出节点到横、纵轴线的平面垂直距离，以及从安装平台到该球节点下顶端的高度，将绝对的空间三维坐标转换为平面相对距离加垂直高度的数据。

如果在一个平面上任意引出一条线段，只要线段的长度

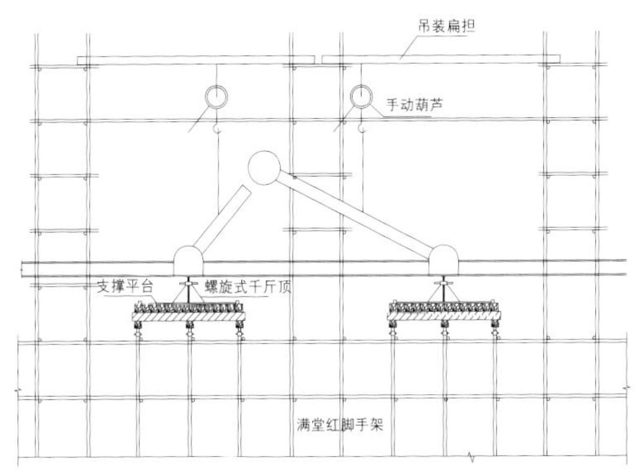

14-12 屋盖中间第一层杆件、球安装示意

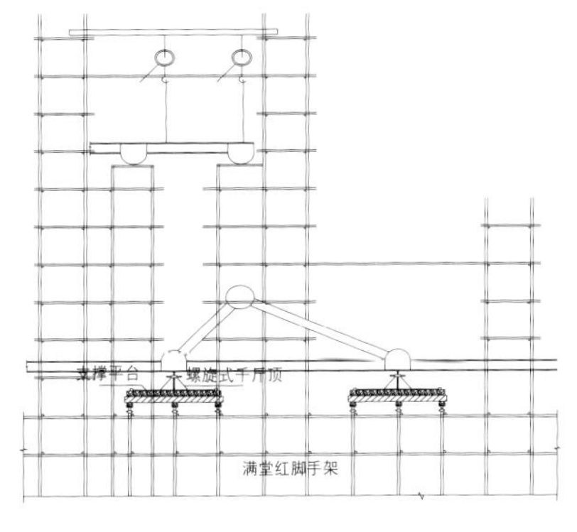

14-13 屋盖上表面安装示意

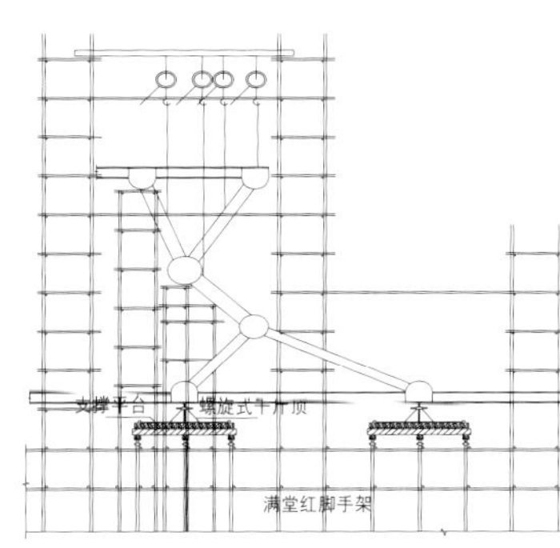

14-14 屋盖中间第二层杆件、球安装示意

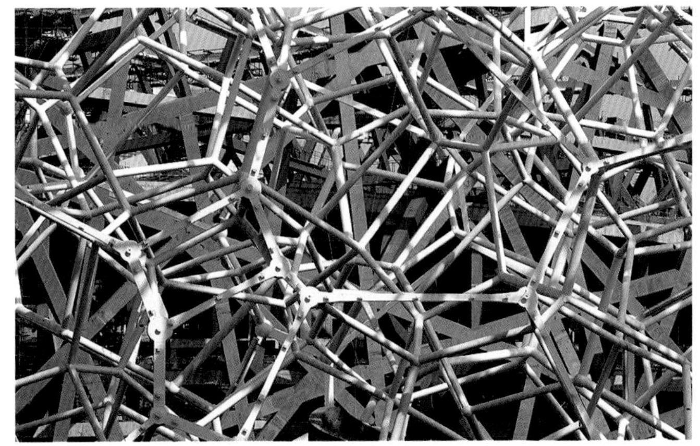
14-15 墙面钢结构安装后效果

14-16 屋盖钢结构安装后效果

确定，并且线段端点在该平面的投影点可以确定的话，这条线段的空间位置是唯一的，见图14-17。

因此在钢结构安装时先由墙体或屋面的平面开始，按照上述原理进行空间节点与杆件的安装。

首先进行墙体内外表面或屋面下弦平面杆件的定位安装，在此基础上进行空间节点与腹杆杆件的安装。

将已经组装好的单杆+球的小拼进行安装（此时球节点为图中P5，杆件为G1），由P5节点吊线坠，与P6点重合，测量L1、L2、L3的长度是否与理论值相符，调整符合后将球杆小拼中的G1杆件与平面1中的P2节点定位焊接牢固，空间球节点P5位置已经确定。由此在平面1上的P1、P2与空间的P5点已经确定了平面2的空间位置。

以上述做法可以将多面体的一个面上所有节点空间位置确定。当多面体3、4个平面确定后，整个多面体节点与杆件即可确定安装成型。

为了避免相邻球节点固定后，因杆件含球杆件无法正常安装的问题，现场安装采用多点同时定位安装调整，多面体杆件分层安装同时封闭的方法。安装时多面体的几个面上的单杆+球的小拼与散杆同时进行吊装，形成多面体的立体空间同时安装，有效地避免了上述问题的产生。

在钢结构定位测量中，影响定位测量精度的主要是测角误差和测距误差。

采用标称精度为1″ 2mm+2ppm的全站仪，设控制点至放样点距离为D=80m，方位角为$\alpha=40°$，观测竖直角$\beta=2°$，则放样点的点位误差计算：

$$\Delta X=80\times\cos 40°=61.284\text{m}$$

$$\Delta Y=80\times\sin 40°=51.423\text{m}$$

放样点X方向精度：

$$m^2_X=\left(\frac{\Delta X}{D}\right)^2\times m^2_D+\Delta Y^2\times\left(\frac{m_a}{\rho}\right)^2$$

$$=\left(\frac{61.284}{80}\right)^2\times\frac{2^2+0.08^2}{1000^2}+51.423^2\times\left(\frac{1}{206265}\right)^2$$

$$=0.0000024132$$

$$m_X=0.00155346=1.55\text{mm}$$

放样点Y方向精度：

$$m^2_Y=\left(\frac{\Delta Y}{D}\right)^2\times m^2_D+\Delta X^2\times\left(\frac{m_a}{\rho}\right)^2$$

$$=\left(\frac{51.423}{80}\right)^2\times\frac{2^2+0.08^2}{1000^2}+61.284^2\times\left(\frac{1}{206265}\right)^2$$

$$=0.0000017436$$

$$m_Y=0.0013204=1.32\text{mm}$$

设站点的点位误差在2mm时，放样点的点位误差：

$$m=\sqrt{m^2_X+m^2_Y+m^2_{设站点}}=\sqrt{1.55^2+1.32^2+2^2}$$

$$=2.85\text{mm}$$

精度分析说明，选用的仪器设备和测量放样方法切实可行，放样点的点位精度满足GB—50205—2001《钢结构工程施工质量验收规范》中关于节点球中心偏移±5.0mm的施工精度要求。

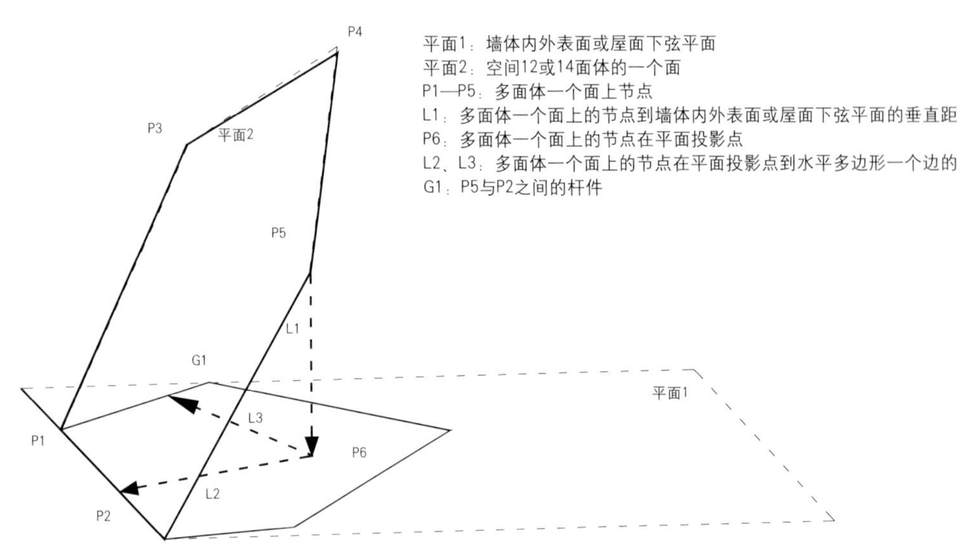

14-17 点、线、面空间位置示意

14-18 球节点与杠杆连接点放样

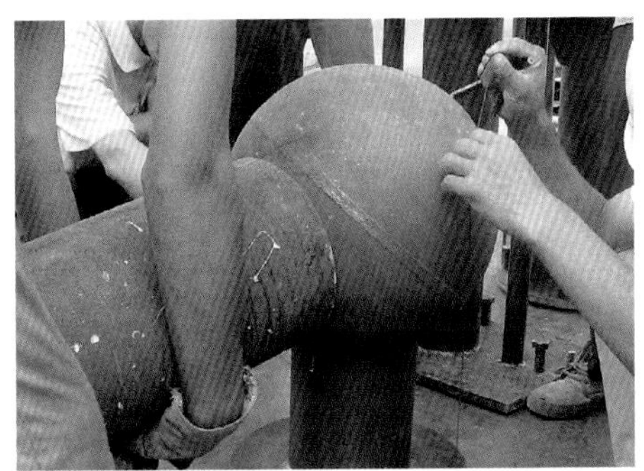

14-19 按连接点标记安装固定杠杆

14-20 杠杆水平投影线实测

为了证实上述的理论，现场进行了试验论证：在安装平台放样节点1和节点2的平面位置中心，两中心相连即为杆件的设计位置平面投影线，安装固定1号球节点，按照节点球上标记连接杆件，安装固定2号球节点。现场试验照片见图14-18～图14-20。

经试验证明，采用上述的定位测量方法，满足钢结构杆件中心线穿过两端球中心的精度要求，是切实可行的。

四、钢结构空间焊接

由于本工程结构特点，钢结构组拼方案选择了“单杆+单球地面拼装高空组装法”，球节点与杆件施工现场焊接数量大，高空组装时节点焊缝位置主要为平焊、立焊、仰焊、圆管全位置焊，并且由于结构设计新颖，杆件形式多样，杆件相互干涉情况多，杆件与节点连接构造复杂、焊缝叠加较多。现场焊接节点多，共计有近4万个焊接节点。还有就是工程大量使用了Q420C级钢材，由于Q420C级钢材含碳量高，冷裂敏感性大，常温、负温焊接参数及焊前预热、层见温度控制、焊后保温等现行国家标准尚没有技术参数，需要工程实践中研究确定。典型焊接节点示意、球形节点实体见图14-21、图14-22。管与球基本接头形式见图14-23。

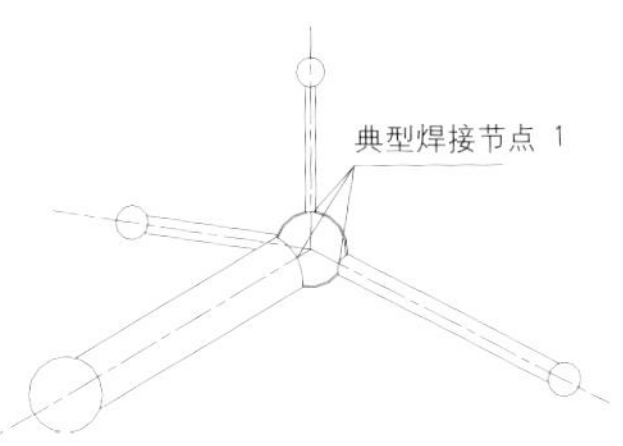

14-21 典型焊接节点示意

14-22 典型球形节点实体构造图

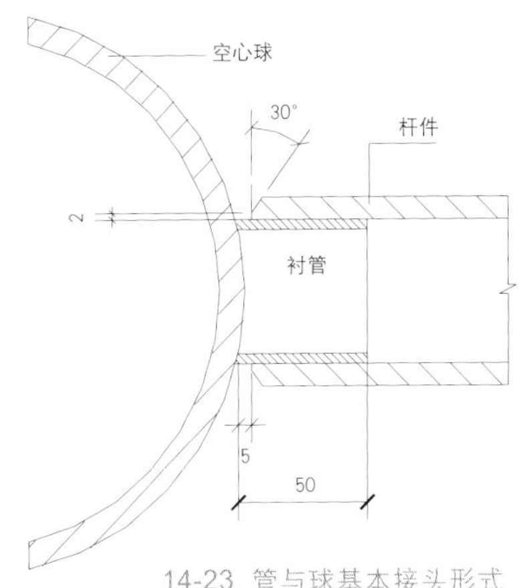

14-23 管与球基本接头形式

针对上述的技术难点，各参建单位进行了大量的探讨，并请了多位专家进行指导。拟定出了符合本工程的焊接工艺流程，保证了工程的施工质量和进程。

五、钢结构卸载

卸载是指将结构从支撑体系受力状态转换到自由受力状态的过程，卸载过程中杆件的内应力随时变化。在选择卸载方法时，必须保证杆件内应力控制在设计允许范围内，同时应尽量保证每一个卸载点卸载动作基本同步。国家游泳中心钢结构跨度达137m，安装方法采用的是空中散装的施工工艺，支撑点多达1474个，设计卸载支撑点135个。在结构空中组装完成后，将屋盖钢结构的支撑系统拆除，恢复到结构本身自由受力状态，为了保证钢结构卸载的顺利完成，进行了大量的计算机同步工况模拟分析技术并进行了卸载同步监测。

国家游泳中心钢结构施工采用高空组装的工艺，施工平台采用满堂红脚手架局部加强的方式。施工平台的设计必须兼顾结构组装施工需要和屋盖卸载需要，在屋盖结构组装过程中施工平台所受的荷载为结构自重和施工活荷载，相对载荷较小，在屋盖结构组装过程节点最大的竖向荷载取值不超过9t。在卸载过程中，集中荷载较大，最大节点集中荷载达34t。屋盖下弦施工支撑点1474个，卸载支撑点135个，研究卸载施工方法时要考虑以下几个方面的问题：

（1）选择的卸载点所受的反力相差不能太大，以免造成杆件在卸载施工时有较大的应力变化。

（2）选择卸载点的数量不能过多，便于施工时现场统一指挥。

（3）选择卸载点数量与荷载应关联到脚手架搭设的方便性，尽可能减少架料的投入。

第一、二次卸载点见图14-24、图14-25。

由于采用人工操控千斤顶卸载（图14-26）的同步性不容易掌握，容易产生荷载分布与变化偏离设计计算值较大的情况，在模拟计算时加入了不同步的工况，在卸载点中出现40%不同步、落差在5mm以内时，杆件的应力变化仍然在设计的范围内。屋盖的变形趋势为从四周向中心呈倒穹顶变化，支撑千斤顶应从四周向中心逐渐推出工作。通过计算机模拟计算，为卸载施工方案的确定提供了科学可靠的技术支持。

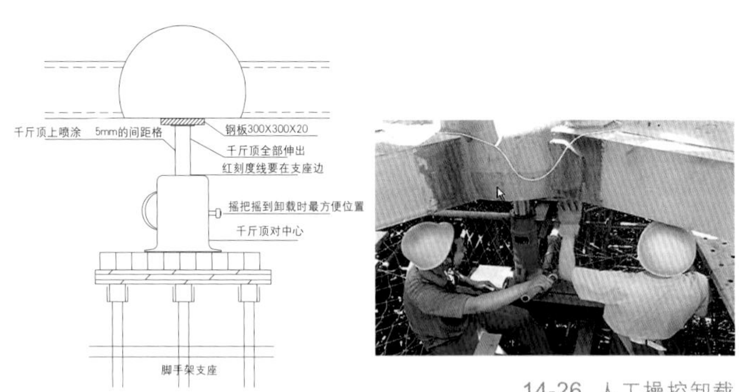

14-26 人工操控卸载

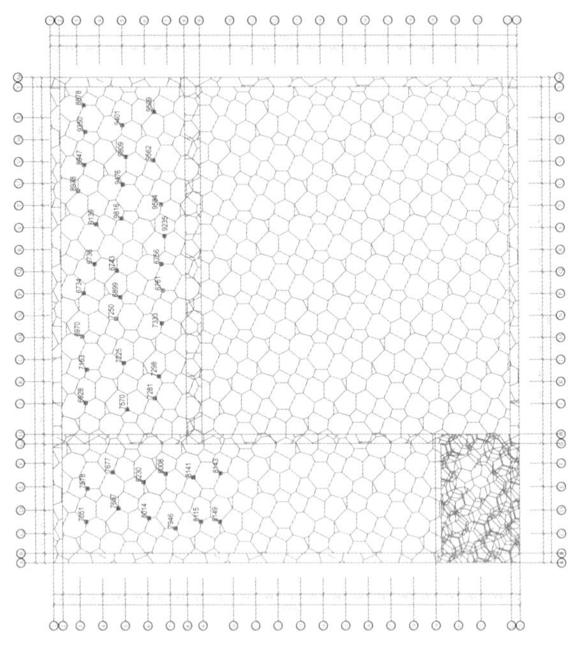
14-24 第一次卸载点

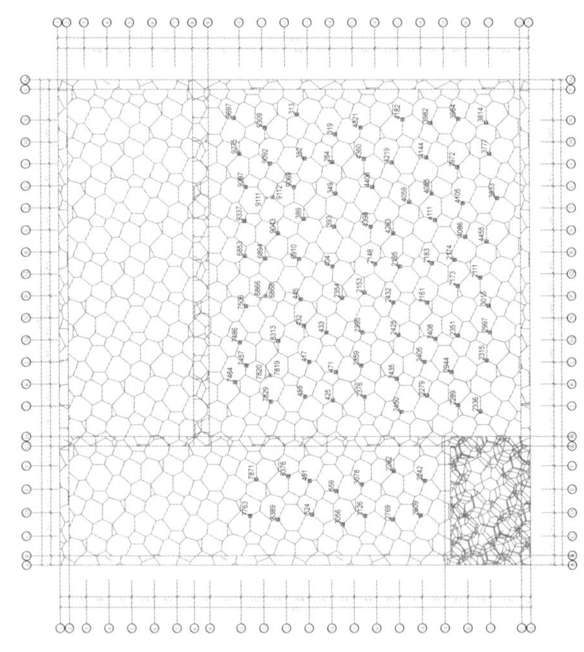
14-25 第二次卸载点

为保证卸载时施工人员操作的熟练程度和卸载质量，同时保证千斤顶下降的基本同步性，对所有参加卸载的施工人员提前进行模拟训练。即由现场总指挥统一指挥，规定下降速度，下降级别，所有施工人员按照口令在各自的区域进行千斤顶的模拟下降。

卸载前对所有节点、卸载点千斤顶及支撑平台逐个检查，重点检查千斤顶吨位及行程是否能够满足卸载要求。

在卸载前将非卸载节点部位千斤顶拆除。

为能够进一步了解承重结构的变化情况，在卸载前一天进行预卸载，千斤顶行程5mm，预卸载完毕后对卸载部位承重架的变化情况，千斤顶的下降高度，结构焊缝的质量情况及屋架挠度的变化情况进行一次全面的检查。各项检查合格无误后，允许进行正式卸载。

卸载时采用等距多步的方法，每个卸载行程为5mm，卸载时统一指挥操作人员每次下降一格，卸载应尽量做到同步性。且在一个行程完毕后，各个工位操作人员应该通知总指挥，待脚手架检查组、钢结构检查组对结构检查后，再统一进行下一个行程的卸载。

经过一系列的准备，卸载工作于2006年6月17日顺利完成，全部结构达到了预期目标。

第二节　LED照明试验

国家游泳中心建筑物景观照明包括建筑物LED景观照明和LED点阵显示系统两部分，是一项膜结构体系与LED固态照明技术成功结合的典范。在这里，LED发出的多达1677多万种色彩呈现在建筑物外表面近五万平方米ETFE气枕表面，膜结构载体和LED照明技术二者相得益彰，相互辉映，为"水立方"披上梦幻般绮丽的外衣。图14-27、图14-28即为照明实景。

14-27 "水立方"湖蓝色照明实景

14-28 “水立方”红色照明实景

国家游泳中心采用了ETFE双层气枕全围护结构以及空间多面体刚架钢结构体系，既为建筑物景观照明提供了独特的展示平台，同时也由于膜材及气枕的特殊光学特性和复杂多变的内部安装空间，对照明方式选用、光源和灯具选择以及系统集成化控制等，提出了许多新的难题和挑战。这项工程从2003年的方案酝酿，到2008年工程的完工，历时近4年半。由于没有先例可循，国家游泳中心建筑物景观照明系统设计只能从实验入手，从初期实验室缩尺模型试验阶段开始摸索，经过实验室缩尺气枕模型试验、现场缩尺气枕模型实验和现场实际气枕实验以及对实验数据的研究和分析，才使得国家游泳中心的建筑物景观照明系统逐渐的明晰和确立。由于这项工程需要大量的科研工作相辅，所以也藉此申报了两项科研项目——北京市科委的“奥运场馆LED照明——LED在国家游泳中心建筑物景观照明上的应用研究”和科技部的“半导体照明规模化系统集成技术研究——国家游泳中心大规模LED建筑物景观照明工程研究”。以下将从照明方案和技术实施手段等主要方面作简要介绍。

一、方案构思

国家游泳中心的核心创意为力图营造一个以“水”为生命的空间，里面容纳人的各种与水相关的活动，让人享受水带来的各种美和快乐。同时，水也是生命之源，因而“水”主题更有着极为丰富的内涵和外延。建筑物景观照明设计就是通过形象化、艺术化的手段表现水的特性以及人们对水的多方位感知情绪，诠释和丰富建筑设计理念。

二、场景模式

景观照明以“水”主题为基本设计原则，将场景模式划分为两大类——基本场景模式和特殊场景模式。

（一）基本场景模式

以水为主题，蓝色为主色系，这一效果早在2003年建筑方案设计阶段就确定下来。在基本场景模式下，国家游泳中心4个立面和屋面近五万平方米的外表面整体被有序、均匀照亮，呈现亮度适宜的水蓝色。图14-29为建筑方案阶段的夜景效果图，意在呈现水泡一般晶莹透明的整体形象。

（二）特殊场景模式

配合不同庆典事件的场合、季节转换及现场互动要求，“水立方”可呈现出不同的“表情”——不同的亮度、不同的颜色。动感水波也可以从海蓝色主题转变成其他色系，正如海水在不同时间段内可反射出不同色调的天光一样。也可为特殊节庆设计烟花般变幻的图案及色彩，变幻的影像可用抽象的方法模拟烟花或花卉，色彩可较为大胆、神秘，以在特殊的时节或庆典中烘托热烈欢腾的气氛。图14-30为方案阶段的效果图，图14-31、图14-32则是现场实景。虽然最终的场景编辑还没有完成，但从图中可以看出特殊场景模式的硬件基础已完全具备。

14-29 蓝色场景效果

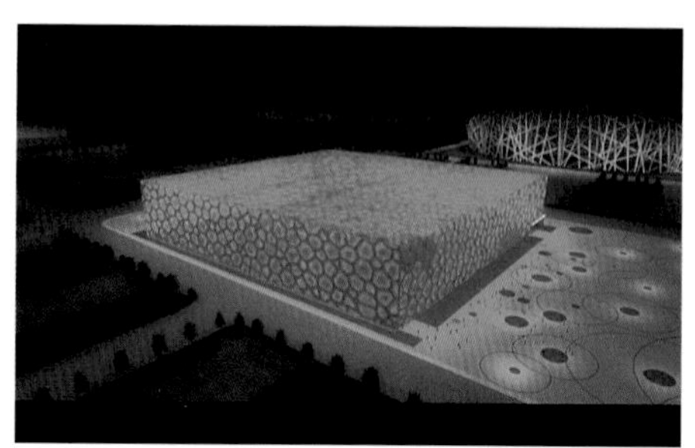

14-30 烟花效果

14-31 色彩斑斓的实景

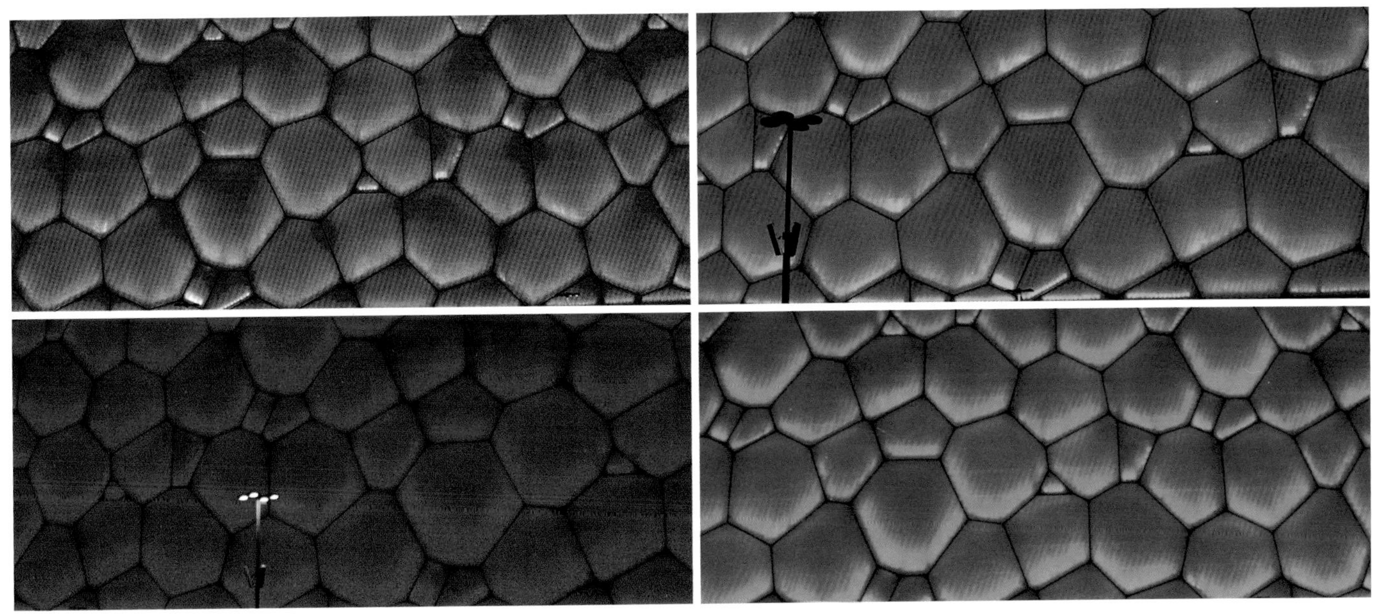

14-32 不同色系的实景

14-33 金鱼游弋效果

同时还可创建金鱼游弋嬉戏于泡泡结构之间的趣味场景，单只金鱼（金鱼为经典的金红色金鱼）游弋的场景意在以一种幽默有趣的手法表现“水立方”这一大型水上运动建筑的结构设计特点。图14-33为金鱼游弋效果。

三、照明方式——空腔内透光LED景观照明方式

国家游泳中心外围护结构为双层ETFE气枕结构，每个气枕由3～5层ETFE膜构成。ETFE气枕光学特性由于膜材光学特性和气枕弧形形体变得特殊而多变，不同于常规的建筑材料，但总的来说单层气枕的透射率较好，而双层气枕整体的透射率又较差。因此，传统的外投光照明、轮廓照明和内透光照明方式均不适合“水立方”，而是采用空腔内透光照明方式，将灯具安装在内外层气枕之间的空腔内，使灯具投射光线直接透射于外层气枕表面上，均匀照亮建筑物表面，来呈现特殊的建筑形象。

四、光源和灯具的选用

由于两层气枕之间有许多钢结构杆件（图14-34、图14-35），空间复杂，检修维护条件差，适宜安装尺寸较小和寿命长的光源和灯具。在这样的条件下，比较适合的只有荧光灯与LED灯两种光源。而LED灯具有寿命长，维护量小；外形按需定制；合成色彩丰富等传统光源和灯具所不具有的一些独特优势，经过现场实验对比（图14-36、图14-37），LED光源和灯具成为体现“水”主题丰富内涵的首选产品。

五、灯具布置

由于外层气枕透射率较高，如何选择灯具的光度特性及其在空腔中的安装位置，在均匀照亮建筑物外表面的同时，避免从建筑物外面和室内直接而明显地看到发光光源是必须解决的问题。

“水立方”建筑物景观照明现场实验从2006年8月2日开始，历时一年多，共进行二十多次现场实验和测试。

实验一开始将灯具布置在气枕的四周（图14-38），但由于光源明显，可见照明效果很不理想。

经过对实际视点视距进行仔细分析后，确定为沿气枕下部边框布置灯具，效果改善不少（图14-39），但由于灯具配光不理想仍有部分灯具处于视野范围内。

之后经过对灯具配光进行多次改进和对灯具安装位置进行局部调整后，终于达到了较理想的照明效果（图14-40、图14-41）。

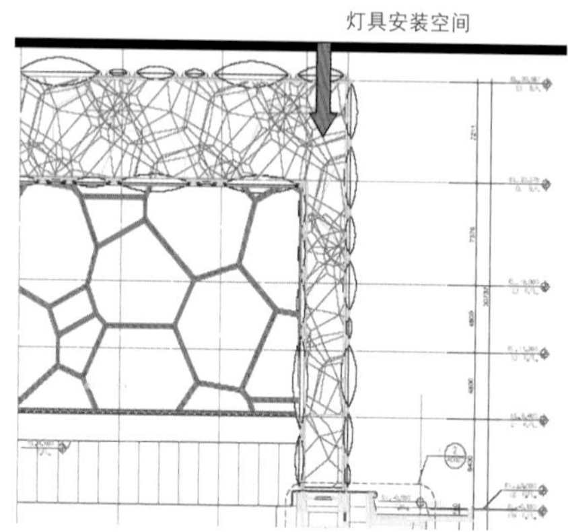

14-34 两层气枕间的钢网架空腔剖面

14-35 两层气枕间的钢网架空腔实景

14-36 现场模型荧光灯实验实景

14-37 现场气枕模型LED灯实验实景

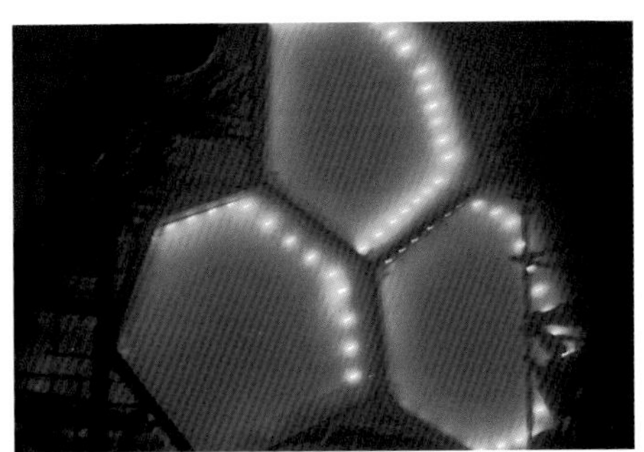
14-38 现场气枕模型实验实景

14-39 现场气枕模型实验实景优化调整 1

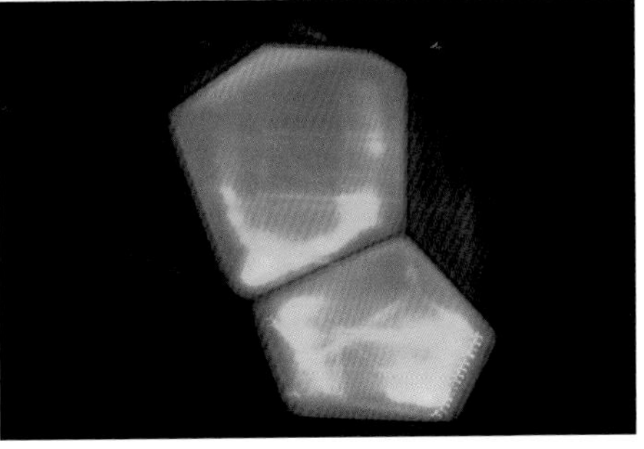
14-40 现场立面气枕实验实景优化调整 2

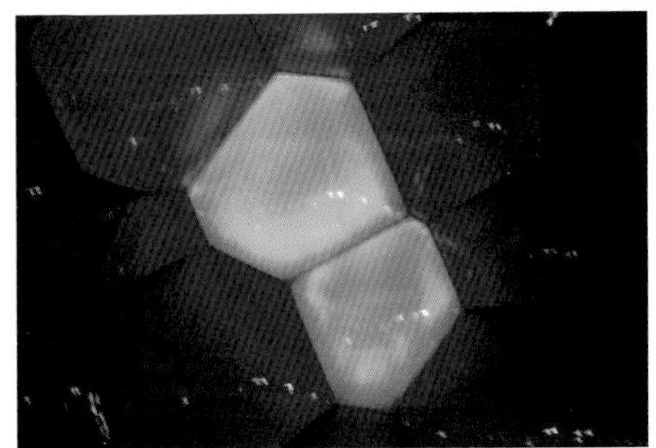
14-41 现场立面气枕实验实景最终效果

现场实验灯具安装实景见图14-42、图14-43，工程实施后最终灯具安装实景见图14-44。

六、超大规模功率型LED光源在LED景观照明上的应用

LED固态照明技术经过近十年的发展，由低功率低光效逐渐向高功率高光效发展，1W功率型LED也作为新一代照明光源逐步发展成熟，并进入小规模的应用。传统1W以下小功率LED由于大多采用环氧树脂封装，散热差，寿命较低，实际工程中，大多利用其较高的光源表面亮度和RGB多彩色特点应用于制作显示屏、灯饰和轮廓照明等以光源为主要观察对象的

14-43 现场实验灯具安装实景图 2

14-42 现场实验灯具安装实景图 1

14-44 最终灯具安装实景

场所。当用作以输出光通为主的投光灯具时，则需要光源有较高的光效和尽量少的数量。因为所需的光源数量越多，相应的驱动电路也就越复杂，系统整体稳定性就越差；此外光源数量多，光源体积变大，也会使准确控光变得非常困难，同时灯具体积也增大，也不易安装于复杂多变的空间。国家游泳中心建筑外表面近五万平方米，要将其全部均匀照亮，若采用普通小功率LED，其使用数量将十分巨大，不利于系统的稳定性和日后的运营和维护；此外也难以满足将膜体均匀照亮对光源及灯具配光、混光距离的特殊要求，因此本工程中采用技术较为成熟的1W功率型LED照明光源。

整个LED建筑物景观照明系统中1W功率型LED照明光源实际使用数量超过45万个（若采用小功率LED光源数量将达百万以上），是迄今为止最为庞大的LED景观照明工程。

七、LED景观照明光源RGB功率比

在通常白平衡情况下，RGB的亮度比（光通量）为3：6：1。由于ETFE膜呈浅蓝色，灯光经过多层ETFE膜以后，会产生色移，色坐标X值与Y值发生变化。另外1W蓝光LED的光通量较1W红光或1W绿光LED光通量低。如何配置RGB的功率，为以后场景设计提供一个良好的硬件平台，这是一个非常关键的问题。通过多次现场实验和专家论证最终确定了RGB功率比为R：G：B=1：1：2。实践证明这一功率比非常成功地展示了国家游泳中心的水蓝色主题场景（图14-45）。

此场景下的RGB功率比（即灰度级比）为0：101：255。

八、LED点阵显示系统

为实现场馆赛后的良好运营，在南立面设置2000m^{2}视频效果显示装置。起初考虑在南广场设置激光投影装置，将视频图像投影在南立面约50～100m^{2}气枕表面。后来由于此部分投影装置造价过高和成像效果不佳没有采用。此后从2006年11月份就开始进行在南立面气枕空腔内部设置LED点阵显示屏的实验，图14-46为现场300mm^{2}气枕点阵实验照片。此次实验中，点阵像素间距均为等间距，分别为8cm、10cm和12cm。像素间距如何兼顾建筑效果和成像清晰度成为此项工程的一个主要议题。为了获得最大的水平线数，同时兼顾对南部室内效果的影响，经过研究确定，点阵像素间距垂直方向为6cm，水平方向则为8cm，图14-47为实景图片，效果很理想，没有出现之前担心因水平和垂直像素间距而引起的成像变形问题。上述照片均是在外立面灯光同时打开情况下拍摄的，可见点阵显示系统可以较好地与建筑物景观照明效果协调和融合，通过二者的联动控制可以创建丰富多彩的场景模式，实现更富感染力和冲击力的视觉效果。

九、超大规模LED照明系统的集成控制

国家游泳中心景观照明控制系统控制点数达几万个，且每个点均要实现RGB三基色256级灰度级的单独控制，是迄今为止世界上最为庞大的LED照明控制系统。如此庞大的照明控制系统对场景编辑和效果影响最大的就是控制系统的响应速度，通过对国内外主流LED控制产品的了解和调研，我们对控制系统提出非常严格的要求，即LED灯具控制器可以控制每套灯具的每一组RGB LED芯片，每组单色LED芯片的亮度可以256灰度级连续平滑调制，变化速度不小于24f/s，同步延时小于25ms。工程实施后虽然受造价影响，LED灯具控制器仅控制到每一套灯具，但即使这样总控制点数也超过了3.5万个，同时系统响应速度也达到了设计要求的指标。

14-45 现场西立面实景

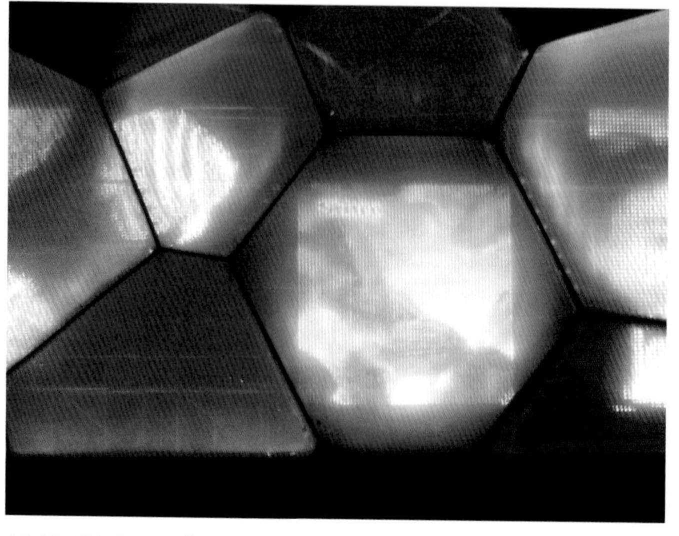

14-46 现场300mm^{2}气枕点阵实验实景

14-47 2008年6月2日点阵实景

此外考虑与未来互联网网络和奥林匹克中心景观照明控制系统的兼容性，系统网络层协议要求采用IPV6。同时还可与点阵显示系统、东南入口大厅及泡泡吧照明、护城河及南广场水景照明等其他控制系统保持联动，以创建更富震撼力的场景效果。

工程大事记

- 2003年3月4日

  发出国家游泳中心国际建筑设计竞赛邀请函
- 2003年6月18日

  递交设计投标文件
- 2003年8月

  "水立方"创意中标国家游泳中心设计竞赛
- 2003年9月27日

  国家游泳中心50%初步设计完成
- 2003年10月

  通过可行性研究报告审查
- 2003年11月12日

  通过初步设计审查
- 2003年12月24日

  桩基开工
- 2004年1月

  钢结构科研立项
- 2004年1月

  ETFE原型测试商务谈判
- 2004年1月16日

  国家游泳中心消防专家论证会
- 2004年2月11日

  通过由北京市发改委组织的国家游泳中心建筑合理用能评估专家论证会
- 2004年2月24日

  北京市科委国家游泳中心"水立方"室内环境系统关键技术研究科研立项
- 2004年4月

  通过施工图审查
- 2004年5月27日

  通过施工图消防审批
- 2004年7月28日

  通过全国抗震超限审查委员会的超限审查

- 2004年8月
  进行第一次和第二次ETFE单元气枕原型测试
- 2004年9月
  混凝土结构主体工程施工开始
- 2004年12月
  完成ETFE幕墙装配体系技术规程
- 2004年12月22日
  通过北京市科委组织的钢结构科研成果鉴定
- 2004年12月30日
  通过钢结构最终施工图纸审查
- 2005年3月
  科技部批准国家游泳中心结构及室内环境关键技术研究课题
- 2005年3月
  ETFE第一阶段视觉测试
- 2005年4月22日
  ETFE气枕原型测试
- 2005年5月
  混凝土工程竣工
- 2005年5月
  ETFE第二阶段视觉测试
- 2005年7月
  ETFE第三阶段视觉测试
- 2005年9月12日
  钢结构子结构试验
- 2005年12月
  混凝土结构验收
- 2005年12月
  健康监测、室内声学科研立项
- 2006年1月15日
  500m^{2}ETFE气枕试安装
- 2006年4月4日
  召开国家游泳中心ETFE围护结构建筑效果及物理性能解决方案专家会
- 2006年4月10日
  钢结构封顶
- 2006年6月16日
  钢结构卸载完成
- 2006年7月
  召开国家游泳中心室内声学专家论证会
- 2006年8月1日
  ETFE膜材正式安装
- 2006年8月5日
  北京市科委奥运场馆LED照明科研立项
- 2006年11月5日
  科技部国家游泳中心半导体照明规模化系统集成技术研究科研立项
- 2006年12月
  国家游泳中心钢结构验收通过
- 2006年12月26日
  外立面、外墙面围护封闭结束
- 2007年1月
  开始室内装修施工
- 2007年5月
  室外工程开工
- 2007年7月
  ETFE幕墙工程竣工
- 2007年12月
  室内装饰工程、室外工程竣工
- 2008年1月26日
  项目竣工验收
- 2008年1月28日
  项目正式移交投入使用

图书在版编目(CIP)数据

滴水盈方——国家游泳中心/中建国际设计顾问有限公司，北京国家游泳中心有限责任公司 本卷主编.—北京：中国建筑工业出版社，2008
(2008北京奥运建筑丛书)
ISBN 978-7-112-09880-4

Ⅰ.滴… Ⅱ.①中… ②北… Ⅲ.游泳池-建筑设计-北京市
Ⅳ.TU245.4

中国版本图书馆CIP数据核字(2008)第095312号

责任编辑：王莉慧 何 楠
总体设计：冯彝诤
责任校对：兰曼利 关 健

2008北京奥运建筑丛书
滴水盈方——国家游泳中心
总主编 中国建筑学会
中国建筑工业出版社
本卷主编 中建国际设计顾问有限公司
北京国家游泳中心有限责任公司
*
中国建筑工业出版社出版、发行(北京西郊百万庄)
各地新华书店、建筑书店经销
北京圣彩虹制版印刷技术有限公司制版
恒美印务（广州）有限公司印刷
*
开本：965×1270毫米 1/16 印张：15 字数：600千字
2008年11月第一版 2008年11月第一次印刷
定价：118.00元
ISBN 978-7-112-09880-4
(16584)